高等职业院校“十三五”课程改革优秀成果规划教材

AutoCAD 2016
中文版案例教程

主　编　石彩华　苗现华

副主编　郑　勇　李芳丽　吴　凤

主　审　韩树明

北京理工大学出版社

BEIJING INSTITUTE OF TECHNOLOGY PRESS

内 容 简 介

本书图文并茂、结构清晰、重点突出、实例典型、应用性强。全书共分 7 章，包括 AutoCAD 2016 绘图环境设置、绘制二维图形、文字输入与尺寸标注、绘制机械零件图、绘制装配图、绘制三维图形、输出图形文件。另外在本书附录部分介绍 AutoCAD 绘图常见的问题及解决方法、常用功能键和快捷键，以及常用命令和快捷键。

本书不仅可以作为高职高专教材，还可以作为各类 AutoCAD 培训教材，同时也可供从事 CAD 工作的技术人员参考。

图书在版编目（CIP）数据

AutoCAD 2016 中文版案例教程/石彩华，苗现华主编. —北京：北京理工大学出版社，2019.1重印

ISBN978-7-5682-4842-6

Ⅰ. ①A…　Ⅱ. ①石…②苗…　Ⅲ. ①AutoCAD 软件－教材　Ⅳ. ①TP391.72

中国版本图书馆 CIP 数据核字（2017）第 221428 号

出版发行 / 北京理工大学出版社有限责任公司
社　　址 / 北京市海淀区中关村南大街 5 号
邮　　编 / 100081
电　　话 /（010）68914775（总编室）
（010）82562903（教材售后服务热线）
（010）68948351（其他图书服务热线）
网　　址 / http://www.bitpress.com.cn
经　　销 / 全国各地新华书店
印　　刷 / 三河市华骏印务包装有限公司
开　　本 / 787 毫米×1092 毫米　1/16
印　　张 / 18
字　　数 / 425 千字
版　　次 / 2019年1月第1版第3次印刷
定　　价 / 46.00 元

责任编辑 / 赵　岩
文案编辑 / 梁　潇
责任校对 / 周瑞红
责任印制 / 李志强

前 言

Qianyan

AutoCAD 是一款功能强大、应用广泛的计算机辅助设计软件。本书以 AutoCAD 2016 中文版为基础，结合软件功能和应用特点，以企业生产和绘图员考证图纸为例，将命令的讲解融入实例图形的绘制过程中，用实例引导读者学习，深入浅出地介绍 AutoCAD 2016 的相关知识和操作技巧。

本书以知识技能够用、实用为原则，具体内容包括 AutoCAD 2016 软件入门及绘图环境设置、基本二维图形绘制、文字样式与标注样式设置、文字输入与编辑、尺寸标注及修改、典型零件图和装配图绘制、三维图形设计基础和文件的输出与打印设置等。

本书有配套的数字课程网站（http://mooc1.chaoxing.com/course/94378432.html）及超星手机移动学习平台（扫描下面二维码，即可下载手机 APP），同时在书中关键命令、技能点及图纸绘制演示处设置了二维码。读者可以通过网络观看相应的命令操作及图纸绘制过程视频，以使读者更好地理解和掌握知识、提升技能，激发读者学习 CAD 软件的兴趣。

本书由苏州健雄职业技术学院“机械 CAD 软件及应用”课程团队负责编写，石彩华、苗现华担任主编，郑勇、李芳丽、吴凤担任副主编，全书由苏州健雄职业技术学院教授、研究员级高级工程师韩树明担任主审。其中，李芳丽编写第 1 章，苗现华编写第 2 章，苗现华、石彩华共同编写第 3 章，石彩华编写第 4 章，李芳丽、吴凤共同编写第 5 章，郑勇编写第 6 章和第 7 章。

由于编者水平有限，书中疏漏之处在所难免，广大读者可登录数字课程网站或发送邮件到 jxcadruanjian@163.com 进行批评指正。

编　者

Contents

目 录

目录

第1章　AutoCAD 2016 绘图环境设置

AutoCAD 是在计算机辅助设计（Computer Aided Design，CAD）领域用户最多，使用最为广泛的一种图形软件。AutoCAD 是由美国 Autodesk 公司在 20 世纪 80 年代初开发的计算机绘图软件。经过 30 多年的不断发展和完善，AutoCAD 已经成为国际上流行的绘图软件，广泛运用在工程绘图当中，目前正由二维视图向三维造型产品设计方向发展。

AutoCAD 软件版本发展更新比较迅速，本书主要以 AutoCAD 2016 中文版为例进行介绍，绝大部分内容适用于 AutoCAD 2000 以后的各个版本，同时兼顾软件的新增功能，将各个版本的经典特性与新功能有机融为一体。

AutoCAD 2016 中文版具有良好的用户操作界面，易于掌握，操作方便。其最大的优势是既具有绘制二维工程图的功能，也具有三维建模、图形的渲染和打印输出图形等功能。

1.1　AutoCAD 2016 介绍

1.1.1　案例介绍及知识要点

1. 案例介绍

启动 AutoCAD 2016，设置绘图区的颜色为黑色，设置鼠标右键的功能；在各个工作空间进行切换，最后返回“草图与注释”工作空间，并保存文件退出 AutoCAD 2016。

2. 知识要点

（1）AutoCAD 2016 的启动方法。

（2）AutoCAD 2016 绘图区颜色设置、鼠标右键功能设置。

（3）AutoCAD 2016 工作空间的切换。

（4）保存文件并退出 AutoCAD 2016 的方法。

（5）AutoCAD 2016 初始工作界面的介绍。

AutoCAD 2016 工作界面介绍

1.1.2　操作步骤

步骤 1：软件启动

启动 AutoCAD 2016 的方式主要有以下 3 种：

（1）双击桌面上 AutoCAD 2016 的快捷方式图标，启动 AutoCAD 2016，进入默认工作界面，如图 1-1 所示。由图 1-1 可见，AutoCAD 2016 默认绘图区的背景颜色为白色。

（2）选择“开始”→“所有程序”→“Autodesk”→“AutoCAD 2016 Simplified Chinese”→“AutoCAD 2016”命令，结果如图 1-1 所示。

（3）双击扩展名为.dwg 的文件，打开该图形文件，启动 AutoCAD 2016。

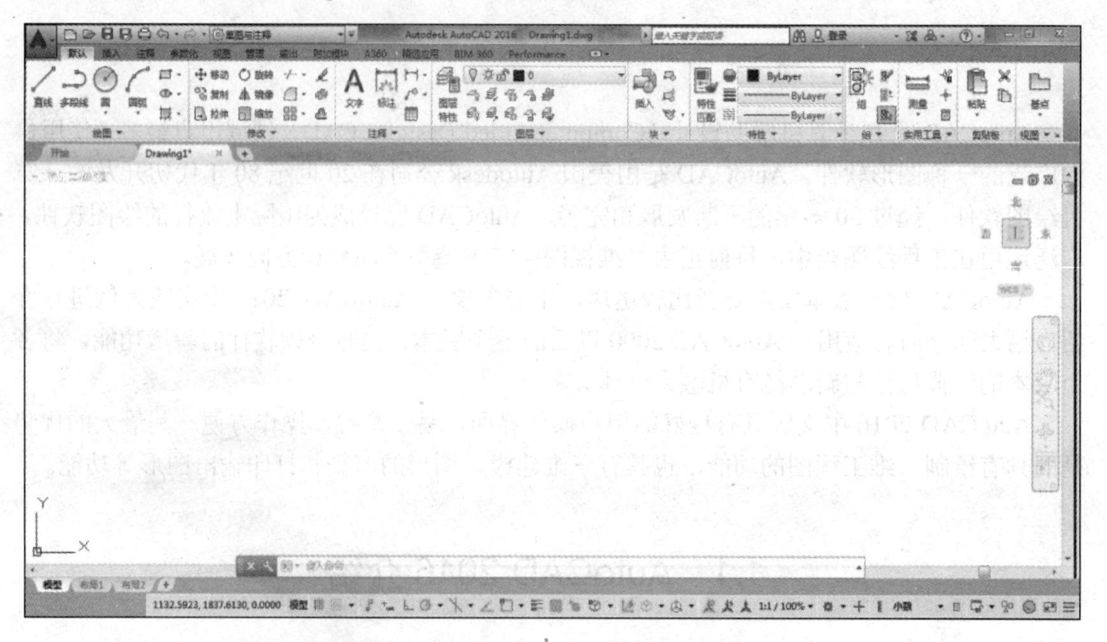

图 1-1　AutoCAD 2016 的默认工作界面

步骤 2：更改绘图区的背景颜色

一般来讲，由于行为习惯的不同，不同的操作者可能喜欢不同的背景颜色，下面介绍如何更改 AutoCAD 2016 绘图区的背景颜色。

（1）单击工作界面左上角的“应用程序”按钮，在打开的菜单中单击“选项”按钮，弹出“选项”对话框。

（2）选择“显示”选项卡，如图 1-2 所示。单击“颜色”按钮，弹出“图形窗口颜色”对话框，在“上下文”列表框中选择“二维模型空间”选项，在“界面元素”列表框中选择“统一背景”选项，在“颜色”下拉列表框中选择“黑”选项，如图 1-3 所示。设置完成后单击“应用并关闭”按钮，返回“选项”对话框，单击“确定”按钮。完成以上操作后，绘图区颜色即更改为黑色，效果如图 1-4 所示。

在“选项”对话框“显示”选项卡中的“十字光标大小”选项组中可以更改十字光标的大小，在“显示精度”选项组中可以更改显示精度，使绘制的圆弧和圆平滑度更高。在“选项”对话框“绘图”选项卡中可以调节十字光标靶框的大小，以及捕捉标记的大小和颜色等。在图 1-4 中的十字光标即为调整后的大小，用户操作起来十分方便。

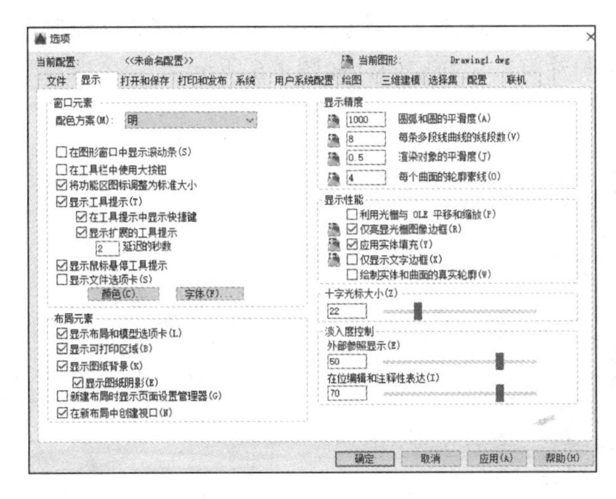

图 1-2　“选项”对话框的“显示”选项卡

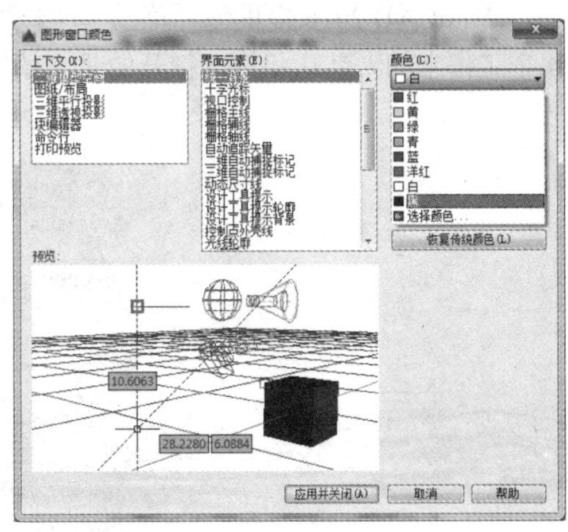

图 1-3　“图形窗口颜色”对话框

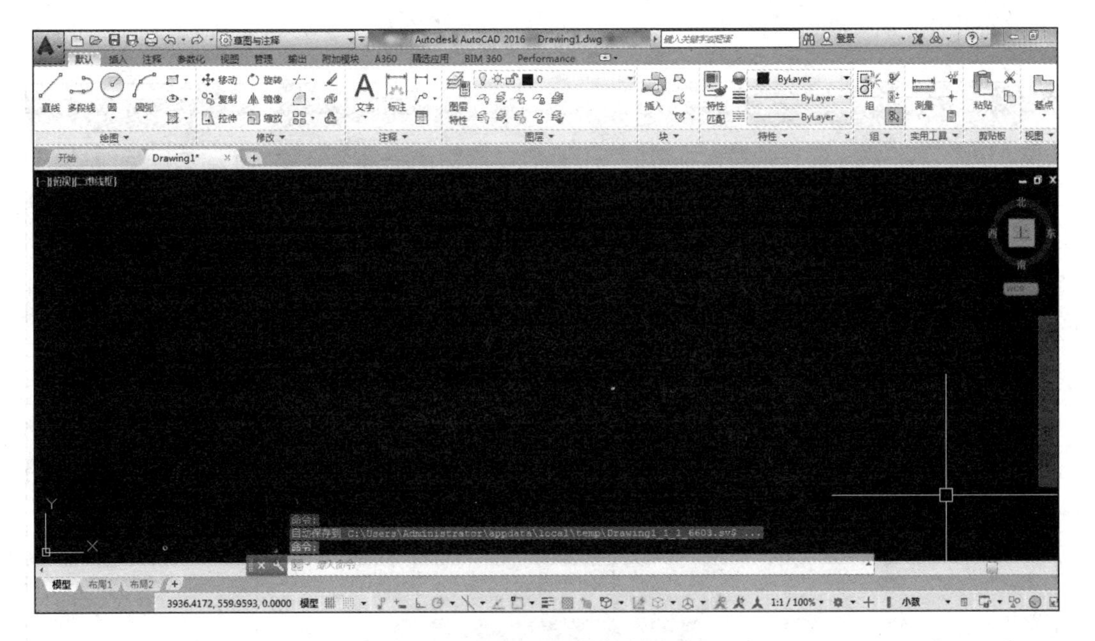

图 1-4　修改颜色后的绘图区域

步骤 3：鼠标右键设置

为了提高绘图速度，通常将鼠标右键设置为固定模式。选择“选项”对话框中的“用户系统配置”选项卡，单击“自定义右键单击”按钮，弹出如图 1-5 所示的“自定义右键单击”对话框。绘图者可以根据自己的绘图习惯设置鼠标右键的各项功能，单击“应用并关闭”按钮，返回“选项”对话框，单击“确定”按钮，即完成了鼠标右键功能的设置。

步骤 4：工作空间的切换

工作空间是经过分组和组织的菜单、工具栏、选项卡和面板的集合，常用于各种任务的绘图环境。

AutoCAD 2016 提供了“草图与注释”、“三维基础”、“三维建模”和“AutoCAD 经典”4 个工作空间，默认状态下打开的是“草图与注释”工作空间，如图 1-6 所示。

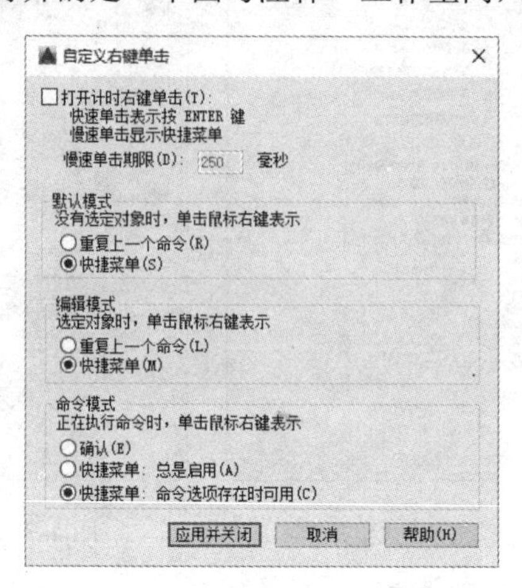

图 1-5 “自定义右键单击”对话框

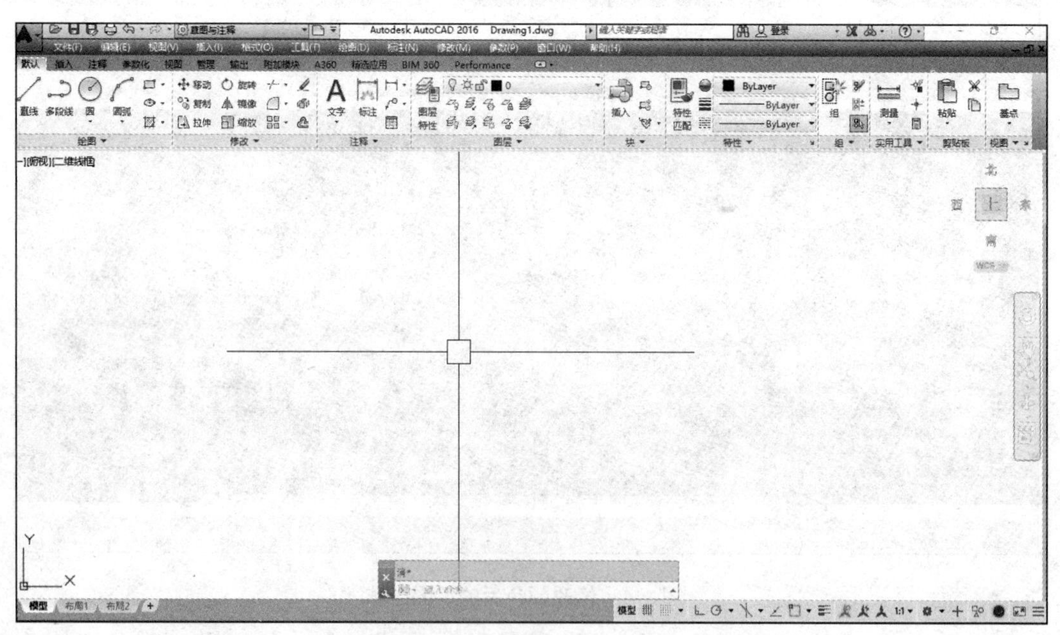

图 1-6 “草图与注释”工作空间

切换工作空间的常用方法有两种：①在快速访问工具栏上单击工作空间下拉按钮，在打开的工作空间下拉列表中选择一个工作空间，如图 1-7 所示。②在状态栏上单击“切换工作空间”按钮，选择一个工作空间，如图 1-7 所示。

（1）“三维基础”工作空间。如图 1-7 所示，在工作空间下拉列表中选择“三维基础”选项或利用“切换工作空间”按钮切换到“三维基础”工作空间，如图 1-8 所示。在该工作空间用户可以使用“创建”、“编辑”和“修改”等面板创建三维实体或三维网格。

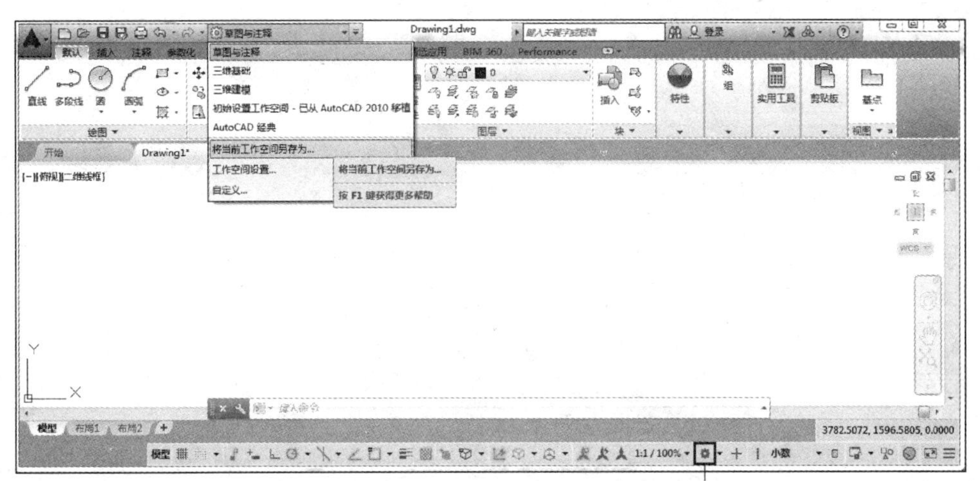

“切换工作空间”按钮

图 1-7　工作空间切换

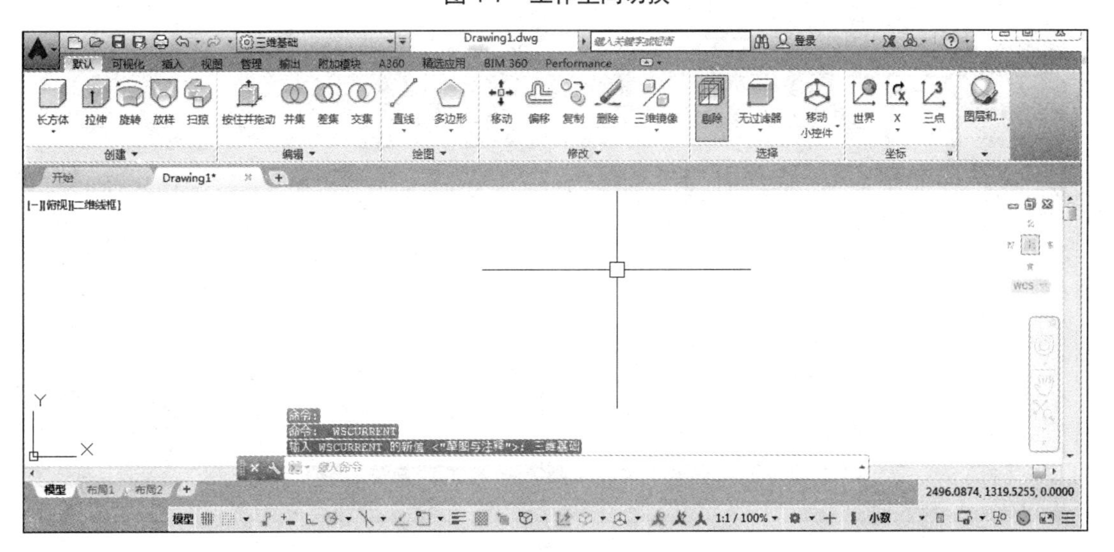

图 1-8　“三维基础”工作空间

（2）“三维建模”工作空间。采用与“三维基础”工作空间相同的方法进行切换，切换后的“三维建模”工作空间如图 1-9 所示。使用该空间，用户可以更加方便地进行三维建模和渲染。

（3）“AutoCAD 经典”工作空间。采用上述方法进行切换，切换后的“AutoCAD 经典”工作空间如图 1-10 所示。该工作空间由标题栏、功能区、绘图区、“模型”选项卡、“布局”选项卡、状态栏等组成。

（4）“草图与注释”工作空间。采用上述方法进行切换，切换后的“草图与注释”工作空间如图 1-6 所示。在该空间中，可以使用“绘图”“修改”“图层”“注释”“块”“文字”“表格”等功能区中的面板方便地绘制和标注二维图形。

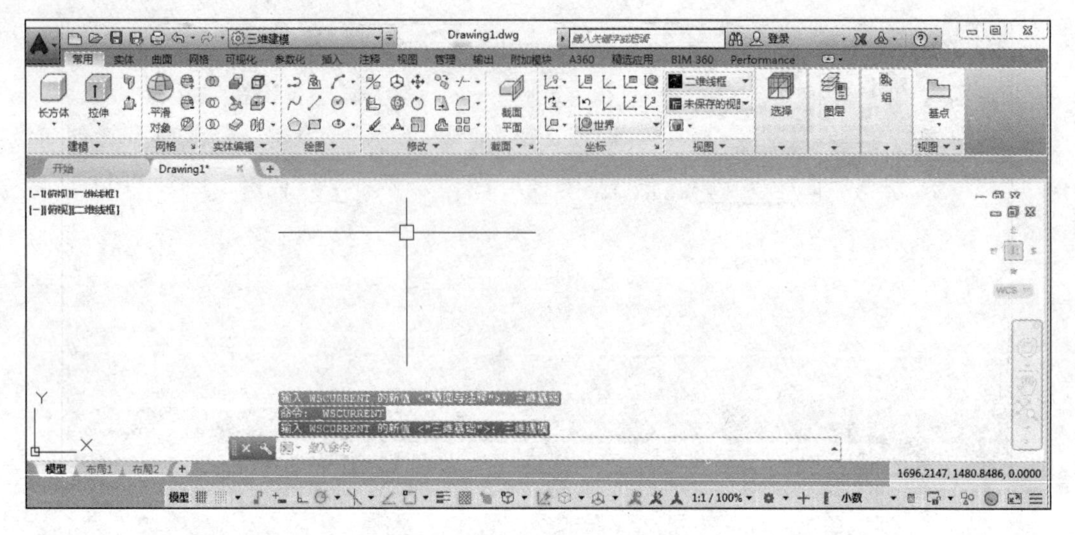

图 1-9 “三维建模”工作空间

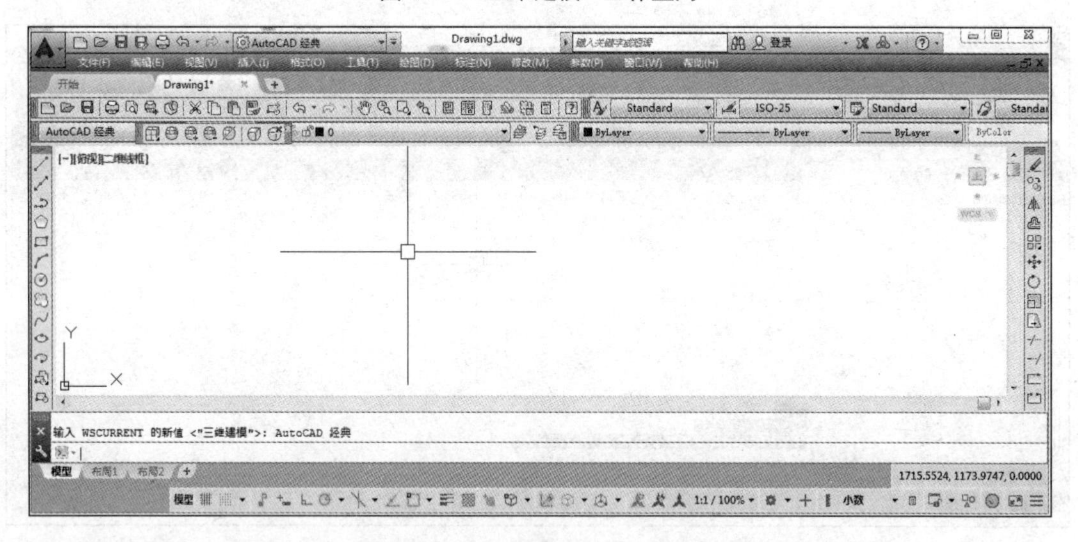

图 1-10 “AutoCAD 经典”工作空间

步骤 5：保存文件并退出 AutoCAD 2016

单击“关闭”按钮，弹出如图 1-11 所示的提示对话框，单击“是”按钮保存修改的设置，在指定位置保存好文件后退出 AutoCAD 2016。

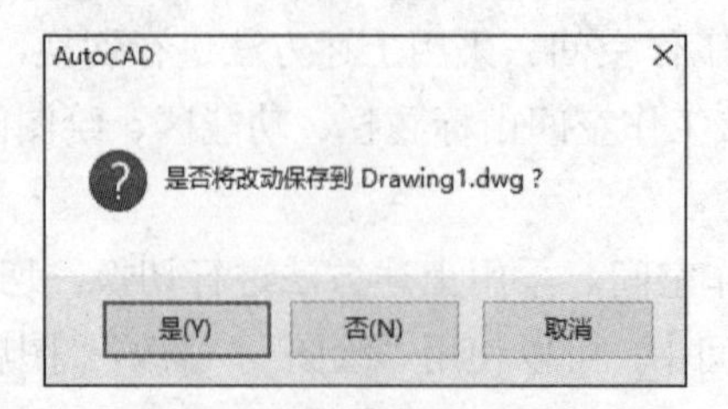

图 1-11 退出 AutoCAD 2016 时的提示对话框

1.1.3　步骤点评

在操作的过程中应注意菜单、命令等旁边下拉按钮▼，表示其有下拉列表，可以单击查看相应的下拉列表，选择需要的内容。

1.1.4　总结和拓展

1. AutoCAD 2016 初始工作界面的介绍

启动 AutoCAD 2016 后，初始工作界面如图 1-12 所示。该界面由“应用程序”按钮、标题栏、功能区、快速访问工具栏、绘图区及状态栏组成。

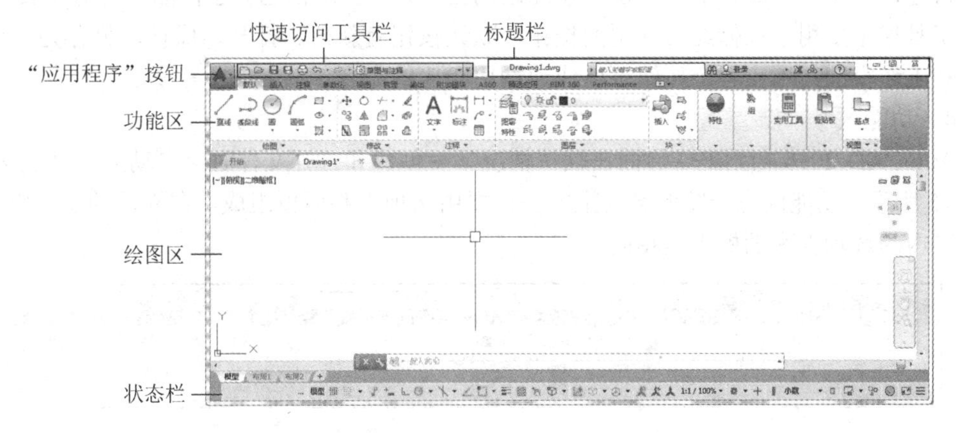

图 1-12　AutoCAD 2016 初始工作界面

1）“应用程序”按钮

“应用程序”按钮，位于初始工作界面的左上角，单击该按钮，打开“应用程序”菜单，如图 1-13 所示。其上方显示搜索文本框，可以在此输入搜索词，主要用于快速搜索命令；在左侧提供了文件操作的常用命令，下方提供了访问“选项”对话框，以及退出应用程序的按钮。

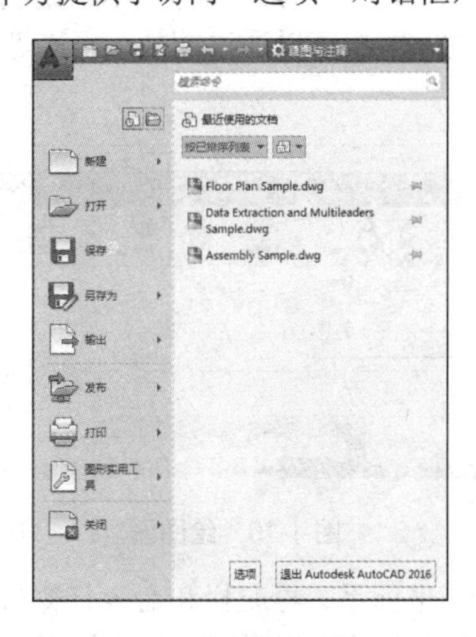

图 1-13　“应用程序”菜单

2）标题栏

标题栏位于初始工作界面的最上方，用于显示当前运行的应用程序的名称及打开的文件名信息，如图 1-14 所示。

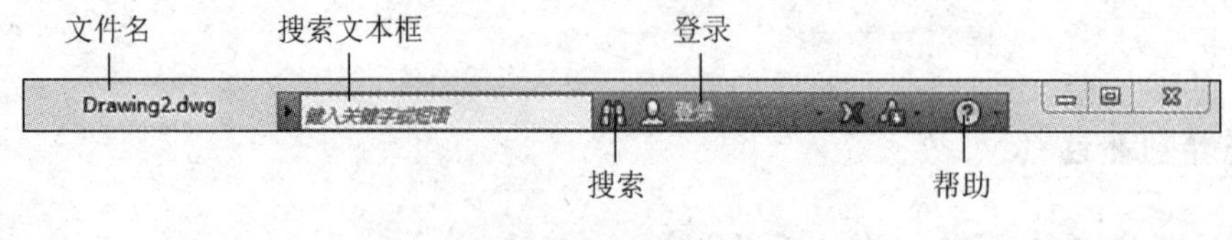

图 1-14　标题栏

3）快速访问工具栏

快速访问工具栏默认情况下位于功能区的上方，并占用标题栏左侧的一部分位置。快速访问工具栏主要用于存储经常使用的按钮，默认按钮有新建、打开、保存、另存为、放弃、重做和工作空间，单击各个按钮可以快速调用相应的命令。

4）功能区

AutoCAD 2016 初始工作界面在默认情况下，创建和打开文件时会自动显示功能区，如图 1-15 所示。功能区位于绘图区的上方，主要由选项卡和面板组成。在不同的工作空间中，功能区内的选项卡和面板不尽相同。

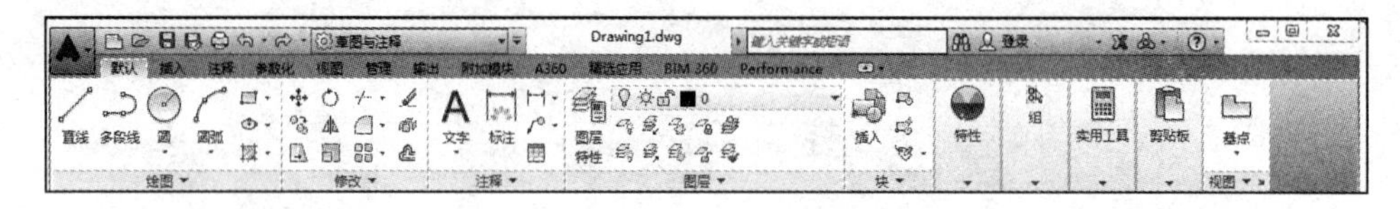

图 1-15　“草图与注释”工作空间的功能区

在功能区面板名称的右侧有一个下拉按钮，单击该按钮后，在相应的下拉列表中可以显示其他相关的命令。

5）绘图区

绘图区是用户使用 AutoCAD 2016 进行绘图并显示所绘制图形的区域，类似于手工绘图的图纸。绘图区实际是无限大的，用户可以通过缩放、平移等操作来观察绘图区已经绘制的图形。绘图区如图 1-16 所示。

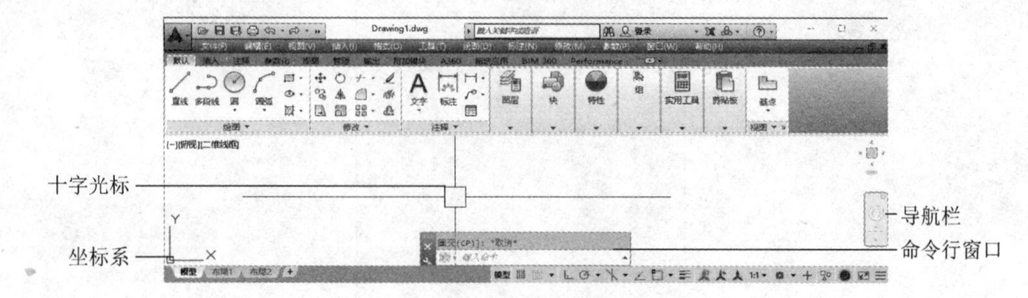

图 1-16　绘图区

绘图区主要包含十字光标、坐标系、导航栏和命令行窗口等。其中，十字光标的交点为当前光标的位置；默认情况，左下角的坐标系为世界坐标系（WCS）；利用导航栏中的按钮，

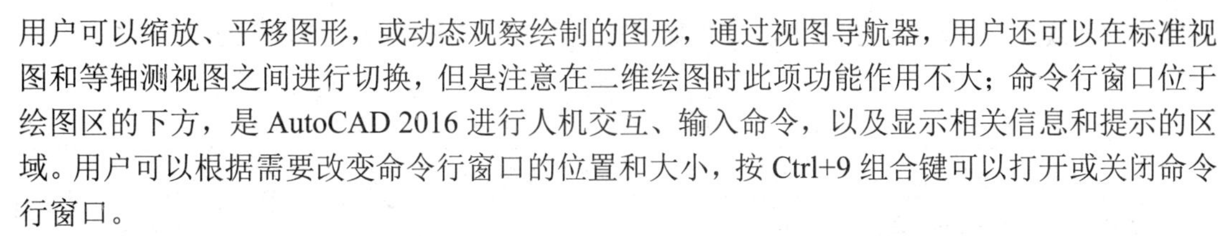

用户可以缩放、平移图形，或动态观察绘制的图形，通过视图导航器，用户还可以在标准视图和等轴测视图之间进行切换，但是注意在二维绘图时此项功能作用不大；命令行窗口位于绘图区的下方，是 AutoCAD 2016 进行人机交互、输入命令，以及显示相关信息和提示的区域。用户可以根据需要改变命令行窗口的位置和大小，按 Ctrl+9 组合键可以打开或关闭命令行窗口。

6）状态栏

状态栏位于初始工作界面最底端用于显示或设置当前的绘图状态，如图 1-17 所示，将鼠标指针放在不同的按钮上，会显示该按钮的功能和状态。用户可以根据需要单击对应的按钮使其打开（呈现蓝色）或关闭（呈现灰色）。这些按钮的功能在以后的学习中会进行介绍，这里不再详细说明。

图 1-17　部分状态栏说明

2. 退出 AutoCAD 2016

在 AutoCAD 2016 中可以采用以下几种方法退出程序：

（1）在图 1-13 所示的“应用程序”菜单中单击“退出 Autodesk AutoCAD 2016”按钮，退出程序。

（2）单击标题栏上的“关闭”按钮。

（3）执行键盘命令 QUIT。

执行了上述的任意操作以后，如果对图形所做的修改尚未保存，则系统会弹出提示对话框，询问是否保存，提示用户保存文件。如果文件已经命名，则单击“是”按钮，系统将以原名保存文件，然后退出；单击“否”按钮，不保存文件，直接退出；单击“取消”按钮，取消本次操作，返回 AutoCAD 2016 工作界面。如果当前的文件没有命名，则系统会自动弹出“图形另存为”对话框。

1.1.5　随堂练习

自行练习 AutoCAD 2016 的打开和退出，并观察其工作界面。

1.2　设置绘图环境

1.2.1　案例介绍及知识要点

1. 案例介绍

新建一个图形文件，要求其包含表 1-1 所示的 7 个图层，各图层的设置如表 1-1 所示，并将“轮廓线”图层设置为当前图层，操作完成后以“绘图环境设置.dwg”为名保存该文件。

表 1-1　图层信息表

图层名	线型名	线条样式	颜色	线宽/mm	用途
轮廓线	Continuous	粗实线	蓝色	0.5	可见轮廓线、可见过渡线
中心线	CENTER2	点画线	红色	0.25	对称中心线、轴线
细实线	Continuous	细实线	黄色	0.25	波浪线
剖面线	Continuous	细实线	绿色	0.25	剖面线
尺寸线	Continuous	细实线	洋红色	0.25	尺寸线和尺寸界限
虚线	DASHED	虚线	蓝色	0.25	不可见轮廓线、不可见过渡线
双点画线	PHANTOM	双点画线	蓝色	0.25	假想线

2. 知识要点

（1）新建图形文件。

（2）图层的设置。

（3）保存图形文件。

绘图环境设置

1.2.2　操作步骤

步骤 1：软件启动

启动 AutoCAD 2016 进入默认的“草图与注释”工作空间。

步骤 2：新建图形文件

（1）单击快速访问工具栏上的“新建”按钮，弹出如图 1-18 所示的“选择样板”对话框。

（2）在“名称”列表框中选择“acadiso.dwt”选项，单击“打开”按钮，即可新建一个名为 Drawingx.dwg 的图形文件，此时若没有其他文件，X 默认为 1。

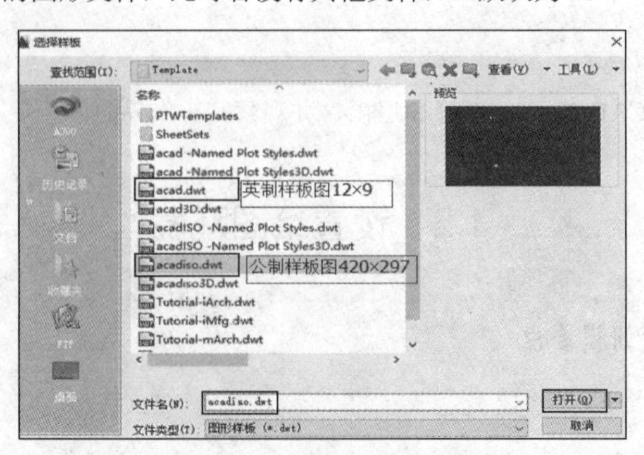

图 1-18　“选择样板”对话框

步骤 3：创建和设置图层

1）创建和设置“轮廓线”图层

单击“默认”选项卡“图层”面板中的“图层特性”按钮，弹出“图层特性管理器”对话框，单击“新建图层”按钮，在图层列表中就会增加一个名为“图层 1”的新图层，单击该图层名称，在“名称”列的文本框中输入“轮廓线”，按 Enter 键确认即可。

单击“颜色”列的色块图标，弹出“选择颜色”对话框，在标准色区中选择蓝色色块，轮廓线线型选择默认的 Continuous，不必进行设置。最后单击“确定”按钮，完成颜色设置，如图 1-19 所示。

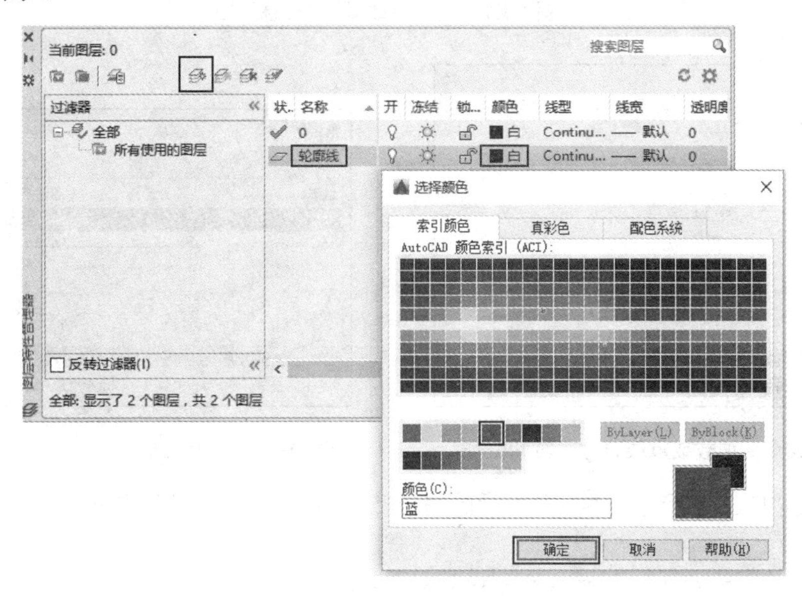

图 1-19　颜色选择的过程

单击“图层特性管理器”对话框“线宽”列的线宽图标，弹出“线宽”对话框，如图 1-20 所示，在“线宽”列表框中选择“0.50mm”，单击“确定”按钮，完成线宽设置。

2）创建和设置“中心线”图层

单击“新建图层”按钮，在图层列表中会增加一个名为“图层 1”的新图层，单击该图层名称，在“名称”列的文本框中输入“中心线”，按 Enter 键确认即可。

采用与上述“轮廓线”图层相同的方法设置“中心线”图层的颜色和线宽。

完成上述设置后，进行线型的设置。单击“线型”列的线型名称，弹出“选择线型”对话框，如图 1-21 所示。单击“加载”按钮，弹出“加载或重载线型”对话框，如图 1-22 所示。在“可用线型”列表框中选择“CENTER2”选项，单击“确定”按钮，返回“选择线型”对话框，在“已加载的线型”列表框中，选择“CENTER2”线型，如图 1-23 所示，单击“确定”按钮，完成线型的设置。

图 1-20　“线宽”对话框

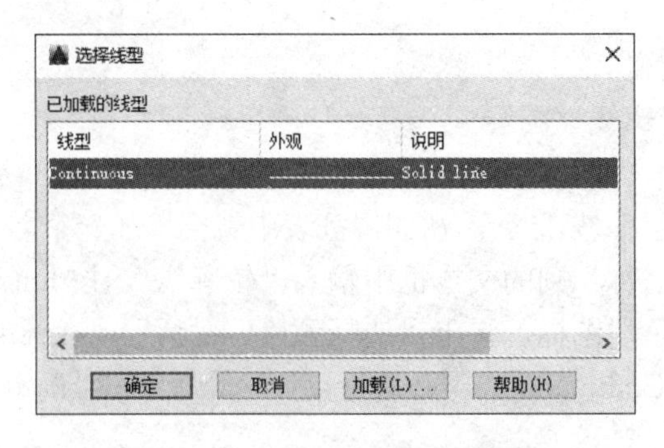

图 1-21 “选择线型”对话框

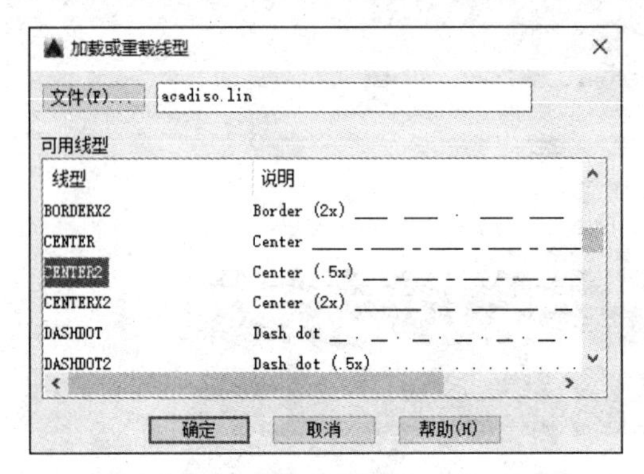

图 1-22 “加载或重载线型”对话框

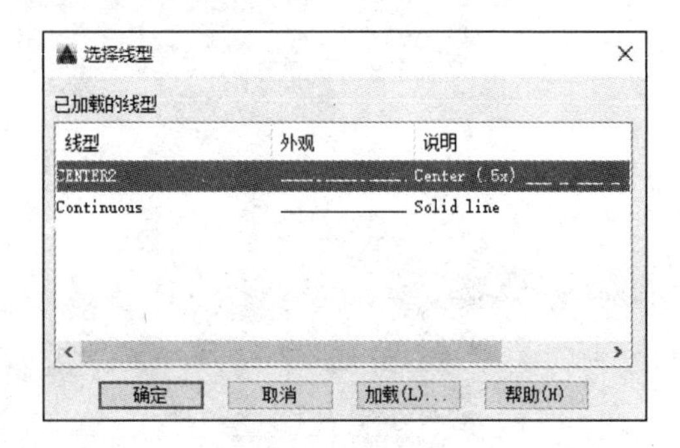

图 1-23 加载并显示“CENTER2”线型

采用上述方法，新建表 1-1 中所示的另外 5 个图层，并按照要求进行设置，完成后如图 1-24 所示。

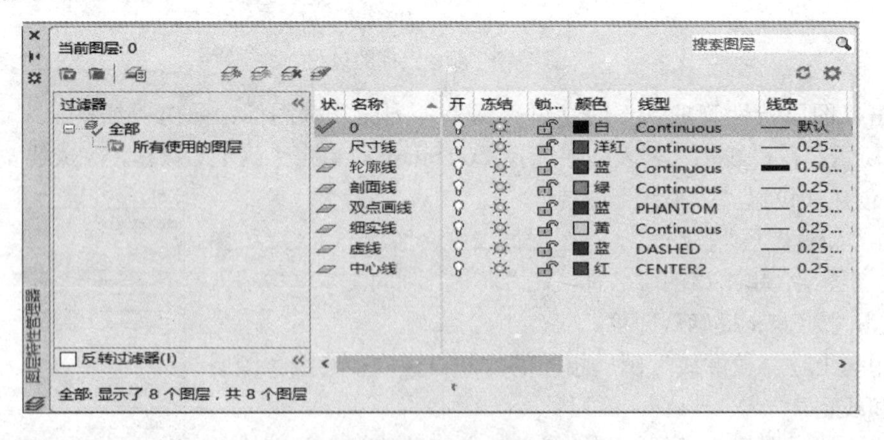

图 1-24 完成后的图层效果

3）将“轮廓线”图层设置为当前图层

在图 1-24 中选中“轮廓线”图层，使其发亮，单击图中的“置为当前图层”按钮✔，使“轮廓线”图层前出现✔，该图层即被设置为当前图层。

单击“图层特性管理器”对话框中的“关闭”按钮，退出“图层特性管理器”对话框。

步骤 4：保存图层文件

选择“应用程序”→“保存”命令，由于文件从未保存过，因此弹出“图形另存为”对话框，如图 1-25 所示。在“保存于”下拉列表框中指定当前文件的保存路径，在“文件类型”下拉列表框（图 1-26）中选择“AutoCAD 2007/LT2007 图形（*.dwg）”选项，在“文件名”文本框中输入“绘图环境设置.dwg”，单击“保存”按钮，完成保存操作。

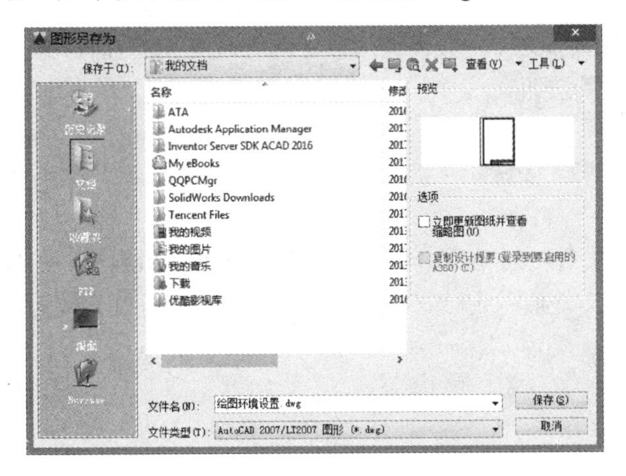

图 1-25 “图形另存为”对话框

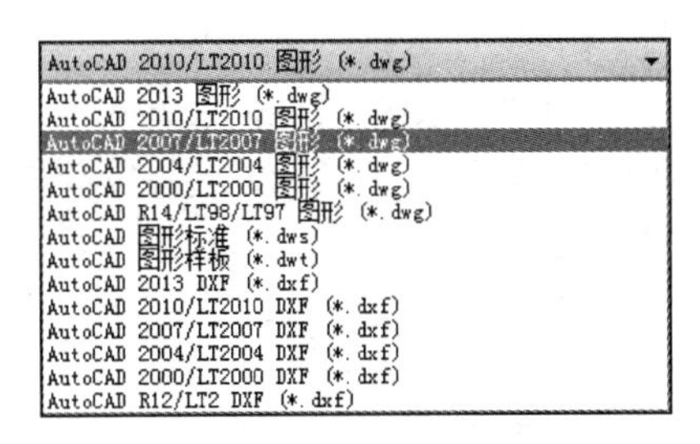

图 1-26 “文件类型”下拉列表框

1.2.3 步骤点评

用户在操作过程中应注意以下几点：

（1）图层设置完成后，可以在各个图层任意绘制几条线段，单击状态栏上的“线宽”按钮☰观察不同线宽的效果。

（2）保存文件时，如果在“文件类型”下拉列表框中选择“AutoCAD 2007/LT2007 图形（*.dwg）”选项，则文件将被保存为 2007 版本文件。此后可以选择从该样板文件开始新建文件，直接进行图形的绘制，而不必每次重复进行图层设置。

（3）本部分内容按照操作流程，只在最后步骤列出了保存图形文件的操作。在实际操作过程中用户应该养成随时保存的习惯。特别是在绘制一些比较大的图形时，应及时保存数据，避免因意外而造成的不必要的损失。

1.2.4 总结和拓展

1. 新建/打开图形文件

1）新建图形文件

利用“新建”命令可以创建一个新的图形文件，具体调用命令的方式有如下几种：

（1）单击快速访问工具栏上的“新建”按钮。

（2）选择“文件”→“新建”命令。

（3）单击工具栏上的“标准”→“新建”按钮。

（4）执行键盘命令 NEW 或 QNEW。

执行上述操作后，会弹出“选择样板”对话框。在 AutoCAD 给定的样板文件“名称”列表框中，根据需要选择一个样板文件后直接双击该样板文件的名称，或单击“打开”按钮，即可以创建一个新的图形文件。

2）打开图形文件

利用“打开”命令可以打开已保存的图形文件，具体调用命令的方式有如下几种：

（1）单击快速访问工具栏上的“打开”按钮。

（2）选择“文件”→“打开”命令。

（3）单击工具栏上的“标准”→“打开”按钮。

（4）执行键盘命令 OPEN。

执行上述操作以后，系统弹出“选择文件”对话框。用户可以根据已保存图形文件的保存位置选择相应的路径，选择需要的图形文件后双击该文件的名称，或单击“打开”按钮即可打开文件。

2. 保存/另存为图形文件

1）保存图形文件

利用“保存”命令可以保存当前图形文件，具体调用命令的方式有如下几种：

（1）单击快速访问工具栏上的“保存”按钮。

（2）选择“文件”→“保存”命令。

（3）单击工具栏上的“标准”→“保存”按钮。

（4）执行键盘命令 QSAVE。

（5）按 Ctrl+S 组合键。

如果当前图形文件曾经保存过，那么系统将会直接使用当前图形文件名称保存在原路径下，不需要再做其他操作。如果当前图形文件从未保存过，则会弹出“图形另存为”对话框。在“保存于”下拉列表框中指定文件要保存的路径，“文件类型”下拉列表框中选择文件的保存格式或不同的保存版本（一般选择比当前版本低一些的版本保存，便于其他低版本用户查询使用），在“文件名”文本框输入文件名。

2）另存为图形文件

利用“另存为”命令可以用新文件名保存当前的图形文件，具体的调用命令方式有如下几种：

（1）单击快速访问工具栏上的“另存为”按钮。

（2）选择“文件”→“ 另存为”命令。

（3）执行键盘命令 SAVE AS 或 SAVE。

执行上述操作后，系统会弹出“图形另存为”对话框，操作方法同上，这里不再赘述。

3. 设置图层

1）图层的概念

图层可以想象为透明没有厚度的且完全对齐的若干张图纸的叠加。它们具有相同的坐标、图形界限及显示时的缩放倍数。每一个图层又具有自身的属性和状态。图层的属性通常是指该图层特有的线型、颜色、线宽等，图层的状态是指图层的开/关、冻结/解冻、锁定/解锁、打印/不打印等。同一个图层上的图形元素具有相同的图层属性和状态，不受其他图层的影响。用户可以选择任意一个图层进行图形绘制。

绘制工程图样时，为了便于修改和操作，通常把同一张图中相同属性的内容放在同一图层上，不同属性的内容放在不同图层上。在工程绘图中常按照线型来设置图层，表1-2为工程绘图中常用的图层及其属性，供读者参考。

表1-2 工程绘图中常用图层及其属性

图层名	线型名	线条样式	颜色	线宽/mm	用途
0层（默认层）	Continuous	默认	默认	默认	
轮廓线	Continuous	粗实线	蓝色	0.5	可见轮廓线，可见过渡线
中心线	CENTER2	点画线	红色	0.25	对称中心线、轴线
细实线	Continuous	细实线	黄色	0.25	波浪线
剖面线	Continuous	细实线	绿色	0.25	剖面线
尺寸线	Continuous	细实线	洋红色	0.25	尺寸线和尺寸界限
虚线	DASHED	虚线	蓝色	默认	不可见轮廓线、不可见过渡线
双点画线	PHANTOM	双点画线	蓝色	默认	假想线

2）图层的操作

图层的操作主要是指用户利用“图层特性管理器”对话框进行创建新图层、设置当前图层、删除或重命名选中图层、设置或更改选中图层特性（颜色、线型、线宽等）及层状态（开/关、冻结/解冻、锁定/解锁、打印/不打印）等操作。调用命令的方式有以下几种：

（1）单击“默认”选项卡“图层”面板中的“图层特性”按钮。

（2）选择“格式”→“图层”命令。

（3）单击工具栏上的“图层”→“图层特性”按钮。

（4）执行键盘命令 LAYER 或 LA。

执行上述操作以后，系统将弹出“图层特性管理器”对话框，如图1-27所示，此时系统默认创建“0”图层。

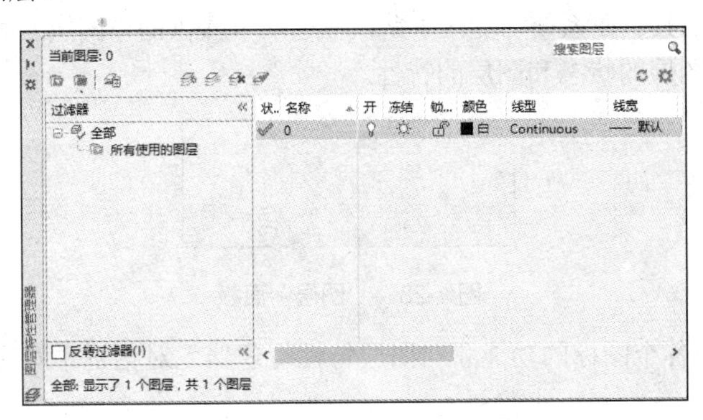

图1-27 “图层特性管理器”对话框

（1）新建图层、重命名图层、设置当前图层、删除图层。在“图层特性管理器”对话框中，单击“新建图层”按钮，图层列表中将显示名称为“图层 1”的新图层，且该图层被选中状态，此时已经创建了一个新图层；单击新图层的名称，在“名称”列的文本框中输入图层名称，可以为新建图层重命名。选中一个图层后，单击“置为当前图层”按钮，即可将选中图层置为当前图层；选中一个图层后，单击“删除图层”按钮，即可将选中图层删除。

用户必须注意的是，系统默认创建的“0”图层、包含对象的图层，以及当前图层均是不能删除的。

（2）图层特性设置。图层的特性包括图线的颜色、线型和线宽等。系统提供了丰富多样的颜色、线型和线宽，用户可以单击“图层特性管理器”对话框的选中图层的相应图标进行特性设置。具体操作方法在操作步骤中已经详细描述，这里不再赘述。

（3）图层状态设置。每个图层都有开/关、冻结/解冻、锁定/解锁、打印/不打印等状态。用户可以根据自己的需要设置图层状态。

① 开/关状态：单击“开”列下对应的小灯泡图标，可以打开或关闭图层。其主要用来控制图形对象的可见性。“开”状态下小灯泡图标的颜色为黄色，图层上的对象可以显示，也可以输出打印；“关”状态下小灯泡图标的颜色为蓝色，此时图层上的对象不能显示，也不能输出打印；当重新生成图形时，被关闭的图层上的图形对象仍可以参加计算。关闭当前图层时，系统会自动弹出提示对话框，提示正在关闭当前图层。

② 冻结/解冻状态：单击“冻结”列下对应的图标，可以冻结或解冻图层。图层解冻时显示的是太阳图标，此时图层上的对象能够被显示、打印和编辑修改；图层冻结时显示的是雪花图标，此时被冻结的图层上的对象不能被显示、打印和编辑修改。

③ 锁定/解锁状态：单击“锁定”列下的图标，可以锁定或解锁图层，用来控制图层上的对象能否参与编辑修改。图层对象被锁定时显示图标为，此时图层上的图形对象仍然能够显示，但是不能被编辑修改；图层对象解锁时显示的图标为，此时图层上的对象能够被编辑修改。

④ 打印/不打印状态：单击“打印”列下对应的打印机图标，可以设置图层能够被打印，在保持图形可见性不变的前提下来控制图形的打印特性。打印设置只对打开和解冻的可见图层有效。当该图层内容不希望打印出来的时候可以再次单击打印机图标，此时图标变成，即该图层将不能被打印，但在图形文件中仍然存在。

（4）图层管理工具。在系统功能区“默认”选项卡提供的“图层”面板（图 1-28）中用户可以方便地设置图层的状态和图层的特性。

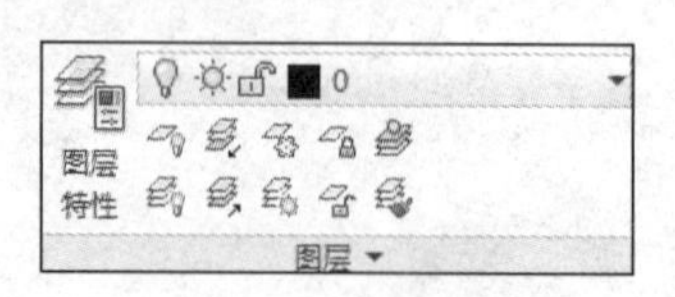

图 1-28 “图层”面板

“图层”面板中各个图标的功能和“图层特性管理器”对话框中对应图标的功能是一样的，此处不再赘述。

1.2.5 随堂练习

新建一个含有“粗实线”“细实线”“点画线”“尺寸线”“文本”5 个图层的图形文件，并在“图层”面板上操作将“粗实线”图层置为当前图层，将“尺寸线”图层冻结，将“细实线”图层关闭。最后以“1.2 图层设置.dwg”为名保存文件。

1.3 绘制 A4 图框和标题栏

1.3.1 案例介绍及知识要点

1. 案例介绍

用 1∶1 的比例绘制图 1-29 所示的 A4 竖放留装订边的图框及标题栏。要求：布图匀称，图形正确，线型符合相关国家标准的规定，不标注尺寸，不填写标题栏。

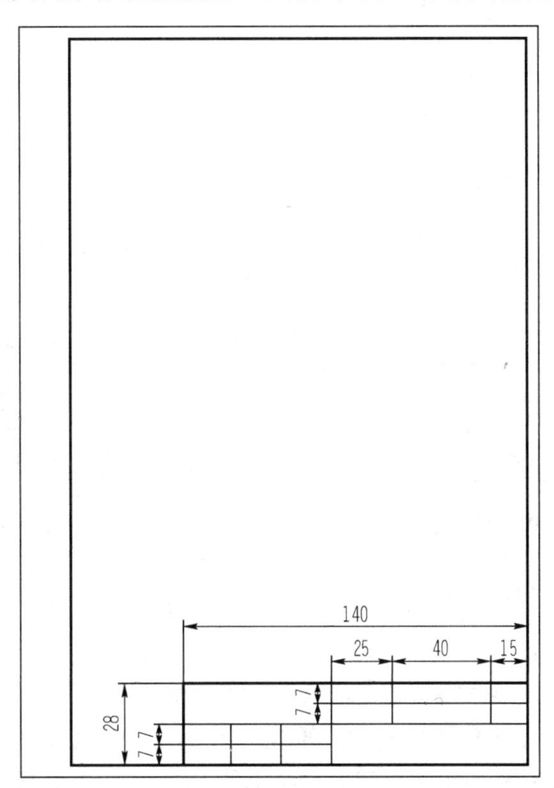

图 1-29 A4 图框和标题栏

2. 知识要点

（1）设置图形单位。

（2）设置图形界限。

（3）设置必要的图层。

（4）绘图辅助工具的使用。

（5）点、直线、矩形的绘制及偏移、删除、修剪等命令的应用。

1.3.2 操作步骤

步骤 1：新建图形文件

新建图形文件的步骤 1.2 节中已经介绍，这里不再赘述。

步骤 2：设置图形单位

选择“格式”→“单位”命令，系统将自动弹出“图形单位”对话框，如图 1-30 所示。此时可以根据作图需要设置图形的长度和角度的绘图精度，如 0.00，单击“确定”按钮，设置生效。此时可以观察到软件工作界面左下角光标定位点的坐标由默认显示的 4 位小数变为设置的 2 位小数。

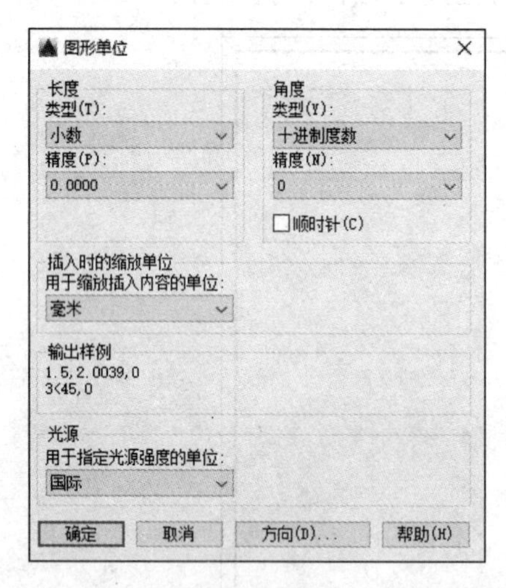

图 1-30 “图形单位”对话框

A4 图框和标题栏绘制过程演示

步骤 3：设置图形界限

1）图形界限的设置

选择“格式”→“图形界限”命令，或直接在命令行窗口中输入“LIMITS”，此时观察下方命令行提示为“指定左下角点或［开（ON）/关（OFF）］<0.000，0.000>”，直接按 Enter 键确认，接着按照提示输入右上角点的坐标(210,297)后，按 Enter 键确认。

2）图形界限的范围和位置

单击状态栏上的“栅格”按钮，启动栅格功能，观察设置的图形界限的范围和位置，如图 1-31 所示。绘图区域中有小方格部分的就是当前的图形界限。

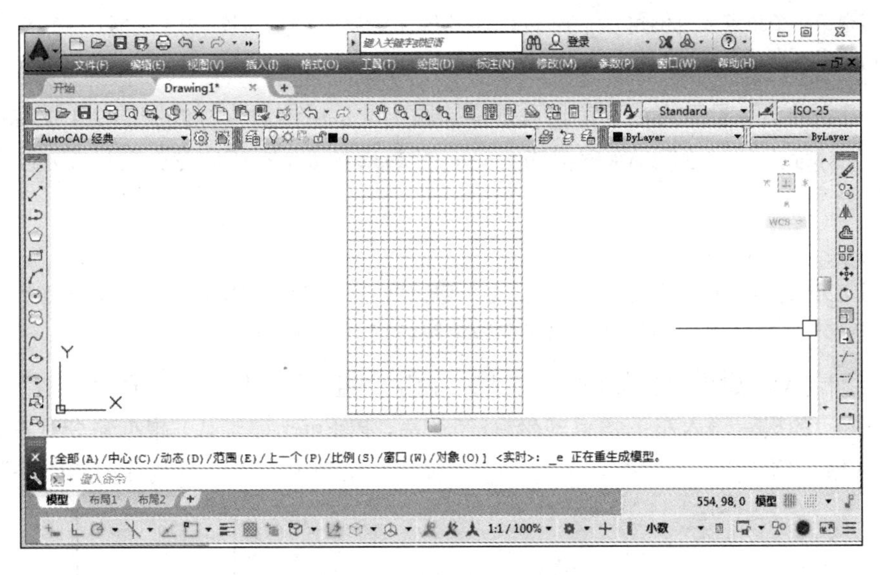

图 1-31　观察设置的图形界限

步骤 4：设置任务要求的图层

根据本节案例要求，可以设置“粗实线”“细实线”“尺寸标注” 3 个图层。根据国家制图标准，这 3 个图层的相关信息如表 1-3 所示。

表 1-3　图层的相关信息

图层名	线型	颜色	线宽/mm
粗实线	Continuous	黑色	0.5
细实线	Continuous	蓝色	0.25
尺寸标注	Continuous	红色	默认

步骤 5：绘制 A4 图框

（1）启动 AutoCAD 2016。

（2）设置绘图单位为 0.00，设置绘图界限为(210,297)，启动栅格功能观察图形界限，此时双击滚轮可将栅格全部显示。

（3）创建表 1-3 所示的图层并设置各图层的特性。

（4）绘制 A4 图幅的边界。调用“细实线”图层，用“矩形”命令绘制 A4 图幅的边界（或用“直线”命令直接绘制 A4 图幅的矩形边界）。选择“绘图”面板中的“矩形”命令或直接单击“绘图”工具栏上的“矩形”按钮，根据命令行窗口的提示输入矩形的左下角点的坐标(0,0)后，按 Enter 键确认；根据提示输入右上角点的坐标(210,297)后，按 Enter 键确认。绘制的图形如图 1-30 所示。

上述操作后命令行窗口中会出现以下提示信息（提示信息中符号↙均表示按 Enter 键）：

```
命令：_rectang
```

```
指定第一个角点或 [倒角(C)/标高(E)/圆角(F)/厚度(T)/宽度(W)]: 0,0↙
指定另一个角点或 [面积(A)/尺寸(D)/旋转(R)]:210,297↙
```

此时得到的 A4 图幅的左下角起点是坐标原点，是用绝对坐标绘制的 A4 图幅的边界。若不想从坐标原点开始绘制 A4 图幅的边界如图 1-32 所示，则在命令行窗口提示中进行如下操作：

```
命令: _rectang
指定第一个角点或 [倒角(C)/标高(E)/圆角(F)/厚度(T)/宽度(W)]: 鼠标左键点一点
指定另一个角点或 [面积(A)/尺寸(D)/旋转(R)]:@210,297↙
```

（5）绘制 A4 图幅的图框（留装订边）。调用“粗实线”图层，选择“矩形”命令，按照命令行窗口的提示输入左下角点的坐标(25,5)后，按 Enter 键确认，根据命令行窗口的提示输入右上角点的坐标(@180,287)，按 Enter 键确认。绘制出的图框及装订边如图 1-33 所示。

图 1-32　A4 图纸的边界图

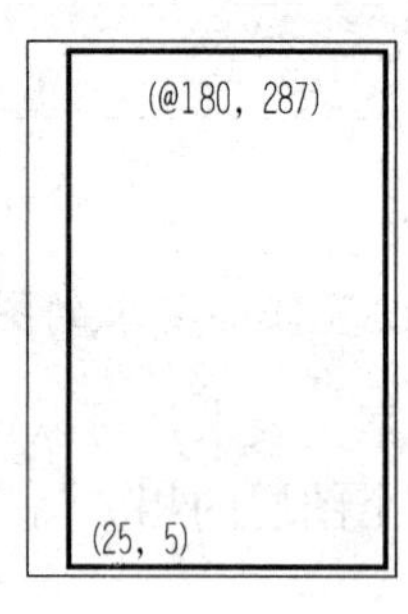

图 1-33　绘制出的图框及装订边

（6）绘制标题栏外框。调用“粗实线”图层，用“矩形”命令或“直线”命令绘制标题栏的外框。标题栏的尺寸如表 1-4 中（a）所示。使用对象捕捉 A4 图框右下角点作为矩形的第一角点，第二角点输入相对坐标(@−140,28)，绘制的标题栏外框如表 1-4 中（b）所示。

（7）绘制标题栏水平线和竖直线。用“分解”命令将绘制的外框分解为一条单一的直线。选择“修改”→“分解”命令，将标题栏外框分解为 4 条单一的直线。

接着使用“偏移”命令绘制标题栏内的水平线。选择“修改”→“偏移”命令，将最上方的直线向下连续偏移 7mm，结果如表 1-4 中的（c）所示。

再将外框最左边的竖线向右按照表 1-4 中（a）所示尺寸偏移，最终结果如表 1-4 中（d）所示。

（8）修剪、删除标题栏中多余的线条。选择“修改”→“修剪”命令，直接按 Enter 键默认选择全部的图线作为修剪的对象，修剪表 1-4 中（e）选中的矩形框中的图线，删除多余的线条，结果为如表 1-4 中的（f）所示。

（9）修改标题栏的图层和线型。将标题栏内部图线的图层修改为“细实线”图层。选中标题栏内部图线，单击“图层”工具栏中的“细实线”图层，将所选图线由原来的“粗实线”图层修改为“细实线”图层。结果如表 1-4 中的（g）所示。

（10）保存图形文件，文件命名为“A4 图框.dwg”。最终结果如图 1-34 所示。

表 1-4　学生常用推荐标题栏绘制步骤

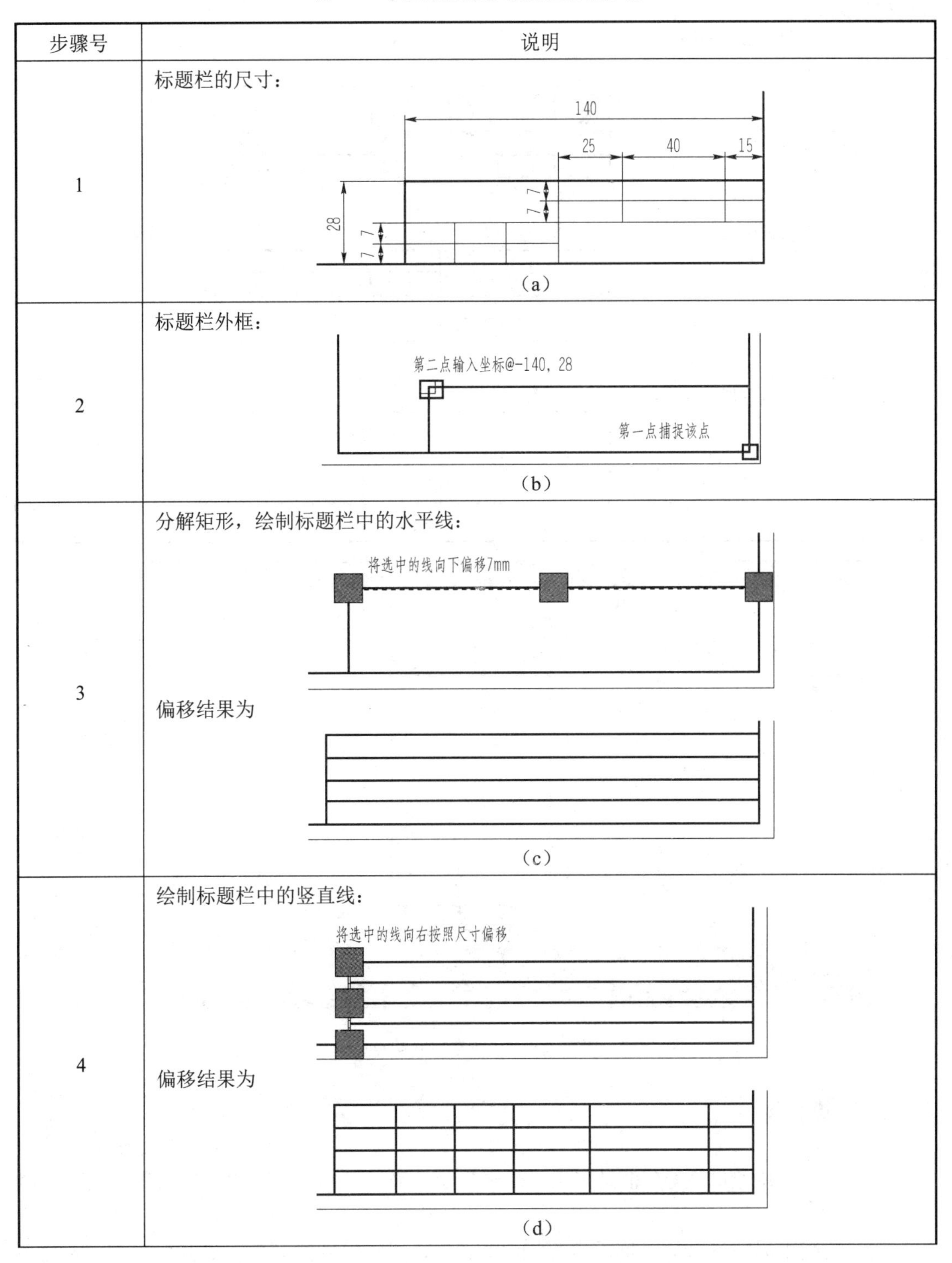

步骤号	说明
1	标题栏的尺寸： （a）
2	标题栏外框： （b）
3	分解矩形，绘制标题栏中的水平线： 偏移结果为 （c）
4	绘制标题栏中的竖直线： 偏移结果为 （d）

续表

步骤号	说明
5	修剪多余的图线： 将选中矩形框里的线条剪掉 （e） 修剪结果为 （f）
6	修改图层和线型： （g）

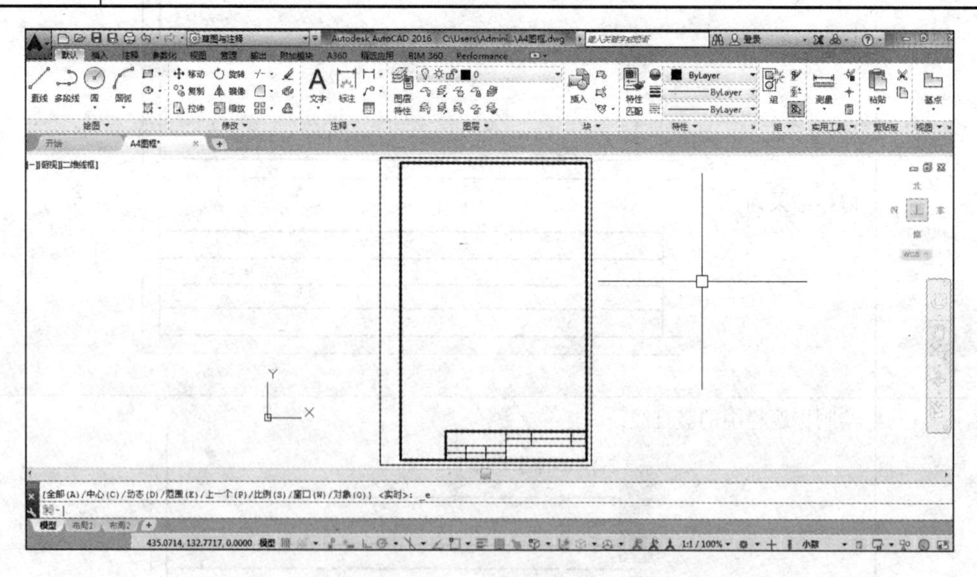

图 1-34　绘制完成的“A4 图框.dwg”图形文件

1.3.3　步骤点评

（1）本案例中绘制 A4 图框是采用“矩形”命令来绘制的，读者也可以采用“直线”命令直接绘制。

（2）绘制矩形框可以从坐标原点开始绘制，也可以在绘图区域任一点开始绘制，此时必须使用相对坐标进行绘制。

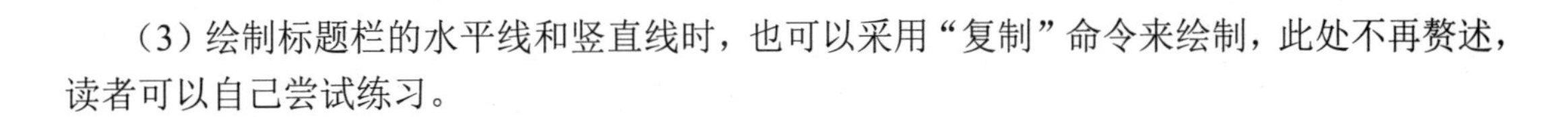

（3）绘制标题栏的水平线和竖直线时，也可以采用“复制”命令来绘制，此处不再赘述，读者可以自己尝试练习。

1.3.4　总结与拓展

本次任务主要应用了矩形、直线、分解、偏移、修剪等命令，这些命令在后面会重点讲解，此处不介绍。

1.3.5　随堂练习

将“绘图环境设置.dwg”图形文件打开，按照 A4 图框的要求，在相应的图层中绘制 A4 图框和标题栏，最后以“1.3A4 图框.dwg”为名保存图形文件，留待以后的学习中使用。

第 2 章　绘制二维图形

在第 1 章中已经学习了利用 AutoCAD 2016 软件进行绘图的基本操作方法及绘图环境设置等知识。从本章开始介绍如何利用该软件进行各类图形的绘制。本章主要以典型二维图形为载体讲解 AutoCAD 基本绘图命令与基本编辑命令的使用，涉及的平面图形以机械绘图实例为主，如某机械零件的某视图；涉及的基本绘图命令有直线、矩形、正多边形、圆、圆弧、椭圆、样条曲线、图案填充、多段线等；基本编辑命令有删除、复制、镜像、偏移、阵列、移动、旋转、缩放、拉伸、修剪、延伸、打断、倒角、圆角、分解等。

在本章中，绘制平面图形的要求：能够读懂平面图形，正确分析图形中的图线，按照国家标准正确选择图线，熟悉并掌握绘制平面图形的基本步骤。

本章绘制实例有钩头楔键、板件、螺栓连接件、垫片、扳手、吊钩、箭头造型。

2.1　绘制钩头楔键

2.1.1　案例介绍及知识要点

1. 案例介绍

绘制钩头楔键主视图，如图 2-1 所示。

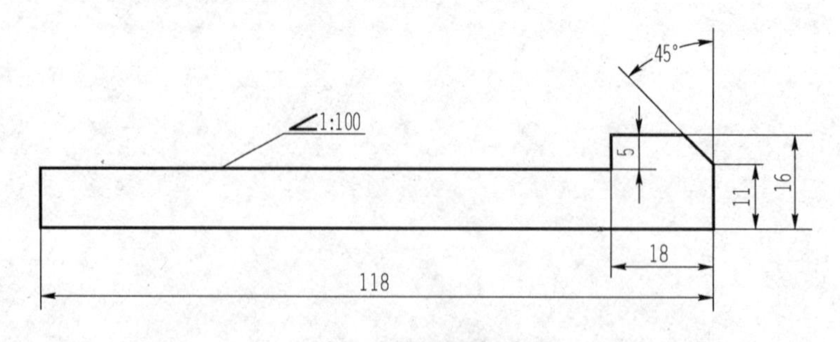

图 2-1　钩头楔键主视图

钩头楔键绘制过程演示

2. 知识要点

（1）钩头楔键与普通平键、半圆键等均为键连接标准件，其尺寸可以查阅机械设计手册。

（2）钩头楔键主要用于紧键连接。在装配后，因斜度影响，使轴与轴上的零件产生偏斜和偏心，所以不适合用于要求精度高的连接。

（3）斜度是指一条直线（或一个平面）对另一条直线或（另一个平面）的倾斜程度，其大小用它们之间夹角的正切来表示。

2.1.2　图形分析及绘图步骤

1. 图形分析

1）形状分析

图 2-1 为钩头楔键主视图，表达了该型号钩头楔键的外形轮廓。其左端为楔形，用以楔入键槽中，右端为钩头，方便敲击，该处有倒角。绘制该图形时，需用“直线”命令绘制其轮廓线，要注意轮廓线线型为粗实线。该图形的图线中，除了锲面及倒角处均为横平竖直的直线，所以绘图时应充分利用正交模式。

2）尺寸分析

该键总长 118mm，总高 16mm。左端楔面斜度为 1∶100，因此计算得出最左端竖线尺寸为 10mm。右端钩头处有倒角，其尺寸为 5mm×5mm。

2. 绘图步骤

（1）建立图层。
（2）绘制主要轮廓。
（3）编辑图形。
（4）检查确认。

2.1.3　操作步骤

步骤 1：软件启动

启动 AutoCAD 2016 软件，自动生成 Drawing1 文件，将文件另存为“钩头锲键主视图.dwg”。

步骤 2：建立图层

根据表 2-1 所示的图层信息建立相应图层。

表 2-1　图层信息表

图层名称	颜色	线型	线宽/mm
轮廓线	自定	Continuous	0.5

步骤 3：绘制主要轮廓线

1）打开正交模式

单击状态栏上的“正交”按钮∟，或按 F8 键，使“正交”按钮处于高亮状态，即进入正交模式。

2）绘制主要轮廓

在“图层”工具栏中将“轮廓线”图层设置为当前图层，单击“默认”选项卡“绘图”面板中的“直线”按钮⁄，或选择“绘图”→“直线”命令，也可以在命令行窗口中输入“L”后按 Enter 键，根据命令提示窗口中的提示进行操作，得到图 2-2。

命令:L↙
LINE 指定第一个点:(在绘图区适当位置单击)
指定下一点或 [放弃(U)]: 10↙(十字光标移至上一点下方，输入与上一点的相对坐标，按 Enter 键)
指定下一点或 [放弃(U)]: 118↙(十字光标移至上一点右方，输入与上一点的相对坐标，按 Enter 键)
指定下一点或 [闭合(C)/放弃(U)]: 16↙(十字光标移至上一点上方，输入与上一点的相对坐标，按 Enter 键)
指定下一点或 [闭合(C)/放弃(U)]: 18↙(十字光标移至上一点左方，输入与上一点的相对坐标，按 Enter 键)
指定下一点或 [闭合(C)/放弃(U)]: 5↙(十字光标移至上一点下方，输入与上一点的相对从标，按 Enter 键)
指定下一点或 [闭合(C)/放弃(U)]: C↙(输入 C，选择“闭合”选项，结束“直线”命令)

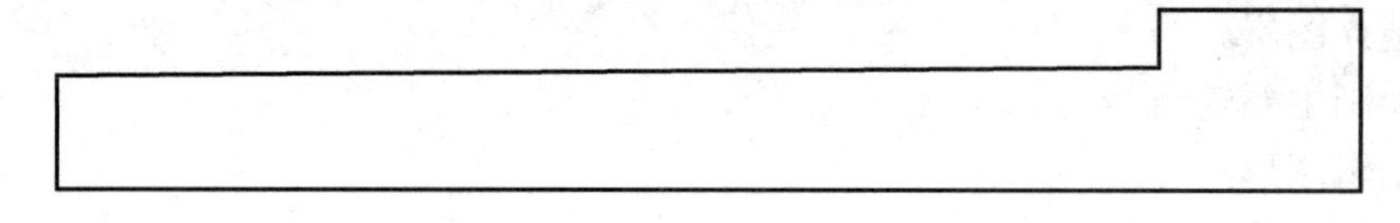

图 2-2　钩头锲键主要轮廓

步骤 4：编辑图形

单击“默认”选项卡“修改”面板中的“倒角”按钮▢，或选择“修改”→“倒角”命令，或在命令行窗口中输入“CHA”按 Enter 键，对钩头处进行倒角，即可得到图 2-1 所示图形。

命令:CHA↙
CHAMFER
(“修剪”模式) 当前倒角距离 1 = 0.0000，距离 2 = 0.0000
选择第一条直线或 [放弃(U)/多段线(P)/距离(D)/角度(A)/修剪(T)/方式(E)/多个(M)]: D↙(设置倒角距离)
指定 第一个 倒角距离 <0.0000>: 5↙(设置第一个倒角距离为 5mm)
指定 第二个 倒角距离 <5.0000>:↙(设置第二个倒角距离与第一倒角距离相同)
选择第一条直线或 [放弃(U)/多段线(P)/距离(D)/角度(A)/修剪(T)/方式(E)/多个(M)]: (单击需要倒角的第一个边)
选择第二条直线，或按住 Shift 键选择直线以应用角点或 [距离(D)/角度(A)/方法(M)]:(单击需要倒角的第二个边,结束倒角命令)

2.1.4　步骤点评

1. 步骤 2 点评

初学 AutoCAD 时，需要进行建立图层的练习。以后新建文件时，可先调用已经做好的模板文件，不用每次都建立图层。

2. 步骤 4 点评

用户可以用“直线”命令绘制出轮廓后，再“倒角”命令进行编辑，也可用“直线”命令直接完成。对于简单的图形，两者的区别不大，但如果有多处倒角，且倒角数值一样，则前一方法会明显提高绘图效率。

2.1.5　总结和拓展

“直线”命令讲解、演示

1. “直线”命令的应用

（1）单击“默认”选项卡“绘图”面板中的“直线”按钮，或选择“绘图”→“直线”命令，或在命令行窗口中输入“L”，按 Enter 键。

（2）指定起点。可以通过单击确定起点，也可以在命令行窗口的提示下输入坐标值。

（3）指定端点以完成第一条直线段。

（4）指定其他直线段的端点。要在执行 LINE 命令期间放弃前一条直线段，则应输入“U”，而如需放弃整段直线段，则单击工具栏上的“放弃”按钮。

（5）按 Enter 键结束，或输入“C”使一系列直线段闭合。

2. “倒角”命令的应用

“倒角”命令讲解、演示

（1）单击“默认”选项卡“修改”面板中的“倒角”按钮，或选择“修改”→“倒角”命令，或在命令行窗口中输入“CHA”，按 Enter 键。

（2）输入“T”，按 Enter 键，进行修剪控制，输入“U”进行不修剪控制。

（3）输入“D”，按 Enter 键，以给定两边倒角距离的方式进行倒角，或输入“A”，按 Enter 键，以给定一边倒角距离及角度的方式进行倒角。

（4）选择要倒角的对象。可倒角的对象有直线、多段线、射线、构造线等。

2.1.6　随堂练习

在 AutoCAD 2016 工作界面中以 1∶1 比例抄画图 2-3 和图 2-4 所示图形，不标注尺寸。

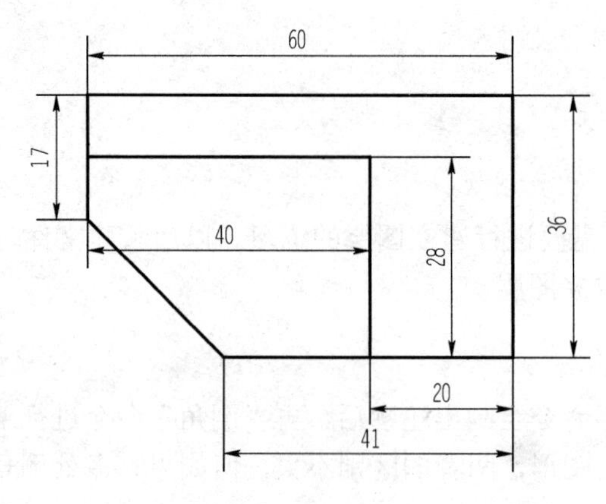

图 2-3　图形（一）

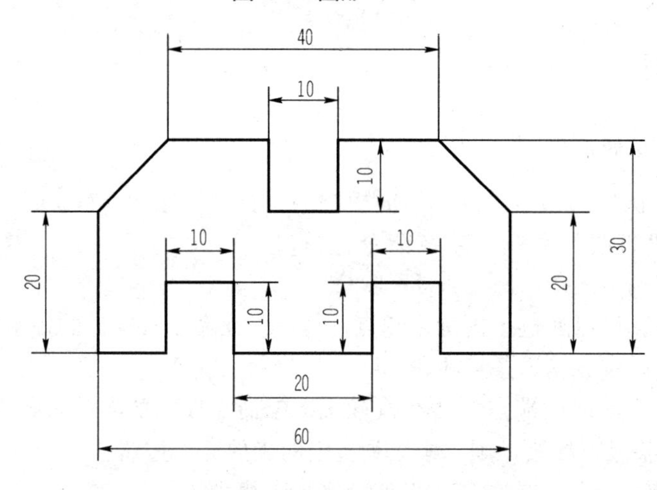

图 2-4　图形（二）

2.2　绘制板件

2.2.1　案例介绍及知识要点

1. 案例介绍

绘制板件俯视图，如图 2-5 所示。

2. 知识要点

（1）板件即板类零件，是指长宽具有一定比例，厚度较小的零件。

（2）板件上一般有平面、槽或孔。通常把具有平面和槽的板件称为槽板，把具有平面和孔的板件称为孔板。

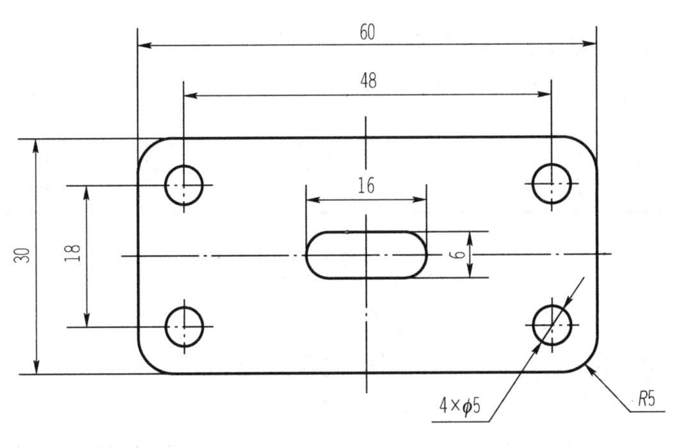

图 2-5　板件俯视图

板件绘制过程演示

2.2.2　图形分析及绘图步骤

1. 图形分析

1）图线分析

图 2-5 为某板件俯视图，表达了该板件的长宽尺寸及板上孔、槽的位置。该板件为方形板，四面有圆角，四周打孔，中间位置开槽。

其线型有两种，表达轮廓线的粗实线，以及表达孔的中心线及板件对称线的点画线。

该图结构对称，圆孔按矩形阵列有序排列，绘图时应考虑用“阵列”命令。

2）尺寸分析

该板件长为 60mm，宽为 30mm。板件四周倒 *R*5 的圆角，在板上打有 4 个 ϕ5mm 的孔。板件中间开有环形槽，长为 16mm，宽为 6mm。

2. 绘图步骤

（1）建立图层或调用已设置好图层的模板。

（2）绘制图形。

（3）编辑图形。

（4）检查确认。

2.2.3　操作步骤

步骤 1：软件启动

启动 AutoCAD 2016 软件，自动生成 Drawing1 文件，将文件另存为“板件俯视图.dwg”。

步骤 2：建立图层

根据表 2-2 所示的图层信息建立相应图层。

表 2-2　图层信息表

图层名称	颜色	线型	线宽/mm
轮廓线	自定	Continuous	0.5
中心线	自定	CENTER2	0.25

步骤 3：绘制图形

1）绘制矩形

将“轮廓线”图层设置为当前图层，在命令行窗口中输入“REC”，按 Enter 键，用“矩形”命令在适当位置绘制板件的矩形轮廓，如 2-6（a）所示。

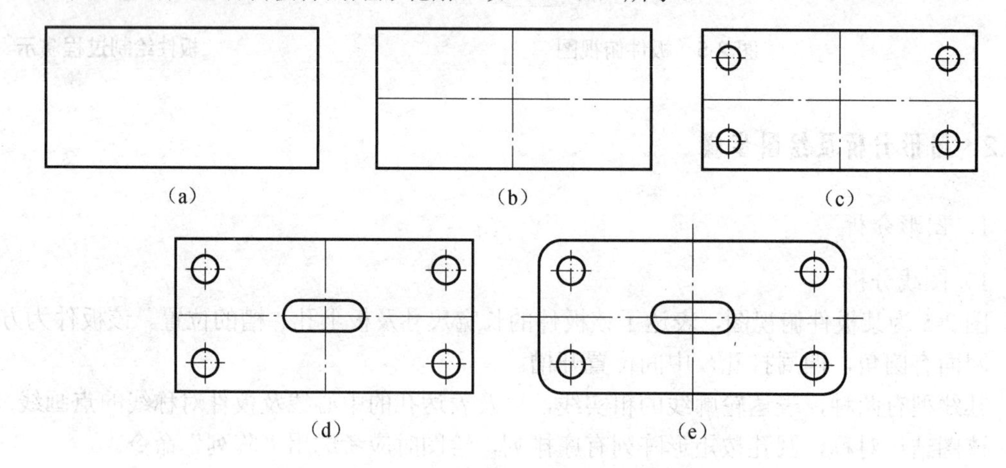

图 2-6　板件俯视图的绘制过程

```
命令：REC↙
RECTANG
指定第一个角点或 [倒角(C)/标高(E)/圆角(F)/厚度(T)/宽度(W)]：(在适当位置单击，确定第一角点)
指定另一个角点或 [面积(A)/尺寸(D)/旋转(R)]：@60,30↙(输入@60,30，并按 Enter 键，完成矩形绘制)
```

2）绘制矩形的对称线

将“中心线”图层调整为当前图层，用“直线”命令绘制矩形的对称线，如图 2-6（b）所示。

3）绘制 4 个圆孔

（1）分解矩形：在命令行窗口中输入“X”，按 Enter 键，分解刚才绘制的矩形。

```
命令：X↙(开启分解命令)
EXPLODE
选择对象：找到 1 个（拾取矩形）
选择对象：↙(结束分解命令)
```

（2）通过“偏移”命令确定左下角点圆的中心位置：在命令行窗口中输入“O”，按 Enter 键，对矩形的左、下两边进行偏移操作。

```
命令：O↙（开启偏移命令）
OFFSET
当前设置：删除源=否　图层=源　OFFSETGAPTYPE=0
指定偏移距离或 [通过(T)/删除(E)/图层(L)] <3.0000>：6↙
选择要偏移的对象，或 [退出(E)/放弃(U)] <退出>：（拾取左侧直线）
指定要偏移的那一侧上的点，或 [退出(E)/多个(M)/放弃(U)] <退出>：（单击右侧点）
选择要偏移的对象，或 [退出(E)/放弃(U)] <退出>：（拾取下侧直线）
指定要偏移的那一侧上的点，或 [退出(E)/多个(M)/放弃(U)] <退出>：（单击上侧点）
选择要偏移的对象，或 [退出(E)/放弃(U)] <退出>：↙（结束偏移命令）
```

（3）绘制左下角圆：在命令行窗口中输入“C”，按 Enter 键，绘制左下角的圆。

```
命令：C↙（开启圆命令）
CIRCLE
指定圆的圆心或 [三点(3P)/两点(2P)/切点、切点、半径(T)]：（单击刚才偏移出来的两条直
线的交点）
指定圆的半径或 [直径(D)] <2.5000>：D↙（用给出直径的方式绘制圆）
指定圆的直径 <5.0000>：5↙（输入 5，按 Enter 键，指定圆的直径）
```

（4）调整圆及其中心线：刚刚绘制的圆的处于“中心线”图层，而圆的中心线处于“轮廓线”图层且长度过大，不符合机械制图国家标准中中心线应长出轮廓线 2～5mm 的规定。因此在命令行中输入“MA”，按 Enter 键，调整线条属性。在命令行窗口中输入“LEN”，按 Enter 键，调整圆中心线的长度。

```
命令：MA↙（开启对象特性匹配命令）
MATCHPROP
选择源对象：（拾取轮廓线层的某对象作为源对象）
当前活动设置：颜色 图层 线型 线型比例 线宽 透明度 厚度 打印样式 标注 文字 图案填充
多段线 视口 表格 材质 阴影显示 多重引线
选择目标对象或 [设置(S)]：（选择圆）
选择目标对象或 [设置(S)]：↙（结束对象特性匹配命令）
命令：↙（重复上一命令）
MATCHPROP
选择源对象：（拾取中心线层的某对象作为源对象）
当前活动设置：颜色 图层 线型 线型比例 线宽 透明度 厚度 打印样式 标注 文字 图案填充
多段线 视口 表格 材质 阴影显示 多重引线
选择目标对象或 [设置(S)]：（选择圆的第一条中心线）
选择目标对象或 [设置(S)]：（选择圆的第二条中心线）
选择目标对象或 [设置(S)]：↙（结束特性匹配命令）
命令：LEN↙（开启拉长命令）
LENGTHEN
```

选择对象或 [增量(DE)/百分数(P)/全部(T)/动态(DY)]: DY↙ (采用动态模式进行拉长命令)
选择要修改的对象或 [放弃(U)]:(选择圆中心线的右端)
指定新端点:(十字光标向左移动，在适当位置单击)
……(用同样的方法调整中心线长度)

(5)阵列出 4 个圆：在命令行窗口中输入“AR”，按 Enter 键，对已经绘制出的圆及其中心线进行阵列。

命令: AR↙(开启阵列命令)
ARRAY
选择对象: 指定对角点: 找到 3 个(选择绘制出的圆及中心线)
选择对象:↙(结束对象选择)
输入阵列类型 [矩形(R)/路径(PA)/极轴(PO)] <矩形>:↙(采用默认的矩形阵列模式)
类型 = 矩形 关联 = 是
选择夹点以编辑阵列或 [关联(AS)/基点(B)/计数(COU)/间距(S)/列数(COL)/行数(R)/层数(L)/退出(X)] <退出>: R↙ (输入 R，按 Enter 键)
输入行数数或 [表达式(E)] <3>: 2↙(设置为 2 行)
指定 行数 之间的距离或 [总计(T)/表达式(E)] <10.2629>: 18↙(输入 18，按 Enter 键，行间距 18mm)
指定 行数 之间的标高增量或 [表达式(E)] <0>:↙(不指定标高增量)
选择夹点以编辑阵列或 [关联(AS)/基点(B)/计数(COU)/间距(S)/列数(COL)/行数(R)/层数(L)/退出(X)] <退出>: COL↙ (输入 COL，按 Enter 键)
输入列数数或 [表达式(E)] <4>: 2(输入 2，按 Enter 键，设置为 2 列)
指定 列数 之间的距离或 [总计(T)/表达式(E)] <10.2443>:48↙(设置列间距 48mm)
选择夹点以编辑阵列或 [关联(AS)/基点(B)/计数(COU)/间距(S)/列数(COL)/行数(R)/层数(L)/退出(X)] <退出>:↙ (结束阵列命令)

至此，4 个圆及其中心线绘制完毕，如图 2-6（c）所示。

4）绘制环形槽

用“直线”命令、“偏移”命令、“圆角”命令、“镜像”命令绘制板件中间的环形槽，如 2-6（d）所示。

命令: L↙
LINE
指定第一个点:(单击矩形两条中心线的交点)
指定下一点或 [放弃(U)]: 5↙(十字光标移至第一点左侧，在正交模式下输入 5，按 Enter 键)
指定下一点或 [放弃(U)]:↙(完成直线命令)
命令: O↙(开启偏移命令)
OFFSET
当前设置: 删除源=否 图层=源 OFFSETGAPTYPE=0
指定偏移距离或 [通过(T)/删除(E)/图层(L)] <6.0000>: 3↙
选择要偏移的对象，或 [退出(E)/放弃(U)] <退出>:(选择刚绘制的直线)
指定要偏移的那一侧上的点，或 [退出(E)/多个(M)/放弃(U)] <退出>:(单击直线上侧点)
选择要偏移的对象，或 [退出(E)/放弃(U)] <退出>:(选择刚绘制的直线)

```
指定要偏移的那一侧上的点，或 [退出(E)/多个(M)/放弃(U)] <退出>:（单击直线上侧点）
选择要偏移的对象，或 [退出(E)/放弃(U)] <退出>:↙
命令: F↙（开启圆角命令）
FILLET
当前设置: 模式 = 修剪，半径 = 5.0000
选择第一个对象或 [放弃(U)/多段线(P)/半径(R)/修剪(T)/多个(M)]:（单击偏移出上侧直线的左半部分上的点）
选择第二个对象，或按住 Shift 键选择对象以应用角点或 [半径(R)]:（单击偏移出下侧直线的左半部分上的点,得到与两条直线相切的半圆）
命令: MI↙（开启镜像命令）
MIRROR
选择对象: 找到 1 个
选择对象: 找到 1 个，总计 2 个
选择对象: 找到 1 个，总计 3 个
选择对象:↙（拾取刚刚偏移出的直线及圆角命令绘制出的半圆）
指定镜像线的第一点: 指定镜像线的第二点:（单击矩形竖直对称线上的任意两点）
要删除源对象吗? [是(Y)/否(N)] <N>:↙（采用默认模式，不删除源对象，结束镜像命令）
命令:E↙（开启删除命令）
命令: ERASE
选择对象: 找到 1 个（拾取用来进行偏移的辅助直线）
选择对象:↙（结束删除命令）
```

步骤 4: 编辑图形

1）调整矩形对称线长度

在命令行窗口中输入“LEN”，用与调整圆的中心线一样的方法对矩形对称线进行调整，使其长出矩形 2～5mm。

2）对矩形倒圆角

在命令行窗口中输入“F”，按 Enter 键，用“圆角”命令为矩形添加圆角。

```
命令: F↙（开启圆角命令）
FILLET
当前设置: 模式 = 修剪，半径 = 0.0000
选择第一个对象或 [放弃(U)/多段线(P)/半径(R)/修剪(T)/多个(M)]: R↙(设置半径)
指定圆角半径 <0.0000>: 5↙（指定圆角半径为 5mm）
选择第一个对象或 [放弃(U)/多段线(P)/半径(R)/修剪(T)/多个(M)]:(单击矩形左边上边缘)
选择第二个对象，或按住 Shift 键选择对象以应用角点或 [半径(R)]:(单击矩形上边左边缘，完成对矩形左上角的圆角)
……（用同样的方法对矩形其他角进行圆角）
```

2.2.4　步骤点评

绘制平面图形应首先理解该图形，并可正确分析图形中的图线。对于已知线段，其绘制的先后顺序并无明确的先后之分，如矩形、圆、环等；而中间线段或连接线段则必须要在绘制已知线段之后，如圆角的绘制应在矩形之后。

对于图中的圆弧，要根据圆弧的具体情况选择命令，不要不加思考地应用“圆弧”命令。更多的情况是用“圆”命令后进行修剪或绘制轮廓后再利用“圆角”命令。

利用何种绘图及编辑命令并不是绝对的，通常完成一个平面图形可以用不同的绘图命令来完成。

2.2.5 总结和拓展

1. 矩形

“矩形”命令用来创建矩形对象，其步骤如下：

“矩形”命令讲解、演示

（1）在命令行窗口中输入“REC”，按 Enter 键，或在“绘图”工具栏中单击“矩形”按钮，或单击“默认”选项卡“绘图”面板中的“矩形”按钮，或选择“绘图”→“矩形”命令。

（2）指定矩形第一个角点的位置。

（3）指定矩形其他角点的位置。

在绘制矩形的过程中可指定矩形的倒角、圆角、厚度、宽度、标高等信息。

2. 圆

要创建圆，可以指定圆心、半径、直径、圆周上或其他对象上的点的不同组合。

1）通过圆心和半径绘制圆

在命令行窗口中输入“C”，按 Enter 键，或在“绘图”工具栏中单击“圆”按钮，或单击“默认”选项卡“绘图”面板中的“圆”下拉按钮，在打开的下拉菜单中选择“圆心，半径”命令，或选择“绘图”→“圆”→“圆心，半径”命令，并指定圆心，输入半径。

2）通过圆心和直径绘制圆

执行下列操作之一即可通过圆心和直径绘制圆：

（1）单击“默认”选项卡“绘图”面板中的“圆”下拉按钮，在打开的下拉菜单中选择“圆心，直径”命令，或选择“绘图”→“圆”→“圆心，直径”命令，并指定圆心，输入直径。

（2）在命令行窗口中输入“C”，按 Enter 键，或在“绘图”工具栏中单击“圆”按钮，指定圆心后，在命令行窗口中输入“D”，按 Enter 键，并输入直径。

3）通过指定直径上的两个端点绘制圆

执行下列操作之一即可通过指定直径上的两个端点绘制圆：

（1）单击“默认”选项卡“绘图”面板中的“圆”下拉按钮，在打开的下拉菜单中选择“两点”命令，或选择“绘图”→“圆”→“两点”命令，并指定圆直径上的两个端点。

（2）在命令行窗口中输入“C”，按 Enter 键（或在“绘图”工具栏中单击“圆”按钮），

输入“2”，按 Enter 键，并指定圆直径上的两个端点。

4）通过指定圆上三点绘制圆

执行下列操作之一即可通过指定圆上三点绘制圆：

（1）单击“默认”选项卡“绘图”面板中的“圆”下拉按钮，在打开的下拉菜单中选择“三点”命令，选择“绘图”→“圆”→“三点”命令，并指定圆上的三点。

（2）在命令行窗口中输入“C”，按 Enter 键（或在“绘图”工具栏中单击“圆”按钮），输入“3P”，按 Enter 键，并指定圆上的三点。

5）创建与两个对象相切的圆

执行下列操作之一即可创建与两个对象相切的圆：

（1）单击“默认”选项卡“绘图”面板中的“圆”下拉按钮，在打开的下拉菜单中选择“相切，相切，半径”命令，或选择“绘图”→“圆”→“相切，相切，半径”命令，分别选择与要绘制的圆相切的两个对象，并输入圆的半径。

“圆”命令讲解、演示

（2）在命令行窗口中输入“C”，按 Enter 键（或在“绘图”工具栏中单击“圆”按钮），输入“T”，按 Enter 键，分别选择与要绘制的圆相切的两个对象，并输入圆的半径。

6）创建与 3 个对象相切的圆

单击“默认”选项卡“绘图”面板中的“圆”下拉按钮，在打开的下拉菜单中选择“相切，相切，相切”命令，或选择“绘图”→“圆”→“相切，相切，相切”命令，分别选择与要绘制的圆相切的 3 个对象。

3. 分解

“分解”命令用于将复合对象分解为各个单一对象，其步骤如下：

（1）在命令行窗口中输入“X”，按 Enter 键，或在“修改”工具栏中单击“分解”按钮，或单击“默认”选项卡“修改”面板中的“分解”按钮，或选择“修改”菜单→“分解”命令。

“分解”命令讲解、演示

（2）选择要分解的对象。对于大多数对象，分解的效果并不是能够直接看得到的。

4. 偏移

“偏移”命令用于对对象进行偏移，以创建形状与原始对象平行的新对象。可偏移的对象有直线、圆弧、圆、椭圆和椭圆弧、二维多段线、构造线、射线和样条曲线。

1）以指定的距离偏移对象

以指定的距离偏移对象的步骤如下：

（1）在命令行窗口中输入“O”，按 Enter 键，或在“修改”工具栏中单击“偏移”按钮，或单击“默认”选项卡“修改”面板中的“偏移”按钮，或选择“修改”→“偏移”命令。

（2）指定偏移距离。可以输入值或使用定点设备。

（3）选择要偏移的对象。

“偏移”命令讲解、演示

（4）指定某个点以指示要偏移的一侧。

2）使偏移对象通过一点

使偏移对象通过一点的步骤如下：

（1）在命令行窗口中输入“O”，按 Enter 键，或在“修改”工具栏中单击“偏移”按钮，或单击“默认”选项卡“修改”面板中的“偏移”按钮，或选择“修改”→“偏移”命令。

（2）输入“T”，按 Enter 键。

（3）选择要偏移的对象。

（4）指定偏移对象要通过的点。

5. 特性匹配

特性匹配命令讲解、演示

“特性匹配”命令将选中对象的特性应用于其他对象。可应用的特性类型包含颜色、图层、线型、线型比例、线宽、打印样式、透明度和其他指定的特性。其步骤如下：

（1）在命令行窗口中输入“MA”，按 Enter 键，或选择“修改”→“特性匹配”命令。

（2）选择源对象。

（3）选择目标对象。

6、拉长

“拉长”命令讲解、演示

“拉长”命令用于调整对象大小使其在一个方向上或按比例增大或缩小。可用“拉长”命令进行操作的对象有直线、圆弧、开放的多段线、椭圆弧和开放的样条曲线。“拉长”命令中，动态拖动模式最为灵活实用，其步骤如下：

（1）在命令行窗口中输入“LEN”，按 Enter 键，或单击“默认”选项卡“修改”面板中的“拉长”按钮，或选择“修改”→“拉长”命令。

（2）输入“DY”（动态拖动模式），按 Enter 键。

（3）选择要拉长的对象。

（4）拖动端点接近选择点，指定一个新端点。

7. 阵列

“阵列”命令用于创建以阵列模式排列的对象的副本。阵列有 3 种模式：矩形阵列、环形阵列、路径阵列。

1）创建矩形阵列

（1）在命令行窗口中输入“AR”，按 Enter 键，选择要排列的对象并按 Enter 键（跳过步骤 2），再次按 Enter 键采用默认的矩形阵列模式；或在“修改”工具栏中单击“矩形阵列”按钮，或单击“默认”选项卡“修改”面板中的“矩形阵列”按钮，或选择“修改”→“阵列”→“矩形阵列”命令。

（2）选择要排列的对象，并按 Enter 键。

（3）输入“R”，按 Enter 键，指定要排列的行数及行间距。

（4）输入“COL”，按 Enter 键，指定要排列的列数及列间距。

另外，用户还可以在阵列预览中，拖动夹点以调整间距及行数和列数。

2）创建环形阵列

（1）在命令行窗口中输入“AR”，选择要排列的对象并按 Enter 键（跳过步骤 2），输入“PO”，按 Enter 键采用环形阵列方式，或单击“默认”选项卡“修改”面板中的“环形阵列”按钮，或选择“修改”→“阵列”→“环形阵列”命令。

“阵列”命令讲解、演示

（2）选择要排列的对象，并按 Enter 键。

（3）指定中心点，显示预览阵列。

（4）输入“I”（项目），并输入要排列对象的数量。

（5）输入“A”（角度），并输入要填充的角度。

另外，用户还可以通过拖动箭头夹点来调整填充角度。

3）创建路径阵列

使用路径阵列的最简单的方法是先创建它们，然后使用功能区中的工具或“特性”窗口来进行调整。

（1）在命令行窗口中输入“AR”，按 Enter 键，选择要排列的对象并按 Enter 键（跳过步骤 2），输入“PA”，按 Enter 键采用路径阵列方式，或单击“默认”选项卡“修改”面板中的“路径阵列”按钮，或选择“修改”→“阵列”→“路径阵列”命令。

（2）选择要排列的对象，并按 Enter 键。

（3）选择某个对象（如直线、多段线、三维多段线、样条曲线、螺旋、圆弧、圆或椭圆）作为阵列的路径。

（4）指定沿路径分布对象的方法：

① 若要沿整个路径长度均匀地分布项目，则单击“阵列”选项卡“特性”面板中的“分割”按钮。

② 要以特定间隔分布对象，单击“阵列”选项卡“特性”面板中的“测量”按钮。

（5）沿路径移动十字光标以进行调整。

（6）按 Enter 键完成阵列。

8. 镜像

“镜像”命令以绕指定轴翻转对象的方式创建对称的镜像图像。

（1）在命令行窗口中输入“MI”，或在“修改”工具栏中单击“镜像”按钮，或单击“默认”选项卡“修改”面板中的“镜像”按钮，或选择“修改”→“镜像”命令。

（2）选择要镜像的对象。

（3）指定镜像直线的第一点。

（4）指定第二点。

（5）按 Enter 键保留原始对象，或输入“Y”将其删除。

“镜像”命令讲解、演示

9. 删除

“删除”命令用来删除不绘图过程中不再需要的对象，可用如下两种方法：

（1）在命令行窗口中输入“E”，按 Enter 键，或在“修改”工具栏中单击“删除”按钮

“删除”命令讲解、演示

“圆角”命令讲解、演示

，或单击“默认”选项卡“修改”面板中的“删除”按钮，或选择“修改”→“删除”命令；选取要删除的对象，按 Enter 键即可。

（2）先选取要删除的对象，然后按 Delete 键。

10. 圆角

“圆角”命令使用与对象相切并且具有指定半径的圆弧连接两个对象。可以圆角的对象有圆弧、圆、椭圆和椭圆弧、直线、多段线、射线、样条曲线和构造线。其步骤如下：

（1）在命令行窗口中输入“F”，按 Enter 键，或在“修改”工具栏中单击“圆角”按钮，或单击“默认”选项卡“修改”面板中的“圆角”按钮，或选择“修改”→“圆角”命令。

（2）选择第一个对象。

（3）选择第二个对象。

2.2.6 随堂练习

在 AutoCAD 2016 工作界面中以 1∶1 比例抄画图 2-7 和图 2-8 所示图形，不标注尺寸。

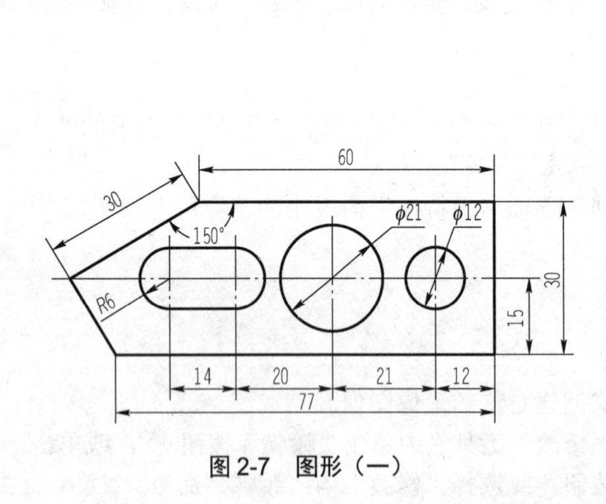

图 2-7 图形（一）

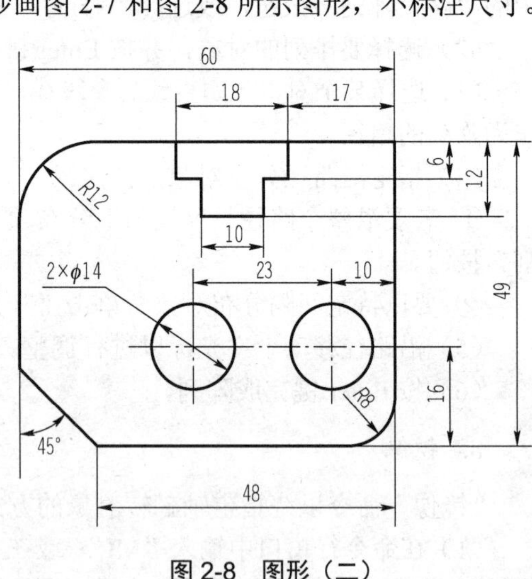

图 2-8 图形（二）

2.3 绘制螺栓连接俯视图

2.3.1 案例介绍及知识要点

1. 案例介绍

绘制螺栓连接俯视图，如图 2-9 所示。

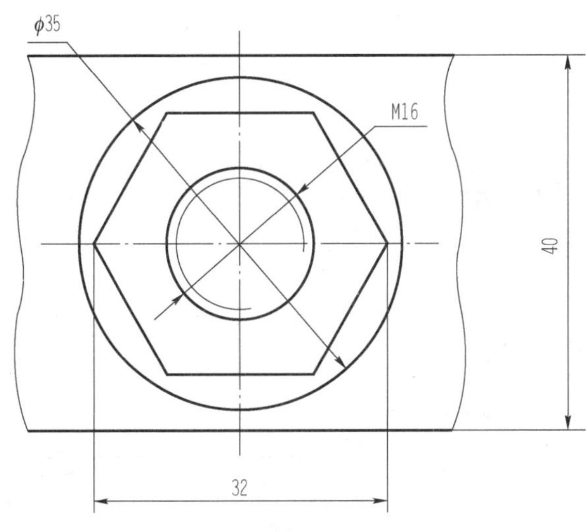

图 2-9　螺栓连接俯视图

螺栓连接绘制过程演示

2. 知识要点

（1）螺栓连接指用螺栓穿过被连接的两机件通孔，然后套上垫圈，拧紧螺母。

（2）螺栓连接主要用在两边允许装拆，且被连接件间厚度不大的场合。

（3）类似的连接方式还有螺柱连接、螺钉连接等。

2.3.2　图形分析及绘图步骤

1. 图形分析

1）图线分析

图 2-9 为螺栓连接俯视图，表达了螺栓连接的各个零件，由大到小分别为被连接件、垫圈、螺母和螺栓。

其中，中心线为点画线，轮廓线为粗实线，波浪线和螺纹牙底线为细实线。

该图结构为上下、左右对称，绘图时应考虑用“镜像”命令。

2）尺寸分析

被连接件宽度为 40mm，长度未指定，绘图时画出大概尺寸即可。螺母外轮廓为直径为 ϕ32mm，圆内接的正六边形。螺栓公称直径为 M16，其小径线用简化画法画出约 ϕ14mm 即可。垫圈外径尺寸为 ϕ35mm。

2. 绘图步骤

（1）建立图层或调用已设置好图层的模板。

（2）绘制图形。

（3）编辑图形。

（4）检查确认。

2.3.3 操作步骤

步骤 1：软件启动

启动 AutoCAD 2016 软件，自动生成 Drawing1 文件，将文件另存为“螺栓连接俯视图.dwg”。

步骤 2：建立图层

根据表 2-3 所示的图层信息建立相应图层。

表 2-3 图层信息表

图层名称	颜色	线型	线宽/mm
轮廓线	自定	Continuous	0.5
细实线	自定	Continuous	0.25
中心线	自定	CENTER2	0.25

步骤 3：绘制图形

1）绘制中心线

打开正交模式，将“中心线”图层设置为当前图层，在命令行窗口中输入“L”，按 Enter 键，用“直线”命令在适当位置绘制横直两条相交的直线，如 2-10（a）所示。

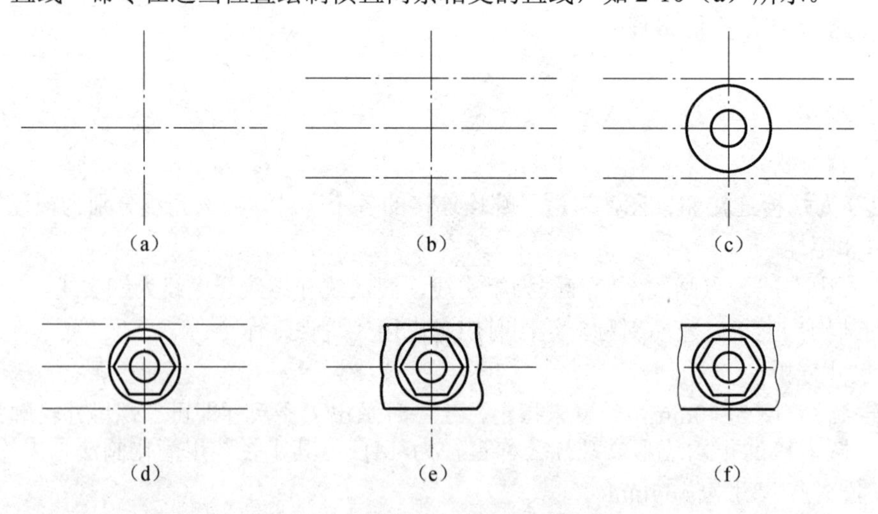

图 2-10 螺栓连接俯视图的绘制过程

2）确定被连接件的位置

在命令行窗口中输入“O”，按 Enter 键，对水平中心线进行偏移操作，如图 2-10（b）所示。

3）绘制螺栓及垫圈外形

在“图层”工具栏中，将“轮廓线”图层设置为当前图层，或在命令行窗口中输入“C”，按 Enter 键，绘制直径分别为ϕ14mm、ϕ16mm 及ϕ35mm 的圆，如图 2-10（c）所示。

4）绘制螺母外形

在命令行窗口中输入“POL”，按 Enter 键，绘制内接于直径分别为ϕ32mm 圆的正六边形，如 2-10（d）所示。

命令：POL↙
POLYGON 输入侧面数 <4>：6↙（指定正多边形的边数）
指定正多边形的中心点或 [边(E)]：(单击中心线的交点，指定正六边形的中心点)
输入选项 [内接于圆(I)/外切于圆(C)] <I>：↙（采用默认的内接于圆模式）
指定圆的半径：16↙（保持正交状态，将十字光标置于中心点右侧，输入 16，完成多边形的绘制）

5）绘制被连接件外形

用“直线”命令确定被连接件宽度，在命令行窗口中输入“SPL”，按 Enter 键，用“样条曲线”命令表达长度方向尺寸不指定，如 2-10（e）所示。

命令：L↙（开启直线命令）
LINE
指定第一个点：（单击竖直中心线与水平中心线向上偏移线的交点）
指定下一点或 [放弃(U)]：（单击正左侧适当位置）
指定下一点或 [放弃(U)]：↙（结束直线命令）
命令：MI↙（开启镜像命令）
MIRROR
选择对象：找到 1 个（拾取刚才绘制的直线段）
选择对象：↙（结束选择对象）
指定镜像线的第一点：指定镜像线的第二点：（在竖直中心线上拾取两点）
要删除源对象吗？[是(Y)/否(N)] <N>：↙（取默认的不删除源对象选项，结束镜像命令）
命令：↙（重复上一个命令）
MIRROR
选择对象：找到 1 个
选择对象：找到 1 个，总计 2 个（拾取刚才绘制出的两条直线段）
选择对象：↙（结束选择对象）
指定镜像线的第一点：指定镜像线的第二点：（在竖直中心线上拾取两点）
要删除源对象吗？[是(Y)/否(N)] <N>：↙（取默认的不删除源对象选项，结束镜像命令）
命令：<正交 关>（关掉正交模式）
命令：SPL↙（开启样条曲线命令）
SPLINE
当前设置：方式=拟合　节点=弦
指定第一个点或 [方式(M)/节点(K)/对象(O)]：（单击左上直线左端点）
输入下一个点或 [起点切向(T)/公差(L)]：
输入下一个点或 [端点相切(T)/公差(L)/放弃(U)]：
输入下一个点或 [端点相切(T)/公差(L)/放弃(U)/闭合(C)]：
输入下一个点或 [端点相切(T)/公差(L)/放弃(U)/闭合(C)]：（单击样条曲线中间各控制点）
输入下一个点或 [端点相切(T)/公差(L)/放弃(U)/闭合(C)]：（单击左下直线左端点）

```
输入下一个点或 [端点相切(T)/公差(L)/放弃(U)/闭合(C)]:↙(将鼠标移到适当位置,回车,
结束样条曲线命令)
命令: MI↙(开启镜像命令)
MIRROR
选择对象: 找到 1 个(拾取样条曲线)
选择对象:↙(结束拾取)
指定镜像线的第一点: 指定镜像线的第二点:(单击竖直中心线上任意两点)
要删除源对象吗? [是(Y)/否(N)] <N>:↙(默认选择不删除源对象,结束镜像命令)
命令: E↙(开启删除命令)
ERASE
选择对象: 找到 1 个
选择对象: 找到 1 个,总计 2 个(拾取用以确定位置的两条直线)
选择对象:↙(结束拾取,结束删除命令)
```

步骤 4: 编辑图形

1)调整线条图层

选中样条曲线及ϕ14mm 圆,将它们调整到“细实线”图层。

2)打断ϕ14mm 圆

ϕ14mm 圆为螺纹牙底线,应为约 3/4 圆。在命令行窗口中输入“BR”,按 Enter 键,对该圆进行打断。

```
命令: BR↙(开启打断命令)
BREAK
选择对象:(拾取φ14 圆,拾取点即为打断第一点)
指定第二个打断点 或 [第一点(F)]:(沿逆时针方向拾取打断点第二点,结束打断命令)
```

3)调整中心线长度

中心线比轮廓线长出 2～5mm,在命令行窗口中输入“LEN”,按 Enter 键,调整中心线长度,完成绘图,如图 2-10(f)所示。

2.3.4 步骤点评

在该案例绘图过程中,绘制圆时,各个圆连续重复用“圆”命令进行绘制,这样可以提高效率。其中螺纹小径圆并不在轮廓线层,但不影响圆的连续绘制,只须在绘制完后再用调整图层或用“特性匹配”命令即可。

打断命令的使用中,打断圆时打断点的选择要按照默认的逆时针而不是顺时针。

2.3.5 总结和拓展

1. 多边形

“多边形”命令可以用于绘制等边三角形、正方形、五边形、六边形和其他多边形。用

户可通过 3 种方法创建的多边形：外切、内接和边。

“多边形”命令讲解、演示

1）绘制外切多边形

（1）在命令行窗口中输入“POL”，按 Enter 键，或在“绘图”工具栏中单击“多边形”按钮，或单击“默认”选项卡“绘图”面板中的“多边形”按钮，或选择“绘图”→“多边形”命令。

（2）在命令行窗口的提示下，输入边数。

（3）指定多边形的中心。

（4）输入“C”，按 Enter 键，以指定与圆外切的多边形。

（5）输入内切圆半径长度。

2）绘制内接多边形

（1）在命令行窗口中输入“POL”，按 Enter 键，或在“绘图”工具栏中单击“多边形”按钮，或单击“默认”选项卡“绘图”面板中的“多边形”按钮，或选择“绘图”→“多边形”命令。

（2）在命令行窗口的提示下，输入边数。

（3）指定多边形的中心。

（4）输入“I”，按 Enter 键，以指定与圆内接的多边形。

（5）输入外接圆半径长度。

3）通过指定一条边绘制多边形

（1）在命令行窗口中输入“POL”，按 Enter 键，或在“绘图”工具栏中单击“多边形”按钮，或单击“默认”选项卡“绘图”面板中的“多边形”按钮，或选择“绘图”→“多边形”命令。

（2）在命令行窗口的提示下，输入边数。

（3）输入“E”，按 Enter 键。

（4）指定多边形一条边的起点。

（5）指定该条边的端点。

2. 样条曲线

样条曲线是经过或接近影响曲线形状的一系列点的平滑曲线。得到样条曲线的方法有很多，在此只介绍通过拟合点控制的方法。

“样条曲线”命令讲解、演示

（1）在命令行窗口中输入“SPL”，按 Enter 键，或在“绘图”工具栏中单击“样条曲线”按钮，或单击“默认”选项卡“绘图”面板中的“样条曲线”→“拟合”按钮，或选择“绘图”→“样条曲线”→“拟合”命令。

（2）指定样条曲线的起点。

（3）指定样条曲线的下一个点并根据需要继续指定点。

（4）按 Enter 键结束，或输入“C”，按 Enter 键使样条曲线闭合。

3. 打断

“打断”命令可以将一个对象打断为两个对象，对象之间可以具有间隙，也可以没有间

“打断”命令讲解、演示

隙。其步骤如下：

（1）在命令行窗口中输入“BR”，按 Enter 键，或在“修改”工具栏中单击“打断”按钮，或单击“默认”选项卡“修改”面板中的“打断”按钮，或选择“修改”→“打断”命令。

（2）选择要打断的对象。默认情况下，在其上选择对象的点为第一个打断点。若要选择其他断点对，则应输入“F”（第一个），然后指定第一个断点。

（3）指定第二个打断点。若要打断对象而不创建间隙，则应输入“@0,0”以指定上一点，或使用“打断于点”命令。

2.3.6 随堂练习

在 AutoCAD 2016 工作界面中以 1∶1 比例抄画图 2-11 和图 2-12 所示图形，不标注尺寸。

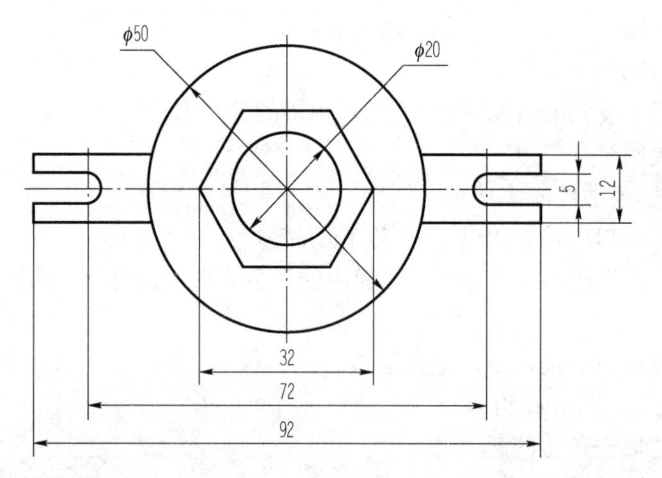

图 2-11 图形（一）

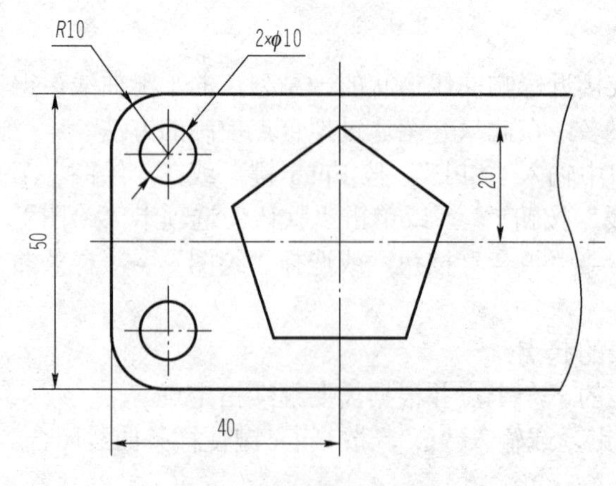

图 2-12 图形（二）

2.4　绘制垫片主视图

2.4.1　案例介绍及知识要点

1. 案例介绍

绘制垫片主视图，如图 2-13 所示。

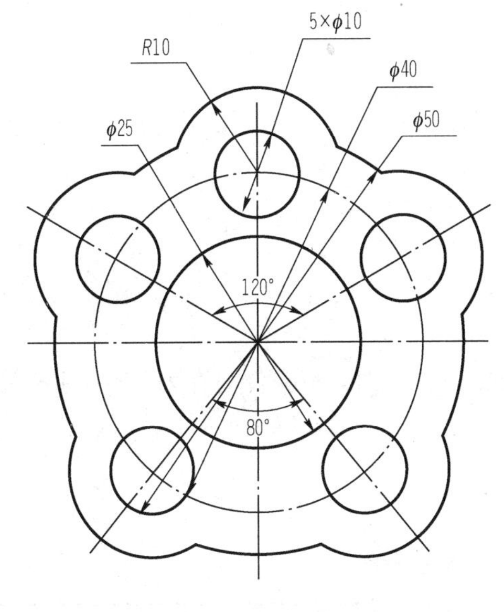

图 2-13　垫片主视图

垫片绘制过程演示

2. 知识要点

（1）垫片是用纸、橡皮片或铜片制成，放在两平面之间以加强密封，或为防止流体泄漏设置在静密封面之间的密封元件。

（2）垫片的形式有平垫片、环形平垫片、平金属垫片等，一般为圆形，也有根据被密封件而设计的异形垫片。

（3）选择垫片的材料主要取决于 3 个因素，即温度、压力、介质。

2.4.2　图形分析及绘图步骤

1. 图形分析

1）图线分析

图 2-13 为一种垫片的主视图，表达了垫片的轮廓形状，凸缘形状应与被密封件形状一致，中间的圆应为穿过垫片的轴孔，四周的 5 个圆应为螺纹连接需穿过的孔。

其中，用来确定各圆中心位置的线为点画线，轮廓线为粗实线。

该图中多个圆大小相同,位置不同,绘图时应考虑“复制”命令。该图结构为左右对称，绘图时应考虑用“镜像”命令。

2）尺寸分析

该垫片的 5 个凸缘半径均为 10mm，被 ϕ50mm 的圆所切割。5 个圆孔直径为 ϕ10mm，与凸缘的圆心位置一致，其落在直径为 ϕ40mm 的圆上，最上端的圆在左右对称线上，上侧两圆以左右 120° 分布，下侧两圆左右 80° 分布。

2. 绘图步骤

（1）建立图层或调用已设置好图层的模板。

（2）绘制图形。

（3）编辑图形。

（4）检查确认。

2.4.3 操作步骤

步骤 1：软件启动

启动 AutoCAD 2010 软件，自动生成 Drawing1 文件，将文件另存为“垫片主视图.dwg”。

步骤 2：建立图层

根据表 2-4 所示的图层信息建立相应图层。

表 2-4 图层信息表

图层名称	颜色	线型	线宽/mm
轮廓线	自定	Continuous	0.5
中心线	自定	CENTER2	0.25

步骤 3：绘制图形

1）绘制中心线

打开正交模式，将“中心线”图层设置为当前图层，在命令行窗口中输入“L”，按 Enter 键，用“直线”命令在适当位置绘制横平竖直两条相交的直线，直线长度略长；再用“直线”命令绘制从中心线交点至竖直线上端，中心线交点至竖直线下端两条直线。在命令行窗口中输入“RO”，按 Enter 键，用“旋转”命令旋转后绘制出的两条线，如图 2-14 所示。旋转步骤如下：

```
命令：RO↙（启动旋转命令）
ROTATE
UCS 当前的正角方向：  ANGDIR=逆时针   ANGBASE=0
选择对象：找到 1 个（拾取刚才绘制出的上侧直线作为被旋转对象）
```

选择对象:↙（结束拾取）

指定基点:(选择中心线交点作为旋转基点)

指定旋转角度，或 [复制(C)/参照(R)] <320>: 60↙（确定旋转角度，结束旋转命令）

命令:↙(重复上一个命令)

ROTATE

UCS 当前的正角方向: ANGDIR=逆时针 ANGBASE=0

选择对象: 找到 1 个（拾取刚才绘制出的下侧直线作为被旋转对象）

选择对象:↙（结束拾取）

指定基点:(选择中心线交点作为旋转基点)

指定旋转角度，或 [复制(C)/参照(R)] <60>: -40↙（确定旋转角度，结束旋转命令）

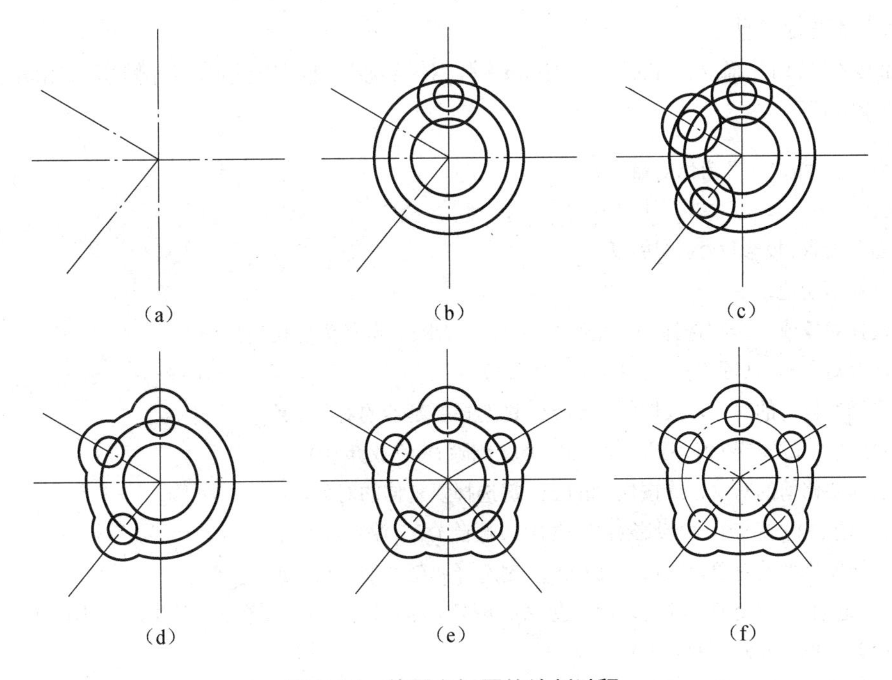

图 2-14　垫圈主视图的绘制过程

2）绘制各圆

将“轮廓线”图层设置为当前图层，在命令行窗口中输入“C”，按 Enter 键，用“圆”命令绘制以中心线交点为圆心，直径分别为ϕ25mm、ϕ40mm 及ϕ50mm 的圆。继续绘制以竖直中心线与ϕ40mm 的上侧交点为圆心，以ϕ10mm、ϕ20mm 为直径的圆，如图 2-14（b）所示。

步骤 4: 编辑图形

1）复制ϕ10mm、ϕ20mm 圆

在命令行窗口中输入“CO”，按 Enter 键，用“复制”命令将刚才绘制出的ϕ10mm、ϕ20mm 圆复制到所需位置，如图 2-14（c）所示。其步骤如下：

命令: CO↙（开启复制命令）

```
COPY
选择对象: 找到 1 个 (拾取Φ10 圆)
选择对象: 找到 1 个, 总计 2 个 (拾取Φ20 圆)
选择对象:↙ (回车) (结束拾取)
当前设置:  复制模式 = 多个
指定基点或 [位移(D)/模式(O)] <位移>: (单击两圆圆心作为复制基点)
指定第二个点或 [阵列(A)] <使用第一个点作为位移>: (单击旋转出的上侧中心线与Φ40 圆交点)
指定第二个点或 [阵列(A)/退出(E)/放弃(U)] <退出>: (单击旋转出的下侧中心线与Φ40 圆交点)
指定第二个点或 [阵列(A)/退出(E)/放弃(U)] <退出>:↙ (结束复制命令)
```

2）对圆进行修剪

在命令行窗口中输入“TR”，按 Enter 键，对绘制及复制出的圆进行修剪，如图 2-14（d）所示其步骤如下：

```
命令: TR↙ (开启修剪命令)
TRIM
当前设置:投影=UCS, 边=无
选择剪切边...
选择对象或 <全部选择>: 找到 1 个 (拾取Φ50 圆作为剪切边)
选择对象:↙ (回车) (结束拾取剪切边)
选择要修剪的对象, 或按住 Shift 键选择要延伸的对象, 或
[栏选(F)/窗交(C)/投影(P)/边(E)/删除(R)/放弃(U)]:
选择要修剪的对象, 或按住 Shift 键选择要延伸的对象, 或
[栏选(F)/窗交(C)/投影(P)/边(E)/删除(R)/放弃(U)]:
选择要修剪的对象, 或按住 Shift 键选择要延伸的对象, 或
[栏选(F)/窗交(C)/投影(P)/边(E)/删除(R)/放弃(U)]:(单击三处Φ20 的圆在Φ50 内侧的位置, 作为要修剪的对象)
选择要修剪的对象, 或按住 Shift 键选择要延伸的对象, 或
[栏选(F)/窗交(C)/投影(P)/边(E)/删除(R)/放弃(U)]:↙ (结束修剪命令)
命令:↙ (重复修剪命令)
TRIM
当前设置:投影=UCS, 边=无
选择剪切边...
选择对象或 <全部选择>: 找到 1 个
选择对象: 找到 1 个, 总计 2 个
选择对象: 找到 1 个, 总计 3 个 (拾取三处凸缘作为剪切边)
选择对象:↙ (结束拾取剪切边)
选择要修剪的对象, 或按住 Shift 键选择要延伸的对象, 或
[栏选(F)/窗交(C)/投影(P)/边(E)/删除(R)/放弃(U)]:
```

选择要修剪的对象，或按住 Shift 键选择要延伸的对象，或
[栏选(F)/窗交(C)/投影(P)/边(E)/删除(R)/放弃(U)]:
选择要修剪的对象，或按住 Shift 键选择要延伸的对象，或
[栏选(F)/窗交(C)/投影(P)/边(E)/删除(R)/放弃(U)]:(单击Φ50 圆在三处凸缘内侧的部位作为要修剪的对象)
选择要修剪的对象，或按住 Shift 键选择要延伸的对象，或
[栏选(F)/窗交(C)/投影(P)/边(E)/删除(R)/放弃(U)]:↙（结束修剪命令）

3）镜像出右侧对象并修剪

用“镜像”命令对复制出的左侧两个ϕ10mm 圆及其对应的凸缘和中心线，沿竖直中心线进行镜像，不删除源对象。用“修剪”命令对镜像出的两凸缘进行修剪，如图 2-14（e）所示。

4）整理图形

（1）用“拉长”命令对各中心线长度进行调整，使每条中心线均长出轮廓线 2～5mm。

（2）用“特性匹配”命令将ϕ40mm 圆调整至“中心线”图层。

（3）用“打断”命令将ϕ40mm 圆打断，使打断出的每段中心线均超出ϕ10mm 圆 2～5mm，如图 2-14（f）所示。

2.4.4　步骤点评

绘制平面图形，首先要能够看懂它，如果不懂就很难正确、高效绘制。其次要有行之有效的绘图步骤，对于绘图的先后顺序应做到心中有数，忙而不乱。

要能够根据图形的特点，合理地采用各种命令，如本案例中很多圆直径相同而位置不同，就要考虑用“复制”命令。对称或有序排列，就要考虑镜像或阵列。

“修剪”命令应用十分广泛，应用时要灵活地选择剪切边，修剪的顺序也有讲究，要始终保持有剪切边在起作用，初学者容易发生修剪到最后无法完成的情况。“修剪”命令也可以起到延伸的作用。

2.4.5　总结和拓展

1. 旋转

“旋转”命令可以绕指定基点旋转图形中的对象。其步骤如下：

（1）在命令行窗口中输入“RO”，按 Enter 键，或在“修改”工具栏中单击“旋转”按钮，或单击“默认”选项卡“修改”面板中的“旋转”按钮，或选择“修改”→“旋转”命令。

“旋转”命令讲解、演示

（2）选择要旋转的对象。

（3）指定旋转基点。

（4）执行以下操作之一：①输入旋转角度。②绕基点拖动对象并指定旋转对象的终止位

置点。③输入“C”，创建选中的对象的副本。④输入“R”，将选中的对象从指定参照角度旋转到绝对角度。

2. 复制

“复制”命令可生成与源对象相同的副本。其步骤如下：

“复制”命令讲解、演示

（1）在命令行窗口中输入“CO”，按 Enter 键，或在“修改”工具栏中单击“复制”按钮 ，或单击“默认”选项卡“修改”面板中的“复制”按钮，或选择“修改”→“复制”命令。

（2）选择要复制的对象。

（3）指定基点。

（4）指定要复制的目标位置。

3. 修剪

“修剪”命令可以通过缩短或拉长，使对象与其他对象的边相接。其操作步骤如下：

“修剪”命令讲解、演示

（1）在命令行窗口中输入“TR”，按 Enter 键，或在“修改”工具栏中单击“修剪”按钮 ，或单击“默认”选项卡“修改”面板中的“修剪”按钮，或选择“修改”→“修剪”命令。

（2）选择作为剪切边的对象。若要选择显示的所有对象作为可能剪切边，则应在未选择任何对象的情况下按 Enter 键。

（3）选择要修剪的对象，可通过拾取、框选、栏选等操作进行。可按 Shift 键，用“修剪”命令起到延伸的作用。

2.4.6 随堂练习

在 AutoCAD 2016 工作界面中以 1∶1 比例抄画图 2-15 和图 2-16 所示的图形，不标注尺寸。

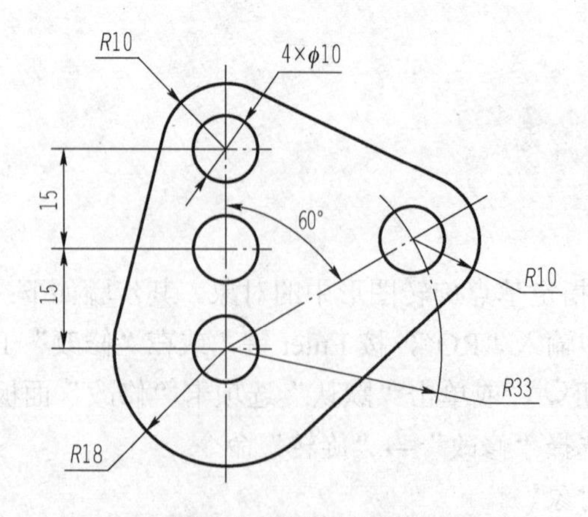

图 2-15 图形（一）

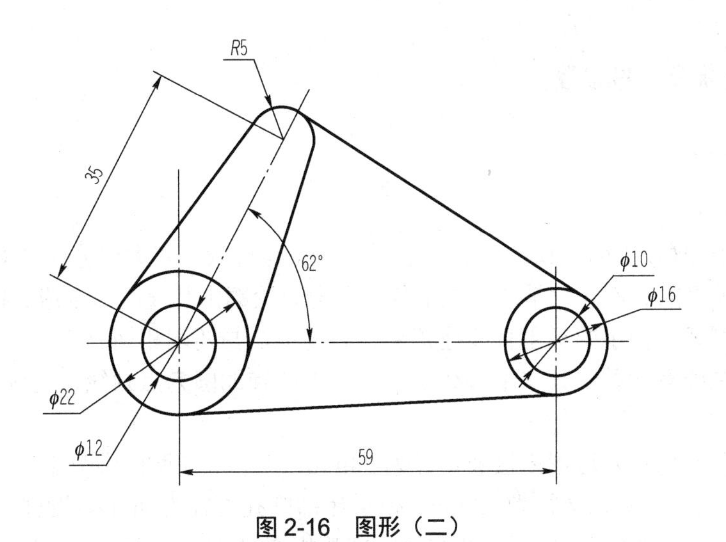

图 2-16　图形（二）

2.5　绘制扳手主视图

2.5.1　案例介绍及知识要点

1. 案例介绍

绘制扳手主视图，如图 2-17 所示。

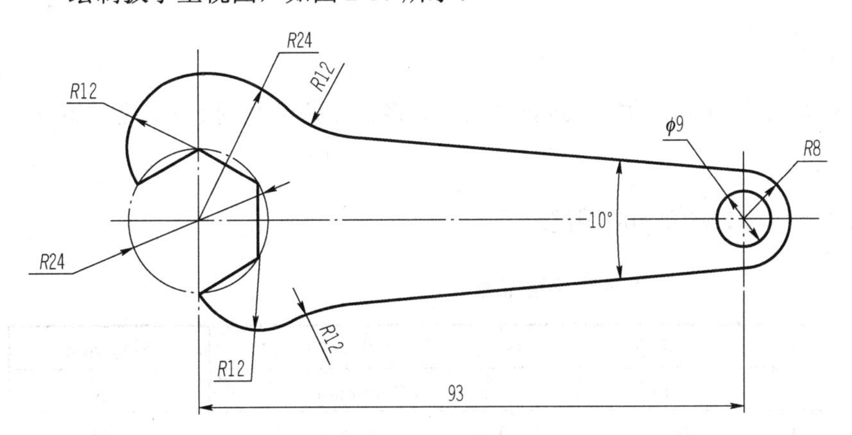

图 2-17　扳手主视图

扳手绘制过程演示

2. 知识要点

（1）扳手是一种常用的安装与拆卸工具,通常在柄部的一端或两端制有夹柄，在柄部施加外力，就能拧转螺栓或螺母。

（2）扳手大致分为两种，即呆扳手和活扳手，本案例中绘制的是一种呆扳手。

2.5.2 图形分析及绘图步骤

1. 图形分析

1）图线分析

图 2-17 为一种扳手的主视图，表达了扳手的轮廓形状。其大致分成 3 部分：头部、中部和尾部。该扳手的头部开口是正六边形的一部分，轮廓由几段圆弧组成。扳手尾部是一个圆孔及一个段圆弧。扳手中部用直线连接头部和尾部，与两端相切。

本案例中图线有两种，其中中心线及正六边形的辅助圆为点画线，轮廓线为粗实线。

2）尺寸分析

该扳手头部开口正六边形内接圆直径为 24mm，头部上端两段圆弧半径分别为 12mm 和 24mm，头部下端一段圆弧半径为 12mm。扳手尾部圆孔直径为 9mm，圆弧半径为 8mm。扳手中部两条直线间的夹角为 10°，直线与尾部圆弧相切，与头部轮廓间以 *R*12mm 的圆角连接。

2. 绘图步骤

（1）建立图层或调用已设置好图层的模板。

（2）绘制图形。

（3）编辑图形。

（4）检查确认。

2.5.3 操作步骤

步骤 1：软件启动

启动 AutoCAD 2016 软件，自动生成 Drawing1 文件，将文件另存为“扳手主视图.dwg”。

步骤 2：建立图层

根据表 2-5 所示的图层信息建立相应图层。

表 2-5 图层信息表

图层名称	颜色	线型	线宽/mm
轮廓线	自定	Continuous	0.5
中心线	自定	CENTER2	0.25

步骤 3：绘制图形

1）绘制中心线及辅助圆

打开正交模式，将“中心线”图层设置为当前图层，在命令行窗口中输入“L”，按 Enter 键，用“直线”命令在适当位置绘制横平竖直的两条相交的直线，竖直线靠近横平线左端，直线长度略长。在命令行窗口中输入“O”，按 Enter 键，将竖直中心线偏移至右端 93mm 处；

再在命令行窗口中输入“C”，按 Enter 键，以左端交点为圆心，以 24mm 为直径画圆，如图 2-18（a）所示。

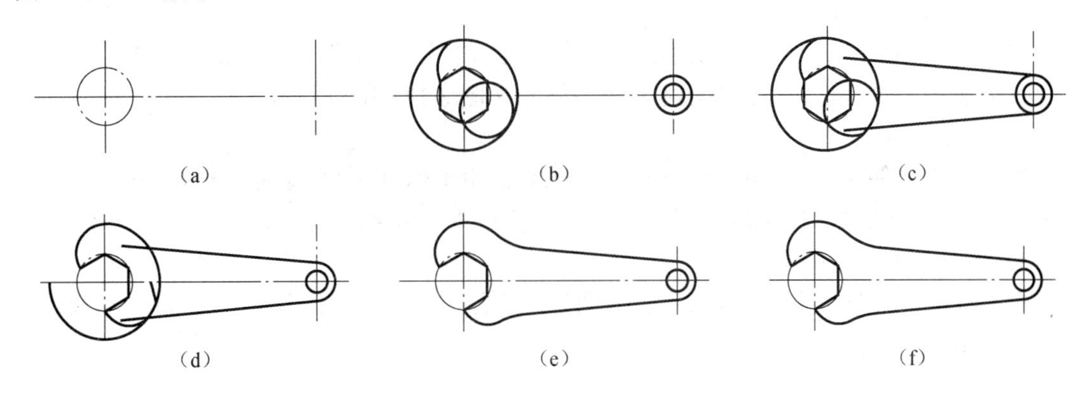

图 2-18　扳手主视图的绘制过程

2）绘制头部及尾部主要轮廓

将“轮廓线”图层设置为当前图层，进行以下操作：

（1）绘制正六边形。在命令行窗口中输入“POL”，按 Enter 键，用“多边形”命令绘制以左侧中心线交点为中心，内接于已绘制的 ϕ24mm 圆的正六边形。

（2）绘制各圆。在命令行窗口中输入“C”，按 Enter 键，用“圆”命令绘制以左侧中心线交点为圆心，半径分别为 24mm 的圆；以正六边形右下顶点为圆心，半径为 12mm 的圆；以右侧中心线交点为圆心，直径为 16mm 及 9mm 的圆。

（3）绘制圆弧。在命令行窗口中输入“A”，按 Enter 键，绘制以正六边形上顶点为圆心，起点为 *R*24mm 圆与左侧竖直中心线的上交点，端点为正六边形左上顶点的圆弧。其绘图步骤如下：

```
命令：A↙（启动圆弧命令）
ARC
圆弧创建方向：逆时针(按住 Ctrl 键可切换方向)。
指定圆弧的起点或 [圆心(C)]：C↙（以指定圆心的方式画圆）
指定圆弧的圆心：（单击正六边形上顶点作为圆心）
指定圆弧的起点：（单击 R24 圆与左侧竖直中心线的上交点作为起点）
指定圆弧的端点或 [角度(A)/弦长(L)]：（单击正六边形左上顶点作为端点）
```

完成本步骤后图形如图 2-18（b）所示。

3）绘制扳手中部两直线

用“直线”命令绘制一条起点为右端 ϕ16mm 圆的上象限点，左端稍长的直线段。以右侧中心线交点为基点旋转该直线段，旋转角度为-5°；再用“镜像”命令将旋转后的直线段以水平中心线为对称线做镜像，不删除源对象。

完成本步骤后图形如图 2-18（c）所示。

步骤 4：编辑图形

1）做必要的修剪

用“修剪”命令对 *R*24mm 圆的左上部分，正六边形的左下部分，*R*12mm 圆的左上部分及 *R*8mm 圆的左侧进行修剪。完成本步骤后图形如图 2-18（d）所示。

2）进行圆角

用“圆角”命令为 *R*24mm 圆与上部分直线段倒圆角，圆角半径为 12mm。用同样的方法对下侧 *R*12mm 圆弧与下部分直线段倒圆角。完成本步骤后图形如图 2-18（e）所示。

3）调整各中心线长度

用“拉长”命令对各中心线长度进行调整，使各中心线超出轮廓线 2～5mm，结束绘图过程，如图 2-18（f）所示。

2.5.4 步骤点评

本案例中“圆弧”命令的使用并非唯一选择，也可以先画圆再进行修剪。

本案例中的修剪步骤并没有想象中所修剪的那么彻底，这是因为在步骤中已经考虑了下一步“圆角”命令中自带的修剪模式。

2.5.5 总结和拓展

1. 圆弧

“圆弧”命令可以用来绘制圆的一部分，即一段圆弧。“圆弧”命令的使用非常灵活，可以指定圆心、端点、起点、半径、角度、弦长和方向值的各种组合形式。在此介绍几种绘制圆弧的步骤。

“圆弧”命令讲解、演示

1）通过指定三点绘制圆弧

（1）在命令行窗口中输入“A”，按 Enter 键，或在“绘图”工具栏中单击“圆弧”按钮，或单击“默认”选项卡“绘图”面板中的“圆弧”下拉按钮，在打开的下拉菜单中选择“三点”命令，或选择“绘图”→“圆弧”→“三点”命令。

（2）指定起点。

（3）在圆弧上指定点。

（4）指定端点。

2）使用起点、圆心和端点绘制圆弧

（1）在命令行窗口中输入“A”，按 Enter 键，或在“绘图”工具栏中单击“圆弧”按钮，或单击“默认”选项卡“绘图”面板中的“圆弧”下拉按钮，在打开的下拉菜单中选择“起点、圆心、端点”命令，或选择“绘图”→“圆弧”→“起点、圆心、端点”命令。

（2）指定起点。

（3）指定圆心（若使用在命令行窗口中输入或单击工具栏中“圆弧”按钮的方法，则此步前需输入“C”，按 Enter 键）。

（4）指定端点。

3）使用起点、端点和半径绘制圆弧

（1）单击“默认”选项卡“绘图”面板中的“圆弧”下拉按钮，在打开的下拉菜单中选择“起点、圆心、端点”命令，或选择“绘图”→“圆弧”→“起点、圆心、端点”命令。

（2）指定起点。

（3）指定圆心。

（4）指定端点。

需要注意的是，默认情况下，以逆时针方向绘制圆弧，如需以顺时针方向绘制，则应按住 Ctrl 键进行。

2.5.6　随堂练习

在 AutoCAD 2016 工作界面中以 1∶1 比例抄画图 2-19 和图 2-20 所示的图形，不标注尺寸。

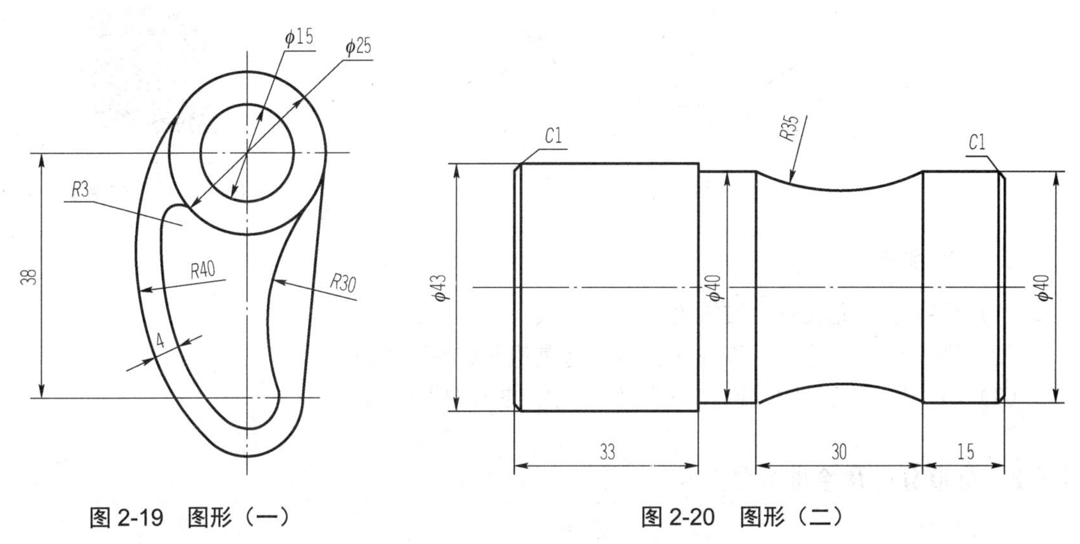

图 2-19　图形（一）　　图 2-20　图形（二）

2.6　绘制吊钩主视图

2.6.1　案例介绍及知识要点

1. 案例介绍

绘制吊钩主视图，如图 2-21 所示。本案例绘制比例为 1∶2。

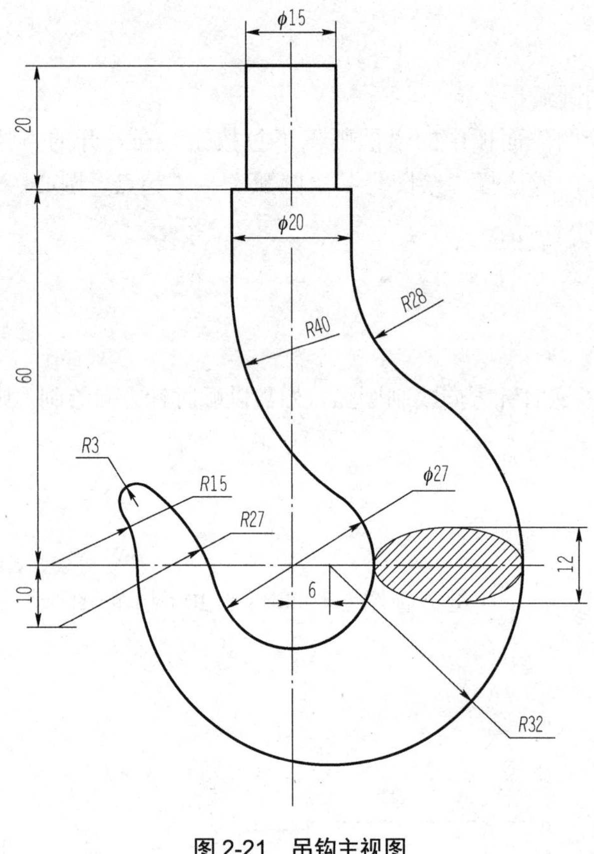

图 2-21　吊钩主视图

吊钩绘制过程演示

2. 知识要点

（1）吊钩是起重机械中最常见的一种吊具。

（2）吊钩常借助滑轮组等部件悬挂在起重机构的钢丝绳上。

（3）吊钩按形状分为单钩和双钩,本案例中的吊钩为单钩。

2.6.2　图形分析及绘图步骤

1. 图形分析

图 2-21 为一种吊钩的主视图，表达了扳手的轮廓形状。其大致分成 3 部分：钩头、钩身和钩尾。钩头部分为一段 ϕ15mm×20mm 的圆柱，钩身部分断面呈椭圆状，钩尾部分收口。

在该图的圆弧中，ϕ27mm 与 R32mm 圆弧为已知圆弧，R27mm 与 R15mm 圆弧为中间圆弧，R28mm、R40mm 和 R3mm 圆弧为连接圆弧。绘制时要按照先已知，再中间，最后连接的顺序进行。

本案例中图线有 3 种，其中各段圆弧中心线为点画线，轮廓线为粗实线，椭圆断面及其剖面线为细实线。

2. 绘图步骤

（1）建立图层或调用已设置好图层的模板。
（2）绘制基准线。
（3）绘制已知线段与圆弧。
（4）绘制与编辑中间圆弧。
（5）绘制与编辑连接圆弧。
（6）绘制重合断面图。
（7）缩小所绘图形。
（8）检查确认。

2.6.3　操作步骤

步骤 1：软件启动

启动 AutoCAD 2016 软件，自动生成 Drawing1 文件，将文件另存为“吊钩主视图.dwg”。

步骤 2：建立图层

根据表 2-6 所示的图层信息建立相应图层。

表 2-6　图层信息表

图层名称	颜色	线型	线宽/mm
轮廓线	自定	Continuous	0.5
细实线	自定	Continuous	0.25
中心线	自定	CENTER2	0.25

步骤 3：绘制基准线

打开正交模式，将“中心线”图层设置为当前图层，用“直线”命令在适当位置绘制两条略长的水平和竖直相交直线段，水平直线段位于竖直直线段下半部分。用“偏移”命令将水平直线向下偏移 10mm，向上偏移 60mm，继续将竖直直线向右偏移 6mm，如图 2-22（a）所示。

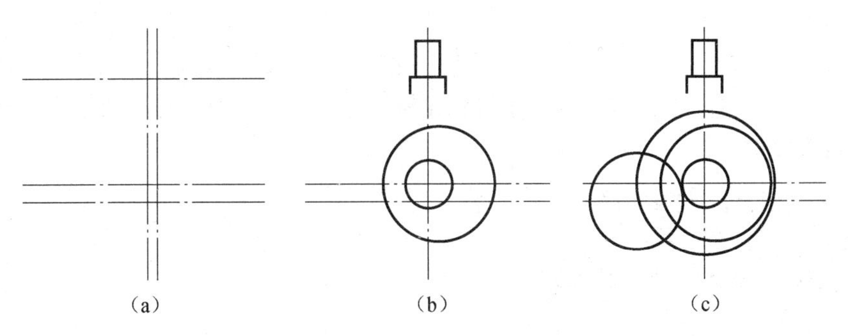

图 2-22　吊钩主视图的绘制过程

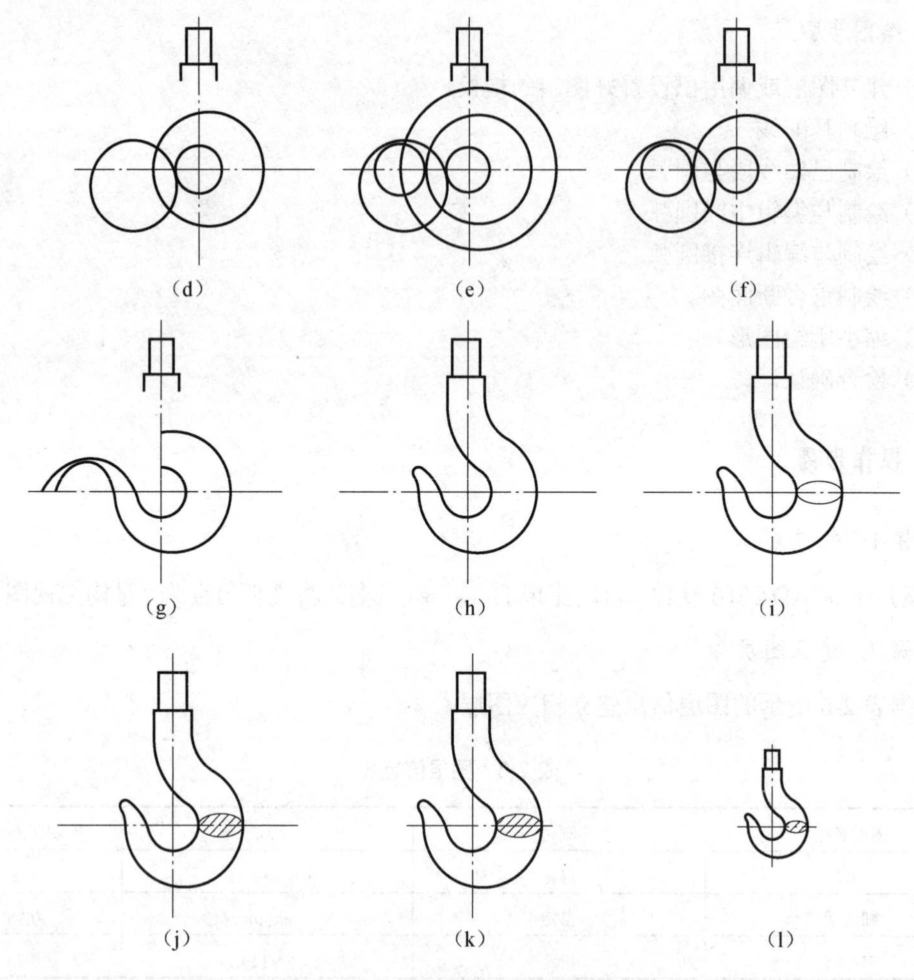

图 2-22　吊钩主视图的绘制过程（续）

步骤 4：绘制已知线段与圆弧

将“轮廓线”图层调整为当前层后进行如下操作：

（1）绘制已知圆。用“圆”命令绘制以原始中心线交点为圆心，以 ϕ27mm 为直径的圆。继续用“圆”命令绘制以右侧中心线交点为圆心，以 *R*32mm 为半径的圆。

（2）删除右侧中心线。

（3）绘制已知矩形框。用“矩形”命令首先在附近位置绘制出一个 15mm×20mm 的矩形，然后在命令行窗口中输入“M”，按 Enter 键，用“移动”命令将所绘矩形移动到绘图所需位置。其步骤如下：

```
命令：M↙（启动移动命令）
MOVE
选择对象：找到 1 个（拾取要进行移动的矩形）
选择对象：↙（结束拾取）
指定基点或 [位移(D)] <位移>：（单击矩形下边框中点作为基点）
```

指定第二个点或 <使用第一个点作为位移>：（单击竖直中心线与偏移出的上侧水平中心线的交点作为移动的目标点，结束移动命令）

（4）绘制已知直线段。用“直线”命令绘制直线段，以矩形下边框中点为起点，绘制向左长 10mm 的直线段，再向下取适当尺寸绘制直线段；再用“镜像”命令将绘制出的两段直线段沿竖直中心线做镜像，不删除源对象。

完成本步骤后图形如图 2-22（b）所示。

步骤 5：绘制与编辑中间圆弧

（1）偏移 ϕ27mm 圆。用“偏移”命令将 ϕ27mm 圆向外偏移 27mm，得到 ϕ40.5mm 圆。

（2）绘制 *R*27mm 圆。用“圆角”命令绘制以 ϕ40.5mm 圆与最下侧水平中心线交点为圆心，以 27mm 为半径的圆，如图 2-22（c）所示。

（3）删除辅助圆 ϕ40.5mm 圆与最下侧水平中心线，如图 2-22（d）所示。

（4）偏移 *R*32mm 圆。

用“偏移”命令将 *R*32mm 圆向外偏移 15mm，得到 *R*47mm 圆。

（5）绘制 *R*15mm 圆。用“圆角”命令绘制以 *R*47mm 圆与中心线交点为圆心，以 15mm 为半径的圆，如图 2-22（e）所示。

（6）删除辅助圆 *R*47mm 圆，如图 2-22（f）所示。

（7）做必要的修剪。用“修剪”命令对所绘图形进行必要的修剪，完成本步骤后图形如图 2-22（g）所示。

步骤 6：绘制与编辑连接圆弧

用“圆角”命令为 *R*15mm 与 *R*27mm 两圆弧进行圆角，半径为 3mm；为已知左侧竖直直线段与 ϕ27mm 圆弧圆角，半径为 40mm；为已知右侧竖直直线段与 *R*32mm 圆弧圆角，半径为 28mm，如图 2-22（h）所示。

步骤 7：绘制重合断面

将“细实线”图层调整为当前图层后，进行如下操作

1）绘制椭圆断面

在命令行窗口中输入“EL”，按 Enter 键，用“椭圆”命令绘制椭圆，其步骤如下：

命令：EL↙（启动椭圆命令）
ELLIPSE
指定椭圆的轴端点或 [圆弧(A)/中心点(C)]：（单击Φ27 圆的右象限点作为椭圆第一个轴端点）
指定轴的另一个端点：（单击 R32 圆的右象限点作为椭圆第二个轴端点）
指定另一条半轴长度或 [旋转(R)]： 6↙（指定另一半轴长度为 6，结束椭圆命令）

2）为椭圆断面添加剖面线

为椭圆断面添加剖面线的步骤如下：

（1）在命令行窗口中输入“H”，按 Enter 键，启动“图案填充”命令，系统将打开“图案填充创建”选项卡，如图 2-23 所示。

图 2-23 “图案填充创建”选项卡

（2）设置参数。在“图案填充创建”上下文选项卡的“图案”面板中选择“ANSI31”选项，角度和填充图案比例保持默认的 0 和 1，如图 2-23 所示。

（3）拾取填充点。单击“图案填充创建”选项卡中的“拾取点”按钮，分别单击椭圆上下两侧内部点，完成拾取，进而完成图案填充操作，如图 2-22（j）所示。

步骤 8：调整中心线长度

用“拉长”命令对各中心线长度进行调整，使每条中心线均长出轮廓线 2～5mm，如图 2-22（k）所示。

步骤 9：缩小图形

在命令行窗口中输入“SC”，按 Enter 键，用“缩放”命令将所绘图形缩小 0.5 倍，其步骤如下：

```
命令：SC↙（启动缩放命令）
SCALE
选择对象：指定对角点：找到 16 个（选择需要进行缩放的 16 个对象）
选择对象：↙（结束选择对象）
指定基点：（单击中心线交点作为缩放基点）
指定比例因子或 [复制(C)/参照(R)]：0.5↙（指定缩放比例为 0.5）
```

至此该图绘制完毕，如图 2-22（l）所示。

2.6.4 步骤点评

对于有绘图比例要求的绘图案例，均应先进行 1∶1 比例的绘制，最后用“缩放”命令进行缩小或放大，而不是每一步都去计算所要绘制线条的尺寸。

本案例中的绘图难点在于绘制 *R*15mm 与 *R*27mm 的中间圆弧，首先中间圆弧的绘制必须在已知圆弧绘制完毕之后进行，其次需利用图形间的几何关系先画辅助圆，找到中间圆弧圆心后，才能得以画出。

本案例中的吊钩头部矩形利用“矩形”命令和移动而成，也可用“直线”命令和镜像而成。

2.6.5 总结和拓展

1. 椭圆

“椭圆”命令可用来绘制椭圆或椭圆的一部分，椭圆由定义其长度和宽度的两条轴决定。

绘制椭圆可以通过轴及端点绘制，也可通过其圆心绘制。

“椭圆”命令讲解、演示

1）使用端点和距离绘制椭圆

（1）在命令行窗口中输入“EL”，按 Enter 键，或在“绘图”工具栏中单击“椭圆”按钮，或单击“默认”选项卡“绘图”面板中的“椭圆”下拉按钮，在打开的下拉菜单中选择“轴、端点”命令，或选择“绘图”→“椭圆”→“轴、端点”命令。

（2）指定第一条轴的第一个端点。

（3）指定第一条轴的第二个端点。

（4）输入或用鼠标指定另一轴的半轴长度。

2）使用圆心绘制椭圆

（1）在命令行窗口中输入“EL”，按 Enter 键，或在“绘图”工具栏中单击“椭圆”按钮，或单击“默认”选项卡“绘图”面板中的“椭圆”下拉按钮，在打开的下拉菜单中选择“圆心”命令，或选择“绘图”→“椭圆”→“圆心”命令。

（2）指定椭圆的中心点。

（3）指定其中一轴的端点。

（4）输入或用鼠标指定另一轴的半轴长度。

2. 图案填充

“图案填充”命令可以使用填充图案、纯色填充或渐变色来填充现有对象或封闭区域，也可以创建新的图案填充对象。其一般操作步骤如下：

“图案填充”命令讲解、演示

（1）在命令行窗口中输入“H”，按 Enter 键，或单击“默认”选项卡“绘图”面板中的“图案填充”按钮，或选择“绘图”→“图案填充”命令。系统打开“图案填充创建”上下文选项卡。

（2）在“特性”面板中，指定图案的角度、比例图案类型及颜色。

（3）在“图案”面板中，选择要使用的图案。

（4）在“边界”面板中，指定如何选择图案边界：①拾取点。插入图案填充或布满以一个或多个对象为边界的封闭区域。使用此方法，可在边界内单击以指定区域。②选择边界对象。在闭合对象（如圆）内插入图案填充或边界。

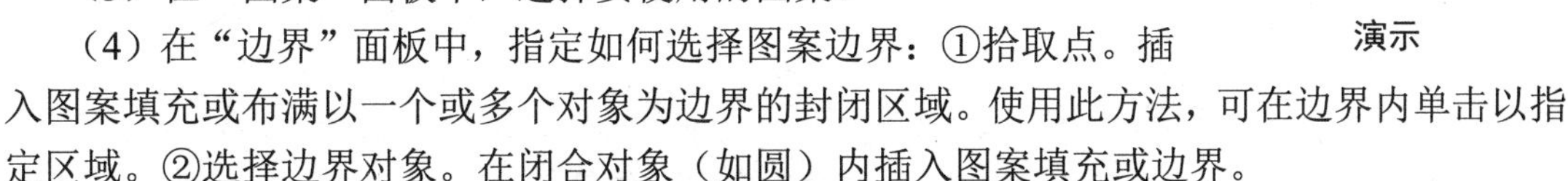

（5）在绘图区内单击要进行图案填充的区域或对象。

（6）按 Enter 键应用图案填充并退出该命令。

3. 移动

“移动”命令可将对象由原位置移动至目标位置。其步骤如下：

“移动”命令讲解、演示

（1）在命令行窗口中输入“M”，按 Enter 键，或在“修改”工具栏中单击“移动”按钮，或单击“默认”选项卡“修改”面板中的“移动”按钮，或选择“修改”→“移动”命令。

（2）选择要移动的对象。

（3）指定基点。

（4）指定要移动的目标位置。

4. 缩放

“缩放”命令讲解、演示

“缩放”命令可以放大或缩小对象。其步骤如下：

（1）在命令行窗口中输入“SC”，按 Enter 键，或在“修改”工具栏中单击“缩放”按钮，或单击“默认”选项卡“修改”面板中的“缩放”按钮，或选择“修改”→“缩放”命令。

（2）拾取要进行缩放的对象。

（3）指定基点。

（4）输入比例因子，或输入“R”，按 Enter 键，以参照方式指定比例因子。

2.6.6 随堂练习

在 AutoCAD 2016 工作界面中以 2∶1 比例抄画图 2-24 和图 2-25 所示的图形，不标注尺寸。

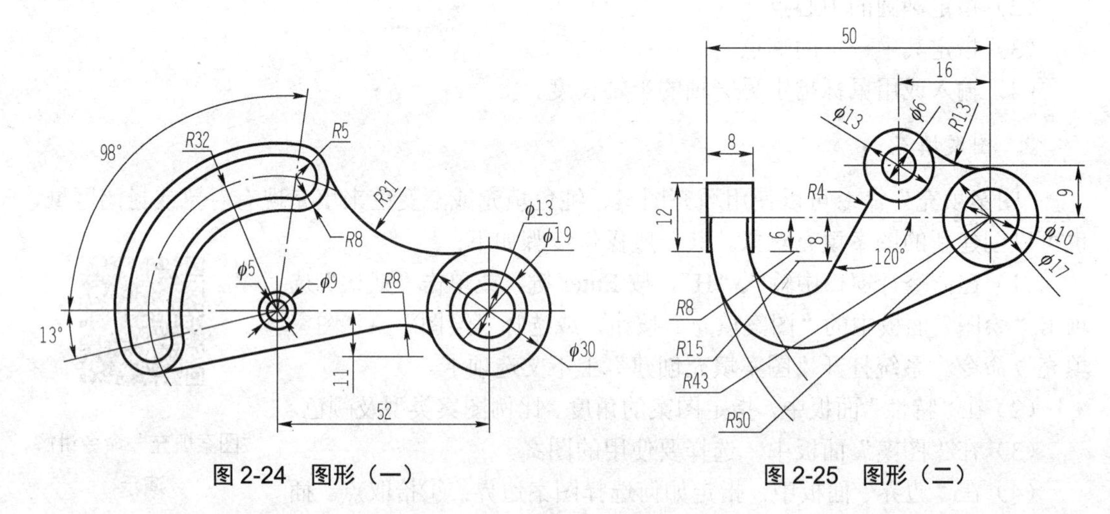

图 2-24 图形（一）　　　　图 2-25 图形（二）

2.7 绘制箭头造型

2.7.1 案例介绍及知识要点

1. 案例介绍

绘制箭头造型，如图 2-26 所示。

2. 知识要点

（1）箭头造型是人们根据需要设计出的带有箭头特征的图案。

（2）它可用于方向指示标志，单位 Logo 等处。

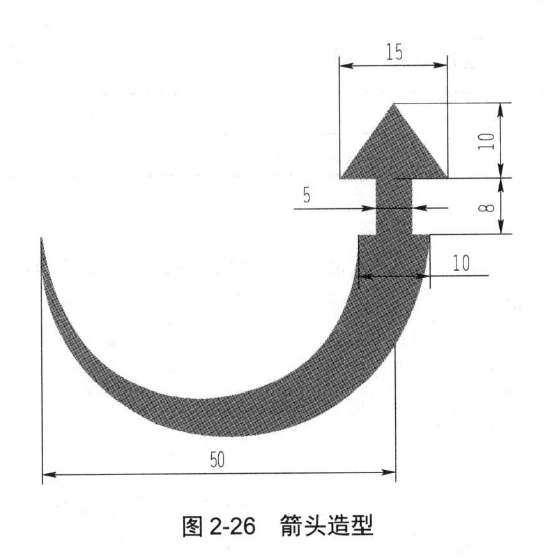

图 2-26　箭头造型

箭头造型绘制过程演示

2.7.2　图形分析及绘图步骤

1. 图形分析

图 2-26 为一种箭头的造型，大致分成 3 部分：箭尾、箭身和箭头。箭尾部分为圆弧状，其圆弧直径为 50mm，弧线宽度由左到右，依次增加，最左端为 0，最右端为 10mm。箭身部分为一段直线，从箭尾右端向上连接，其长度为 8mm，宽度为 5mm。箭头部分由箭身部分向上连接，形状为收缩三角形，高为 10mm，底边长为 15mm。

本案例的图形特点是线条宽度的变化，可以考虑用图线绘制轮廓后进行图案填充的方法，但该方法较麻烦。在此推荐利用“多段线”命令绘制。

本案例中的线型只用粗实线即可满足要求。

2. 绘图步骤

（1）建立图层或调用已设置好图层的模板。

（2）绘制图形。

（3）检查确认。

2.7.3　操作步骤

步骤 1：软件启动

启动 AutoCAD 2016 软件，自动生成 Drawing1 文件，将文件另存为“箭头造型.dwg”。

步骤 2：建立图层

根据表 2-7 所示的图层信息建立相应图层。

表 2-7　图层信息表

图层名称	颜色	线型	线宽/mm
轮廓线	自定	Continuous	0.5

步骤 3：绘制图形

打开正交模式，将“轮廓线”图层设置为当前图层。在命令行窗口中输入“PL”，按 Enter 键，用“多段线”命令绘制图形，其步骤如下：

```
命令：PL↙（启动多段线命令）
PLINE
指定起点：(在适当位置单击，指定起点位置)
当前线宽为 0.0000
指定下一个点或 [圆弧(A)/半宽(H)/长度(L)/放弃(U)/宽度(W)]： W↙（调整线条宽度）
指定起点宽度 <0.0000>:↙（采用默认的起点宽度 0）
指定端点宽度 <0.0000>： 10↙（指定端点宽度为 10）
指定下一个点或 [圆弧(A)/半宽(H)/长度(L)/放弃(U)/宽度(W)]： A↙（采用圆弧选项）
指定圆弧的端点或[角度(A)/圆心(CE)/方向(D)/半宽(H)/直线(L)/半径(R)/第二个点(S)
/放弃(U)/宽度(W)]： A↙（采用包含角）
指定包含角： 180↙（指定包含角为 180°）
指定圆弧的端点或 [圆心(CE)/半径(R)]： 50↙（十字光标移至圆弧起点右侧，输入 50 并按
Enter 键确认，指定圆弧端点为起点右侧 50mm 处）
指定圆弧的端点或[角度(A)/圆心(CE)/闭合(CL)/方向(D)/半宽(H)/直线(L)/半径(R)
/第二个点(S)/放弃(U)/宽度(W)]:L↙（采用直线选项）
指定下一点或 [圆弧(A)/闭合(C)/半宽(H)/长度(L)/放弃(U)/宽度(W)]： W↙（指定线宽）
指定起点宽度 <10.0000>： 5↙（起点线宽为 5）
指定端点宽度 <5.0000>:↙（端点线宽也为 5）
指定下一点或 [圆弧(A)/闭合(C)/半宽(H)/长度(L)/放弃(U)/宽度(W)]： 8↙（十字光标移
至直线起点上方，输入 8 并按 Enter 键确认，指定直线长 8mm）
指定下一点或 [圆弧(A)/闭合(C)/半宽(H)/长度(L)/放弃(U)/宽度(W)]:W（指定线宽）
指定起点宽度 <5.0000>： 15↙（起点线宽为 15）
指定端点宽度 <15.0000>： 0↙（端点线宽为 0）
指定下一点或 [圆弧(A)/闭合(C)/半宽(H)/长度(L)/放弃(U)/宽度(W)]： 10↙（十字光标
移至直线起点上方，输入 10 并按 Enter 键确认，指定直线长 10mm）
指定下一点或 [圆弧(A)/闭合(C)/半宽(H)/长度(L)/放弃(U)/宽度(W)]:↙（结束多段线命令）
```

该图用一个命令绘制完毕，其绘制过程如图 2-27 所示。

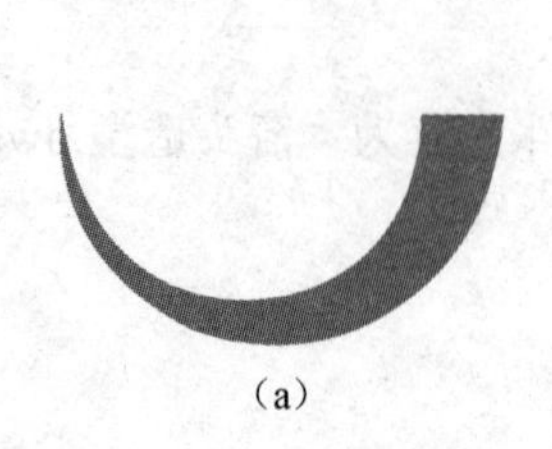
(a)

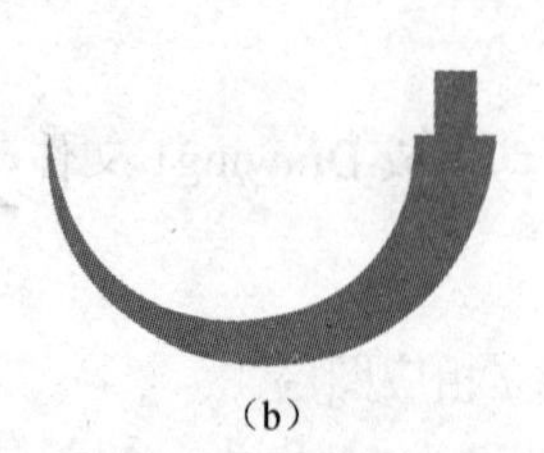
(b)

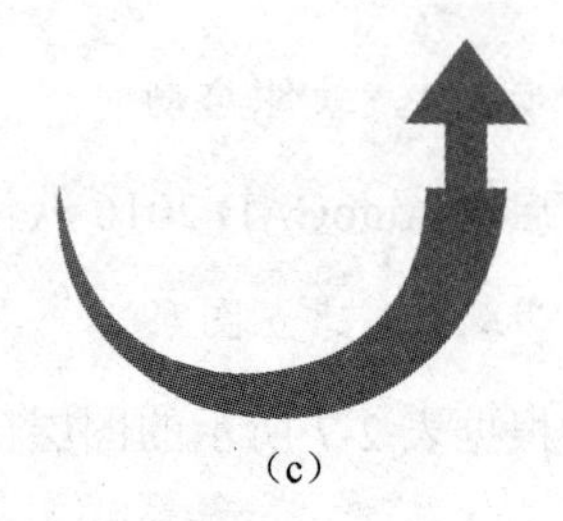
(c)

图 2-27　箭头造型的绘制过程

2.7.4　步骤点评

本案例中的图形，也可以先用“圆弧”命令、“直线”命令绘制轮廓，然后用 PEDIT 命令进行编辑，将圆弧、直线编辑为多段线，更改其宽度，得到所需图形。这种绘图思路同样应用广泛，其步骤如下：

1）绘制圆弧与直线

用“圆弧”命令、“直线”命令绘制所需的一段圆弧与两段直线，如图 2-28 所示。

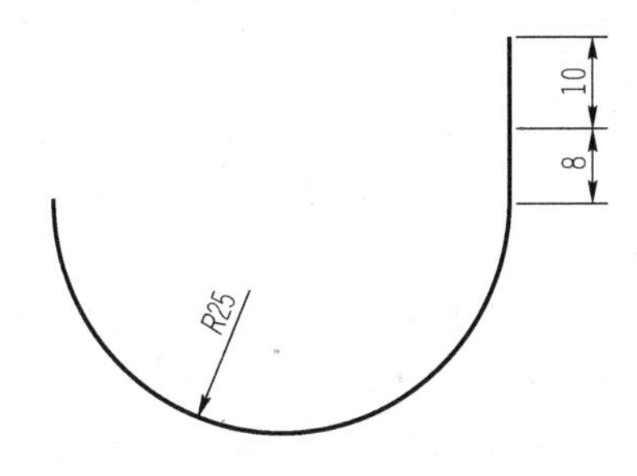

图 2-28　预绘制待编辑图形

2）编辑成多段线

在命令行窗口中输入“PE”，按 Enter 键，利用 PEDIT 命令编辑图形，其绘图步骤如下：

```
命令: PE↙（启动 PEDIT 命令）
PEDIT
选择多段线或 [多条(M)]: M↙（采用选择多条选项）
选择对象: 找到 1 个
选择对象: 找到 1 个，总计 2 个
选择对象: 找到 1 个，总计 3 个（拾取要编辑成多段线的各个对象）
选择对象:↙（结束拾取）
是否将直线、圆弧和样条曲线转换为多段线? [是(Y)/否(N)]? <Y> ↙（将拾取的对象转换为多段线）
输入选项 [闭合(C)/打开(O)/合并(J)/宽度(W)/拟合(F)/样条曲线(S)/非曲线化(D)
/线型生成(L)/反转(R)/放弃(U)]: J↙（将三个对象合并成一个）
合并类型 = 延伸
输入模糊距离或 [合并类型(J)] <0.0000>:↙（模糊距离保持默认）
多段线已增加 2 条线段
输入选项 [闭合(C)/打开(O)/合并(J)/宽度(W)/拟合(F)/样条曲线(S)/非曲线化(D)
/线型生成(L)/反转(R)/放弃(U)]:↙（结束 PEDIT 命令）
```

此时图线的外形没有变化，但已经由原来的圆弧和直线段转变成了多段线。

3）编辑多段线宽度

继续使用 PEDIT 命令为多段线添加宽度，其步骤如下：

```
命令: PE↙（启动 PEDIT 命令）
```

```
PEDIT
选择多段线或 [多条(M)]:(单击箭尾处，拾取刚才编辑出的多段线)
输入选项 [闭合(C)/合并(J)/宽度(W)/编辑顶点(E)/拟合(F)/样条曲线(S)/非曲线化(D)
/线型生成(L)/反转(R)/放弃(U)]: E↙(采用编辑顶点选项)
输入顶点编辑选项
[下一个(N)/上一个(P)/打断(B)/插入(I)/移动(M)/重生成(R)/拉直(S)/切向(T)/宽度(W)
/退出(X)] <N>: W↙(采用宽度选项)
指定下一条线段的起点宽度 <0.0000>:↙(指定箭尾起点宽度 0)
指定下一条线段的端点宽度 <0.0000>: 10↙(指定箭尾端点宽度 10)
输入顶点编辑选项
[下一个(N)/上一个(P)/打断(B)/插入(I)/移动(M)/重生成(R)/拉直(S)/切向(T)/宽度(W)
/退出(X)] <N>: N↙(采用下一个选项)
输入顶点编辑选项
[下一个(N)/上一个(P)/打断(B)/插入(I)/移动(M)/重生成(R)/拉直(S)/切向(T)/宽度(W)
/退出(X)] <N>: W↙(采用宽度选项)
指定下一条线段的起点宽度 <0.0000>: 5↙(指定箭身起点宽度 5)
指定下一条线段的端点宽度 <5.0000>:↙(指定箭身端点宽度 5)
输入顶点编辑选项
[下一个(N)/上一个(P)/打断(B)/插入(I)/移动(M)/重生成(R)/拉直(S)/切向(T)/宽度(W)
/退出(X)] <N>:↙(采用下一个选项)
输入顶点编辑选项
[下一个(N)/上一个(P)/打断(B)/插入(I)/移动(M)/重生成(R)/拉直(S)/切向(T)/宽度(W)
/退出(X)] <N>: W↙(采用宽度选项)
指定下一条线段的起点宽度 <0.0000>: 15↙(指定箭头起点宽度 15)
指定下一条线段的端点宽度 <15.0000>: 0↙(指定箭头端点宽度 0)
输入顶点编辑选项
[下一个(N)/上一个(P)/打断(B)/插入(I)/移动(M)/重生成(R)/拉直(S)/切向(T)/宽度(W)
/退出(X)] <N>:X↙(结束 PEDIT 命令)
```

需要注意的是，在拾取多段线时，单击的位置不同，进行编辑的顶点有所不同，要特别注意系统中顶点标志所在的位置，如图 2-29 所示。

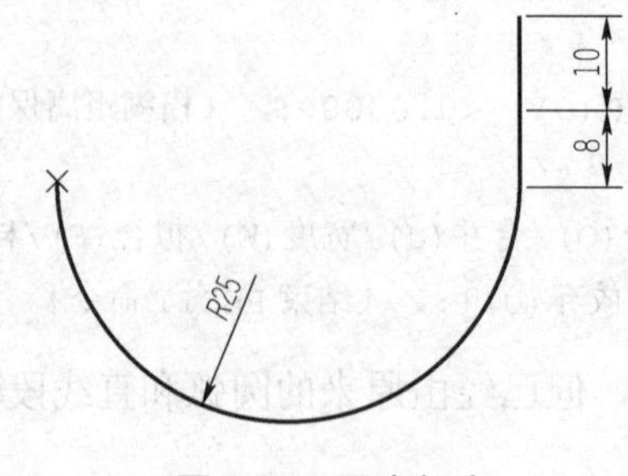

图 2-29 顶点标志

2.7.5 总结和拓展

1. 多段线

多段线是作为单个对象创建的相互连接的序列线段。“多段线”命令可以创建直线段、圆弧段或两者的组合线段。

“多段线”命令讲解、演示

1）绘制仅包含直线段的多段线

（1）在命令行窗口中输入“PL”，按 Enter 键，或在“绘图”工具栏中单击“多段线”按钮，或单击“默认”选项卡“绘图”面板中的“多段线”按钮，或选择“绘图”→“多段线”命令。

（2）指定多段线线段的起点。

（3）指定第一条多段线线段的端点。

（4）根据需要继续指定线段的端点。

（5）按 Enter 键结束，或在命令行窗口中输入“C”并按 Enter 键，使多段线闭合。

若需以上次绘制的多段线的端点为起点绘制新的多段线，则应再次启动“多段线”命令，在出现“指定起点”提示后按 Enter 键。

2）绘制直线和圆弧多段线

（1）在命令行窗口中输入“PL”，按 Enter 键，或在“绘图”工具栏中单击“多段线”按钮，或单击“默认”选项卡“绘图”面板中的“多段线”按钮，或选择“绘图”→“多段线”命令。

（2）指定多段线线段的起点。

（3）指定多段线线段的端点。①在命令行窗口的提示下输入“A”（圆弧），切换到圆弧模式。②输入“L”（直线），返回直线模式。

（4）根据需要指定其他多段线线段。

（5）按 Enter 键结束，或输入“C”并按 Enter 键，使多段线闭合。

3）创建宽多段线

（1）在命令行窗口中输入“PL”，按 Enter 键，或在“绘图”工具栏中单击“多段线”按钮，或单击“默认”选项卡“绘图”面板中的“多段线”按钮，或选择“绘图”→“多段线”命令。

（2）指定直线段的起点。

（3）输入“W”（宽度）。

（4）输入直线段的起点宽度。

（5）使用以下方法之一指定直线段的端点宽度：①若要创建等宽的直线段，则按 Enter 键。②若要创建锥状直线段，则输入一个不同的宽度。

（6）指定多段线线段的端点。

（7）根据需要继续指定线段的端点。

（8）按 Enter 键结束，或在命令行窗口中输入“C”并按 Enter 键，使多段线闭合。

PEDIT 命令讲解、演示

2. PEDIT

PEDIT 命令的常见用途包括合并二维多段线、将线条和圆弧转换为二维多段线，以及将多段线转换为拟合多段线。其编辑的具体对象不同，显示提示内容不同。如果选择直线、圆弧或样条曲线，系统将提示用户将该对象转换为多段线。使用 PEDIT 命令修改多段线的步骤如下：

（1）单击“默认”选项卡“修改”面板中的“编辑多段线”按钮。

（2）选择要修改的多段线。拾取要选择的对象，如需选择多个对象，则要输入“M”，按 Enter 键。

（3）如果选定的对象为样条曲线、直线或圆弧，则将显示以下提示信息。

```
选定的对象不是多段线。
是否将其转换为多段线？<是>：输入 Y 或 N，或按 Enter 键
```

如果输入“Y”，则对象被转换为可编辑的单段二维多段线。将选定的样条曲线转换为多段线之前，将显示以下提示：

```
指定精度 <10>：输入新的精度值或按 Enter 键。
```

系统变量 PLINECONVERTMODE 可决定是使用线性线段还是使用圆弧绘制多段线。如果系统变量 PEDITACCEPT 设置为 1，则将不显示该提示，选定对象将自动转换为多段线。

（4）通过输入一个或多个以下选项编辑多段线。

① 输入“C”（闭合）创建闭合的多段线。

② 输入“J”（合并）合并连续的直线、样条曲线、圆弧或多段线。

③ 输入“W”（宽度）指定整个多段线的新的统一宽度。

④ 输入“E”（编辑顶点）编辑顶点。

⑤ 输入“F”（拟合）创建圆弧拟合多段线，即由连接每对顶点的圆弧组成的平滑曲线

⑥ 输入“S”（样条曲线）创建样条曲线的近似线。

⑦ 输入“D”（非曲线化）删除由拟合或样条曲线插入的其他顶点并拉直所有多段线线段。

⑧ 输入“L”（线型生成）生成经过多段线顶点的连续图案的线型。

⑨ 输入“R”（反转）反转多段线顶点的顺序。

⑩ 输入“U”（放弃）返回 PEDIT 命令的起始处。

（5）输入“X”（退出）结束命令选项。按 Enter 键退出 PEDIT 命令。

2.7.6 随堂练习

在 AutoCAD 2016 工作界面中以 1∶1 比例抄画图 2-30 和图 2-31 所示的图形，不标注尺寸。

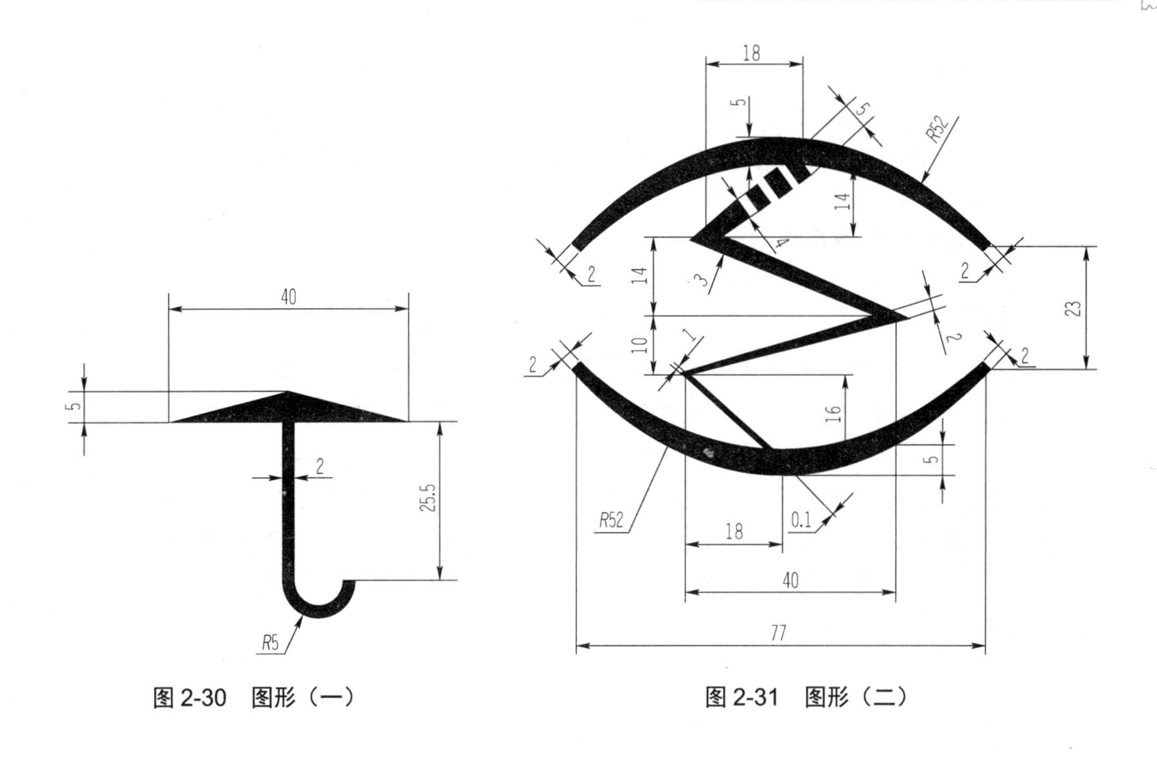

图 2-30　图形（一）　　　　图 2-31　图形（二）

2.8　绘制具有特定几何关系的平面图形

2.8.1　案例介绍及知识要点

1. 案例介绍

本案例以图 2-32 为例，介绍利用参数化绘图方式绘制具有特定几何关系的平面图形的方法。

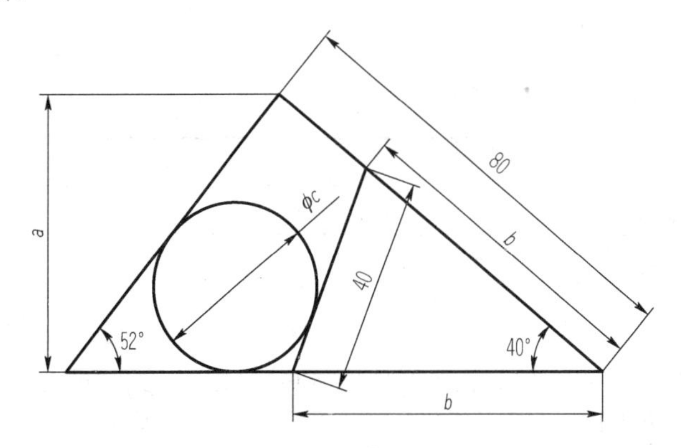

图 2-32　具有特定几何关系的平面图形实例

参数化绘图实例演示

2. 知识要点

（1）有些平面图形的图元之间有特定的几何关系，如位置、尺寸或角度等。

（2）特定的几何关系决定了这类平面图形的直接绘制变得困难或不可行。

2.8.2 图形分析及绘图步骤

1. 图形分析

图 2-32 为平面图形，只有 4 条线段和一个圆，看似很简单。4 条线段中的 3 条围成一个三角形，该三角形的底边水平，与其他两边的夹角分别为 52° 和 40°，右上边长度为 80mm。第四条线段的两端点落在三角形的底边和右上边上，长为 40mm，并且其两端点与三角形的右下角点等距。图 2-32 中的圆在三角形内部，与三角形的底边、左上边及第四条线段均相切。

本案例的图形特点是看似图形信息不全，容易给人以无从绘制的感觉。例如，第四条线段既无法直接找到起点也无法找到终点。在此推荐用参数化方式进行绘图，这也是较高版本 AutoCAD 软件的新增功能。

2. 绘图步骤

（1）建立图层或调用已设置好图层的模板。

（2）绘制图形。

（3）检查确认。

2.8.3 操作步骤

步骤 1：软件启动

启动 AutoCAD 2016 软件，自动生成 Drawing1 文件，将文件另存为“参数化.dwg”。

步骤 2：建立图层

根据表 2-8 所示的图层信息建立相应图层。

表 2-8 图层信息表

图层名称	颜色	线型	线宽/mm
轮廓线	自定	Continuous	0.5

步骤 3：绘制图形

1）绘制三角形三条边

（1）在绘图区适当位置用“直线”命令绘制前 3 个线段组成的三角形，无须精准，也无须封闭，只须尺寸和形状近似即可，如图 2-33（a）所示。

（2）单击“参数化”选项卡中的“重合”按钮及“水平”按钮，对三角形进行设置，如图 2-33（b）所示。

（3）单击“参数化”选项卡中的“对齐”按钮及“角度”按钮，对三角形进行尺寸限定，如图 2-33（c）所示。双击上述参数化尺寸，修改成目标尺寸，如图 2-33（d）所示。

2）绘制第四条线段

（1）利用“标注”面板中的“显示/隐藏动态约束”按钮，隐藏前面的约束尺寸。绘制辅助线，如图 2-33（e）所示。

（2）单击“参数化”选项卡中的“重合”按钮，使辅助线右下端点与三角形右下角点重合。单击“参数化”选项卡中的“角度”按钮，约束辅助线与相临两边角度为 20°，如图 2-33（f）所示。

（3）隐藏前面的约束尺寸，草绘第四条线段，如图 2-33（g）所示。

（4）单击“参数化”选项卡中的“对齐”按钮，约束第四条线段长为 40mm，单击“参数化”选项卡中的“对称”按钮，约束第四条线段两端点相对于辅助线对称，如图 2-33（h）所示。

（5）隐藏前面的约束尺寸，绘制另一辅助线与第四条线段垂直，并使其与第四条线段端点相交，如图 2-33（i）、（j）所示。

（6）拖动第四条线段的右上端点，将其移动到第二辅助线与三角形右上边的交点如图 2-33（k）所示。

（7）删除两条辅助线，如图 2-33（l）所示。

3）绘制圆

（1）在图中适当位置绘制圆，无须标注尺寸，如图 2-33（m）所示。

（2）单击“参数化”选项卡中的“相切”按钮，约束圆与 3 条线段均相切。单击“全部隐藏几何约束”按钮，隐藏所有几何约束，如图 2-33（n）～（p）所示。

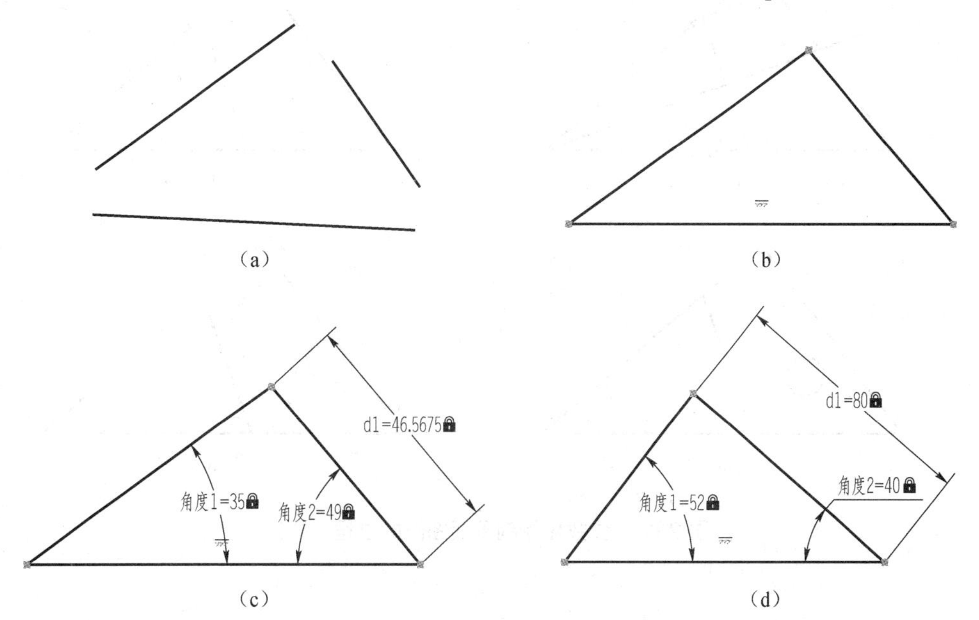

图 2-33　参数化绘制平面图形的过程

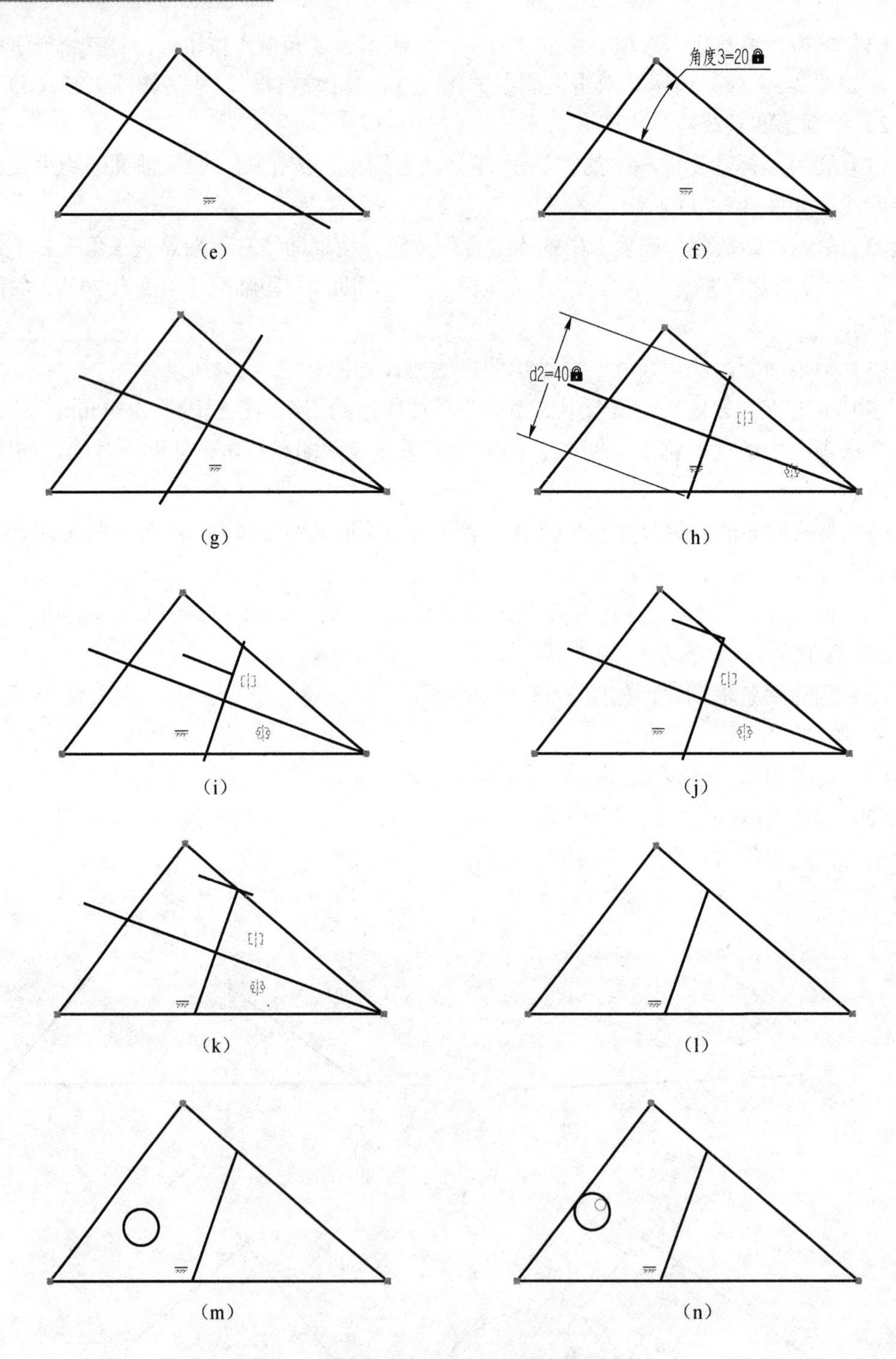

(e) (f) (g) (h) (i) (j) (k) (l) (m) (n)

图 2-33 参数化绘制平面图形的过程（续）

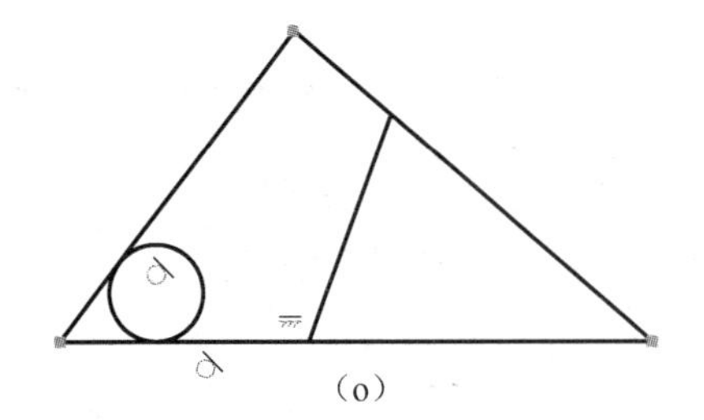
（o）

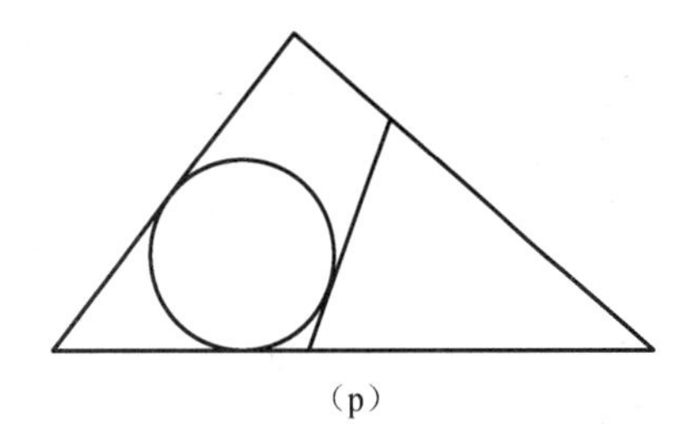
（p）

图 2-33　参数化绘制平面图形的过程（续）

2.8.4　步骤点评

本案例提供了一种崭新的绘图思路，即先进行草绘再对草图进行约束，进而达到绘图目标，与前面直接绘制图形的思路形成鲜明的对比。这种参数化的绘图思路可以解决一些直接绘制无法解决的难题。

两种绘图思路并非非此即彼，它们可以混合使用，关键是看哪种思路在解决具体问题时更方便、实用。例如，本案例中绘制圆时也可以直接采用“默认”选项卡中的“圆”下拉菜单中的“相切、相切、相切”命令，拾取与圆相切的 3 条线段来绘制该圆。

在约束两图元时，需要注意的是，如果两者都未被事先约束，则先被拾取的一方保持不动，后被拾取的一方向先被拾取的一方靠拢。

2.8.5　总结和拓展

1. 添加几何约束

几何约束用于确定二维对象间或对象上各点间的几何关系，如平行、垂直、同心或重合等。例如，用户可添加平行约束使两条线段平行，添加重合约束使两端点重合等。

通过“参数化”选项卡中的“几何”面板来添加几何约束。几何约束一览表如表 2-9 所示。

表 2-9　几何约束一览表

几何约束按钮	名称	功能
	重合约束	使两个点或一个点和一条线重合
	共线约束	使两条直线位于同一条无限长的直线上
◎	同心约束	使选定的圆、圆弧或椭圆保持同一中心点
	固定约束	使一个点或一条曲线固定到相对于世界坐标系（WCS）的指定位置和方向上
//	平行约束	使两条直线保持相互平行
	垂直约束	使两条直线或多段线的夹角保持 90°

续表

几何约束按钮	名称	功能
	水平约束	使一条直线或一对点与当前 UCS 的 *X* 轴保持平行
	竖直约束	使一条直线或一对点与当前 UCS 的 *Y* 轴保持平行
	相切约束	使两条曲线保持相切或与其延长线保持相切
	平滑约束	使一条曲线与其他样条曲线、直线、圆弧或多段线保持几何连续性
	对称约束	使两个对象或两个点关于选定的直线保持对称
	相等约束	使两条直线或多段线具有相同长度，或使圆弧具有相同半径值
	自动约束	根据选择对象自动添加几何约束

在添加几何约束时，两个对象的选择顺序将决定对象怎样更新。通常，所选的第二个对象会根据第一个对象进行调整。例如，应用垂直约束时，选择的第二个对象将调整为垂直于第一个对象。

2. 编辑几何约束

添加几何约束后，在对象的旁边出现约束图标。将十字光标移动到图标或图形对象上，AutoCAD 将高亮显示相关的对象及约束图标。对已加到图形中的几何约束可以进行显示、隐藏和删除等操作。

3. 修改已添加几何约束的对象

用户可通过以下方法编辑受约束的几何对象。

（1）使用关键点编辑模式修改受约束的几何图形，该图形会保留应用的所有约束。

（2）使用 MOVE、COPY、ROTATE 和 SCALE 等命令修改受约束的几何图形后，结果会保留应用于对象的约束。

（3）在某些情况下，使用 TRIM、EXTEND 和 BREAK 等命令修改受约束的对象后，所加约束将被删除。

4. 添加尺寸约束

尺寸约束控制二维对象的大小、角度及两点间距离等，此类约束可以是数值，也可以是变量及方程式。改变尺寸约束，则约束将驱动对象发生相应变化。

用户可通过“参数化”选项卡中的“标注”面板来添加尺寸约束。尺寸约束分为两种形式：动态约束和注释性约束。默认情况下是动态约束，系统变量 CCONSTRAINTFORM 为 0。若该系统变量为 1，则默认尺寸约束为注释性约束。

动态约束：标注外观由固定的预定义标注样式决定，不能修改，且不能被打印。在缩放操作过程中动态约束保持相同大小。

注释性约束：标注外观由当前标注样式控制，可以修改，也可以打印。在缩放操作过程中注释性约束的大小发生变化。用户可以将注释性约束放在同一图层上，设置颜色及改变可见性。

动态约束与注释性约束间可相互转换：选中尺寸约束并右击，在弹出的快捷菜单中选择

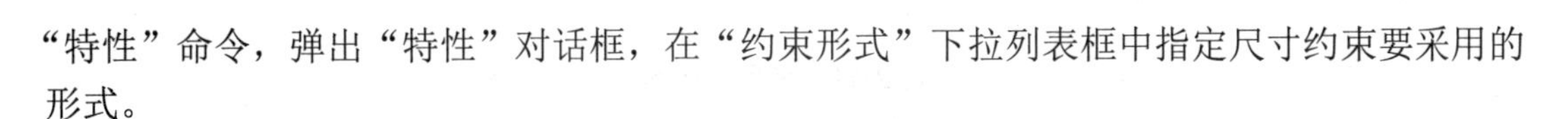

“特性”命令，弹出“特性”对话框，在“约束形式”下拉列表框中指定尺寸约束要采用的形式。

5. 编辑尺寸约束

对于已创建的尺寸约束，可采用以下方法进行编辑：

（1）双击尺寸约束或利用 DDEDIT 命令编辑约束的值、变量名称或表达式。

（2）选中尺寸约束，拖动与其关联的三角形关键点改变约束的值，同时驱动图形对象改变。

（3）选中约束并右击，利用快捷菜单中相应命令编辑约束。

6. 用户变量及方程式

尺寸约束通常是数值形式，但也可采用自定义变量或数学表达式。单击“参数化”选项卡“标注”面板中的 f_x 按钮，弹出“参数管理器”对话框，如图 2-34 所示。此对话框显示所有尺寸约束及用户变量，利用它可轻松地对约束和变量进行管理。

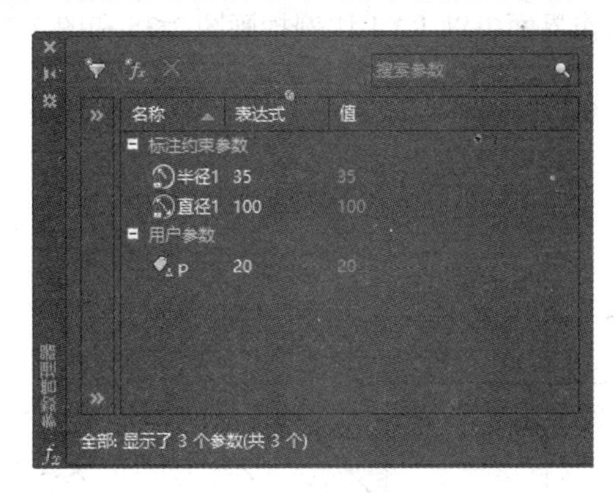

图 2-34　“参数管理器”对话框

在此对话框中可做如下操作：①单击尺寸约束的名称以高亮显示图形中的约束。②双击名称或表达式进行编辑。③右击对象，在弹出的快捷菜单中选择“删除”命令选项以删除标注约束或用户变量。④单击列标题名称对相应列进行排序。

尺寸约束或变量采用表达式时，常用的运算符及数学函数如表 2-10 和表 2-11 所示。

表 2-10　常用的运算符

运算符	说明
+	加
-	减号或负号
*	乘
/	除
^	求幂
( )	圆括号或表达式分隔符

表 2-11 常用的函数

函数	语法	函数	语法
余弦	cos(表达式)	反余弦	acos(表达式)
正弦	sin(表达式)	反正弦	asin(表达式)
正切	tan(表达式)	反正切	atan(表达式)
平方根	sqrt(表达式)	幂函数	pow(表达式 1,表达式 2)
对数，基数为 e	ln(表达式)	指数函数，底数为 e	exp(表达式)
对数，基数为 10	log(表达式)	指数函数，底数为 10	exp10(表达式)
将度转换为弧度	d2r(表达式)	将弧度转换为度	r2d(表达式)

2.8.6 随堂练习

在 AutoCAD 2016 工作界面中以 1∶1 比例抄画图 2-35 和图 2-36 所示的图形（参数化绘图），不标注尺寸。

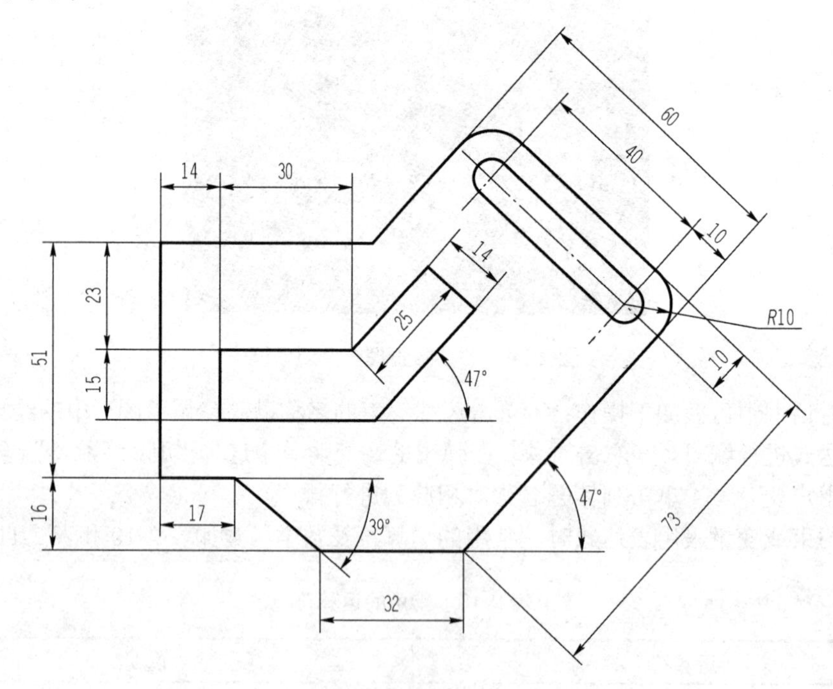

图 2-35 图形（一）

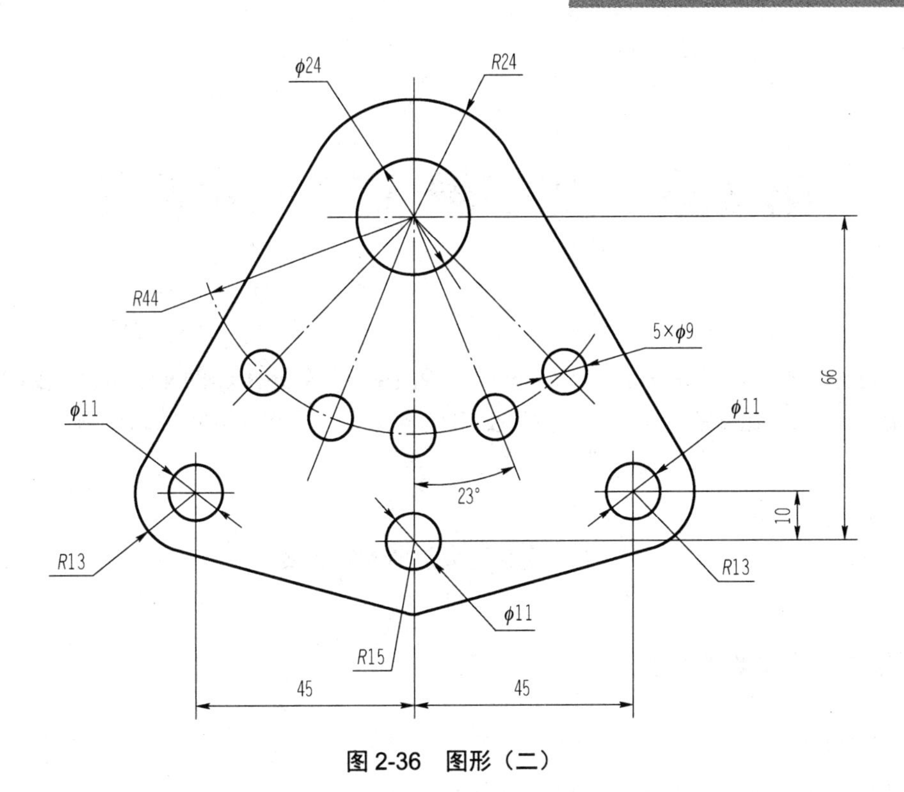

图 2-36　图形（二）

第 3 章　文字输入与尺寸标注

第 2 章以典型平面图形为载体对 AutoCAD 2016 软件的基本绘图和编辑命令操作要点进行了讲解。本章以图纸任务为载体，讲解文字样式设置、文字输入和编辑的方法，尺寸标注样式的设置方法，尺寸标注及编辑尺寸方法。

3.1　输入标题栏文字

3.1.1　案例介绍及知识要点

1. 案例介绍

为绘制好的标题栏输入相应文字，如图 3-1 所示。

						(材料标记)			(单位名称)
标记	处数	分区	更改文件号	签名	年、月、日				(图样名称)
设计	(签名)	(年月日)	标准化	(签名)	(年月日)	阶段标记	质量	比例	
审核									(图样代号)
工艺			批准			共（　）张	第（　）张		

图 3-1　标题栏

2. 知识要点

（1）机械制图中，为方便读图及查询相关信息，图纸中一般会配置标题栏，其位置一般位于图纸的右下角，看图方向一般应与标题栏的方向一致。

（2）图 3-1 为 GB/T 10609.1—2008《技术制图 标题栏》所规定的标准标题栏。

（3）国家机械制图标准规定，汉字字体为长仿宋体，宽度因子约为 0.7，字号有 20、14、10、7、5、3.5、2.5、1.8。一般图纸上的文字高度不低于 3.5 号字。

3.1.2　任务分析及操作步骤

1. 任务分析

标题栏的图线在前期已经进行了绘制，当前的任务仅是填写标题栏中的文字，且只有汉字。要完成该任务，需要明确机械制图国家标准中对汉字字体和字号的相关规定。能够根据相应国家标准在 AutoCAD 中进行文字字体的设置，并用相应的单行文字命令或多行文字命令在标题栏中进行填写。

2. 操作步骤

标题栏文字输入演示

（1）打开空白标题栏。
（2）设置汉字文字样式。
（3）填写标题栏。
（4）检查确认。

3.1.3 任务实施步骤

步骤 1：打开空白标题栏

启动 AutoCAD 2016 软件，从源文件夹中找到“空白标题栏.dwg”，将文件另存为“标题栏.dwg”。空白标题栏如图 3-2 所示。

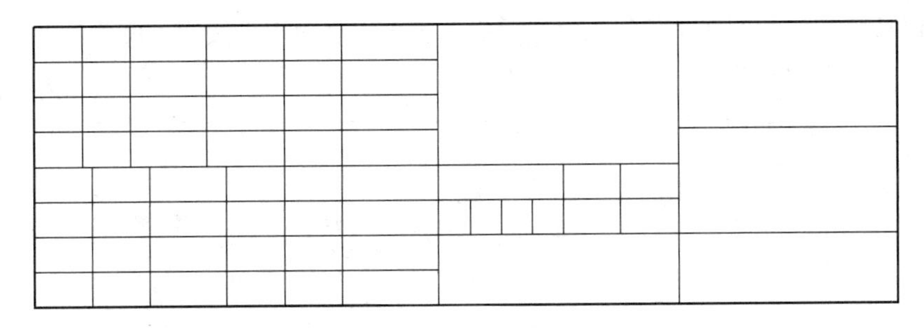

图 3-2　空白标题栏

步骤 2：设置“汉字”文字样式

1）调出“文字样式”命令

在命令行窗口中输入“st”，按 Enter 键，系统自动弹出“文字样式”对话框，如图 3-3 所示。

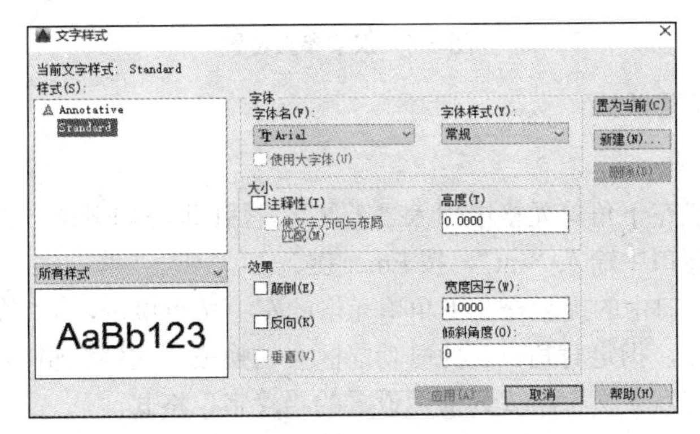

图 3-3　“文字样式”对话框

2）新建文字样式

单击“文字样式”对话框中的“新建”按钮，弹出“新建文字样式”对话框，默认名称为“样式 1”，如图 3-4（a）所示。更改文字样式名称为“汉字”，如图 3-4（b）所示。单击“确定”按钮，系统自动关闭“新建文字样式”对话框，返回“文字样式”对话框。

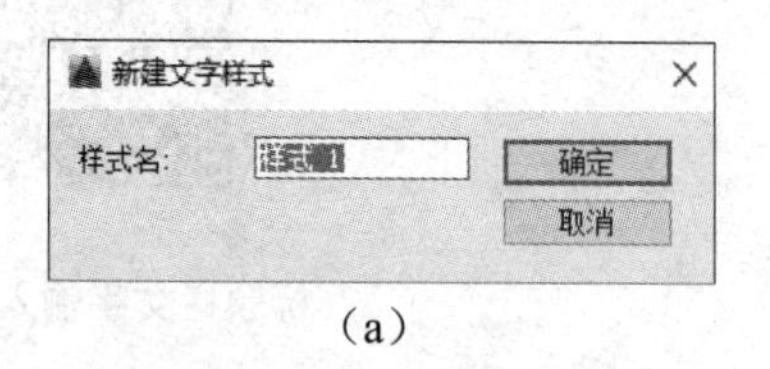

（a）

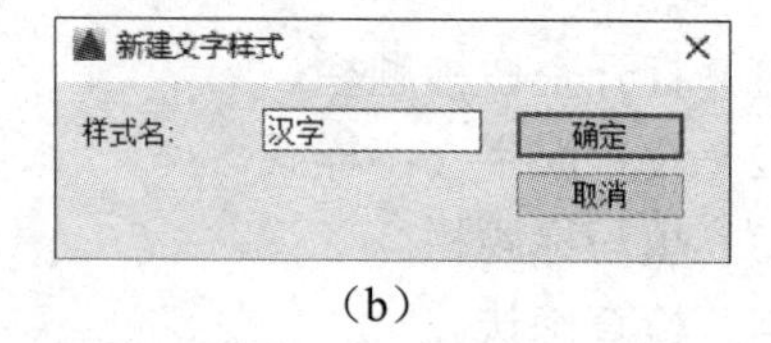

（b）

图 3-4 “新建文字样式”对话框

3）设置新建文字样式参数

（1）取消“使用大字体”复选框的勾选。

（2）在“字体名”下拉列表框中选择“仿宋”选项。

（3）在“高度：”文本框中输入“3.5”。

（4）在“宽度因子：”文本框中输入“0.7”。

其余保持默认，如图 3-5 所示。设置完成后先单击“应用”按钮，再单击“关闭”按钮，退出“文字样式”对话框。

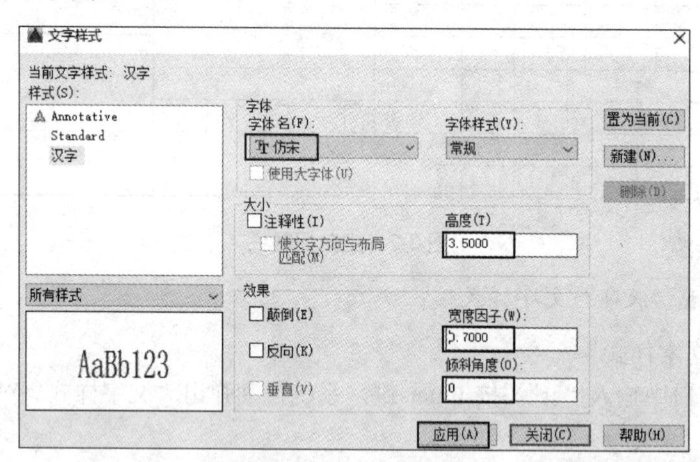

图 3-5 汉字参数设置

步骤 3：填写标题栏

1）填写一处文字

例如，在标题栏左下角单元格中输入“工艺”。操作步骤如下：

（1）在命令行窗口中输入“mt”，按 Enter 键。

（2）按命令行窗口中的提示在左下角单元格的左上角点单击，指定第一角点，继续单击该单元格的右下角点，指定对角点。此时功能区会切换成“文字编辑器”选项卡，如图 3-6 所示，可以看出系统默认文字格式为前期设置的“汉字”格式。

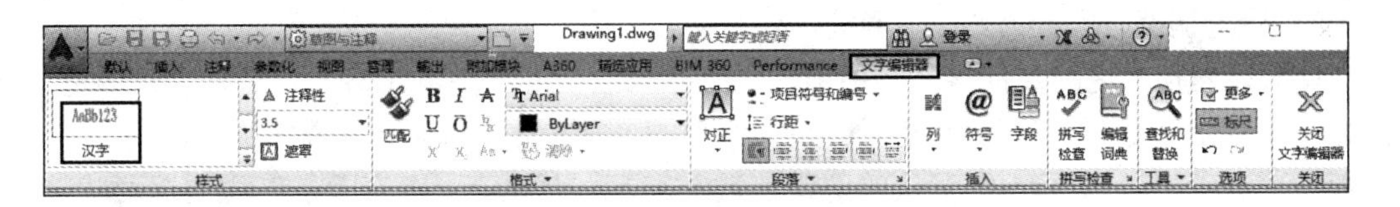

图 3-6　“文字编辑器”选项卡

(3) 切换成中文输入法，在单元格中输入“工艺”，在“文字编辑器”选项卡中选择“对正”下拉菜单中的“正中”命令，如图 3-7 所示。

图 3-7　多行文字对正设置

(4) 单击工作界面空白区域或单击“关闭文字编辑器”按钮，完成多行文字输入，如图 3-8 所示。

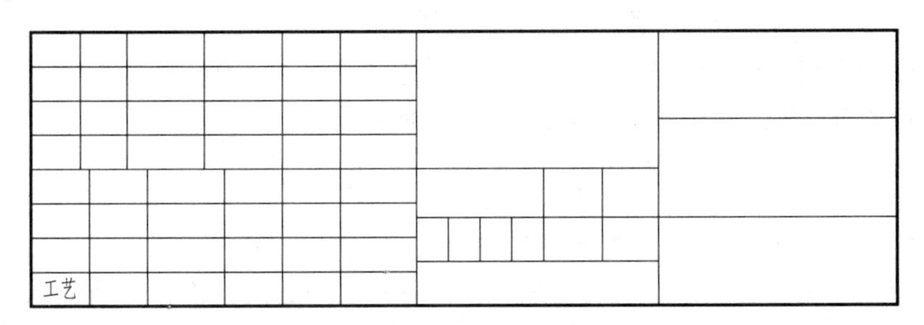

图 3-8　完成单个单元格文字输入

2) 输入其他单元格中的文字

用同样的方法，依次输入标题栏其他单元格中的文字，直到所有文字全部被输入完。编辑好文字的标题栏如图 3-9 所示。

						(材料标记)			(单位名称)
									(图样名称)
标记	处数	分区	更改文件号	签名	年、月、日				
设计	(签名)	(年月日)	标准化	(签名)	(年月日)	阶段标记	质量	比例	
									(图样代号)
审核									
工艺			批准			共（　）张	第（　）张		

图 3-9　编辑好文字的标题栏

3）检查调整

此时，发现“更改文件号”一栏中，文字并未完全处于该单元格中，需要进行调整。方法如下：双击“更改文件号”文字，切换到“文字编辑器”选项卡，选中文字，将“格式”面板中“追踪”微调框a·b中默认的间距参数 1.0 更改为 0.8，“宽度因子”微调框保持不变仍为 0.7，也可以调小一点，如图 3-10 所示。单击空白处完成操作。

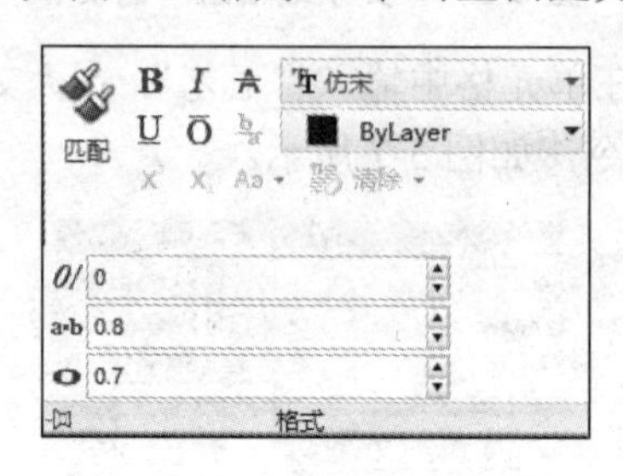

图 3-10　调整文字间距

3.1.4　步骤点评

通过本案例的学习，便于初学者学习、练习文字样式的设置及文字的输入与编辑。在平时绘图过程中，只需将常用的文字样式及标准标题栏保存在模板文件中，调用模板文件即可。

1. 步骤 2 点评

在选择字体前，需要取消“使用大字体”复选框的勾选，否则会找不到仿宋字体。另外，“字体名”下拉列表框中的字体取决于计算机中所安装的字体种类。“高度”文本框也可以不设置，而保持其默认的“0”，在后续的输入文字时再进行设定。

2. 步骤 3 点评

“多行文字”命令也可用“单行文字”命令代替。“多行文字”命令可输入单行，而“单行文字”命令也可输入多行。二者的区别在于，利用“单行文字”命令所输入的多行文字，每行是独立的对象，而“多行文字”命令输入的文字是一个对象。单独修改多行文字中的一部分，可选中文字，再在“文字样式”对话框中进行参数的修改；而修改样式名，会使全部多行文字统一修改。

3.1.5　总结和拓展

文字样式设置及文字输入与编辑

1. 设置文字样式

在输入文字前，需要对文字的样式进行设置。文字样式包括文字的字体、高度和宽度等，文字应按照机械制图国家标准对文字的相关规定进行设置。文字样式设置的一般步骤如下：

（1）在命令行窗口中输入“st”，按 Enter 键，或单击“注释”选项卡“文字”面板中的对话框启动器按钮如图 3-11 所示，或在“文字样式”下拉菜单中选择“管理文字样式”命令，如图3-12所示。系统弹出“文字样式”对话框如图3-13所示。

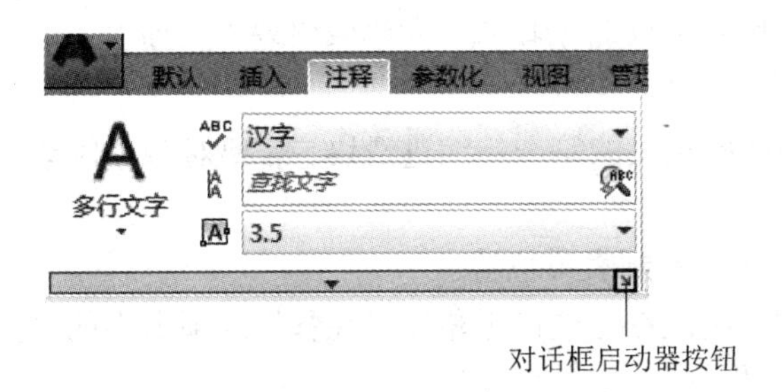

图3-11　单击对话框启动器按钮

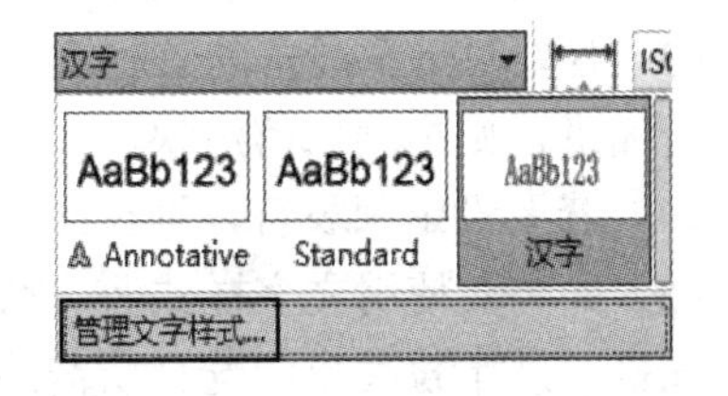

图3-12　选择“管理文字样式”命令

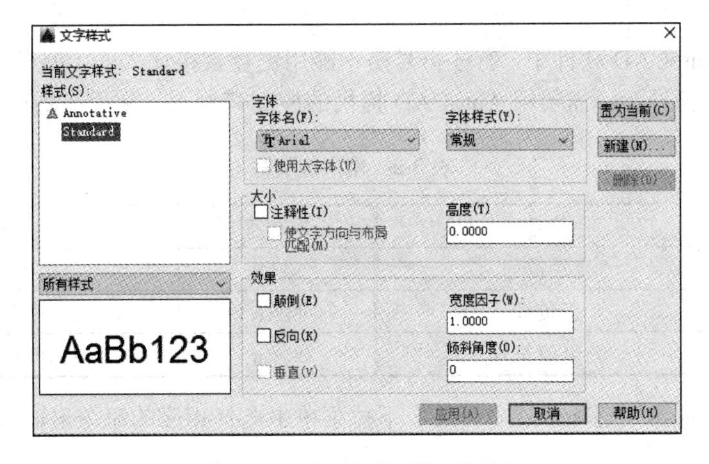

图3-13　“文字样式”对话框

（2）单击“新建”按钮，弹出“新建文字样式”对话框，命名新样式名称，单击“确定”按钮。

（3）在“文字样式”对话框中，对字体名、字体样式、高度、宽度因子、倾斜角度等参数进行设置。对于汉字、数字及字母的参数设置可参照表3-1进行。

表3-1　汉字、数字及字母的参数设置

文字样式名称	字体名	字体样式	高度	宽度因子	倾斜角度
汉字	仿宋	常规	根据图幅大小设置	0.7	0
数字及字母	gbenor.shx	常规	根据图幅大小设置	1	15

（4）设置完毕，单击“应用”按钮，并关闭“文字样式”对话框，结束文字样式设置。

2. 输入多行文字

对于具有内部格式的较长注释和标签，应当使用“多行文字”命令，一般步骤如下：

（1）调用方法：在命令行窗口中输入“mt”，按Enter键，或单击“常用”选项卡“注释”面板中的“多行文字”按钮，或单击“绘图”工具栏上的“多行文字”按钮A，或选择“绘图”→“文字”→“多行文字”命令。

（2）指定边框的对角点以定义多行文字对象的宽度。

单击需要输出文字区域的两个对角点，则功能区将切换到“文字编辑器”选项卡，可以对文字的一些参数进行设置或修改。

（3）若要对每个段落的首行缩进，则拖动标尺上的第一行缩进滑块。若要对每个段落的其他行缩进，则拖动段落滑块。

（4）若要设定制表符，则在标尺上单击所需的制表位位置。

（5）如果要使用文字样式而非默认样式，则应在功能区上单击“注释”选项卡中的“文字”面板，从下拉菜单中选择所需的文字样式。

（6）输入文字。通常 AutoCAD 将以适当的大小在水平方向显示文字，以便用户轻松地阅读和编辑文字。

另外，在 AutoCAD 软件中，有些符号是不能用键盘直接输入的，如直径符号、百分号、正负号、角度值符号等，需要用 AutoCAD 提供的控制符输入，常用控制符如表 3-2 所示。

表 3-2　常用控制符

控制符	符号	控制符	符号
%%c	直径符号	%%%	百分比符号
%%p	正负号	%%o	打开/关闭上画线
%%d	角度值符号	%%u	打开/关闭下画线

在“文字编辑器”选项卡的“符号”下拉菜单中选择相应的命令来输入这些特殊字符，如图 3-14 所示。

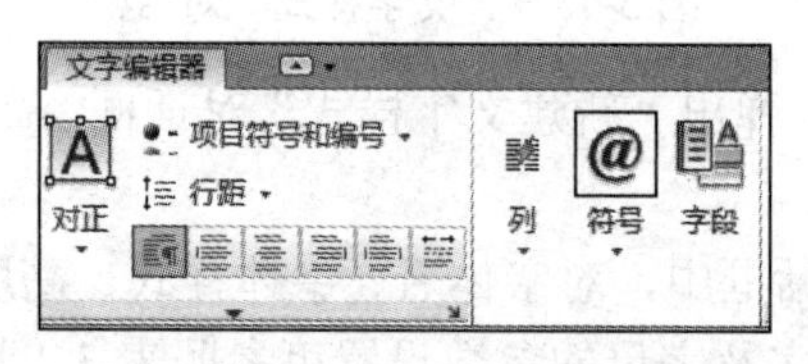

图 3-14　“符号”下拉菜单

（7）在“文字编辑器”选项卡中，按以下方式更改格式：

① 要更改选定文字的字体，则从“字体”下拉列表框中选择一种字体，如图 3-15 所示。

② 要更改选定文字的高度，则在“文字高度”下拉列表框中输入新值，如图 3-15 所示。

③ 要使用粗体或斜体设定 TrueType 字体的文字格式，或为任意字体创建下画线文字、上画线文字或删除线文字，则应单击功能区上的相应按钮。注意，SHX 字体不支持粗体或斜体。

④ 要向选定的文字应用颜色，则从“颜色”下拉列表框中选择一种颜色，也可以选择“选择颜色”选项，在弹出的“选择颜色”对话框中进行选择。

（8）要保存更改并退出编辑器，应使用以下方法之一：

① 单击空白处。

② 单击“关闭文字编辑器”按钮。

③ 按 Ctrl+Enter 组合键。

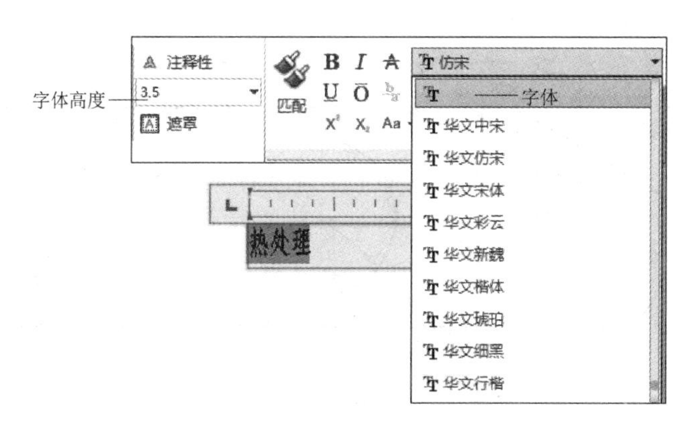

图 3-15　文字字体和高度编辑

3. 编辑多行文字

AutoCAD 系统提供了“编辑文字”命令，可以在命令行窗口中输入“ddedit”，按 Enter 键，或不启动“编辑文字”命令，直接双击要进行编辑的多行文字，系统会切换成“文字编辑器”选项卡中文字编辑的系列命令，在此选项卡中可以对多行文字的各参数进行修改。这种方法应用较普遍。

3.1.6　随堂练习

（1）按机械制图国家标准设置汉字、数字及字母样式，用“多行文字”命令输入如下技术要求，其中“技术要求”为 5 号字，其余均为 3.5 号字。

技术要求
1. 实效处理。
2. 未注圆角*R*2。
3. 未注倒角*C*1。

（2）以已经给定的简易标题栏为基础如图 3-16 所示，输入相应文字。

(零件名称)			数量	比例	材料	
			1	1:1	45	
制图			(学校、班级名称)			
审核						

图 3-16　简易标题栏

3.2　标注板件零件图尺寸

3.2.1　案例介绍及知识要点

1. 案例介绍

为板件零件图标注尺寸，如图 3-17 所示。

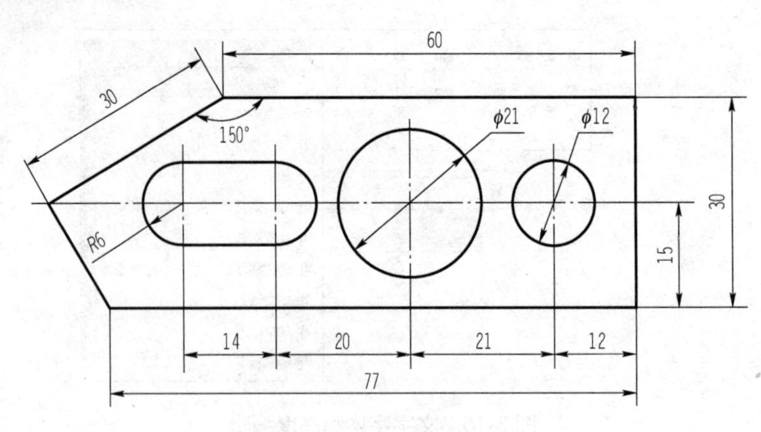

图 3-17　板件零件图

2. 知识要点

为一个零件图样标注尺寸时，要熟悉该零件的形状结构特征，清楚每个方向上的尺寸基准，熟悉在 AutoCAD 系统中的相应标注命令的使用方法。

3.2.2　任务分析及操作步骤

1. 任务分析

视图已经绘制完成，目前需要在给定的视图图形上按照样例进行尺寸的标注。在进行标注之前，需要先按国家制图标准规定设置好文字样式及标注样式，再按照尺寸的类型进行标注。

本案例中尺寸标注类型在 AutoCAD 中可分为线性标注、对齐标注、半径标注、直径标注。对于并列尺寸线或串联尺寸线，可以选择基线标注或连续标注，如右端的尺寸 15 与 30 可以用基线标注，正文串联尺寸 14、20、21 和 12 可使用连续标注。

2. 标注步骤

标注样式设置

（1）打开待标注文件。

（2）设置尺寸标注样式。

（3）分类型进行标注。

（4）检查确认。

3.2.3　任务实施步骤

步骤 1：打开待标注文件

启动 AutoCAD 2016 软件，打开待标注文件，如图 3-18 所示。

步骤 2：建立尺寸标注样式

2016 版本的 AutoCAD 很多经典的工具菜单都被集成化，在“注释”选项卡的“标注”面板中可以进行标注样式的设置，也可以将 2016 版本转换成“AutoCAD 经典”工作空间，利用“格式”下拉菜单中的“标注方式”命令进行尺寸标注样式的设置。下面分别介绍这两种设置方式。

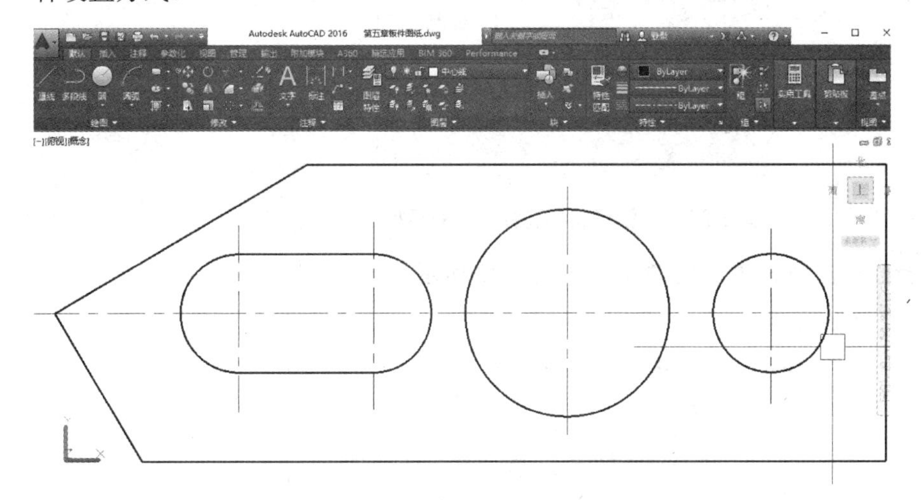

图 3-18　待标注的板件零件

板件零件图尺寸标注演示

1）利用“注释”选项卡设置主要尺寸标注样式

（1）单击“注释”选项卡“标注”面板右下角的对话框启动器按钮，如图 3-19 所示，弹出“标注样式管理器”对话框，如图 3-20 所示。

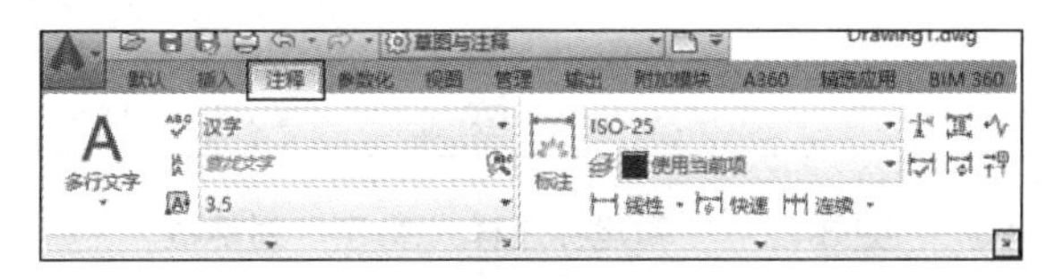

图 3-19　“注释”选项卡

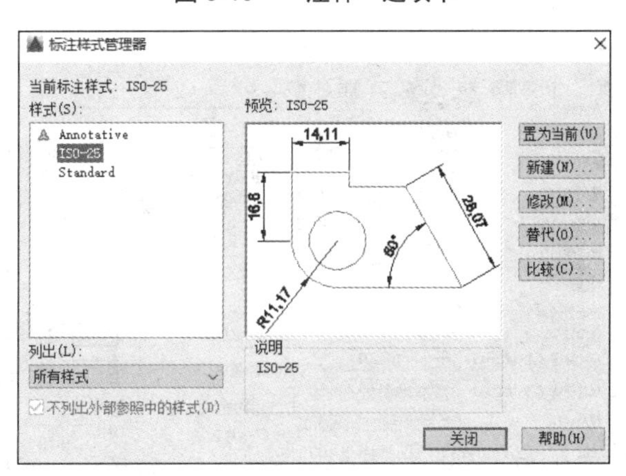

图 3-20　“标注样式管理器”对话窗口

（2）在“标注样式管理器”对话框中单击“新建”按钮，弹出“创建新标注样式”对话框，如图 3-21 所示，在“新样式名”文本框中输入“数字”，单击“继续”按钮。

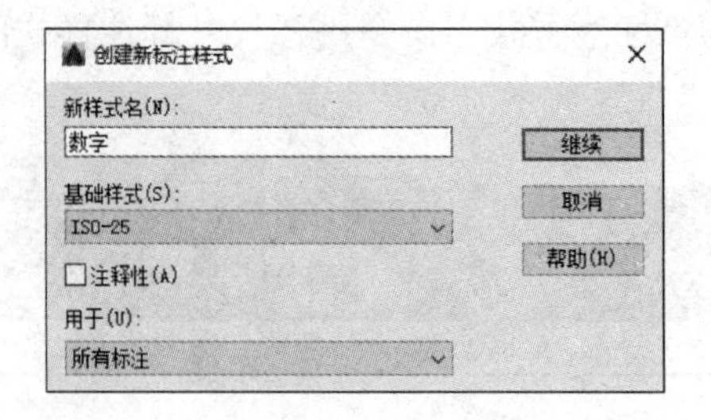

图 3-21 “创建新标注样式”对话框

（3）弹出“新建标注样式:数字”对话框如图 3-22 所示。

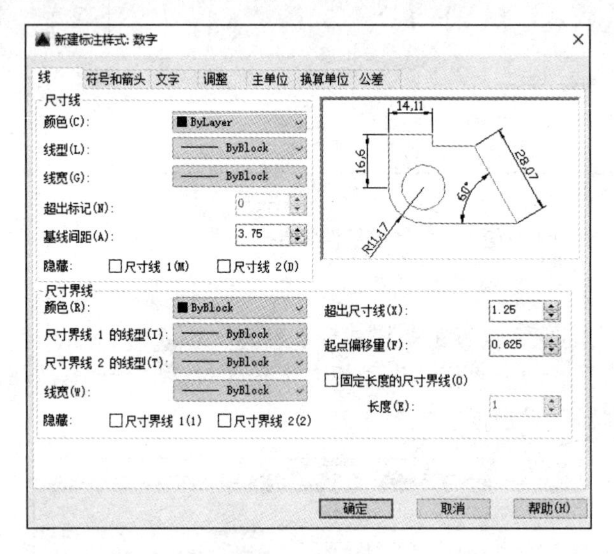

图 3-22 “新建标注样式:数字”对话框

（4）选择“线”选项卡，按图 3-23 所示进行设置。

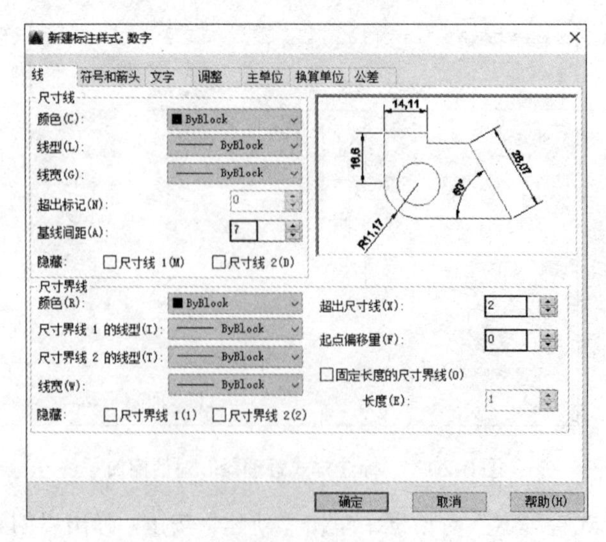

图 3-23 “线”选项卡

（5）选择“符号和箭头”选项卡，按图 3-24 所示进行设置。

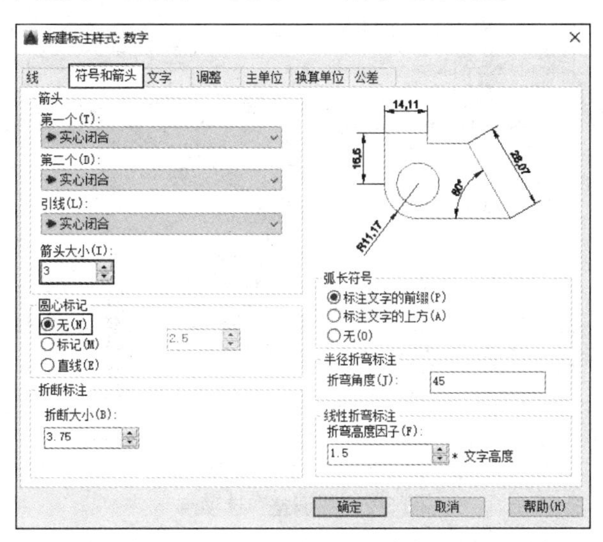

图 3-24　“符号和箭头”选项卡

（6）选择“文字”选项卡，按图 3-25 所示进行设置。

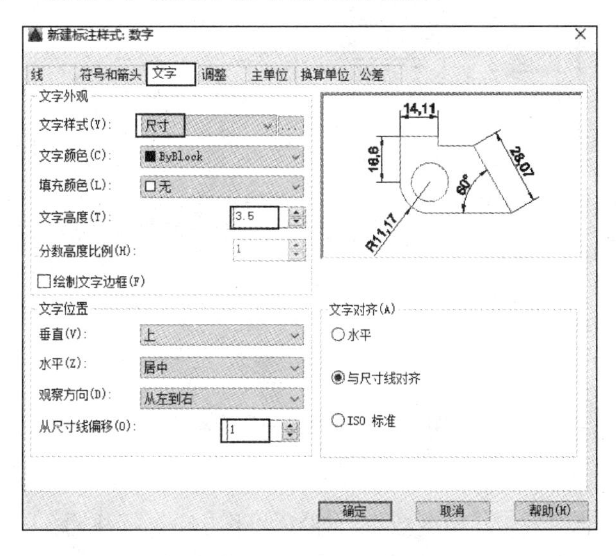

图 3-25　“文字”选项卡

（7）选择“调整”选项卡，按图 3-26 所示进行设置。

（8）选择“主单位”选项卡，根据图样需要选取对应的线性标注精度和角度标注精度，具体设置如图 3-27 所示。

（9）其他两个选项卡，即“换算单位”选项卡和“公差”选项卡保持默认设置即可。

如果之前没有设置“尺寸”文字样式，可以单击“文字样式”下拉列表框右侧的...按钮进行设置。

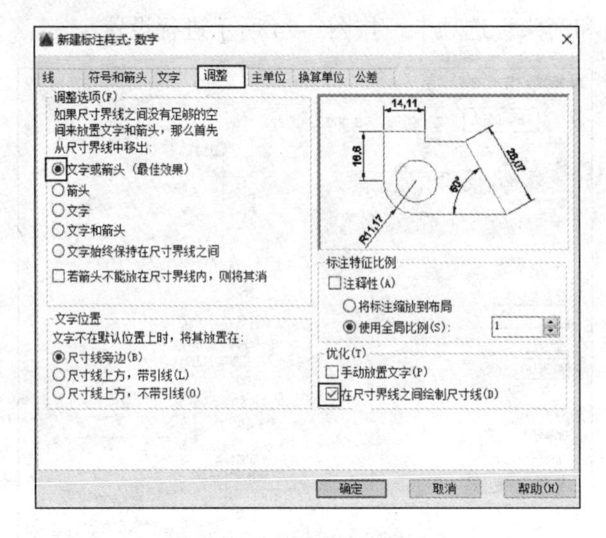

图 3-26 “调整”选项卡

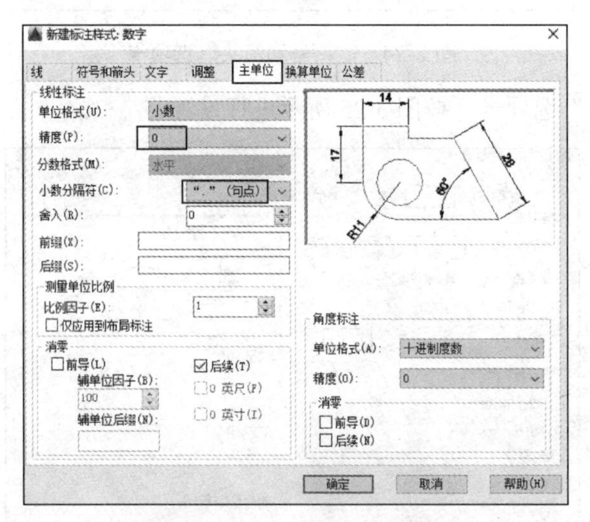

图 3-27 “主单位”选项卡

2）设置角度标注样式

机械制图国家标准中规定，角度数字一律按水平方向进行注写，因此需要在数字主要尺寸样式下继续设置用于角度标注的子样式。标注“角度尺寸”、“直径”尺寸时，AutoCAD 将先按子尺寸标注样式进行标注，如无子尺寸样式，则按主尺寸标注样式标注尺寸。设置角度标注样式的步骤如下：

（1）在“标注样式管理器”对话框中单击“新建”按钮，弹出“创建新标注样式”对话框，选择“基础样式”为“数字”，在“用于”下拉列表框中选择“角度标注”选项，单击“继续”按钮，如图 3-28 所示。

（2）在弹出的“新建标注样式:数字:角度”对话框中，选择“文字”选项卡，如图 3-29 所示，点选“文字对齐”选项组中的“水平”单选按钮，单击“确定”按钮返回“标注样式管理器”对话框。此时在该对话框的“样式”列表框中，在“数字”主样式下出现“角度”子样式。

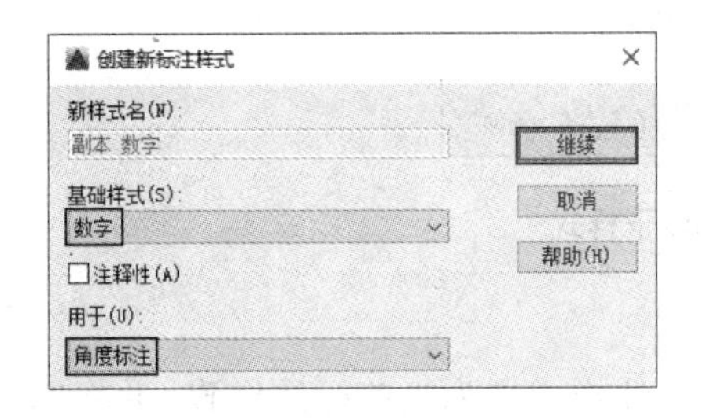

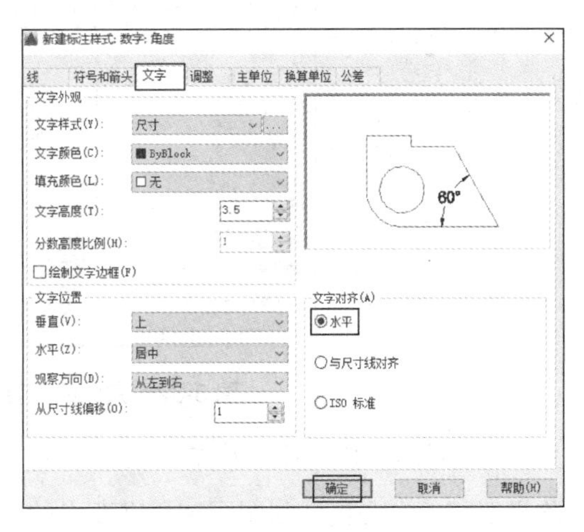

图 3-28　新建“角度”标注样式　　　　图 3-29“文字”选项卡

3）设置水平直径标注子样式

图样中直径标注的数字是水平方向的，软件中默认的直径尺寸数字和尺寸线对齐，所以要设置直径标注的子样式，将数字设置为水平方向。

（1）在“标注样式管理器”对话框中单击“新建”按钮，弹出“创建新标注样式”对话框，选择“基础样式”为“数字”，在“用于”下拉列表框中选择“直径标注”选项，单击“继续”按钮，如图 3-30 所示。

（2）在弹出的“新建标注样式:数字:直径”对话框中，选择“文字”选项卡如图 3-31 所示，点选“文字对齐”选项组中的“水平”单选按钮，单击“确定”按钮返回“标注样式管理器”对话框。此时该在对话框的“样式”列表框中，在“数字”主样式下出现“直径”子样式，如图 3-32 所示。

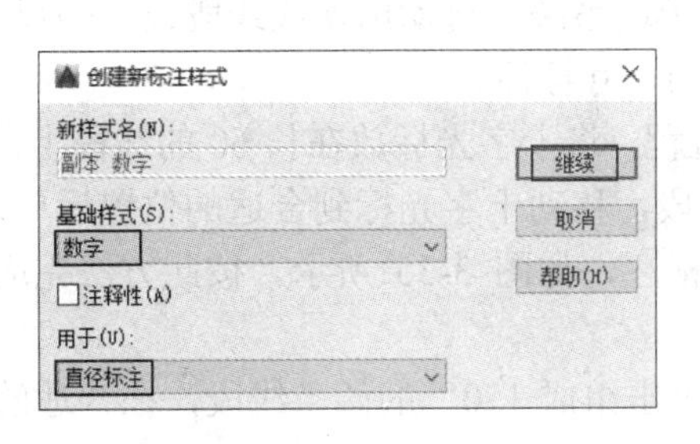

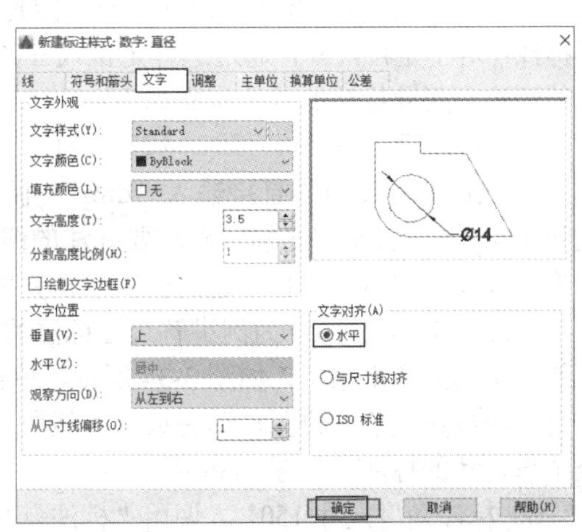

图 3-30　创建数字水平的直径标注子样式　　　　图 3-31　文字对齐方式设置

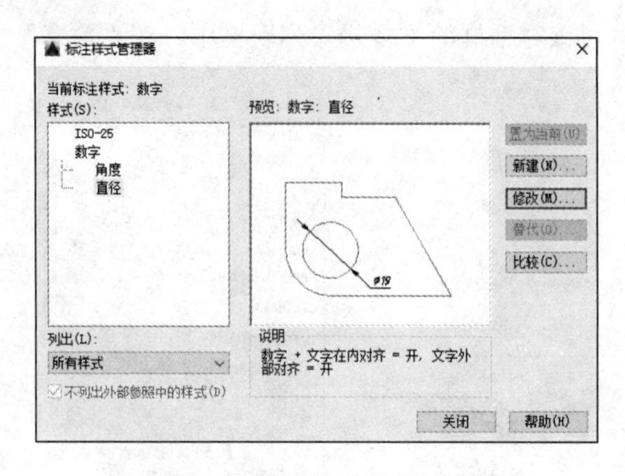

图 3-32　完成的“直径”标注子样式

步骤 3：标注板件零件图尺寸

将设置好的符合机械制图国家标准要求的“数字”标注样式置为当前标注样式，并将“尺寸线”图层置为当前图层，进行尺寸标注。

（1）选择“注释”选项卡，在“标注”面板的“标注样式”下拉列表框中选择“数字”标注样式作为当前标注样式，在“图层”下拉列表框中选择“尺寸线”图层作为当前图层，如图 3-33 所示。

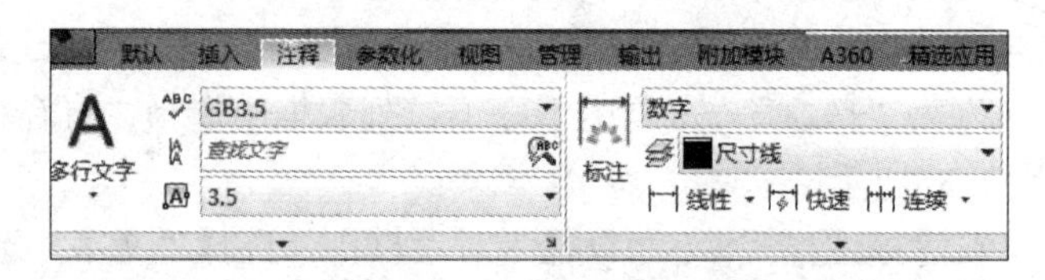

图 3-33　设置当前标注样式和当前图层

（2）线性尺寸标注，图样中有 77、60、30、30、$\phi 21$、$\phi 12$、$R6$ 等定形尺寸，150°、14、20、21、12、15 等定位尺寸。对于定形尺寸，可以直接通过选取线段和圆弧的方式进行标注；对于定位尺寸，通过选择定位尺寸的两个端点进行标注；角度标注需要选择组成角度的两边。尺寸标注的具体步骤如下：

① 标注 77、60、30、30、$\phi 21$、$\phi 12$、$R6$ 尺寸。在“标注”面板中单击“标注”按钮，或在命令行窗口中直接输入“dim”，调用“标注”命令，关闭状态栏中的对象捕捉模式和正交模式，将十字光标移到需要标注的线段和圆弧，系统会自动出现该线段或圆的尺寸，单击该线段或圆弧，选择合适的位置单击完成相应的尺寸标注。

下面以定形尺寸 60 为例讲解尺寸标注的具体过程，将十字光标放在长 60 的线段上，尺寸的大小就显示出来了，如图 3-34 所示，单击该线段，移动十字光标到合适的位置后单击，把尺寸线放在合适的位置，即完成了该线段的尺寸标注，如图 3-35 所示。按此方法完成其余定形尺寸的标注，如图 3-36 所示。

② 标注角度尺寸 150°。调用“标注”命令，单击组成 150° 的两条线段，在合适的位置单击放置尺寸线。

③ 标注尺寸 14、20、21、12、15。在状态栏中单击“正交”图标和“对象捕捉”图标，

如图 3-37 所示，打开对象捕捉模式和正交模式，勾选对象捕捉中的“交点”复选框、“端点”复选框、“圆心”复选框。

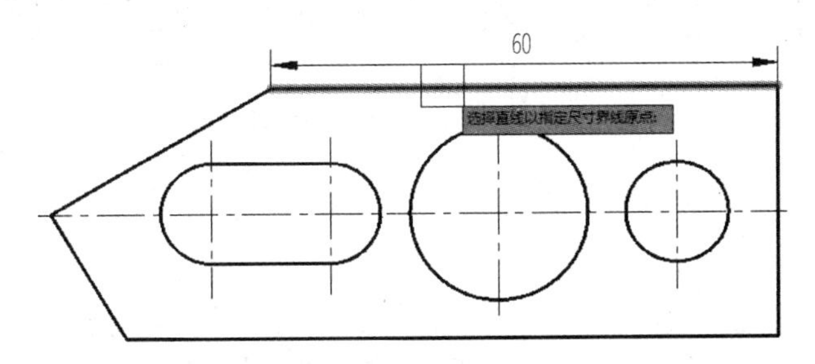

图 3-34　将十字光标移到要标注线段上

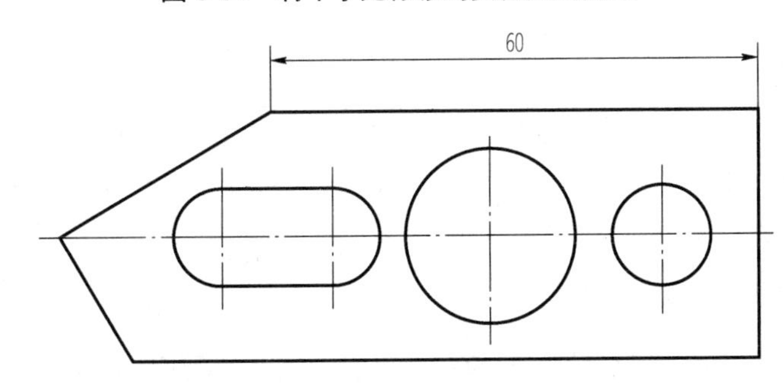

图 3-35　单击线段并将尺寸线拖到合适位置

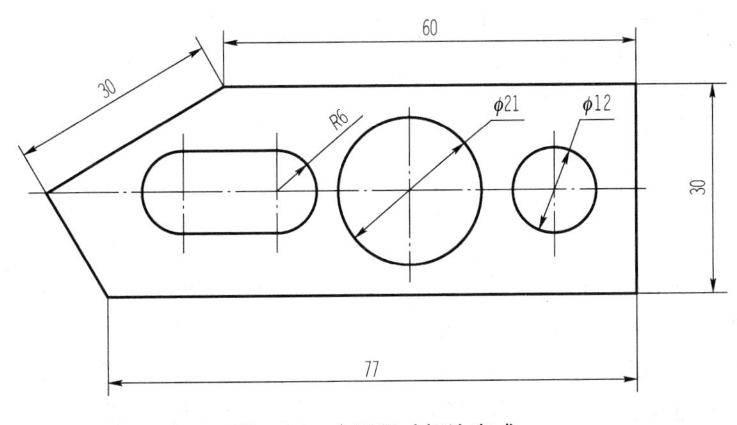

图 3-36　定形尺寸标注完成

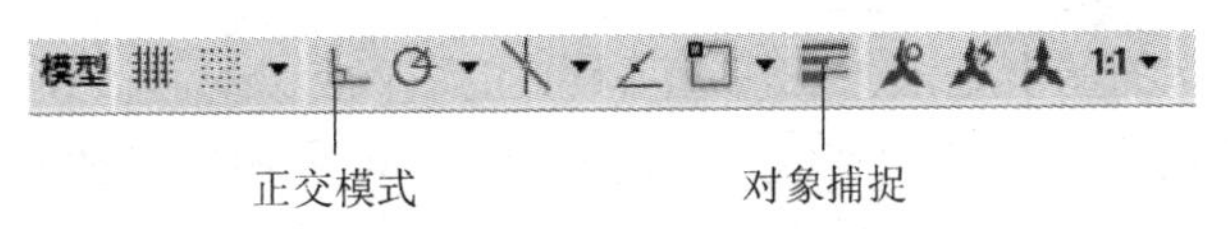

图 3-37　状态工具条

调用“标注”命令，先单击尺寸 12 尺寸界线的两个点，完成尺寸 12 的标注，然后在命令行窗口中输入“C”，按 Enter 键，采用“连续”标注方式，如图 3-38 所示，依次选择尺寸 21 的右边尺寸界线、左边尺寸界线，尺寸 20 的左边尺寸界线、14 的左边尺寸界线，即完成了 12、21、20、14 尺寸的标注。直接调用“标注”命令，选择尺寸 15 的两个界线点，完成

15 尺寸的标注。这样就完成整个图样的尺寸的标注。

DIM 选择对象或指定第一个尺寸界线原点或 [角度(A) 基线(B) 连续(C) 坐标(O) 对齐(G) 分发(D) 图层(L) 放弃(U)]:

图 3-38 “标注”命令的操作方式

3.2.4 步骤点评

通过本案例可以让初学者学习、练习标注样式的设置及简单线性尺寸、角度尺寸、直径及半径的标注。在平时绘图过程中，只需将常用的标注样式保存在模板文件中，调用模板文件即可。

1. 步骤 2 点评

对于标注样式的设置，需要熟悉机械制图国家标准中关于尺寸标注的规定，这样在标注样式设置中各个项目的选择就会很容易。标注样式应针对尺寸线、尺寸界线及尺寸数字国家标准的要求进行设置。

2. 步骤 3 点评

在进行尺寸标注时，可以先将图形的尺寸进行分类。“标注”命令的标注方式有很多种，默认的方式是选择对象或指定第一尺寸界线原点，如果把选择对象作为第一标注方式，则需要关闭正交模式和对象捕捉模式。若用其他方式，则要先输入方式对应的字母代号。

3.2.5 总结和拓展

1. 设置标注样式

在进行标注前，一般先要设置标注样式。标注样式相关项目要依据机械制图国家标准进行设置。除了在尺寸标注面板中选择标注样式外，也可以在命令行窗口输入“d”，按 Enter 键，调用“标注样式管理器”对话框；还可以将软件的操作界面切换成经典界面，从“格式”下拉菜单中选择“标注样式”命令，也能调出“标注样式管理器”对话框。

（1）在命令行窗口中输入“d”，按 Enter 键，调出“标注样式管理器”对话框，详细的设置步骤参考任务实施步骤的步骤 2。

（2）“格式”菜单的调出方法：在快速工具栏的右侧单击按钮，打开自定义快速访问工具栏，如图 3-39 所示，选择“显示菜单栏”选项，即可调出包括文件、绘图、格式等若干个菜单。单击“格式”菜单，弹出格式中的相关命令，其中包括“文字样式”和“标注样式”等设置命令，如图 3-40 所示。

尺寸标注命令及编辑

2. 尺寸标注命令

板类零件尺寸标注中重点运用了“标注”命令，该命令是一个集合命令，可以完成正交线性尺寸、对齐尺寸、角度尺寸、半径及直径尺寸等多种形式尺寸的标注。另外，也可以用独立的尺寸标注命令来进行尺寸标注，还可以调出“标注”工具栏来实现尺寸的标注。具体如下：

（1）在命令行窗口中输入“dim”，按 Enter 键，或单击“默认”选项卡“注释”面板中的“标注”按钮，如图 3-41 所示，或单击“注释”选项卡“标注”面板中的“标注”按钮，如图 3-42 所示。

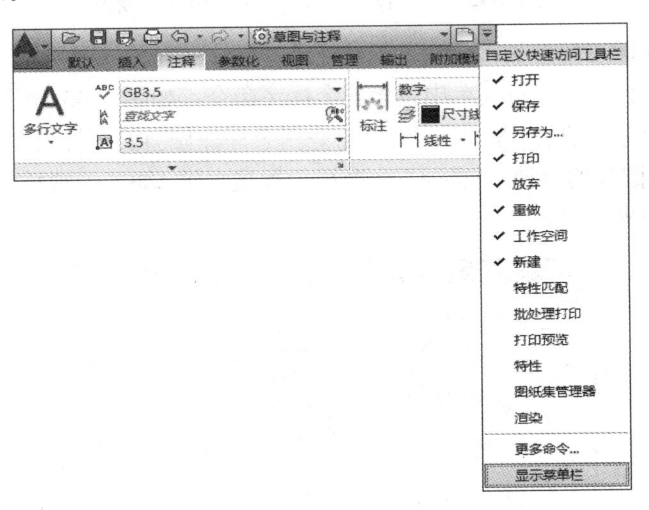

图 3-39　自定义快速访问工具栏

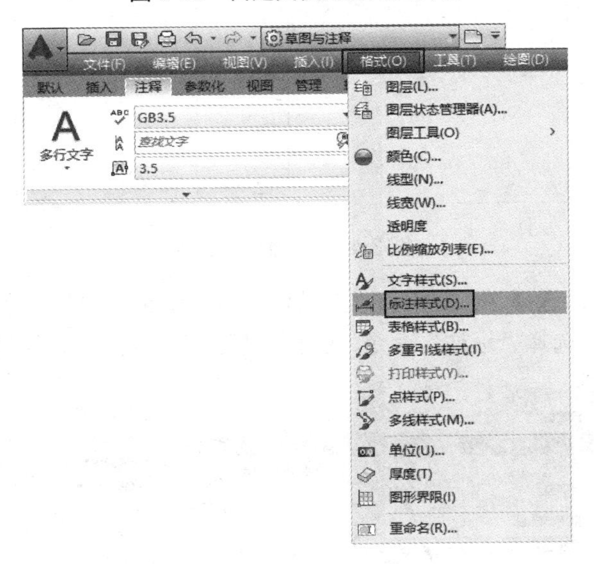

图 3-40　“格式”下拉菜单

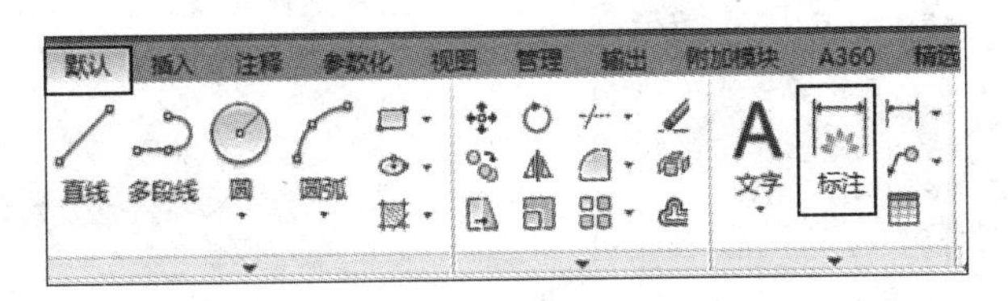

图 3-41　“默认”选项卡中的“标注”按钮

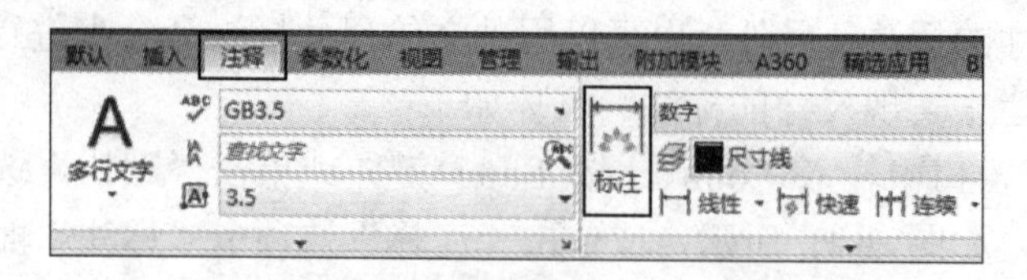

图 3-42　“注释”选项卡中的“标注”按钮

（2）采用单独标注命令及“标注”工具栏进行标注。在“注释”选项卡中单击“线性”右侧的下拉按钮，打开的下拉菜单中包含各个标注命令，如图 3-43 所示，其中“线性”命令用于标注水平或竖直的尺寸，“已对齐”命令用于标注倾斜的线性尺寸，“半径”命令用于标注小于 180° 的圆弧的半径，“直径”命令用于标注大于 180° 的圆弧或圆的直径，“坐标”命令用于标注点的坐标值。

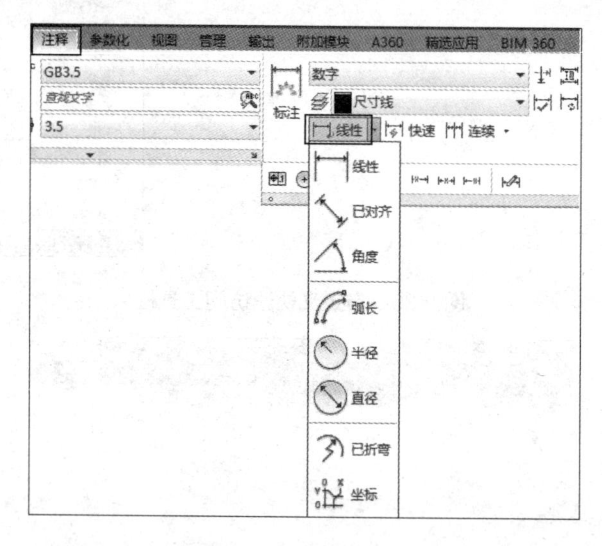

图 3-43　单独标注命令

（3）标注工具栏。选择“工具”→“工具栏”→“AutoCAD”命令，出现各个命令工具栏，如图 3-44 所示，选择“标注”命令，弹出“标注”工具栏，如图 3-45 所示。

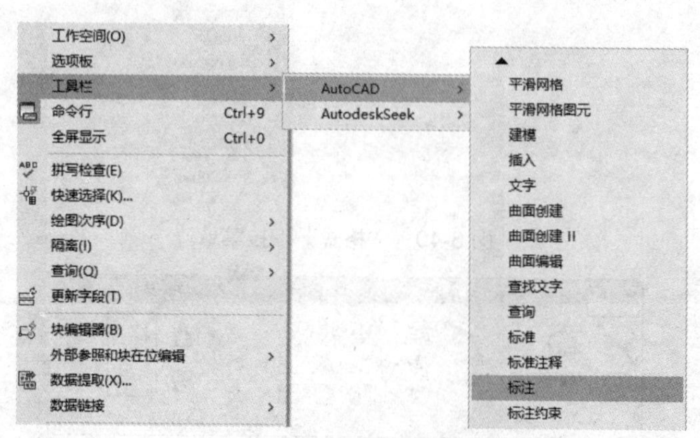

图 3-44　调出“标注”工具栏的方法

图 3-45　“标注”工具栏

在“标注”工具栏上有更详细的标注命令。

3. 编辑尺寸标注

在 AutoCAD 中，可以对已标注对象的文字、位置及样式等内容进行编辑，常用的尺寸编辑命令有以下几种：

（1）编辑标注尺寸，可以编辑或替换文字、调整基线间距和尺寸界线。

① 利用“夹点”命令可以编辑已标注的尺寸线位置及尺寸数字在尺寸线上的位置，选择需要修改的尺寸。以板零件的尺寸 14 为例进行介绍，如图 3-46 所示，单击 14 的尺寸线，出现 5 个“夹点”，其中 1 和 5 处夹点控制尺寸界线的起点，单击 1 或 5 处夹点后移动十字光标可以伸长和缩短一边尺寸界线；2 和 4 处夹点是尺寸线两端的夹点，单击 2 或 4 处夹点后移动十字光标并再次单击可以重新放置尺寸线的位置；3 处的夹点是数字的夹点，单击 3 处夹点，移动十字光标可以移动文字的位置，双击 3 处夹点，可以对文字进行修改和编辑。

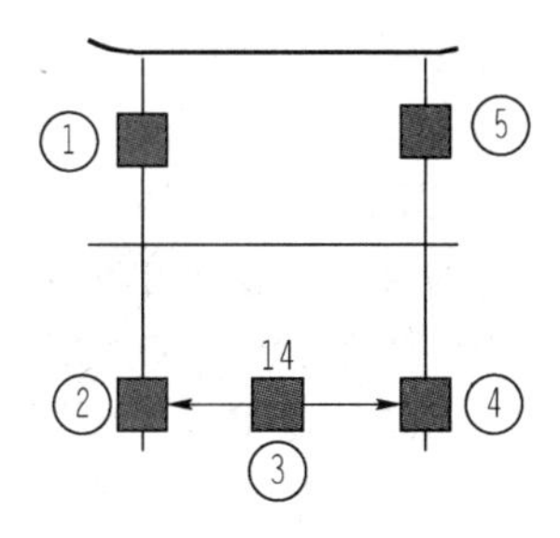

图 3-46　尺寸夹点

② 调用尺寸编辑相关菜单。单击“注释”选项卡“标注”面板中的下拉按钮，可以显示尺寸编辑的相关图标。将十字光标移到相应的图标，软件自动提示该命令的用途，如图 3-47 所示。

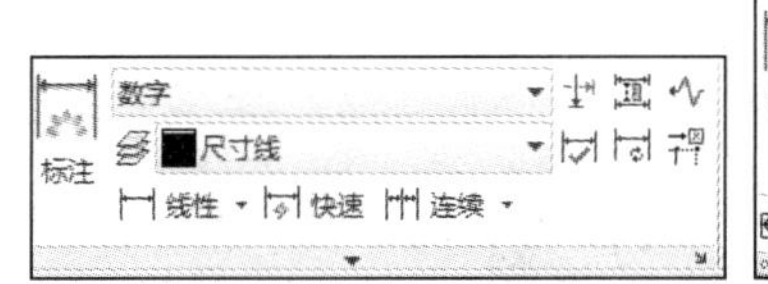

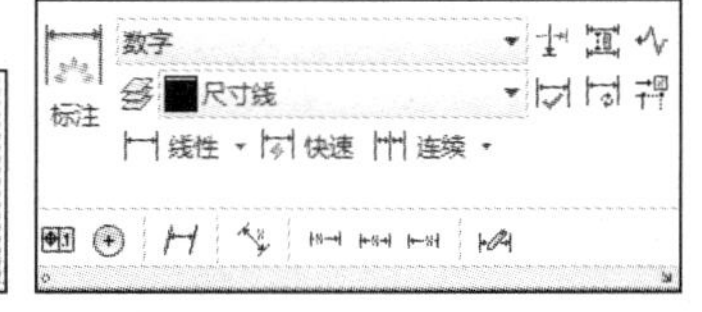

图 3-47　尺寸编辑命令

③ 在命令行窗口中输入“ded”，按 Enter 键，或在命令行窗口中输入“DIMEDIT”，按 Enter 键，都可以调出尺寸编辑命令，命令提示行会出现如下提示信息：

DIMEDIT 输入标注编辑类型 [默认(H) 新建(N) 旋转(R) 倾斜(O)] <默认>

其中各选项的含义如下：

默认：将旋转标注文字移回默认的位置。

新建：使用多行文字编辑器更改标注文字，用“0”表示已生成的测量值，可以在该测量值添加前缀或扩展名，也可以将该测量值直接输入文字替换要更改的内容，然后直接单击或单击“关闭文字编辑器”按钮，再用鼠标左键选择需要的编辑尺寸线，用鼠标右键确认。

旋转：旋转标注文字，制定标注文字的角度时输入“0”，系统会将标注文字按默认分析放置。

倾斜：调整线性标注延伸线额倾斜角度。

（2）编辑标注文字，创建标注后，可以移动和旋转标注文字并重新定位尺寸线。

① 夹点编辑。如图 3-46 所示，用鼠标左键选取待编辑的尺寸线，对于图中 3 处数字的夹点进行操作，按住夹点可以移动数字的位置。

② 双击数字，可以直接进入文字编辑状态，进行编辑。

③ 在命令行窗口中输入“TEDIT”或“TEXTEDIT”，按 Enter 键，都可以进入尺寸文字编辑器，直接选取要编辑的尺寸，即可进入文字编辑状态，进行编辑或替代，单击完成设置。

3.2.6 随堂练习

【操作要求】

（1）新建图层：打开提供的素材文件 3.2.6 练习。建立名称为“尺寸标注”的图层，颜色为红色，线型为 Continuous，线宽为 0.25。

（2）标注样式的设置：新建样式名为“标注”的标注样式，文字高度为 5，字体选用仿宋_GB2312，字体颜色为红色，箭头大小为 4，箭头样式采用实心闭合，文字位置偏移尺寸线为 1，设置主单位为整数，调整为文字或箭头（最佳效果），优化采用手动放置文字，尺寸界线超出尺寸线为 2，起点偏移量为 0，其余参数均为默认设置。

（3）文字样式设置：新建文字样式名为“文字”的文字样式，字体选用仿宋_GB2312，字体样式常规，文字高度 5，其余参数均为默认设置。

（4）精确标注尺寸与文字：按图 3-48 所示的尺寸与文字要求标注，并将所有标注编辑在“尺寸标注”图层上。

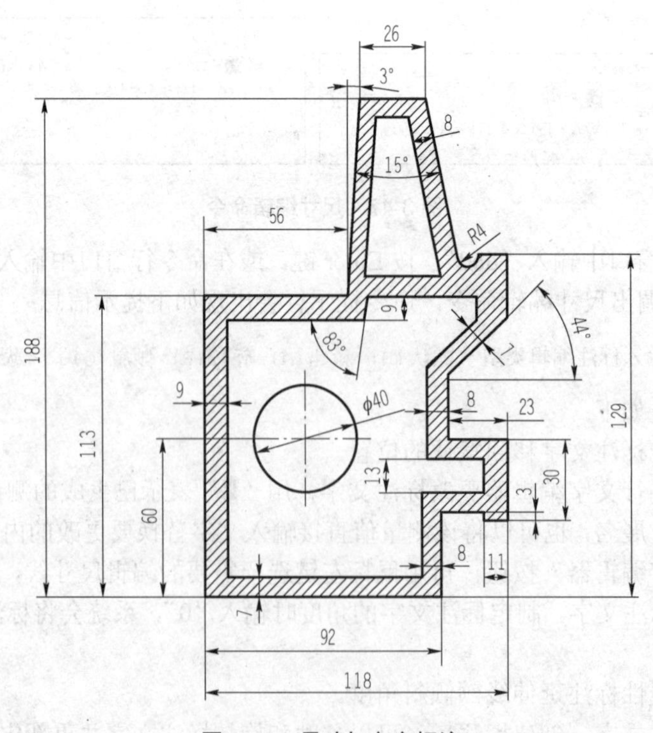

图 3-48 尺寸与文字标注

（5）保存文件：将完成的图形以“学号+姓名”为文件名保存上交。

3.3　标注箱体零件图尺寸

3.3.1　案例介绍及知识要点

1. 案例介绍

本案例为箱体零件图标注尺寸，如图 3-49 所示。

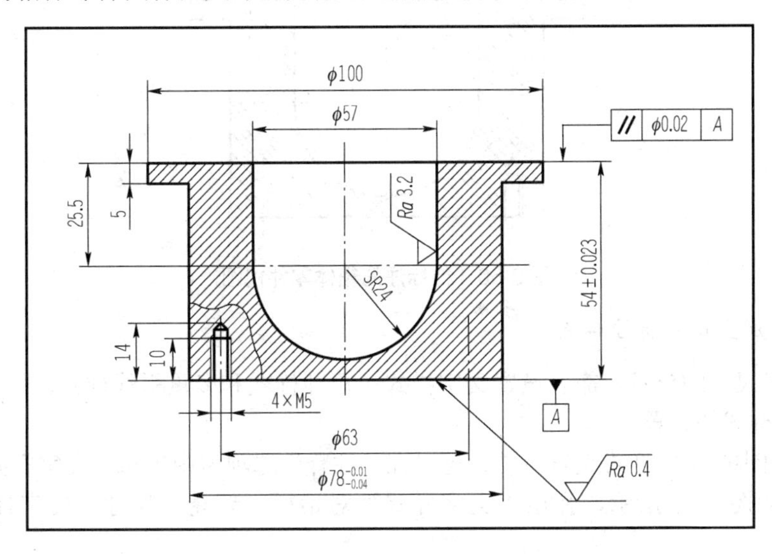

图 3-49　箱体零件图

2. 知识要点

对零件图进行尺寸标注，要熟悉该零件的形状结构特征，清楚每个方向上的尺寸基准、基本线性长度尺寸，熟悉线性公差、表面结构参数（表面粗糙度）、几何公差的标注方法等；掌握软件对于表面结构参数与几何公差基准的设置和标注方法。

3.3.2　任务分析及操作步骤

1. 任务分析

本任务是对箱体零件图的尺寸进行标注，除了前面讲到的基本标注之外，重点是线性公差、几何公差及表面粗糙度的标注。

本案例中的尺寸标注在 AutoCAD 软件中可分为线性尺寸标注、线性尺寸公差标注、几何公差标注、表面结构参数（表面粗糙度）标注等。

2. 操作步骤

（1）打开待标注文件。

（2）设置尺寸标注样式、多重引线样式、绘制表面粗糙度符号。
（3）分类型进行标注。
（4）检查确认。

3.3.3 操作步骤

步骤 1：打开待标注文件

启动 AutoCAD 2016 软件，打开待标注文件，如图 3-50 所示。

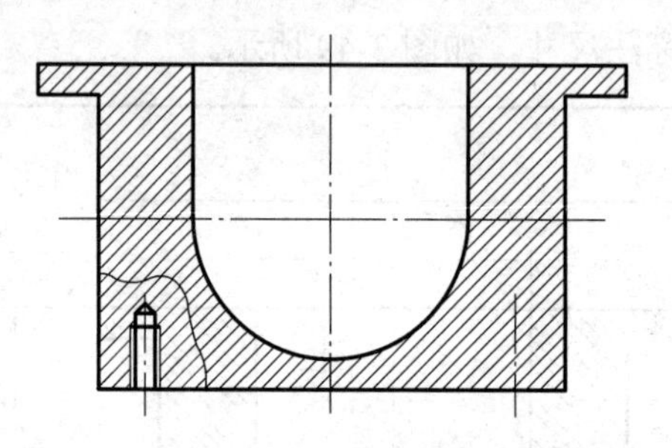

图 3-50 待标注的箱体零件视图

步骤 2：建立尺寸标注样式

根据图形尺寸的分析，需要设置文字样式、尺寸样式和多重引线样式。

1）文字样式的设置

根据前面讲的文字样式设置方法，可以在“注释”选项卡中单击“文字”面板的对话框启动按钮，如图 3-51 所示，弹出“文字样式”对话框。新建“尺寸”文字样式的设置如图 3-52 所示。

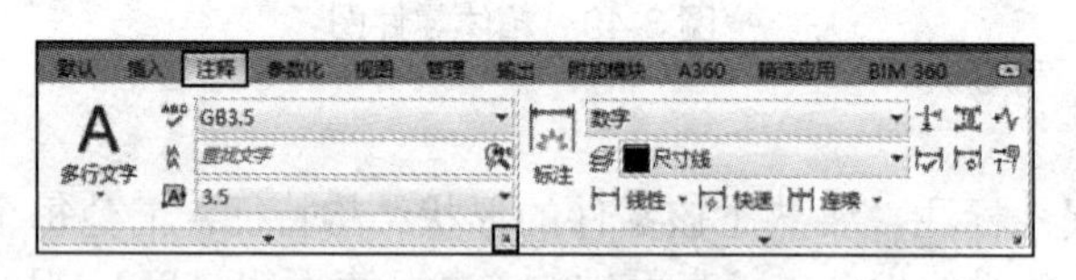

图 3-51 “注释”选项卡

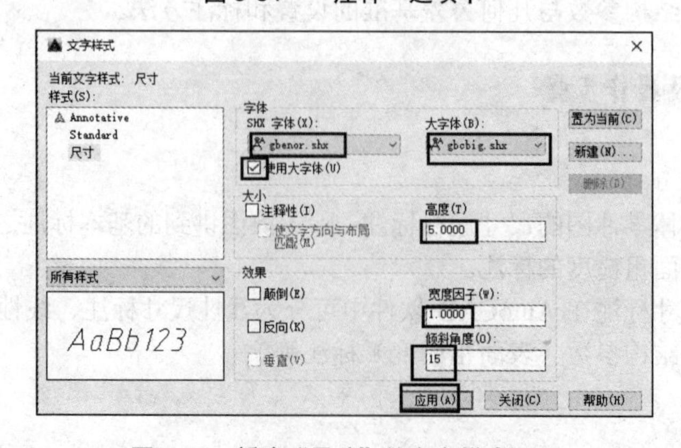

图 3-52 新建“尺寸”的文字样式设置

2）标注样式设置

在“标注样式管理器”对话框中单击“新建”按钮，弹出“创建新标注样式”对话框，如图 3-53 所示，在“新样式名”文本框中输入“机械 5”，单击“继续”按钮。

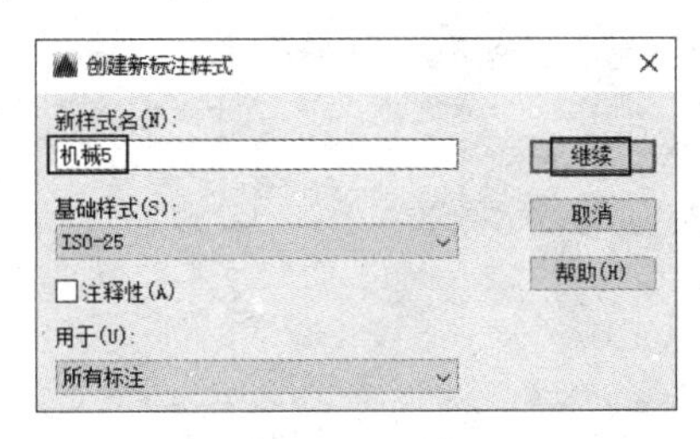

图 3-53　“创建新标注样式”对话框

（1）弹出“新建标注样式:机械 5”对话框，如图 3-54 所示。

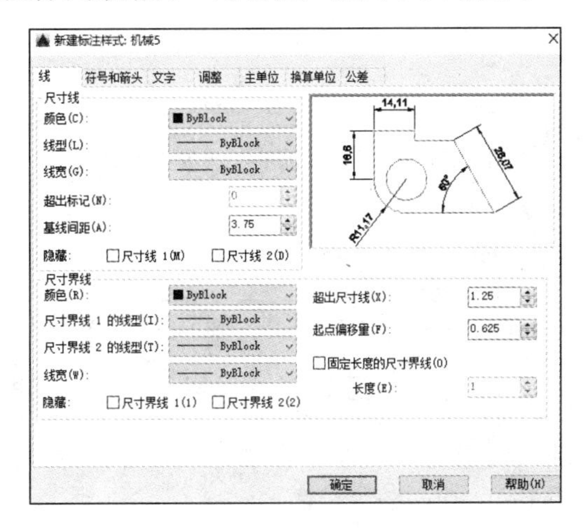

图 3-54　“新建标注样式:机械 5”对话框

（2）选择“线”选项卡，按图 3-55 所示进行设置。

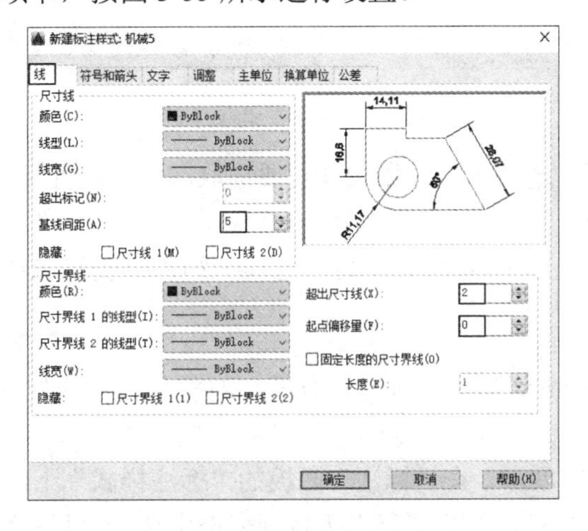

图 3-55　“线”选项卡的设置

（3）选择“符号和箭头”选项卡，按图 3-56 所示进行设置。

（4）选择“文字”选项卡，按图 3-57 所示进行设置。

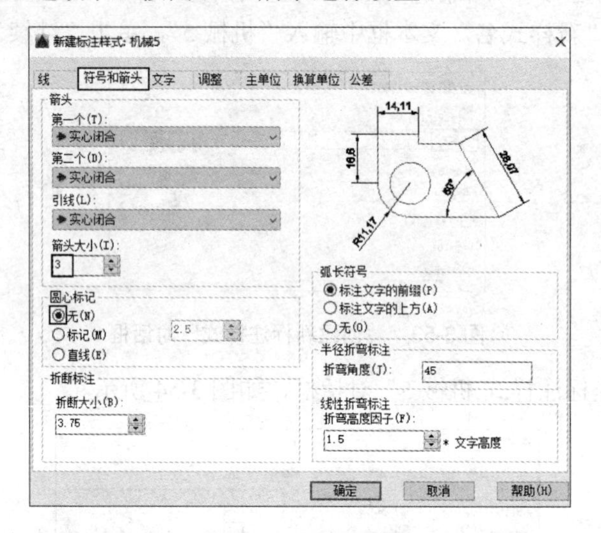

图 3-56　“符号和箭头”选项卡的设置

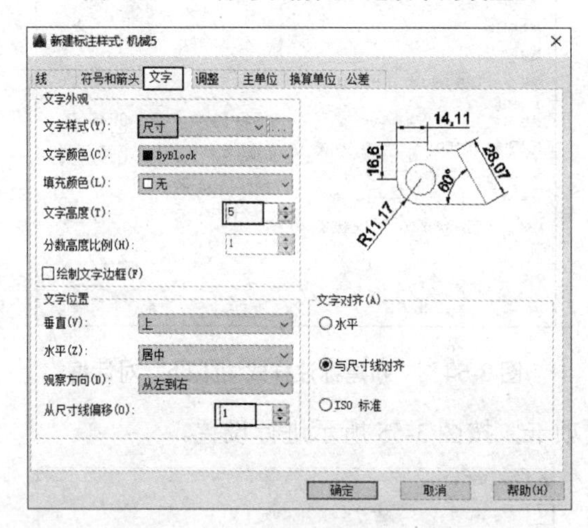

图 3-57　“文字”选项卡的设置

（5）选择“主单位”选项卡，根据图样需要选取对应的线性标注精度和角度标注精度，具体设置如图 3-58 所示。

（6）其他“调整”选项卡、“换算单位”选项卡和“公差”选项卡不需要设置。

步骤 3：标注尺寸

将“机械 5”标注样式设置为当前标注样式，再将“尺寸线”图层设置为当前图层，进行尺寸标注。

（1）选择“注释”选项卡，在“标注”面板的“标注样式”下拉列表框中选择“机械 5”标注样式作为当前标注样式，在“图层”下拉列表框中选择“尺寸线”图层作为当前图层，如图 3-59 所示。

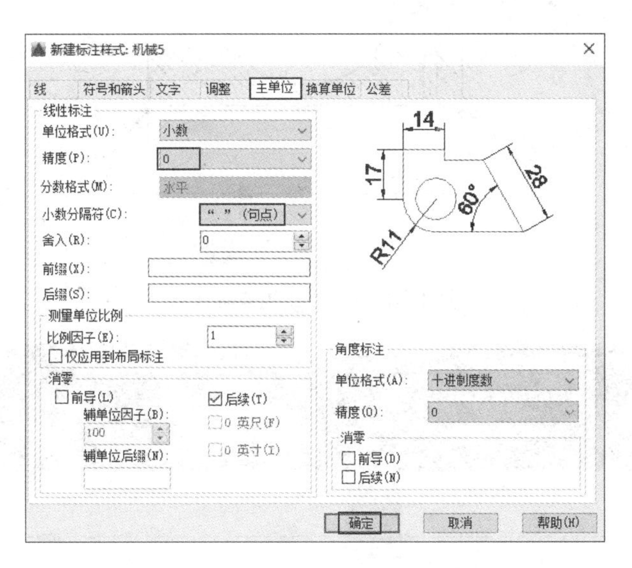

图 3-58　“主单位”选项卡的设置

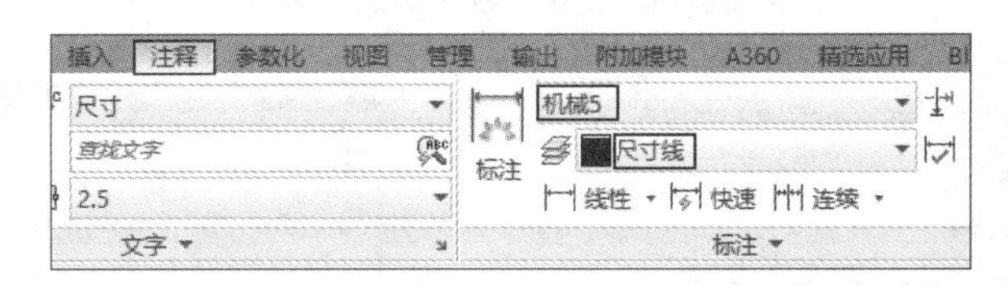

图 3-59　设置当前标注样式和当前图层

（2）线性尺寸标注。图样中有 14、10、5 等整数尺寸可以直接标注，其他尺寸都需要在公称尺寸的基础上进行修改，“标注板件零件图尺寸”一节中已经介绍过简单线性尺寸的标注方法这里不再介绍。为了标注不出错，对照图样进行标注时，可以按照从下到上和从左到右的顺序进行，这样不容易遗漏尺寸。线性公差与螺纹孔标注的具体步骤如下：

线性公差标注与螺纹孔标注

① $\phi78_{-0.04}^{-0.01}$ 的标注。该尺寸是在公称尺寸标注的基础上进行编辑而成的，在“标注”面板中单击“标注”按钮，或在命令行窗口直接输入“dim”，按 Enter 键，调用“标注”命令。启动状态栏中的对象捕捉模式和正交模式，分别选择待标注线段的两个端点作为尺寸界线的两个界线原点，选择尺寸线位置点，如图 3-60 所示，可以看到该线段的实际长度是“80”，所以要进行编辑，即将“80”编辑成图样中的 $\phi78_{-0.04}^{-0.01}$。编辑的方法有两种，一种是双击图 3-60 中的尺寸数字“80”，切换到“文字编辑器”选项卡如图 3-61 所示，将文本框中的 80 替换成“%%c78-0.01^-0.04”，并按住鼠标左键选中“-0.01^-0.04”，单击“文字编辑器”选项卡中的 $\frac{b}{a}$ 按钮，即完成了上下偏差修改，如图 3-62 所示，这样就完成整个 $\phi78_{-0.04}^{-0.01}$ 的替换，如图 3-63 所示，然后单击界面空白处完成该尺寸的标注。

按照同样的方法，可以完成其他线性尺寸的标注。

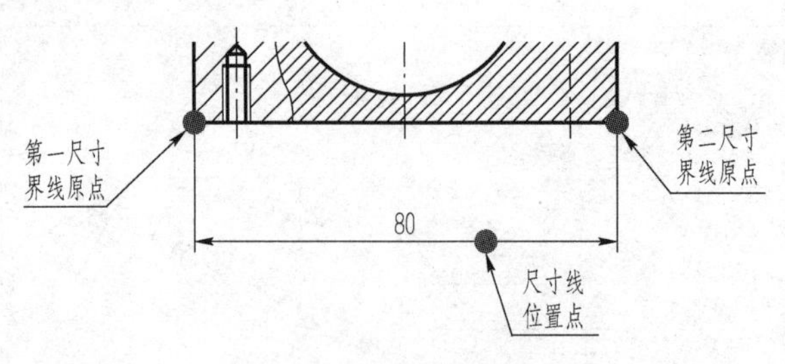

图 3-60　$\phi78_{-0.04}^{-0.01}$ 的实际尺寸

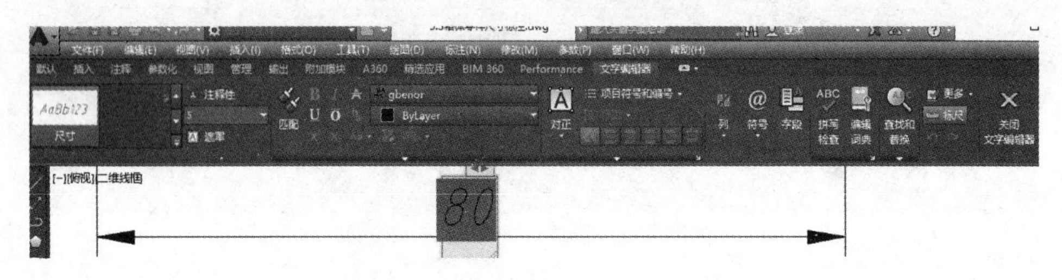

图 3-61　双击数字后的效果

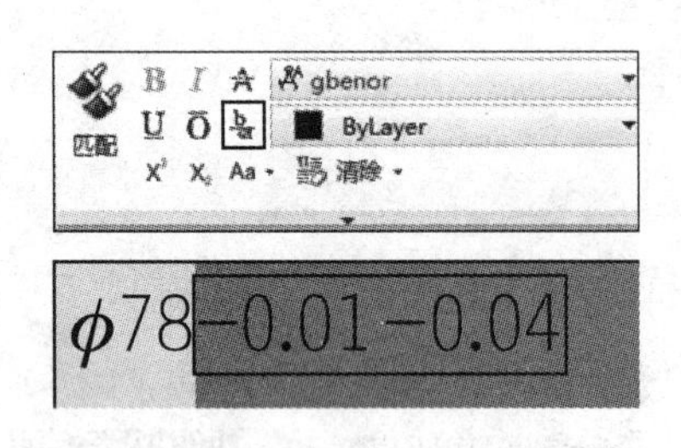

图 3-62　上下偏差堆叠

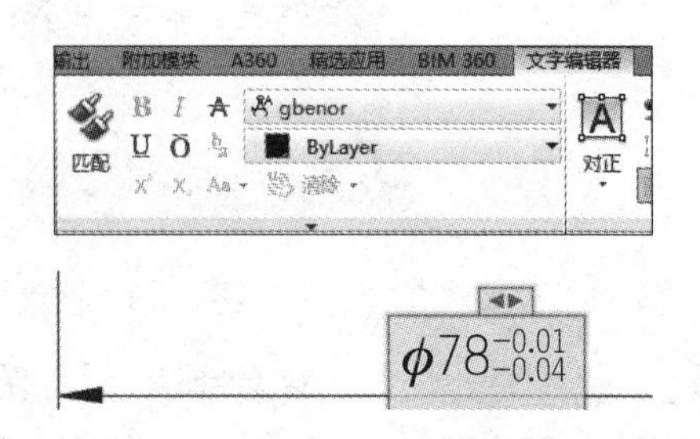

图 3-63　尺寸数字替换完成

② 螺纹孔代号的标注。螺纹的代号一般标注在大径图线上，用 dim 命令进行标注，只能标注成“5”，如图 3-64（a）所示。因此，需要对该标注进行修改。修改该尺寸时可以参照①中的修改方法，也可以在尺寸线位置还没有确定的时候，在命令行窗口中“m”，按 Enter 键，切换到“文字编辑器”选项卡，可以对尺寸数字进行修改，如图 3-64 所示，在数字“5”前面输入“4\U+00D7M”，软件自动出现“4×M5”，如图 3-64（c）所示，单击界面空白处完成数字替换，再将尺寸线放到合适的位置如图 3-64（d）所示。

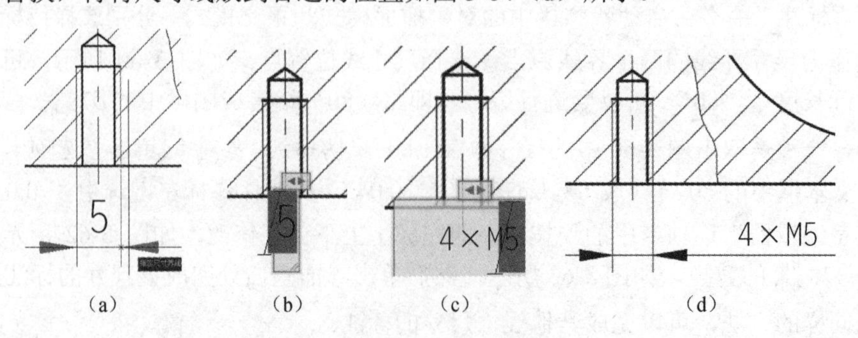

图 3-64　螺纹孔 4×M5 的标注步骤

利用前面两种尺寸数字的修改方法，可以完成除了几何公差和表面结构参数之外的所有标注。

（3）几何公差的标注。图样中仅一个几何公差如图 3-65 所示，该几何公差包括几何公差框格、带箭头的指引线和公差基准 3 部分，可以用“引线”命令来完成。

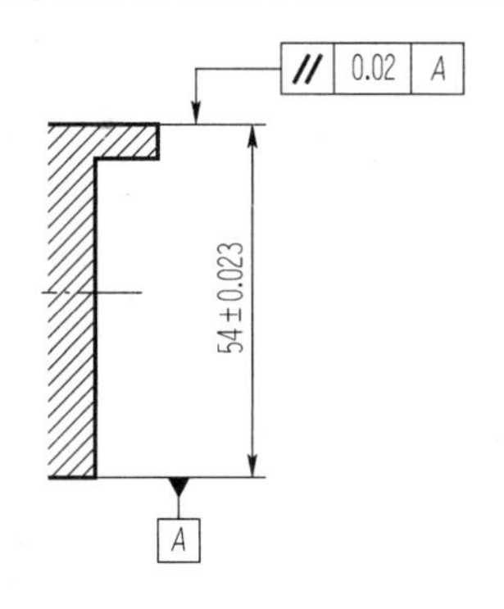

图 3-65 图样中的几何公差

几何公差标注演示

在命令行窗口中输入“QL”，按 Enter 键，调出“引线”命令，如图 3-66 所示，可以进行引线的绘制或设置，直接按 Enter 键，或输入“S”，按 Enter 键，弹出“引线设置”对话框，如图 3-67 所示，在“注释”选项卡中点选“公差”单选按钮，在“引线和箭头”选项卡中的“箭头”下拉列表框中选择箭头的样式为“实心闭合”，单击“确定”按钮，如图 3-68，绘制好引线后系统会自动弹出“形位公差”对话框，按照图 3-69 中的步骤进行选择可以完成几何公差的标注。

（4）基准符号绘制。基准符号由基准方格（边长是字体高度的两倍，$2h$=10mm 的细实线正方形）和基准三角形（三角形边长 5mm 左右、内部涂黑）组成，两者用细实线相连，连线的长度和字体高度一样，基准方格内大写字母的字体高度为当前字体高度，大写字母书写永远是水平方向的，如图 3-70 所示。基准符号的绘制过程如图 3-71 所示。

QLEADER 指定第一个引线点或 [设置(S)] <设置>:

图 3-66 引线命令选择

图 3-67 “注释”选项卡

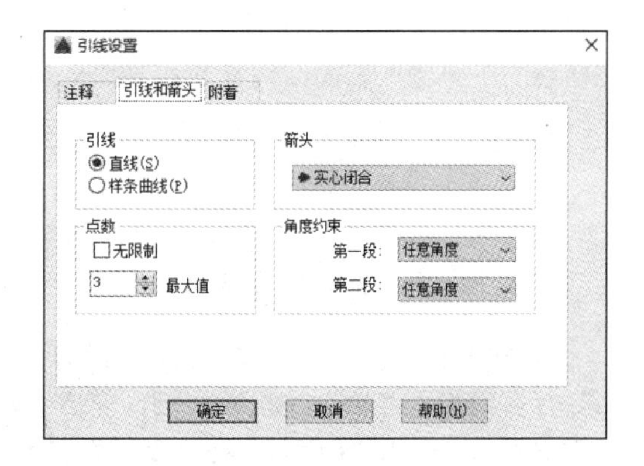

图 3-68 “引线和箭头”选项卡

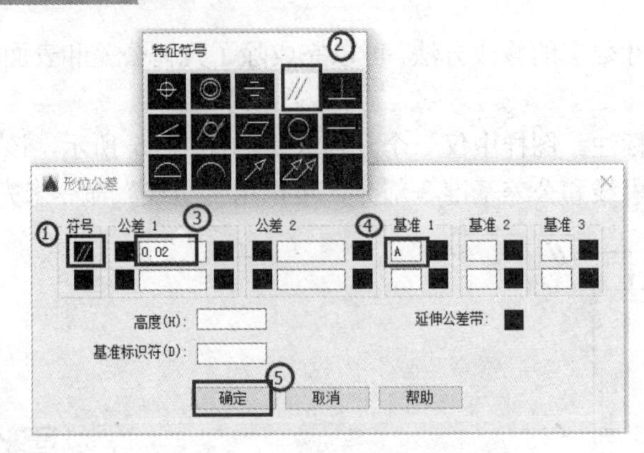

图 3-69 “形位公差”对话框

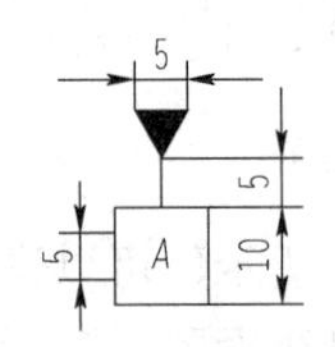

图 3-70 基准符号

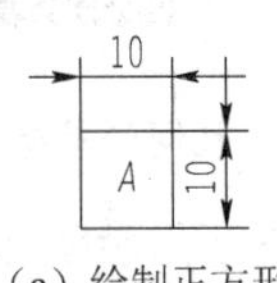

（a）绘制正方形

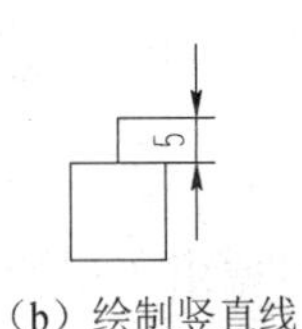

（b）绘制竖直线

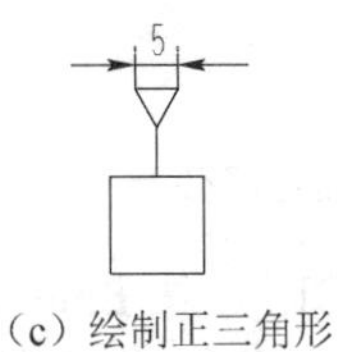

（c）绘制正三角形

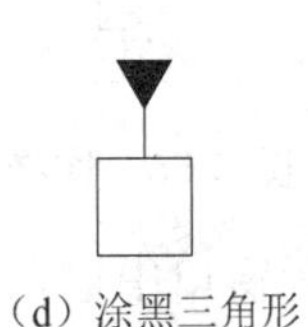

（d）涂黑三角形

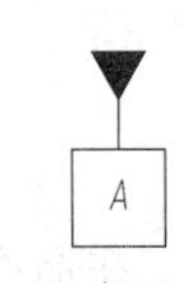

（e）书写字母

图 3-71 基准符号的绘制过程

表面结构参数标注及块定义

（5）表面结构参数标注（表面粗糙度标注）。表面结构参数是衡量零件表面加工程度的一个参数，要在零件图中标注表面粗糙度，可以先定义一个表面结构参数的“块”，在需要的时候直接插入块即可。所以要先创建“表面结构参数块”，再利用插入“块”命令进行表面结构参数的标注。

表面结构块的创建：创建具有一定属性的表面结构参数块，首先要绘制出表面结构参数符号，然后利用“默认”选项卡“块”面板中的“创建块”按钮进行创建。其具体步骤如下：

① 表面结构参数符号绘制。根据机械制图国家标准的规定表面结构参数符号的尺寸是由字体的高度决定，如图 3-72 所示。图中“*h*”表示字体高度。绘制好表面结构参数符号后在横线的下方输入表面结构参数代号“*Ra*”，如图 3-73 所示。

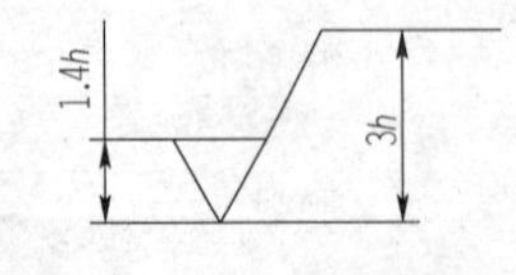

图 3-72 表面结构参数符号

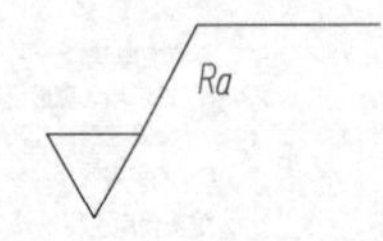

图 3-73 表面结构参数代号

② 块属性定义。单击“插入”选项卡“块定义”面板中的“定义属性”按钮，或在命令行窗口输入“att”，按 Enter 键，弹出“属性定义”对话框。在“属性”选项组中的“标记”文本框中输入“CCD”，在“提示”文本框中输入“请输入表面结构参数的数值”，然后单击“确定”按钮，十字光标就出现“CCD”，将 CCD 放在 *Ra* 后边，如图 3-74 所示。

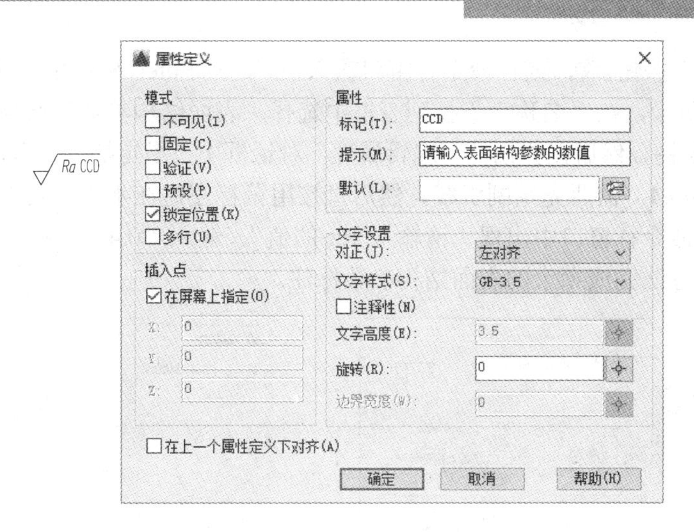

图 3-74　表面结构参数块属性定义

③ 创建块。单击“默认”选择卡“块”面板中的“创建块”按钮，或在命令行窗口输入“b”，按 Enter 键，弹出“块定义”对话框，如图 3-75 所示，在“名称”文本框中输入“表面结构参数”，在“基点”选项组中单击“拾取点”按钮，选择①处的尖端端点作为基点，在“对象”选项组中单击“选择对象”按钮，框选表面粗糙度符号和字母 *Ra*CCD，单击“确定”按钮，这样表面结构参数块就定义完成了。

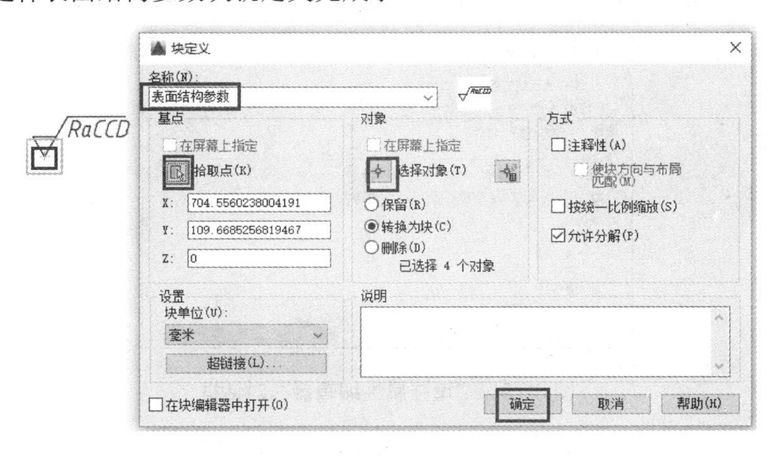

图 3-75　表面结构参数的定义

因为表面结构参数的数值是变化的，需要将该块做成一个数值可以根据需要进行修改的块，所以要进行块属性的定义。

表面结构参数标注：前面完成了表面结构参数的定义，接下来就要标注表面结构参数，根据机械制图国家标准，零件表面方位不同，表面结构参数标注位置和方向有所区别，如图 3-76 所示。

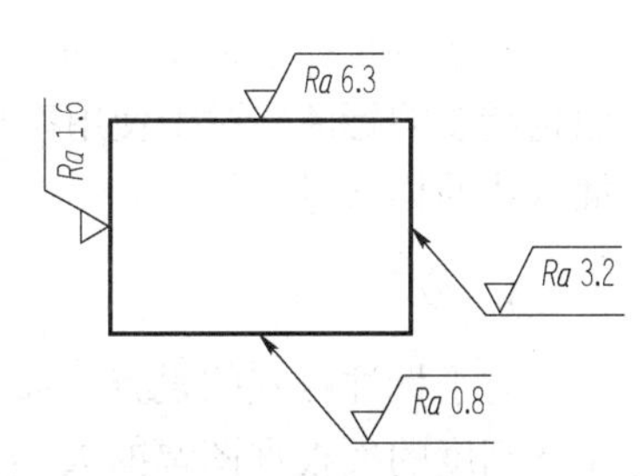

图 3-76　表面结构参数标注位置

零件表面结构参数标注：单击“默认”选择卡“块”面

板中的“插入块”按钮，或在命令行窗口输入“i”，按 Enter 键，可以调出“插入”对话框，如图 3-77 所示，在“名称”下拉列表框中选择“表面结构参数”选项，单击“确定”按钮，或按 Enter 键，然后在弹出的“编辑属性”对话框中“指定插入点”，像箱体底面的表面结构参数为 *Ra*0.4，需要先绘制引线，然后直接用鼠标左键在水平引线上选择合适位置，在十字光标处和命令行窗口中出现“请输入 Ra 的值”，输入“0.4”后按 Enter 键如图 3-78 所示。以同样的方法完成剩余的表面结构参数标注。

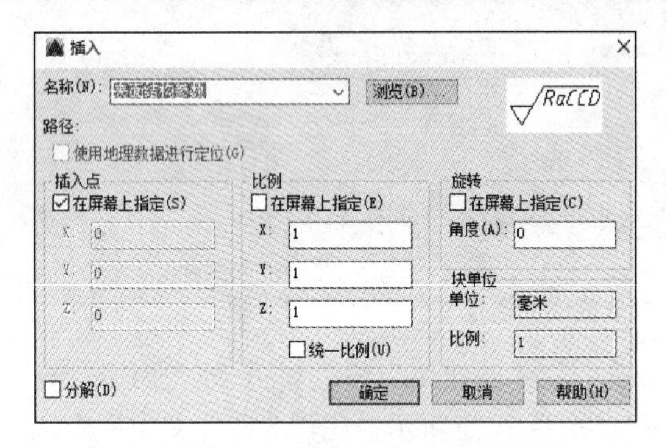

图 3-77　插入表面结构参数对话框

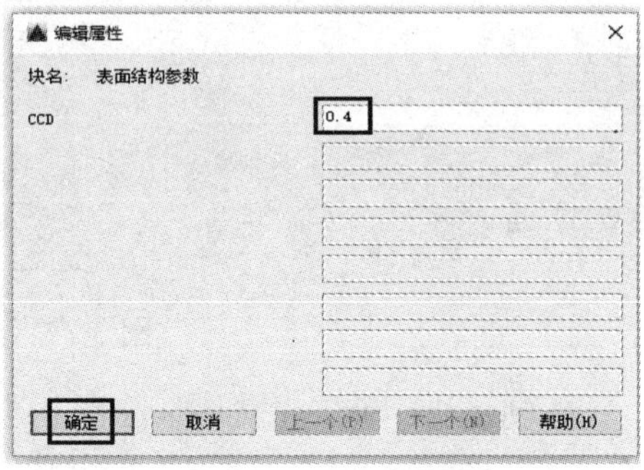

图 3-78　表面结构参数编辑属性数值的输入

以块的形式标注的表面结构参数可以进行旋转、移动等操作，还可以双击块图形，在弹出的“增强属性编辑器”对话框中对块的数值进行编辑，如图 3-79 所示。

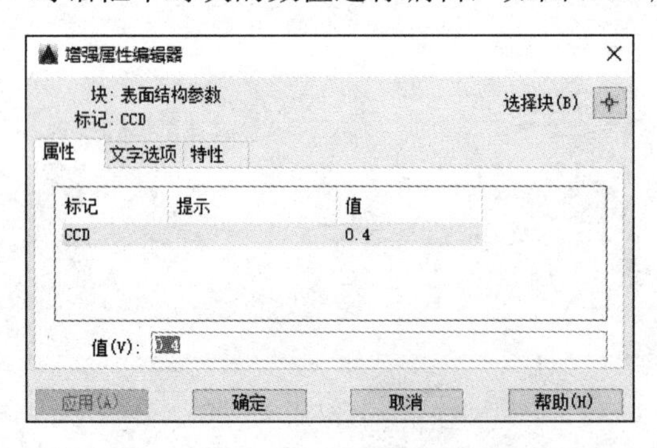

图 3-79　“增强属性编辑器”对话框

3.3.4　步骤点评

本案例是在掌握简单的尺寸标注之后，完成尺寸数字的编辑、线性公差、几何公差及表面粗糙度的标注。对于使用率比较高的基准符号、表面结构参数的符号，可以做成块，通过插入块的样式进行标注。

1．步骤 2 点评

对于标注样式的设置，如果有文字样式和标注样式都设置好的模板，这一步可以省略，字体高度的要根据图幅的大小来选择，A4 图幅一般选择 3.5 号字或 5 号字，A3 图幅选择 5 号字或 7 号字；此外所有尺寸样式和文字样式的设置都必须遵守机械制图国家标准的相关规定。

2. 步骤 3 点评

本案例重点讲解尺寸编辑的两种方法，一种是在尺寸标注后进行修改，即双击尺寸数值，进行替换；另外一种是在标注时进行修改，在尺寸线位置还没有确定前，输入“m”，按 Enter 键，对尺寸数字进行修改，再选择合适的尺寸线位置。运用引线进行几何公差的标注时，在标注前要先设置引线，选择“注释类型”为“公差”。 运用建立表面结构参数块的方法，实现表面结构参数的标注。

3.3.5　随堂练习

【操作要求】

（1）新建图层：打开提供的素材文件 3.3.5 练习。建立名称为“尺寸标注”的图层，颜色为红色，线型为 Continuous，线宽为 0.25。

（2）标注样式的设置：新建样式名为“标准”的标注样式，文字高度为 5，字体选用仿宋_GB2312，字体颜色为红色，宽度比例为 0.7，箭头大小为 3.5，箭头样式采用实心闭合，文字位置偏移尺寸线为 1，设置主单位为整数。调整为文字或箭头（最佳效果），优化采用手动放置文字，尺寸界线超出尺寸线为“2.5”，起点偏移量为 0，其余参数均为默认设置。

（3）文字样式设置：新建文字样式名为“文字”的文字样式，字体选用仿宋_GB2312，字体样式为常规，文字高度为 5，其余参数均为默认设置。

（4）精确标注尺寸与文字：按图 3-80 所示的尺寸与文字要求标注，并将所有标注编辑在“尺寸标注”图层。

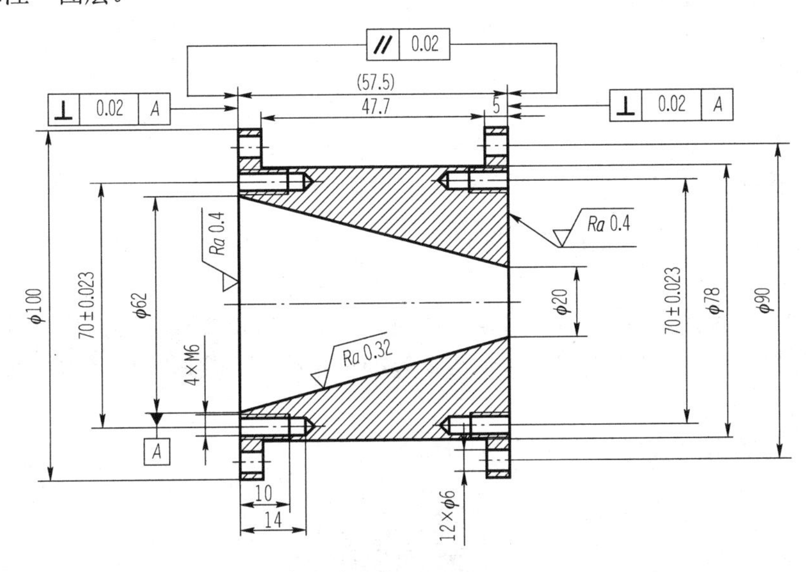

图 3-80　尺寸与文字标注

（5）保存文件：将完成的图形以全部缩放的形式显示，并以“学号+姓名”为文件名保存上交。

第 4 章　绘制机械零件图

第 2 章已经讲解了一些平面图及简单零件图的绘制方法，本章主要通过典型实例介绍如何绘制典型的机械零件图，讲解轴零件图和齿轮零件图的绘制方法和步骤。

本章中绘制完整零件图的要求如下：正确选择图线，正确选择和合理布置视图，合理标注公称尺寸和线性公差及表面结构参数，输入技术要求和零件图标题等内容，绘制符合国家制图标准的零件图。

本章中还将继续学习如何使用 AutoCAD 软件标注表面结构参数（粗糙度），标注几何公差（形位公差），设置尺寸公差等相关内容。

本章绘制的实例有轴零件图和齿轮零件图。

4.1　绘制轴零件图

4.1.1　案例介绍及知识要点

1. 案例介绍

绘制从动轴零件图，如图 4-1 所示。

2. 知识要点

（1）轴类零件一般都是由回转体组成的，大多数轴上都有键槽、小孔、中心孔、退刀槽等局部结构。

（2）轴类零件的零件图一般只需一个主视图，如果有键槽和孔等结构，可以增加必要的断面图和局部视图；对于退刀槽、中心孔等细小结构，必要时可以采用局部放大图来表达具体的形状和尺寸。

（3）轴类零件图绘制的一般方法和步骤。

从动轴零件图分析及绘图步骤

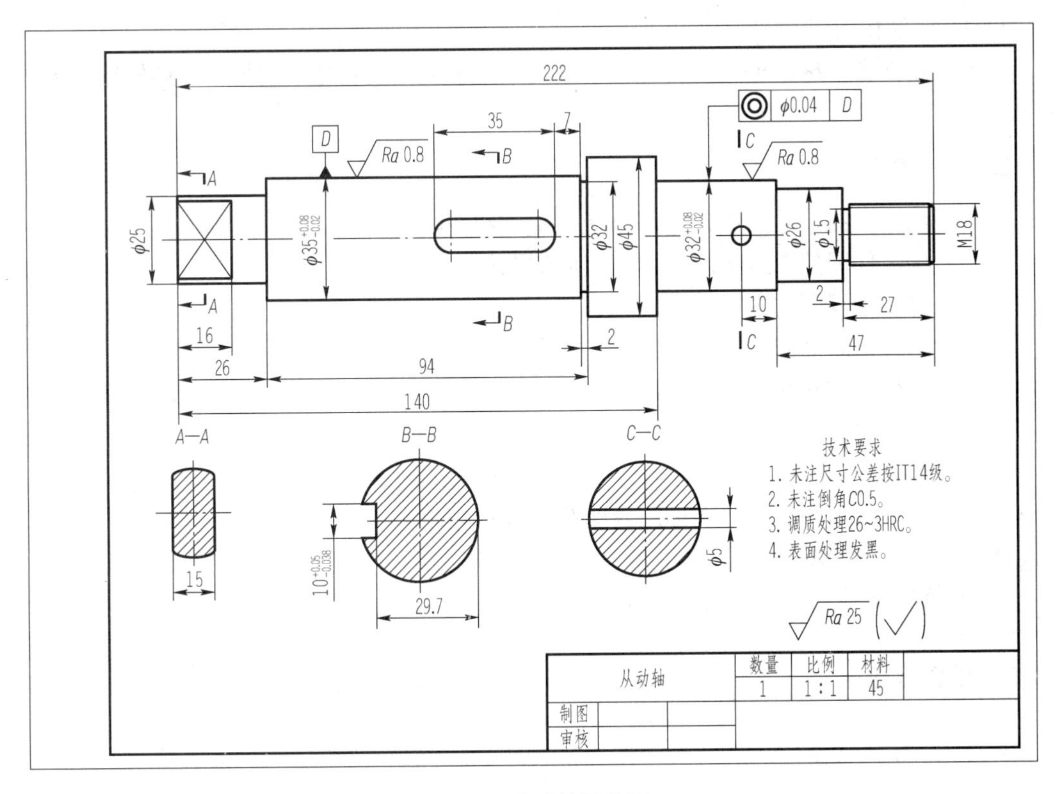

图 4-1　从动轴零件图

4.1.2　图形分析及绘图步骤

1. 图形分析

1）视图分析

从动轴零件图主要是由主视图和 3 个移出断面图组成的，主视图主要由 26mm×25mm、2mm×32mm、92mm×35mm、20mm×45mm、35mm×32mm、20mm×26mm、2mm×15mm、25mm×18mm 共 8 个矩形线框组成，主视图上有一个长度是 35mm、宽度是 10mm 的键槽和一个 ϕ5mm 通孔；3 个断面图中 *A*—*A* 是表达左端轴上平面结构的断面图，*B*—*B* 是表达键槽深度的断面图，*C*—*C* 是表达 ϕ5mm 孔结构的断面图，这 3 个断面图主要是在整圆的基础上修改而成。此外，从动轴零件图的主视图还是一个对称图形。

2）尺寸分析

对于轴类零件来讲，尺寸基准主要有两个，分别是轴向基准和径向基准，从图 4-1 中可以分析出，左端面是轴向尺寸基准，轴线（主视图中心线）是径向尺寸基准。图中尺寸主要有两类，轴向尺寸（如 16mm、26mm、94mm、2mm、47mm、27mm、222mm 等）和径向尺寸（如 ϕ25mm、ϕ32mm、ϕ35mm、ϕ45mm、ϕ32mm、ϕ26mm、ϕ15mm、5×M18 等）。轴的总长是 222mm。

3）技术要求

将无法在视图上标注出来的内容用一段文字来说明，主要是未注公差、热处理要求、倒角等。

2. 绘图步骤

（1）根据零件的尺寸大小，选择合适的比例和图幅。
（2）根据零件图的图线情况，建立相应的图层。
（3）先绘制主视图的主要轮廓。
（4）绘制移出断面图。
（5）设置标注样式和文字样式。
（6）标注线性尺寸。
（7）标注几何公差。
（8）建立表面结构参数块，标注表面结构参数。
（9）输入技术要求。
（10）整理图形。

4.1.3 操作步骤

步骤 1：软件启动

启动 AutoCAD 软件，自动生成 Drawing1 文件，将文件另存为“从动轴.dwg”。

步骤 2：建立图层

根据表 4-1 所示的图层信息建立相应图层。

表 4-1 图层信息表

图层名称	颜色	线型	线宽/mm
轮廓线	自定	Continuous	0.5
细实线	自定	Continuous	0.25
剖面线	自定	Continuous	0.25
尺寸线	自定	Continuous	0.25
中心线	自定	CENTER2	0.25
虚线	自定	DASHED2	0.25

步骤 3：绘制图框和标题栏

根据图形的尺寸分析，选择横放的 A4 图纸，图 4-2 是绘制好的 A4 图框和标题栏。

步骤 4：绘制主视图和断面图

为了绘图方便，可以先在图框外绘图，绘制完并调整好视图距离，再移到图框内。

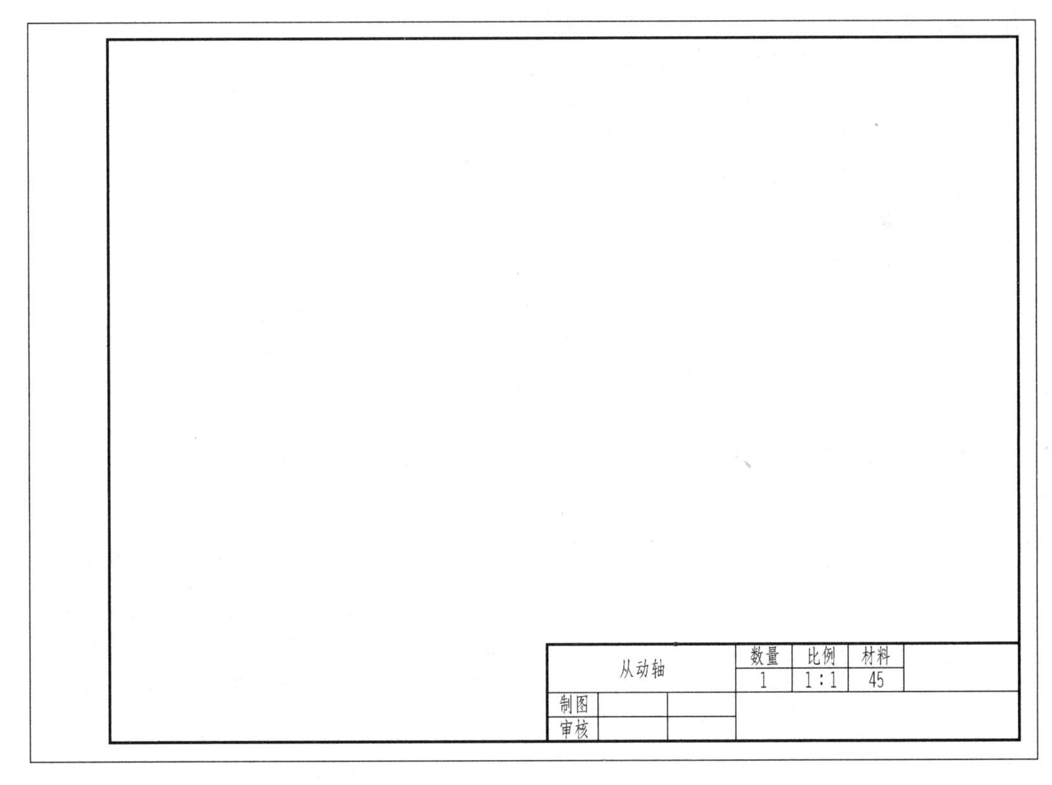

从动轴
数量
比例
材料
1
1:1
45
制图
审核

图 4-2　A4 图框和标题栏

1）绘制中心线

选取“中心线”图层，并启用正交模式，单击“直线”按钮或者在命令行窗口输入“L”，按 Enter 键，绘制一条长 230 的线段。

2）利用“矩形”命令进行主视图若干矩形线框的绘制

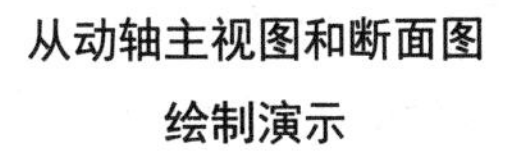

从动轴主视图和断面图绘制演示

沿轴线从左到右包括两个退刀槽在内共 8 个矩形线框，尺寸分别是 26mm×25mm、92mm×35mm、2mm×32mm、20mm×45mm、35mm×32mm、20mm×26mm、2mm×15mm、25mm×18mm。利用“矩形”命令从左到右绘制这 8 个矩形线框，选取“轮廓线”图层，进行如下操作。

（1）单击“矩形”按钮，对角线第 1 点在绘图区域可以任意选取，第 2 点要在命令行窗口输入“@26,25”，绘制好的 26×ϕ25 矩形线框如图 4-3 所示。按照这种方法，分别生成剩余的矩形线框，具体的命令为

```
命令: _rectang↙
指定第一个角点或 [倒角(C)/标高(E)/圆角(F)/厚度(T)/宽度(W)]: 鼠标左键点一点
指定另一个角点或 [面积(A)/尺寸(D)/旋转(R)]: @26,25↙
↙
指定第一个角点或 [倒角(C)/标高(E)/圆角(F)/厚度(T)/宽度(W)]: 鼠标左键点一点
指定另一个角点或 [面积(A)/尺寸(D)/旋转(R)]: @92,35↙
↙
```

指定第一个角点或 [倒角(C)/标高(E)/圆角(F)/厚度(T)/宽度(W)]: 鼠标左键点一点
指定另一个角点或 [面积(A)/尺寸(D)/旋转(R)]: @2，32↙
↙
指定第一个角点或 [倒角(C)/标高(E)/圆角(F)/厚度(T)/宽度(W)]: 鼠标左键点一点
指定另一个角点或 [面积(A)/尺寸(D)/旋转(R)]: @20，45↙
↙
指定第一个角点或 [倒角(C)/标高(E)/圆角(F)/厚度(T)/宽度(W)]: 鼠标左键点一点
指定另一个角点或 [面积(A)/尺寸(D)/旋转(R)]: @35，32↙
↙
指定第一个角点或 [倒角(C)/标高(E)/圆角(F)/厚度(T)/宽度(W)]: 鼠标左键点一点
指定另一个角点或 [面积(A)/尺寸(D)/旋转(R)]: @20，26↙
↙
指定第一个角点或 [倒角(C)/标高(E)/圆角(F)/厚度(T)/宽度(W)]: 鼠标左键点一点
指定另一个角点或 [面积(A)/尺寸(D)/旋转(R)]: @2，15↙
↙
指定第一个角点或 [倒角(C)/标高(E)/圆角(F)/厚度(T)/宽度(W)]: 鼠标左键点一点
指定另一个角点或 [面积(A)/尺寸(D)/旋转(R)]: @25，18↙

通过上述命令操作，完成 26mm×25mm、92mm×35mm、2mm×32mm、20mm×45mm、35mm×32mm、20mm×26mm、2mm×ϕ15mm、25mm×18mm 的 8 个矩形线框，如图 4-4 所示，沿轴线方向从左到右放置。

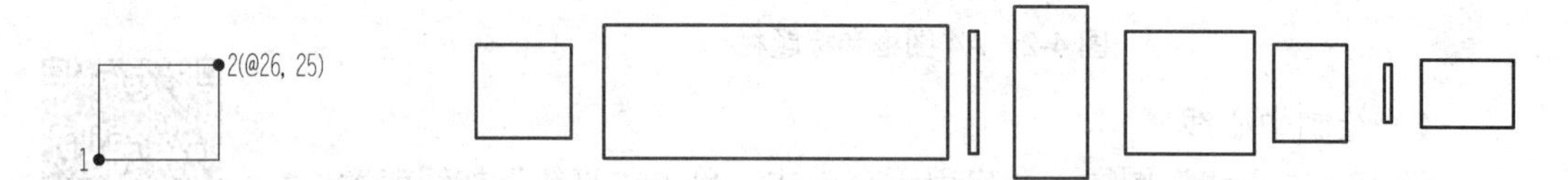

图 4-3　26×ϕ25 的矩形线框

图 4-4　组成主视图的矩形线框

（2）使用“移动”命令，将图 4-4 中的 8 个矩形线框依次按中点重合连接在一起，即 26mm×25mm 矩形线框保持位置不变，移动 92mm×35mm 矩形线框，以 92mm×35mm 矩形线框左边线段的中点为基点，以此基点为基准移动 92mm×35mm 矩形线框，移到 26mm×25mm 矩形线框右边线段中点为第二点，这样 26mm×25mm 矩形和 92mm×35mm 矩形线框就连接到一起，如图 4-5 所示。

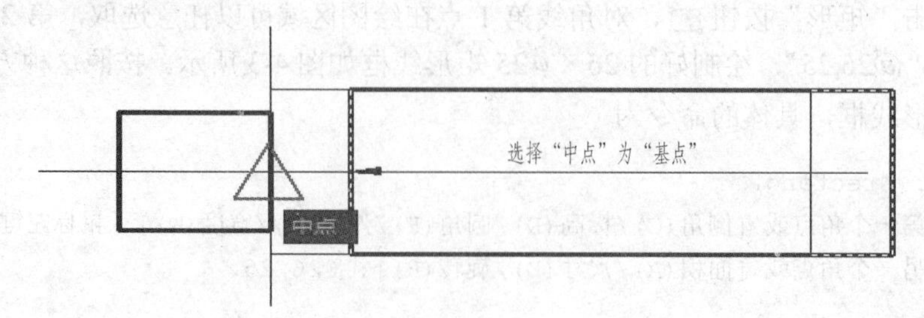

图 4-5　移动命令中点的选择

具体命令操作如下：

命令:m↙
选择对象：选取 92×φ35 矩形线框↙（或者按一下鼠标右键）
指定基点或 [位移(D)] <位移>：　选取 92×φ35 矩形线框左边线段中点为基点
指定第二个点或 <使用第一个点作为位移>:选取 26×φ25 矩形右边中点
↙
选择对象：选取 2×φ32 矩形线框↙或者按一下鼠标右键
指定基点或 [位移(D)] <位移>：　选取 2×φ32 矩形线框左边线段中点为基点
指定第二个点或 <使用第一个点作为位移>：选取 92×φ35 矩形右边中点
↙
选择对象：选取 20×φ45 矩形线框↙或者按一下鼠标右键
指定基点或 [位移(D)] <位移>：　选取 20×φ45 矩形线框左边线段中点为基点
指定第二个点或 <使用第一个点作为位移>:选取 2×φ32 矩形右边中点
↙
选择对象：选取 35×φ32 矩形线框↙或者按一下鼠标右键
指定基点或 [位移(D)] <位移>：　选取 35×φ32 矩形线框左边线段中点为基点
指定第二个点或 <使用第一个点作为位移>:选取 20×φ45 矩形右边中点
↙
选择对象：选取 20×φ26 矩形线框↙或者按一下鼠标右键
指定基点或 [位移(D)] <位移>：　选取 20×φ26 矩形线框左边线段中点为基点
指定第二个点或 <使用第一个点作为位移>:选取 35×φ32 矩形右边中点
↙
选择对象：选取 2×φ15 矩形线框↙或者按一下鼠标右键
指定基点或 [位移(D)] <位移>：　选取 2×φ15 矩形线框左边线段中点为基点
指定第二个点或 <使用第一个点作为位移>:选取 20×φ26 矩形右边中点
↙
选择对象：选取 25×M18 矩形线框↙或者按一下鼠标右键
指定基点或 [位移(D)] <位移>：　选取 25×M18 矩形线框左边线段中点为基点
指定第二个点或 <使用第一个点作为位移>:选取 2×φ15 矩形右边中点
↙
选择对象：选取 230mm 的中心线
指定基点或 [位移(D)] <位移>：　选取中心线的左端点为基点
指定第二个点或 <使用第一个点作为位移>选取 26×φ25 矩形左边线段中点

使用上述移动命令，使 8 个矩形线框头尾相连，主视图的轮廓基本完成，如图 4-6 所示。

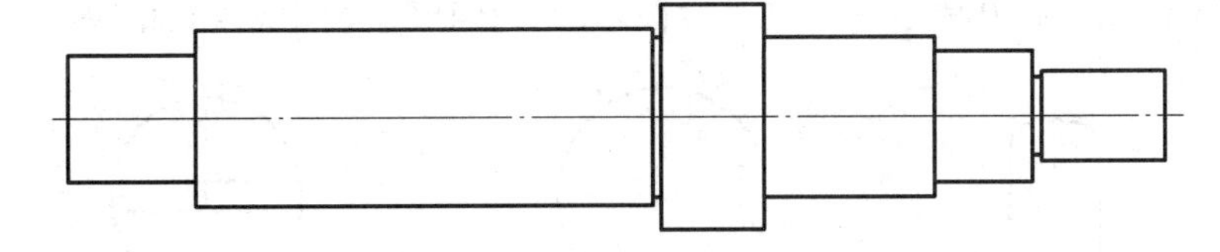

图 4-6　使用移动命令后的结果

3）*A*—*A*、*B*—*B*、*C*—*C* 断面图绘制
26×φ25 圆柱上的平面结构是轴被平面所截切得到的截交线，根据图纸上所标注的尺寸

绘制不出来，所以需要先绘制 *A*—*A* 断面图。

（1）选取“中心线”图层，并在状态栏中启用正交模式。

（2）单击“直线”按钮，或在命令行窗口输入“L”，按 Enter 键，在主视图下方的适当区域绘制三个断面图的中心线，如图 4-7 所示。

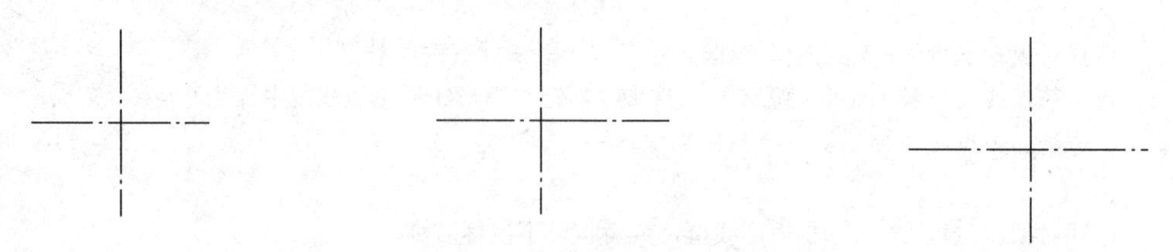

图 4-7　绘制断面图中心线

（3）选取“轮廓线”图层。

（4）单击“圆”按钮，或在命令行窗口输入“C”，按 Enter 键，从左到右分别以两条中心线交点为圆心，绘制直径为 25mm、35mm 和 32mm 的圆，如图 4-8 所示。

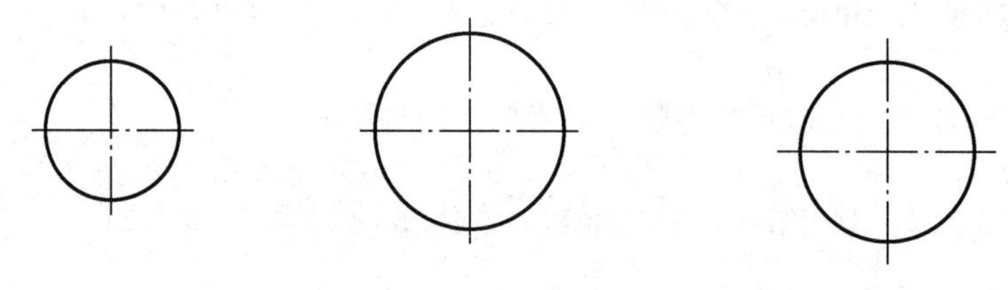

图 4-8　绘制圆

（5）单击“偏移”按钮，或者在命令行窗口输入“o”，按 Enter 键，分别创建如图 4-9 所示的辅助线，图中给出了各辅助线的偏移距离。

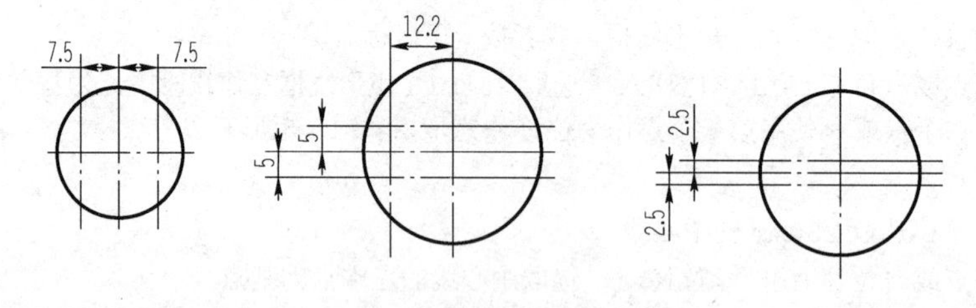

图 4-9　偏移结果

（6）单击“修剪”按钮，或者在命令行窗口输入“tr”，按 Enter 键，修剪不需要的线段，修剪结果如图 4-10 所示，通过“特性匹配”按钮将图线改到相应的图层上。

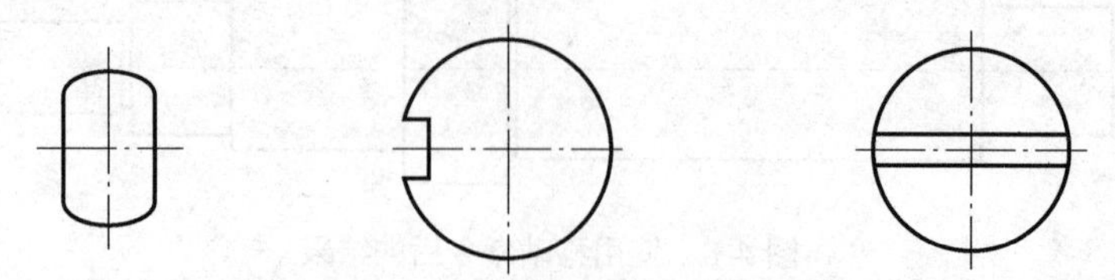

图 4-10　修剪和图线特性匹配结果

（7）将“剖面线”图层作为当前图层。单击“图案填充”按钮，或者在命令行窗口输入“H”，按 Enter 键切换到“图案填充创建”选项卡如图 4-11 所示，图案选择 ANSI31；在“角度和比例”面板中，设置角度为 0，比例为 1。在“编辑”面板中单击“添加：拾取点”按钮，分别在要绘制剖面线的区域内单击，定义好填充区域后按 Enter 键或者单击“关闭图案填充创建”按钮，绘制完成的剖面线如图 4-12 所示。

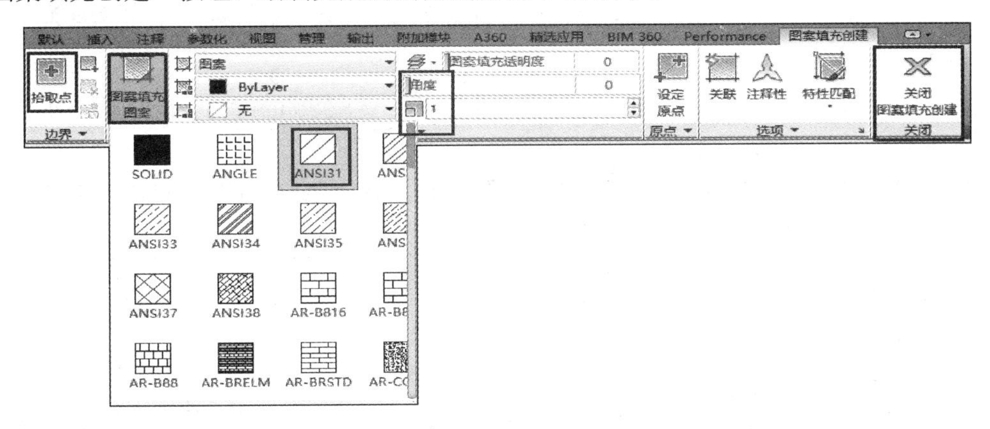

图 4-11　“图案填充创建”选项卡

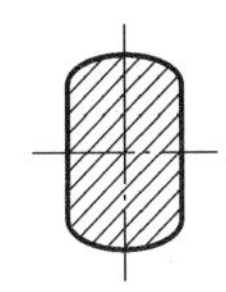
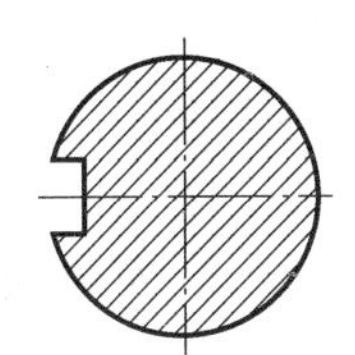
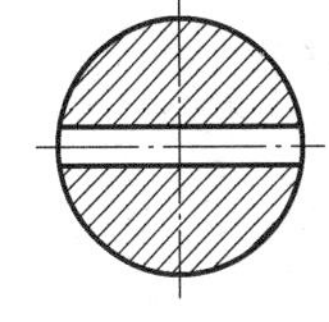

图 4-12　填充剖面线

4）绘制主视图细节结构

主视图上 26mm×ϕ25mm 圆柱上的平面结构、键槽结构和小孔结构还没有绘制。

（1）26mm×ϕ25mm 圆柱上的平面结构绘制。26mm×ϕ25mm 圆柱上的平面结构是轴被平面所截切得到的截交线，根据图纸可知轴向长度是 16mm，径向尺寸可以通过在 *A*—*A* 断面图量取得到，为 20mm，将“轮廓线”图层作为当前图层，利用“矩形”命令绘制一个长为 16mm、宽度为 20mm 的矩形，利用“移动”命令将 16mm×20mm 的矩形线框左边线段中点和 26mm×ϕ25mm 左边线段中点重合。选取“细实线”图层，将 16mm×20mm 对角线用“直线”命令绘制，如图 4-13 所示。

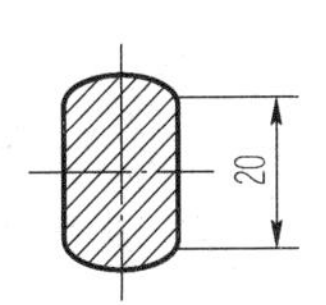

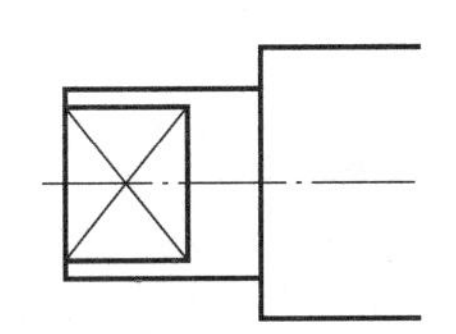

图 4-13　平面结构的绘制

（2）92mm×ϕ35mm 段键槽绘制。键槽的长度尺寸是 35mm，宽度尺寸是 10mm，定位尺寸是 7mm，绘制的具体步骤为：

① 用鼠标框选主视图中的从 92mm×ϕ35mm 到右端的所有矩形线框，单击“分解”按钮。

② 单击“偏移”按钮，将 92mm×ϕ35mm 矩形线框右边线段偏移 7，得到键槽位置的辅助线，如图 4-14 所示。

③ 单击“矩形”按钮 绘制 35mm×10mm 的矩形。

④ 单击“移动”按钮，选取 35mm×10mm 的矩形线框右边线段中点为基点，移动到辅助线的中点。

⑤ 单击“圆角”按钮，设置圆角半径为 5mm，选取 35mm×10mm 矩形的 4 个角进行圆角操作。

⑥ 单击“直线”按钮，绘制键槽两圆弧的中心线。键槽的绘制结果如图 4-15 所示。

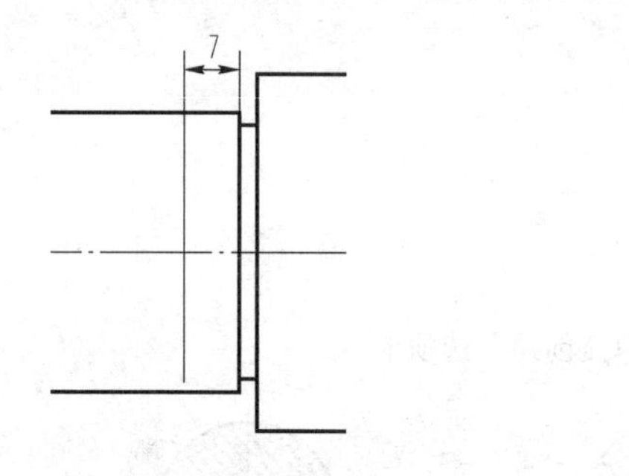

图 4-14　偏移结果

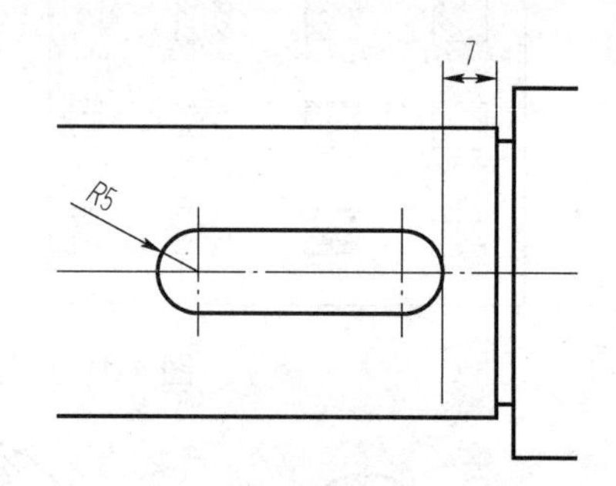

图 4-15　键槽绘制结果

（3）绘制ϕ5mm 的小孔。小孔在 35mm×ϕ32mm 圆柱端上，定位尺寸为 10mm。操作步骤如下：

① 单击“偏移”按钮，将 35mm×ϕ32mm 矩形线框右边线段偏移 10mm，得到小孔圆心位置辅助线，如图 4-16 所示。

② 单击“圆”按钮，以刚创建的辅助线和中心线的交点为圆心绘制一个半径为 2.5mm 的小圆，然后将辅助线转换为中心线，结果如图 4-17 所示。

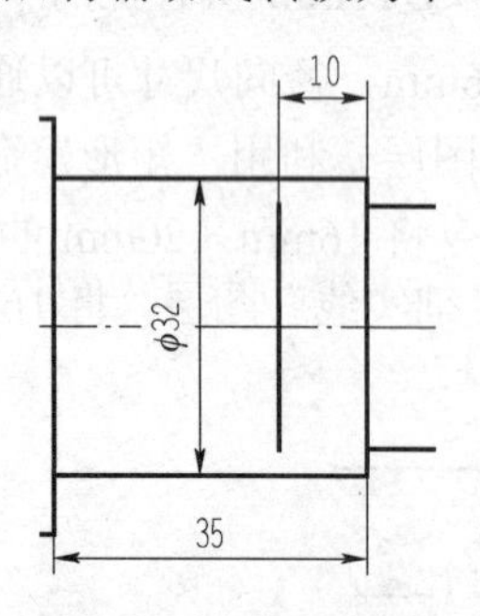

图 4-16　偏移结果

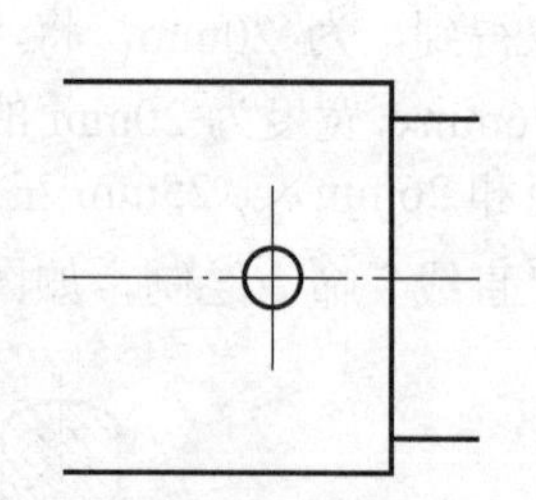

图 4-17　圆孔绘制结果

（4）绘制 M18 的螺纹结构，查螺纹标准表，M18 螺纹的小径是 15.92mm。

① 选取“细实线”图层；

② 单击“矩形”按钮，绘制 25mm×15.92mm 的矩形线框。

③ 单击“移动”按钮，选取 25mm×15.92mm 矩形线框右边线段中点为基点，移动

到主视图最右边线段中点，主视图绘制完成，如图 4-18 所示，从动轴所有视图绘制完成，如图 4-19 所示。

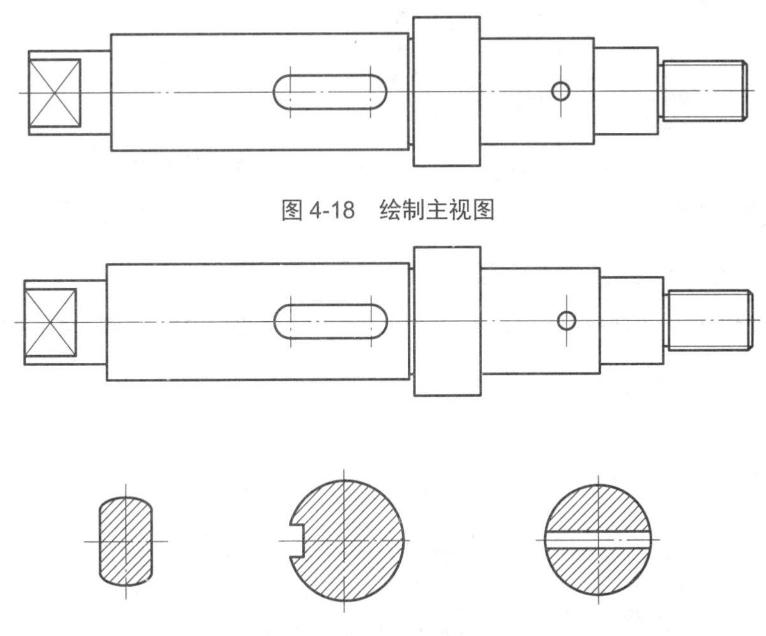

图 4-18　绘制主视图

图 4-19　从动轴视图

步骤 5：尺寸标注

1）新建尺寸标注样式

从动轴标注样式设置

由前面的尺寸分析可知，轴类零件的尺寸主要有两类，一类是轴向长度尺寸，另一类是组成轴每段回转体的直径。所以至少有两个尺寸样式，一个可以以“长度”来命名，另一个以“直径”来命名。下面具体描述尺寸样式的设置步骤。

（1）文字样式的建立。因为尺寸样式中的标注涉及文字样式的选择，所以要先建立一个文字样式。文字样式的建立步骤如下：

① 在“样式”工具栏中单击“文字样式”按钮，或者在菜单浏览器中选择“格式”下拉菜单中的“文字样式”命令，或者在命令行窗口输入“st”，弹出如图 4-20 所示的“文字样式”对话框。

② 单击“文字样式”对话框中的“新建”按钮，弹出“新建文字样式”对话框，输入样式名“GB-3.5”，如图 4-21 所示，单击“确定”按钮。

③ 在“文字样式”对话框的“字体”选项组中，从字体名下拉列表框中选择“gbenor.shx”，勾选“使用大字体”复选框，接着从“大字体”下拉列表框中选择“gbcbig.shx”,在“高度”文本框中输入“3.5000”，如图 4-22 所示。

④ 在“文字样式”对话框中单击“应用”按钮。

⑤ 单击“新建”按钮，弹出“新建文字样式”对话框，在“样式名”文本框中输入“GB-5”，单击“确定”按钮。

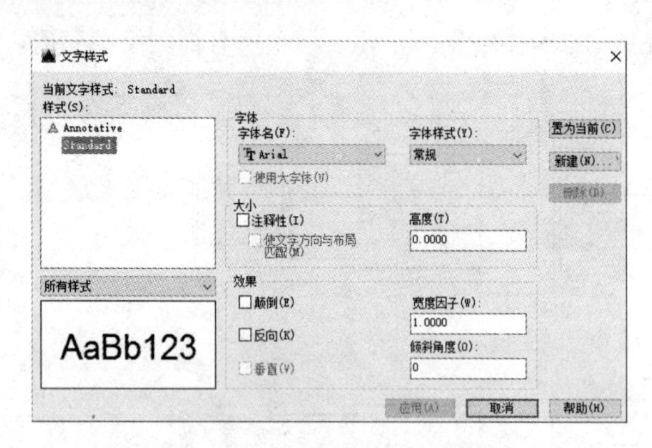

图 4-20　“文字样式”对话框

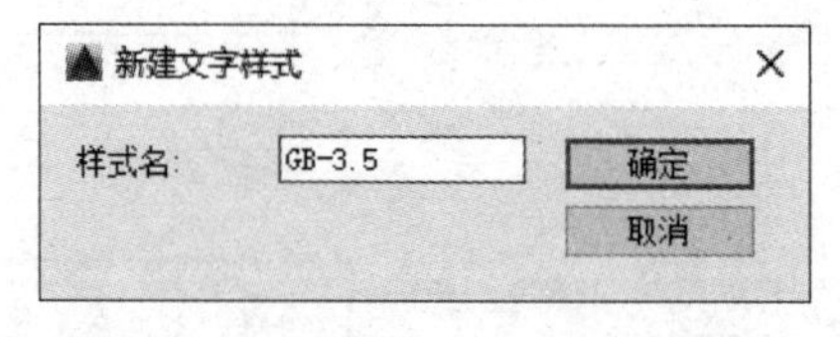

图 4-21　“新建文字样式”对话框

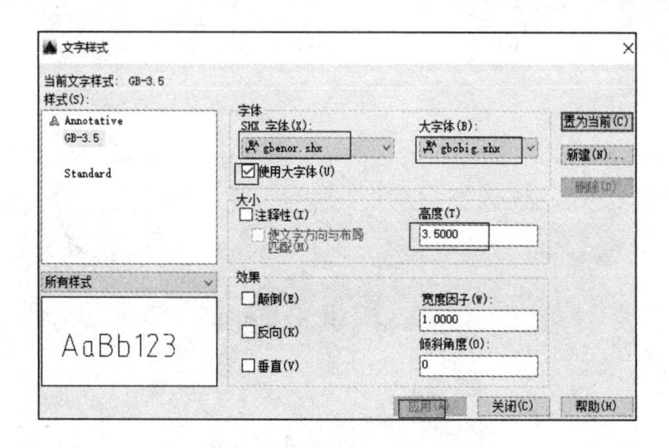

图 4-22　设置文字样式 GB-3.5

⑥ 在“文字样式”对话框的“字体”选项组中，从字体名下拉列表框中选择“gbenor.shx”，勾选“使用大字体”复选框，接着从“大字体”下拉列表框中选择“gbcbig.shx”,在“高度”文本框中输入“5”，按 Enter 键或单击“应用”按钮，如图 4-23 所示。

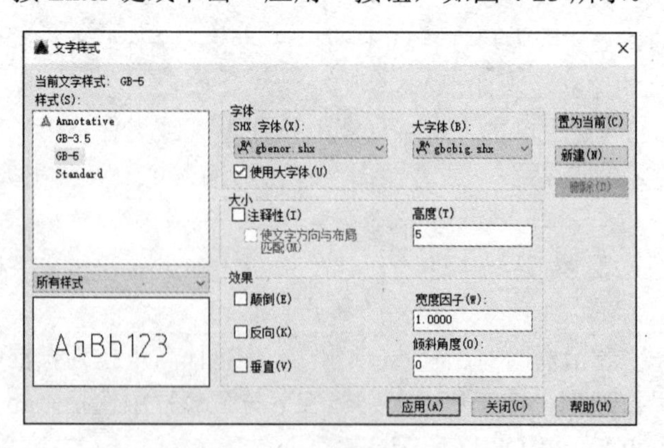

图 4-23　设置文字样式 GB-5

⑦ 单击“文字样式”对话框中的“关闭”按钮，完成两种字高的文字样式设置，设置的两种文字样式出现在“样式”工具栏的文字样式列表框中，如图 4-24 所示。

图 4-24　“样式”工具栏

（2）轴向尺寸标注样式创建。

① 在“样式”工具栏单击“标注样式”按钮，或者在菜单浏览器中选择“格式”下拉菜单中的“标注样式”命令，或在命令行窗口输入“d”，弹出如图 4-25 所示的“标注样式管理器”对话框。

② 在“标注样式管理器”对话框中单击“新建”按钮，弹出“创建新标注样式”对话框。

③ 在“创建新标注样式”对话框中输入新样式名为“轴向尺寸标注”，如图 4-26 所示，单击“继续”按钮。

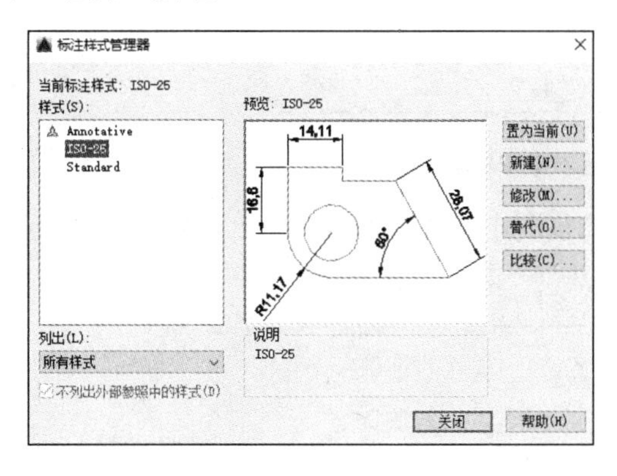

图 4-25　“标注样式管理器”对话框

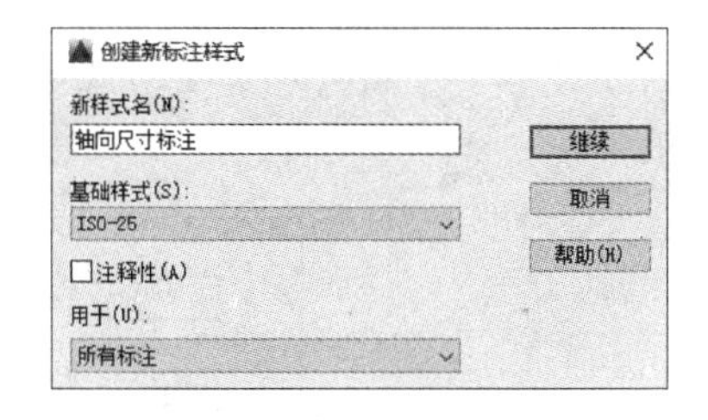

图 4-26　输入新样式名

④ 弹出“新建标注样式:轴向尺寸标注”对话框。切换到“文字”选项卡，在“文字外观”选项组的文字样式下拉列表框中选择“GB-3.5”文字样式，文字高度默认为 3.5，该选项卡的其余设置如图 4-27 所示。

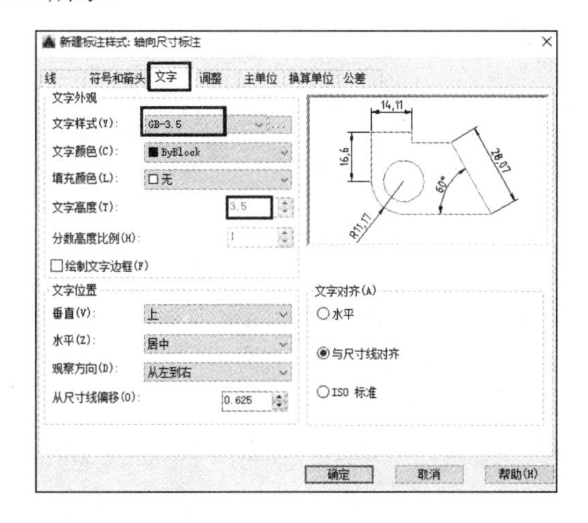

图 4-27　设置标注文字

⑤ 切换到“线”选项卡，在“尺寸线”选项组中，设置基线间距为 5；在“尺寸界线”选项组中，设置超出尺寸线为 2.5，起点偏移量为 0，如图 4-28 所示。

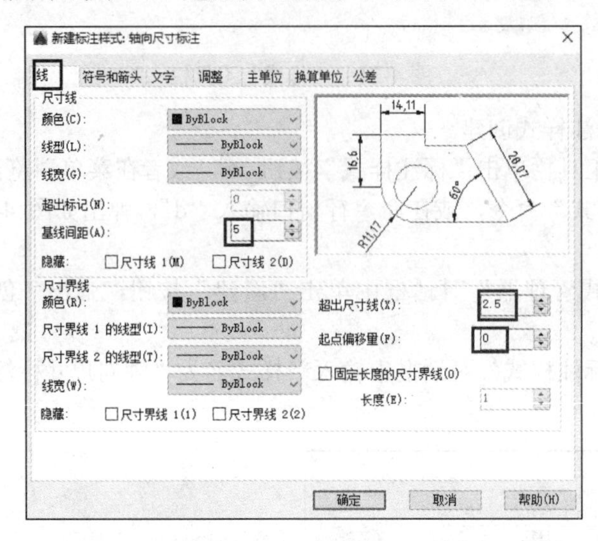

图 4-28　设置“线”选项卡中的选项及参数

⑥ 切换到“符号和箭头”选项卡，设置箭头大小为 3，圆心标记大小为 2.5，如图 4-29 所示。

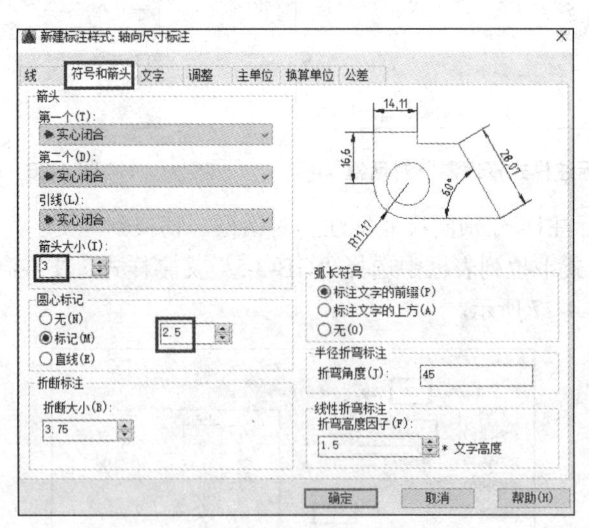

图 4-29　设置标注符号和箭头

⑦ 切换到“主单位”选项卡，设置小数分隔符为句点，如图 4-30 所示。

⑧ 切换到“调整”选项卡，设置如图 4-31 所示。

⑨ 其余选项卡采用默认设置，单击“确定”按钮，完成“轴向尺寸标注”新尺寸样式的设置。返回到“标注样式管理器”对话框。可以在轴向尺寸标注样式的基础上设置径向尺寸标注样式。

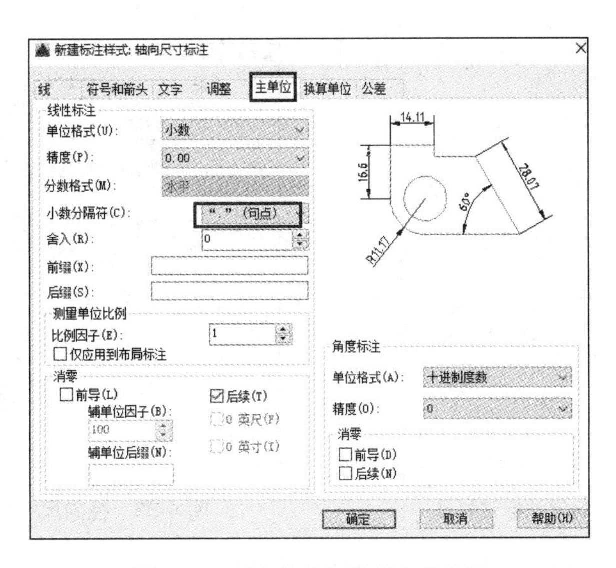

图 4-30　“主单位”选项卡的设置

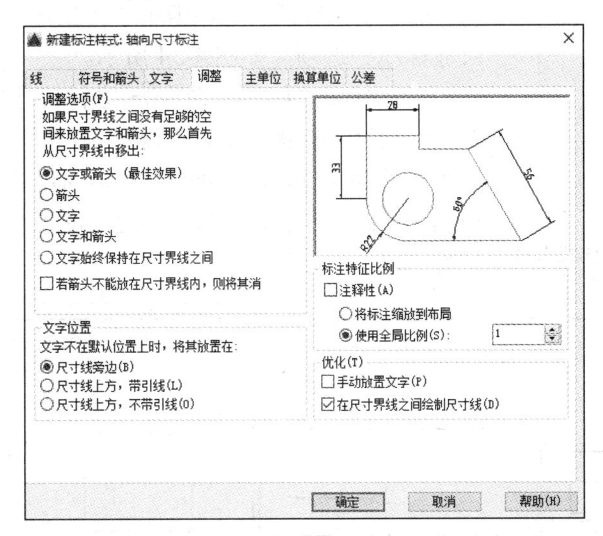

图 4-31　“调整”选项卡的设置

（3）径向尺寸标注样式设置。

① 打开“标注样式管理器”对话框，在“样式”列表中，选择轴向尺寸标注，单击“置为当前”按钮。

② 在“标注样式管理器”对话框中，单击“新建”按钮，弹出“创建新标注样式”对话框。

③ 在“创建新标注样式”对话框中输入新样式名为“径向尺寸标注”，如图 4-32 所示，单击“继续”按钮。

④ 弹出“新建标注样式:径向尺寸标注”对话框。切换到“主单位”选项卡，设置前缀为“%%c”，其余设置不变，如图 4-33 所示。

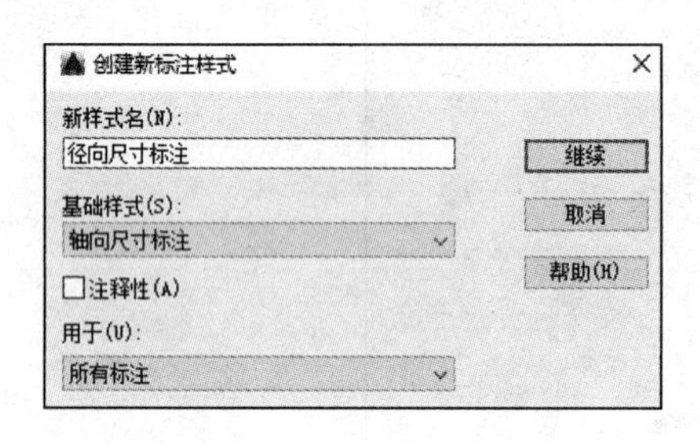

图 4-32　创建径向尺寸标注样式

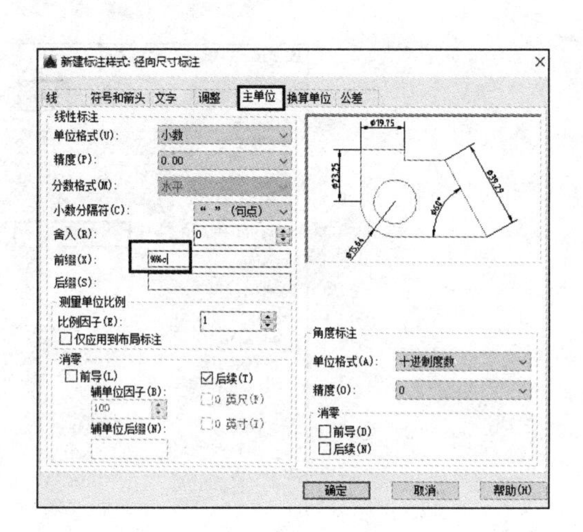

图 4-33　径向尺寸标注样式设置

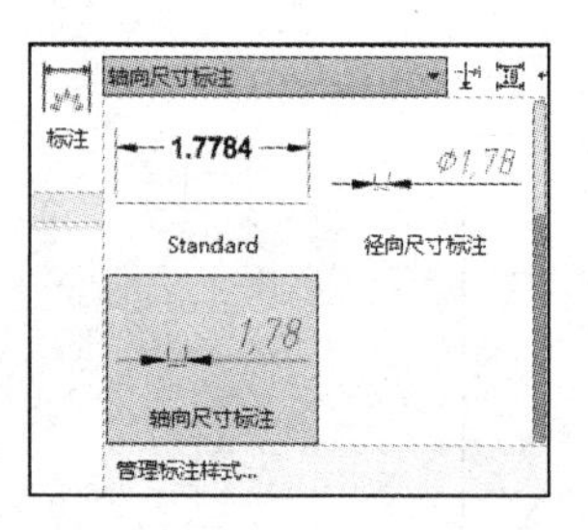

图 4-34　轴向尺寸标注样式选择

2）轴向尺寸标注

（1）在“样式”选项卡中“标注样式”面板中选择“轴向尺寸标注”选项，如图 4-34 所示。

（2）使用“线性”命令进行尺寸标注，标注零件的所有线性尺寸（有极限偏差的除外），如图 4-35 所示。一般情况下对于轴类零件，轴向每段回转体的尺寸一般标注在主视图的一侧；对于轴向键槽或者小孔的定位尺寸一般标注在主视图的另外一侧。

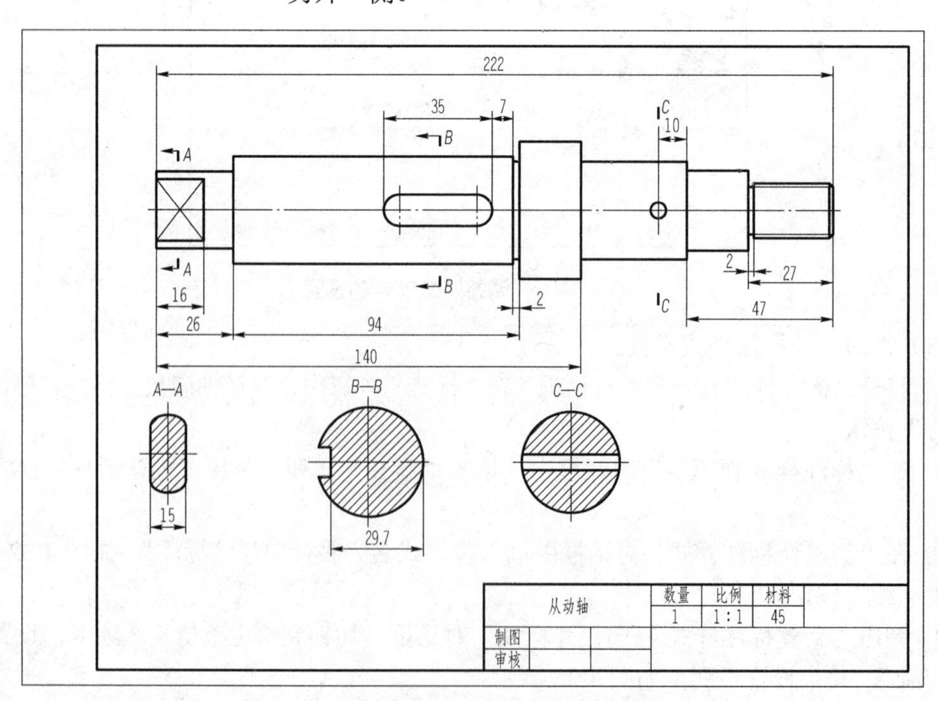

图 4-35　轴向尺寸标注

（3）有公差要求的轴向尺寸标注。在图纸中有极限偏差的线性尺寸只有键槽宽度尺寸 $10^{+0.05}_{+0.038}$，利用“线性”命令，选择键槽宽度两边边界，在命令行窗口输入“m”，按 Enter 键，弹出文字输入框 10+0.05^+0.038，将公称尺寸 10 后边的上下偏差全部选中，单击“格式”面板中的“堆叠”按钮，两个偏差就堆叠在一起，如图 4-36 所示。然后单击任意点或者单击“文字编辑器”功能区的“关闭文字编辑器”按钮，然后单击一下将设置好的尺寸放在合适位置，如图 4-37 所示。这样就标注完所有的轴向尺寸。

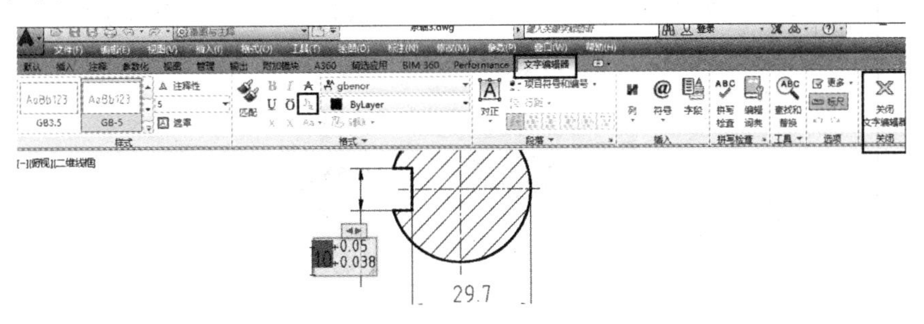

图 4-36　键槽宽度尺寸极限偏差标注中文字格式菜单

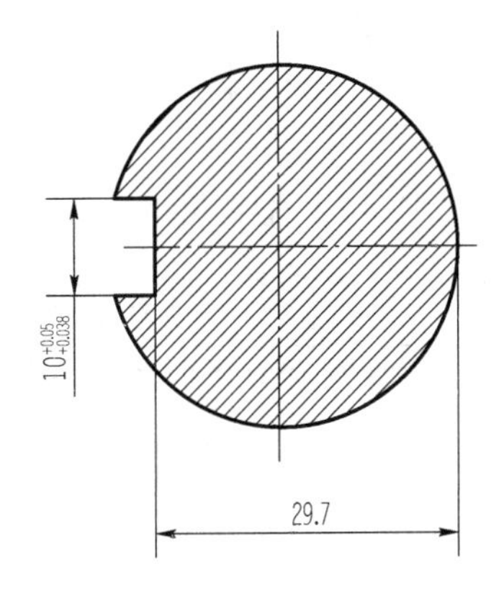

图 4-37　键槽宽度尺寸极限偏差标注

3）径向尺寸标注

（1）在“注释”选项卡中选择“径向尺寸标注”选项，如图 4-38 所示。

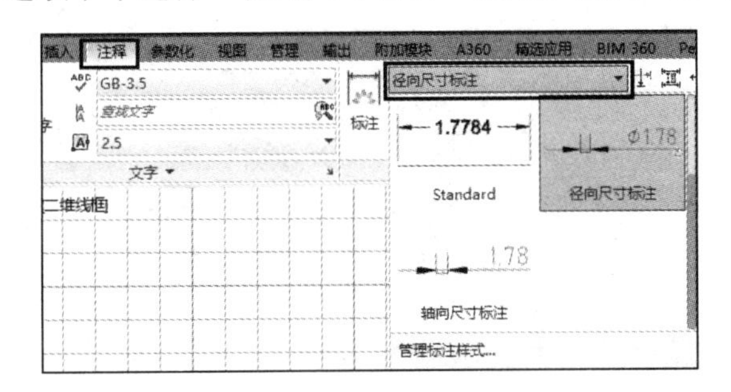

图 4-38　径向尺寸标注样式选择

（2）使用“线性”命令进行尺寸标注，标注零件的所有直径尺寸，其中有极限偏差的直径尺寸标注参考图 4-36 和图 4-37 中所示的键槽宽度极限偏差的标注，如图 4-39 所示。

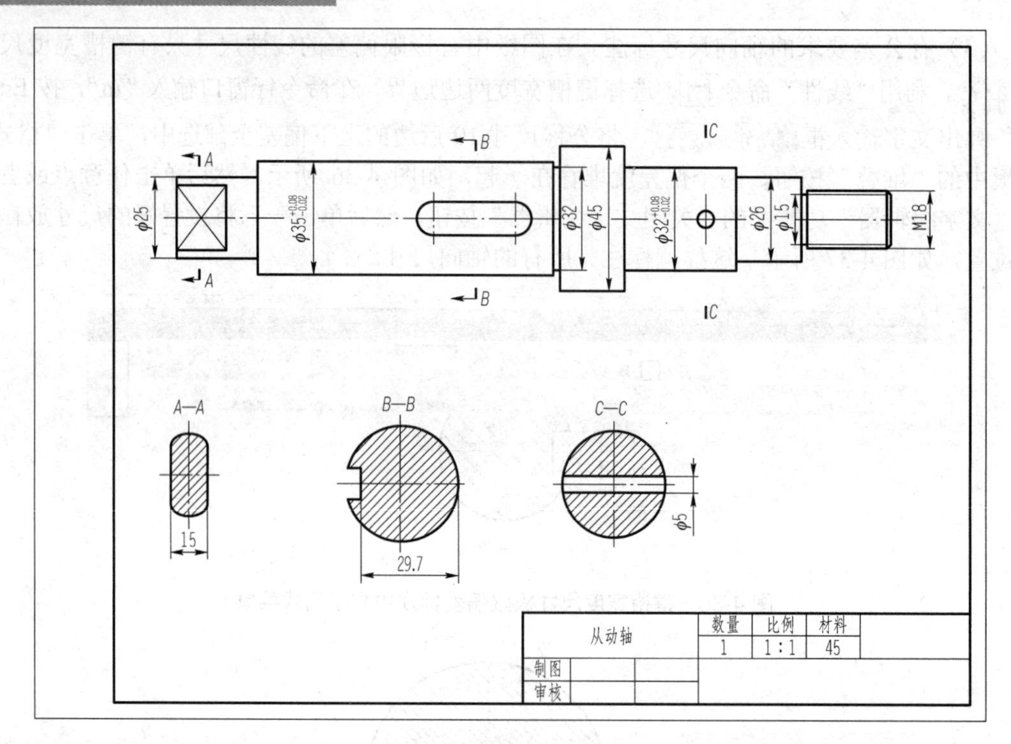

图 4-39　径向尺寸标注

通过轴向尺寸和径向尺寸的标注，零件图中的线性尺寸标注完成，如图 4-40 所示。

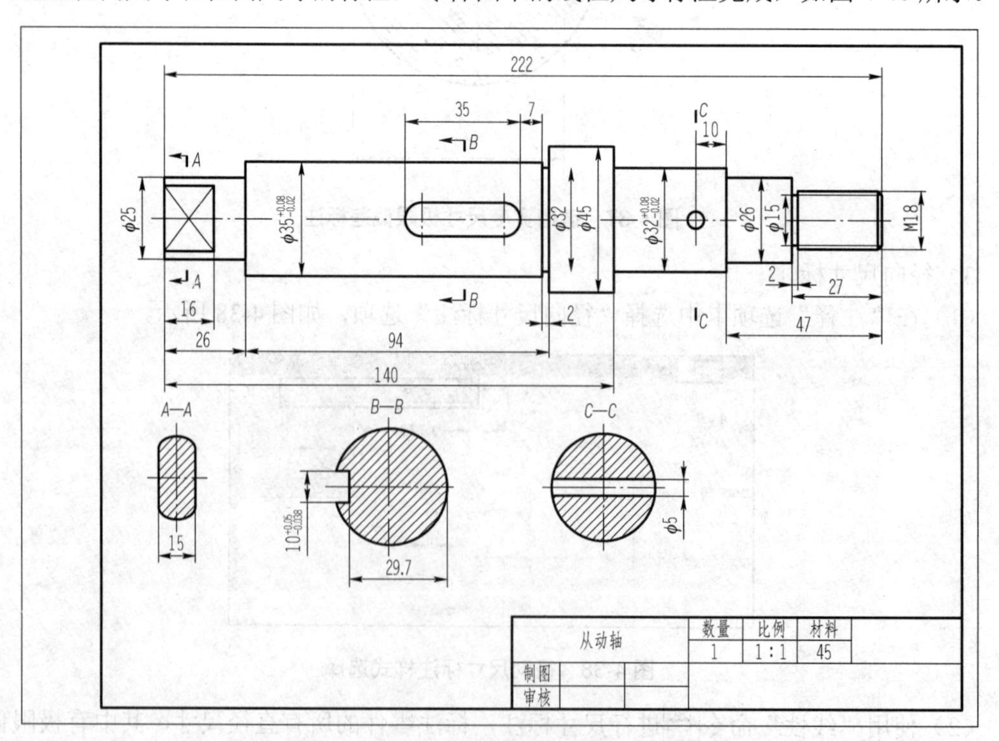

图 4-40　轴向和径向尺寸标注完成

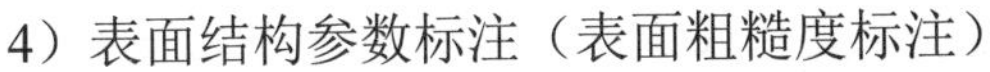

4）表面结构参数标注（表面粗糙度标注）

表面结构参数是衡量零件表面加工程度的一个参数，要在零件图中标注表面粗糙度，要先定义一个表面结构参数的“块”，然后在需要的时候直接插入块即可。所以要先创建“表面结构参数块”，再利用插入“块”命令进行表面结构参数的标注。

（1）表面结构块的创建。创建具有一定属性的表面结构参数块，先要绘制出表面结构参数符号，然后利用“绘图”菜单中的“创建块”命令进行创建。具体步骤如下：

① 表面结构参数符号绘制。表面结构参数符号如图 4-41 所示，符号的尺寸是由字体的高度决定的，图中“*h*”表示字体的高度。绘制好表面结构参数符号后在横线的下方输入表面结构参数代号“*Ra*”，如图 4-42 所示。

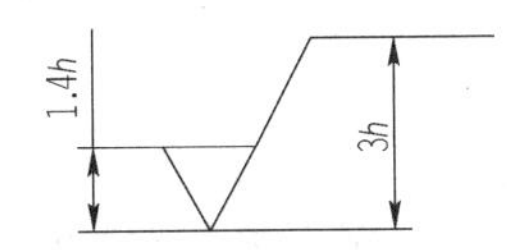

图 4-41　表面结构参数符号

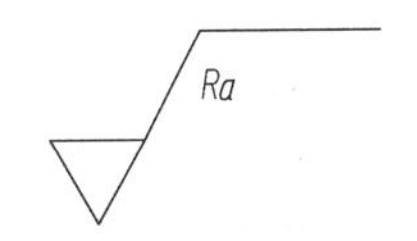

图 4-42　表面结构参数代号 *Ra*

② 定义块的属性。选择“绘图”→“块”→“定义属性”命令，如图 4-43 所示，弹出“属性定义”对话框，在“属性”选项组中设置标记为“n”，设置提示为“请输入 Ra 的值”，也可不设置，其他采用默认设置，如图 4-44 所示，然后单击“确定”按钮。在绘图光标处会出现一个字母“n”，移动鼠标将字母“n”放在图 4-42 中字母“Ra”的后边，这样表面结构参数中的属性设置就完成了。

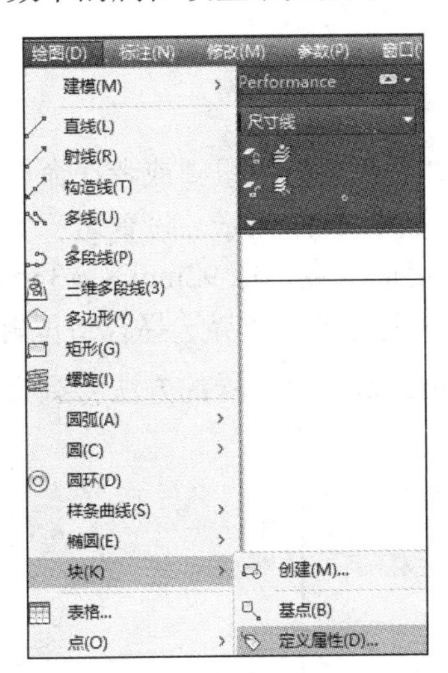

图 4-43　“块”中“定义属性”命令

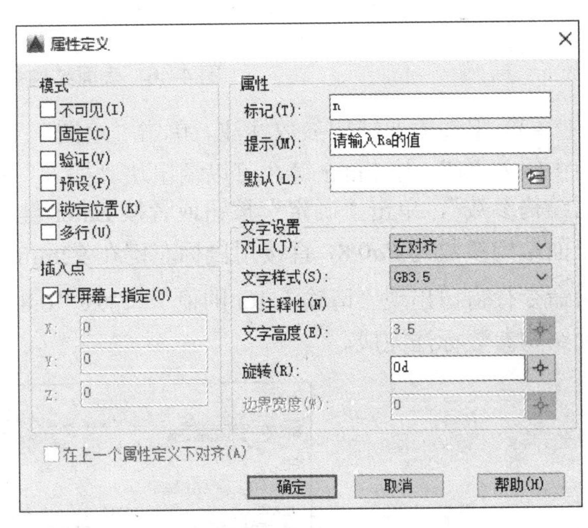

图 4-44　块“属性定义”对话框

③ 块的属性定义好后，接下来就是创建块，选择“绘图”→“创建块”命令，或在命令行窗口输入“b”，按 Enter 键，弹出“块定义”对话框。设置名称为“表面结构参数”单击“拾取点”前的按钮，选取表面结构参数符号下边的尖端“端点”作为基点；单击“选择对象”前面的按钮，把表面结构参数符号和字母全选上；其他采用默认设置，如图 4-45

所示，然后单击“确定”按钮，表面结构参数块定义完成。

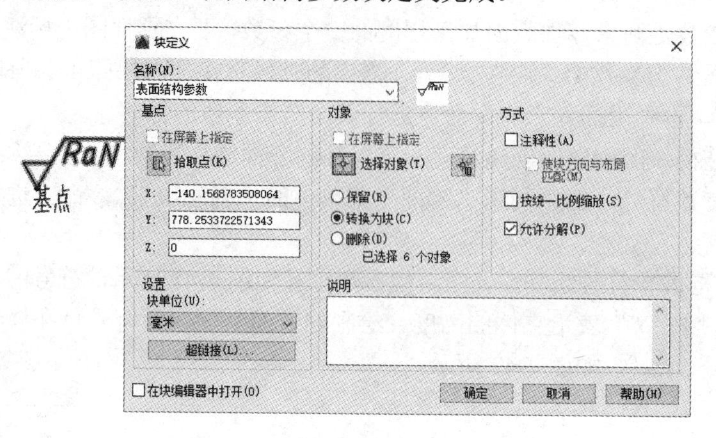

图 4-45　“块定义”对话框设置

（2）表面结构参数标注，前面已经把表面结构参数定义好，接下来就要标注表面结构参数。根据国家制图标准，零件表面方位不同，表面结构参数标注位置不同，如图 4-46 所示。

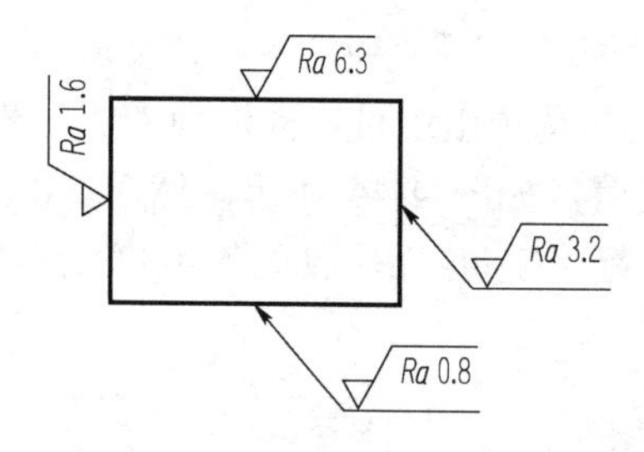

图 4-46　表面结构参数标注位置

（3）零件表面结构参数标注。单击“绘图”工具中的“插入块”按钮或者在命令行窗口中输入“i”，按 Enter 键，可以调出块“插入”对话框，如图 4-47 所示。设置名称为“表面结构参数”，单击“确定”按钮或者按 Enter 键，然后指定插入点，像 92mm×ϕ35mm 的表面结构参数为 *Ra*0.8，直接用鼠标左键在 92mm×ϕ35mm 主视图上边界选择合适位置，然后命令行窗口出现“请输入 Ra 的值”，输入“0.8”后按 Enter 键。以同样的方法将剩余的表面结构参数标注完成。

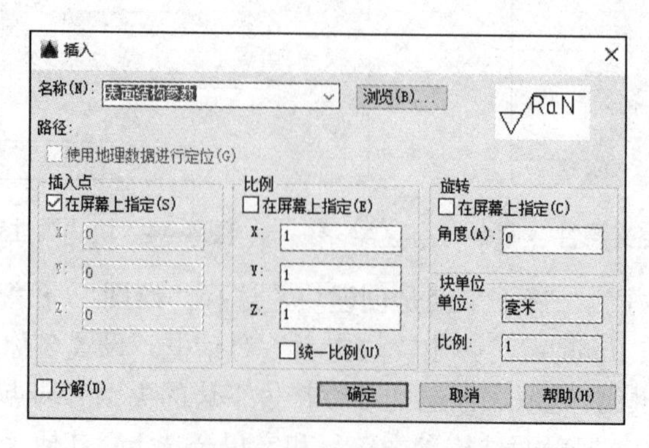

图 4-47　插入表面结构参数对话框

5）几何公差标注

在零件图中仅有一个几何公差 92mm× ϕ35mm 和 35mm× ϕ32mm 两段之间有同轴度的要求。无论是基准要素还是被测要素都是指中心要素轴线。所以基准的标注和几何公差标注，都要放在径向尺寸线的延长线上。这里主要讲解用引线来标注几何公差。具体步骤如下：

（1）在命令行窗口输入“qleader”，按 Enter 键。

（2）输入“s”，按 Enter 键后，弹出“引线设置”对话框，如图 4-48 所示，选择“注释”选项卡，点选“注释类型”选项组中的“公差”单选按钮。在“引线和箭头”选项卡中，设置箭头为实心基准三角形，如图 4-49 所示，然后单击“确定”按钮或按 Enter 键。在 ϕ35mm 尺寸线的延伸线靠近轮廓线的位置，单击指定第一个引线点，在命令行窗口输入“3.5”按 Enter 键，弹出“形位公差”对话框，如图 4-50 所示。在“基准 1”中输入大字字母“D”，单击“确定”按钮，生成图 4-51 所示的基准符号。

图 4-48　“引线设置”对话框

图 4-49　箭头的设置

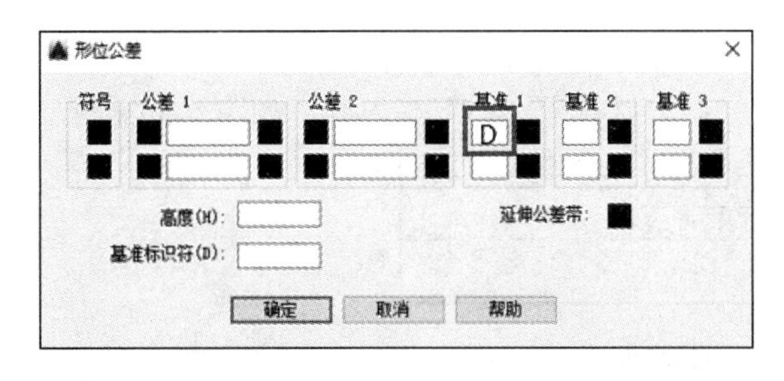

图 4-50　“形位公差”对话框

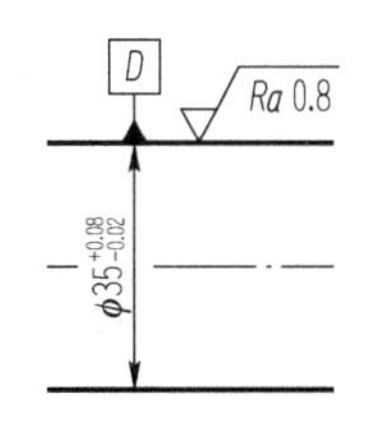

图 4-51　几何公差基准符号生成

（3）标注几何公差项目 ◎ Ø0.04 D 。

① 在“标注”菜单中选择“快速引线”命令或者在命令行窗口输入“qleader”，按 Enter 键。

② 输入“s”并按 Enter 键后，在图 4-49 所示的“引线设置”对话框的“引线和箭头”选项卡中设置箭头为“实心闭合”，其他采用默认设置，单击“确定”按钮，或按 Enter 键。

③ 在 ϕ32mm 尺寸线的延伸线靠近轮廓线的位置，单击指定第一个引线点，再拾取第二点位置，弹出“形位公差”对话框，如图 4-52 所示，具体项目选择和输入如图 4-52 所示，输入完各参数后单击“确定”按钮或按 Enter 键，几何公差项目就出现，结果如图 4-53 所示。

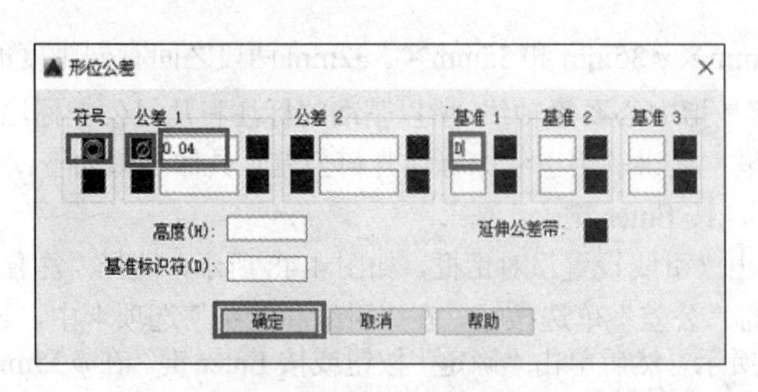

图 4-52　几何公差项目输入

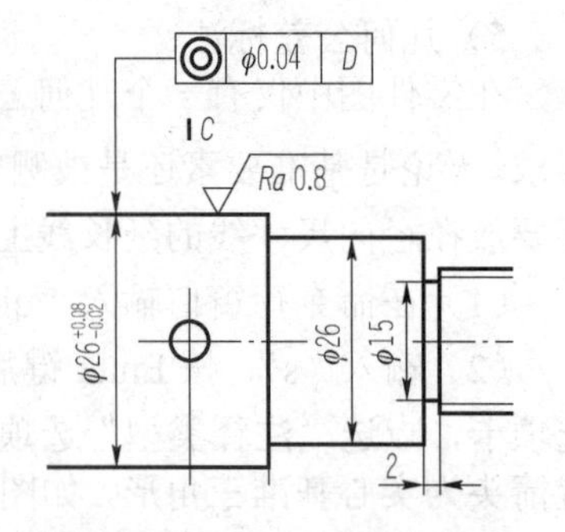

图 4-53　几何公差项目标注效果

通过以上一系列步骤，零件图的所有尺寸就标注完成。接下来要输入技术要求。

步骤 6：技术要求输入

（1）单击“多行文字”按钮A或者在命令行窗口输入“mt”并按 Enter 键，指定两个对角点，就会弹出文字格式对话框，同时功能区就切换成“文字编辑器”的相关命令图标。

（2）在该对话框中输入“技术要求”相应内容，如图 4-54 所示。

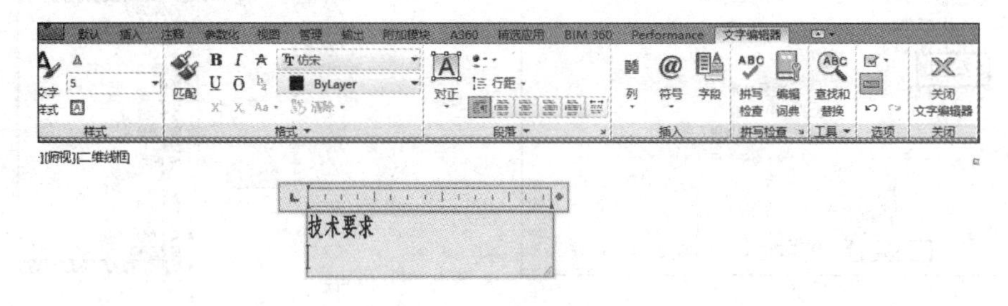

图 4-54　文字格式对话框

步骤 7：填写标题栏内容

在标题栏中输入“从动轴”，比例为“1∶1”，材料为“45”等内容，如图 4-55 所示。

从动轴			数量	比例	材料
			1	1∶1	45
制图					
审核					

图 4-55　填写标题栏

至此，从动轴零件图绘制完成，结果如图 4-1 所示。

4.1.4　步骤点评

1. 对于步骤 4：主视图绘制采用的命令

轴类零件主视图一般是由若干矩形线框组成的，所以可以通过“矩形”命令将各个矩形线框绘制出来，然后通过“移动”命令，将矩形线框以左边或右边的中点为基点，使中点和中点重合。因为轴类零件主视图一般是关于轴线对称的，所以也可以用“直线”命令绘制出主视图的一半外轮廓，如图 4-56 所示。然后用“延伸”命令，将每个矩形线框的左右边延长到中心线，如图 4-57 所示，最后以轴线为“镜像线”进行“镜像”操作，如图 4-58 所示。

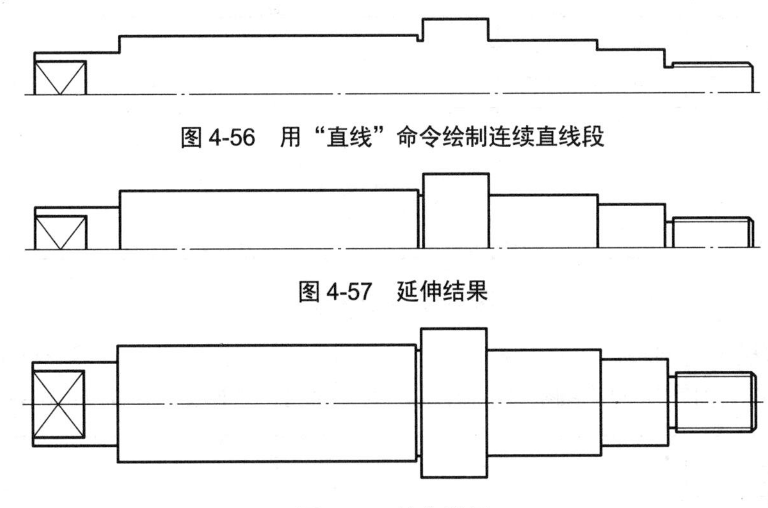

图 4-56　用“直线”命令绘制连续直线段

图 4-57　延伸结果

图 4-58　镜像结果

2. 对于步骤 5：几何公差（形位公差）标注

几何公差标注，可以用“引线”命令进行相关设置，也可以用“标注”菜单中的“公差”命令来实现。

引线及外部块命令讲解

4.1.5　总结和拓展

1. 图形块命令

对于一些常用的图样，如标题栏、表面结构参数符号、标准件等，可以将其生成图形块，在以后用到这些图样时，不必重新绘制一遍，可采用插入块的方式来完成这些图样。块的建立一般分为四步，即绘制图形、定义属性、块创建、插入块，下面以国家标准中的标题栏为例（图 4-59）来介绍图形块的建立和应用。

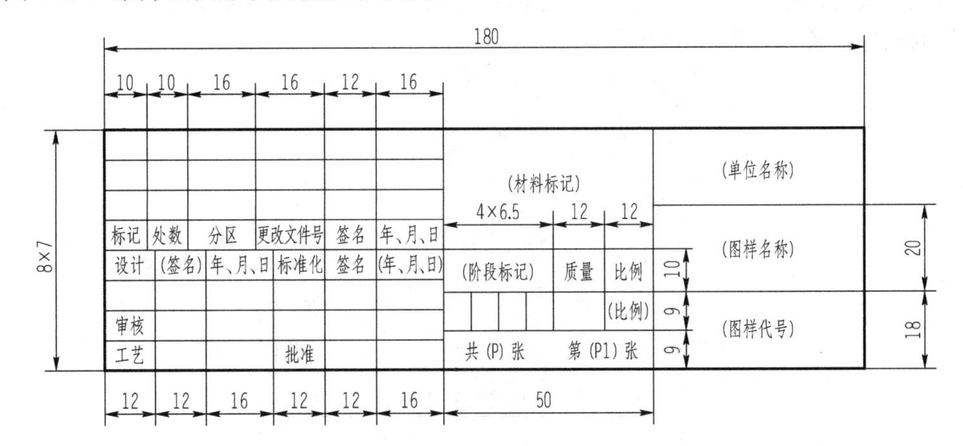

图 4-59　企业用标题栏

（1）绘制标题栏。

依据图 4-59 中所标注的尺寸，绘制标题栏表格，如图 4-60 所示。

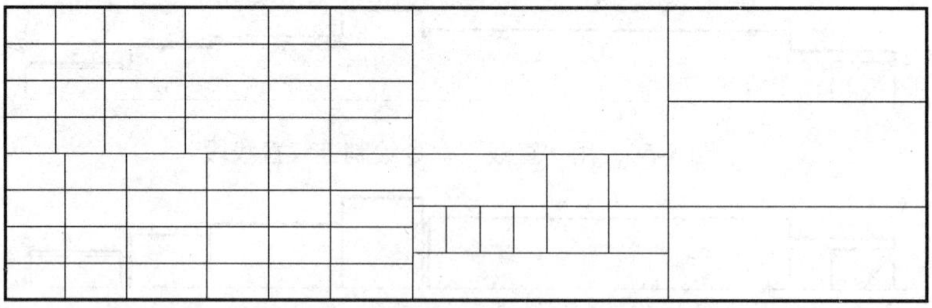

图 4-60　标题栏表格

（2）标题栏中文字输入。在“样式”工具栏上，从文字样式下拉列表框中选择“仿宋 3.5”，并且设置当前图层为“细实线”图层。输入标题栏中固定文字，如图 4-61 所示。

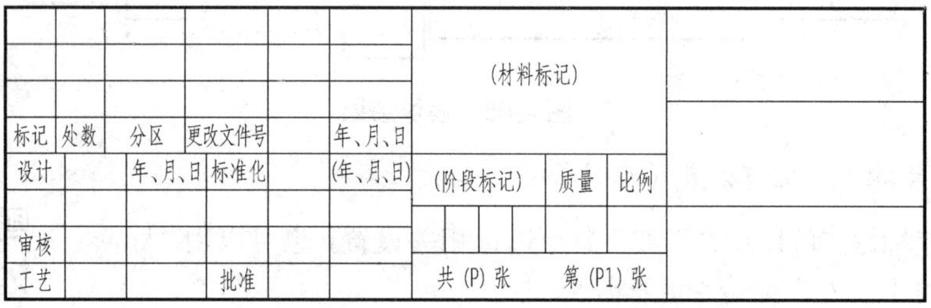

							（材料标记）			
标记	处数		分区	更改文件号		年、月、日				
设计			年、月、日	标准化		（年、月、日）	（阶段标记）	质量	比例	
审核										
工艺				批准			共 (P) 张		第 (P1) 张	

图 4-61　标题栏中固定文字输入

标题栏中像“图样代号”、“图样名称”、“材料标记”和“单位名称”这些文字随着图样的不同而有所改变，所以在块建立之前，需要定义块的属性。当插入块的时候，这些参数可以重新输入。

（3）块属性的定义。选择“绘图”→“块”→“定义属性”命令，弹出“属性定义”对话框，如图 4-62 所示。在“属性”选项组中设置标记为“图样名称”，设置“提示信息为“请输入图样名称”，“文字设置”选项组中设置对正方式为“正中”，文字样式为“仿宋 5”，其他采用默认设置，单击“确定”按钮，光标处出现“图样名称”字样，将“图样名称”放在标题栏的指定位置，如图 4-63 所示。

图 4-62　块属性定义

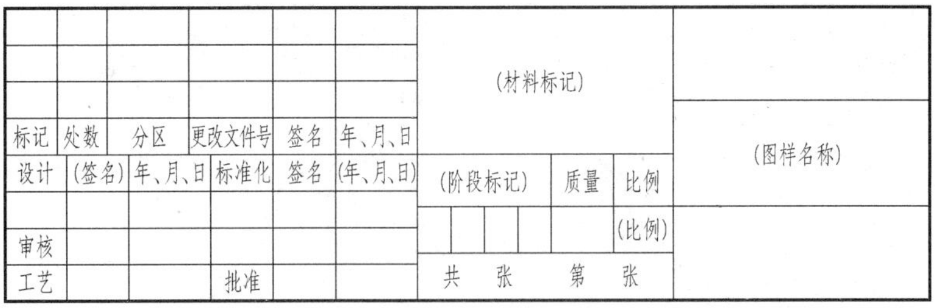

						(材料标记)			
标记	处数	分区	更改文件号	签名	年、月、日				(图样名称)
设计	(签名)	年、月、日	标准化	签名	(年、月、日)	(阶段标记)	质量	比例	
								(比例)	
审核									
工艺			批准			共　张	第　张		

图 4-63　属性放置位置

使用同样的方法，选择“绘图”→“块”→“定义属性”命令，定义如表 4-2 中所示的除图样名称之外的其他属性。

表 4-2　标题栏框格属性

属性标记	属性提示	对正选项	文字样式
图样名称	请输入图样名称	正中	仿宋 5
图样代号	请输入图样代号	正中	仿宋 5
单位名称	请输入单位名称	正中	仿宋 5
材料标记	请输入材料标记	正中	仿宋 5
比例	请输入图样比例	正中	仿宋 3.5
P	请输入图纸总张数	正中	仿宋 3.5
P1	请输入图纸为第几张	正中	仿宋 3.5

定义好的属性标题栏如图 4-64 所示。

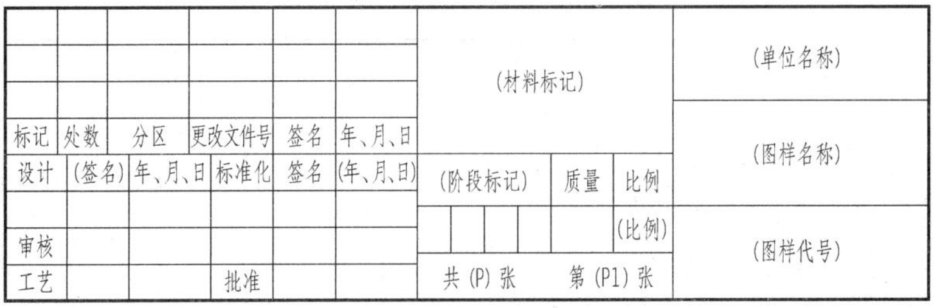

						(材料标记)			(单位名称)
标记	处数	分区	更改文件号	签名	年、月、日				(图样名称)
设计	(签名)	年、月、日	标准化	签名	(年、月、日)	(阶段标记)	质量	比例	
								(比例)	(图样代号)
审核									
工艺			批准			共 (P) 张	第 (P1) 张		

图 4-64　定义好的属性标题栏

单击“创建块”按钮，或选择“绘图”→“块”→“创建”命令，弹出“块定义”对话框，如图 4-65 所示。

在“名称”文本框中输入“标题栏”，单击“对象”选项组的“选择对象”按钮，使用鼠标框选整个标题栏，按 Enter 键确认。单击“基点”选项组中的“拾取点”按钮，接着在启用对象捕捉模式下选择标题栏右下角端点作为插入块的基点。此时，“块定义”对话框如图 4-66 所示。

单击“确定”按钮，弹出如图 4-67 所示的“编辑属性”对话框，单击“确定”按钮。没有图样、材料、公司等信息的空白标题栏就绘制完成，如图 4-68 所示。

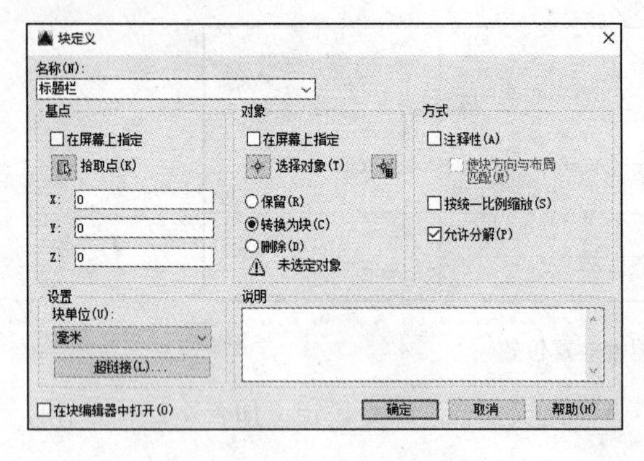

图 4-65 “块定义”对话框

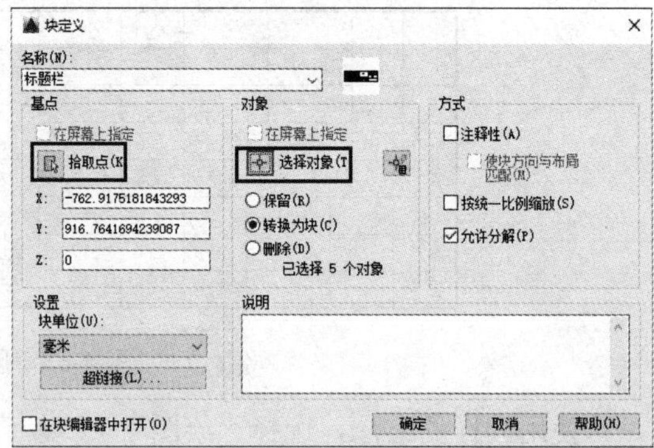

图 4-66 块定义

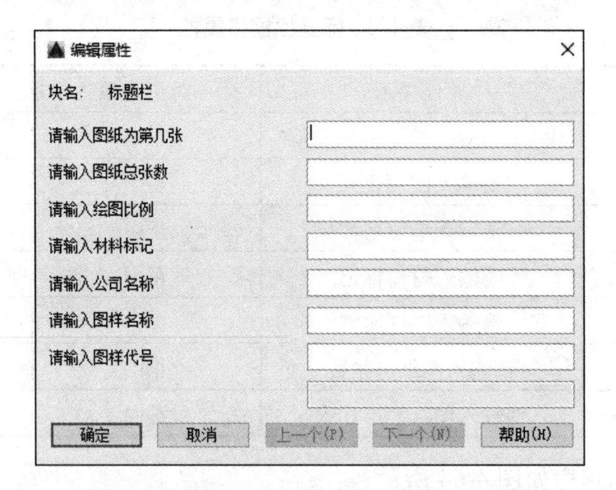

图 4-67 “编辑属性”对话框

						(材料标记)			
标记	处数	分区	更改文件号	签名	年、月、日				(图样名称)
设计	(签名)	年、月、日	标准化	签名	(年、月、日)	(阶段标记)	质量	比例	
								(比例)	
审核									
工艺			批准			共 张	第 张		

图 4-68 空白标题栏

标题栏块创建好后，在单击“插入块”按钮或者选择“插入”→“块”命令或在命令行窗口直接输入“i”后按 Enter 键，弹出“插入”对话框，如图 4-69 所示。

在“名称”文本框中输入“标题栏”，单击“确定”按钮，在十字光标处就产生一个标题栏，将标题栏放在图框的右下角，则命令行窗口中提示“请输入图样名称”的相关提示。输入如表 4-3 所示相关信息，则会生成如图 4-70 所示的标题栏。

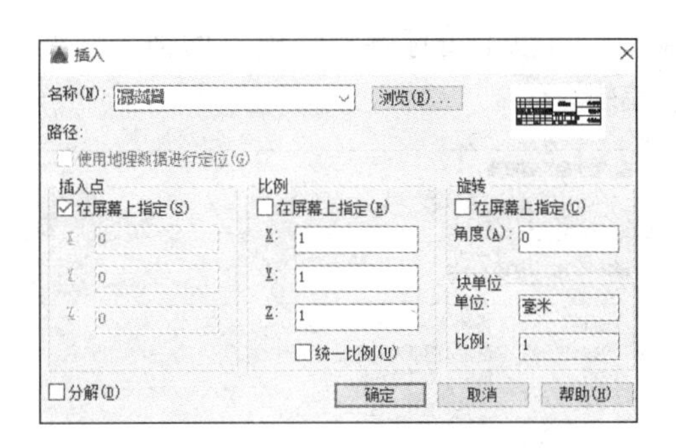

图 4-69　“插入”对话框

表 4-3　名称及材料相关信息

属性标记	属性提示	内容
图样名称	请输入图样名称	阶梯轴
图样代号	请输入图样代号	无
单位名称	请输入单位名称	×××职业技术学院
材料标记	请输入材料标记	45
比例	请输入图样比例	1∶1
P	请输入图纸总张数	5
P1	请输入图纸为第几张	1

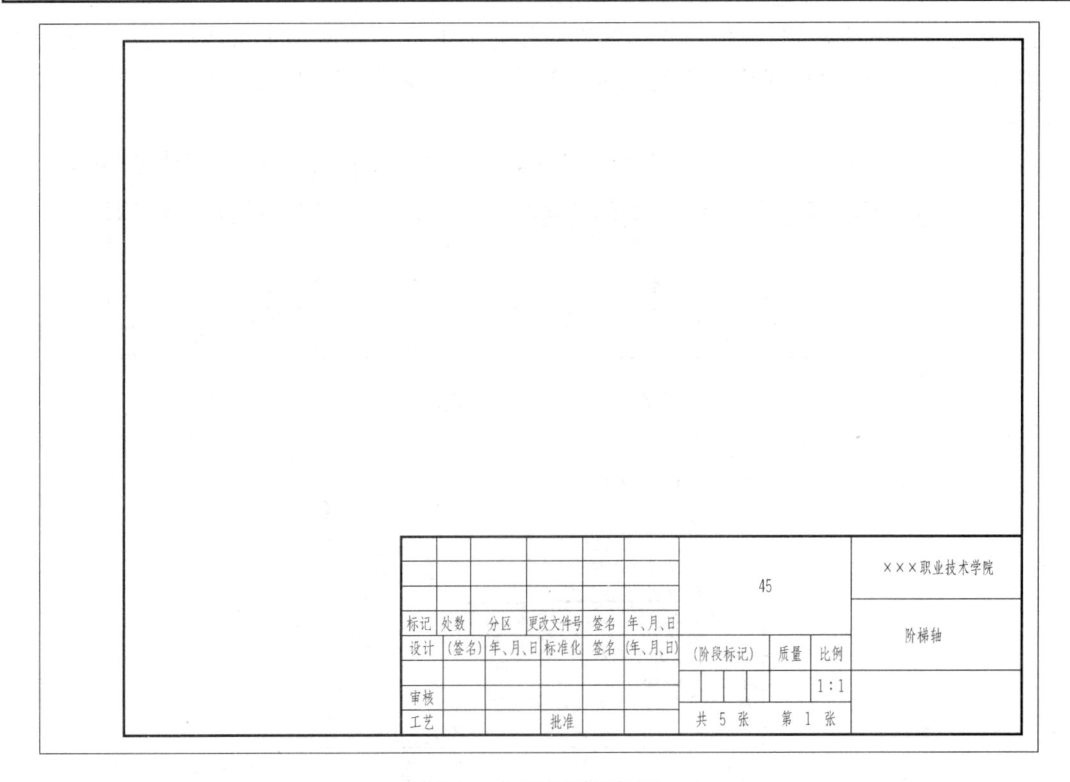

图 4-70　图框和标题栏

如果标题栏的信息输错，可以单击标题栏弹出“增强属性编辑器”对话框，如图 4-71 所示，进行标题栏信息的编辑。

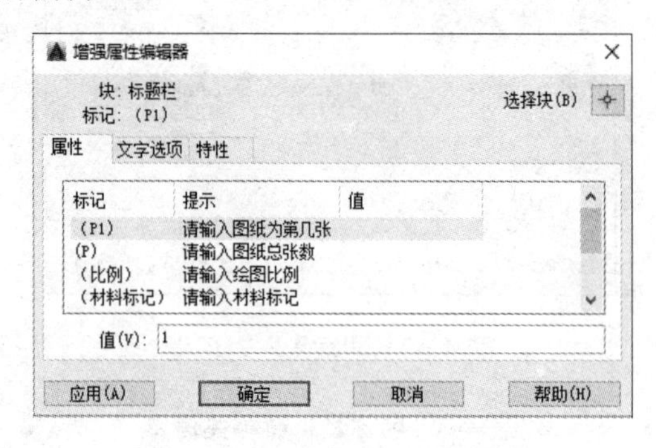

图 4-71　“增强属性”编辑器

2. 多重引线

多重引线主要用于几何公差标注、表面结构参数标注及用作装配图中零件指引线。在使用多重引线前，需要先设置多重标注样式。

1）设置几何公差专用引线样式

在“注释”功能区的“引线”面板单击右下方箭头，如图 4-72 所示，或者选择“格式”→“多重引线样式”命令，弹出“多重引线样式管理器”对话框，单击“新建”按钮，弹出“创建新多重引线样式”对话框，如图 4-73 所示，在“新样式名”文本框中输入样式名，如“几何公差专用引线样式”，单击“继续”按钮。此时弹出修改多重引线样式对话框，如图 4-74 所示。修改“引线格式”选项卡中的箭头大小为“3”，与尺寸标注样式的箭头大小保持一致。

选择“引线结构”选择卡，如图 4-75 所示，取消“自动包含基线”复选框的勾选。

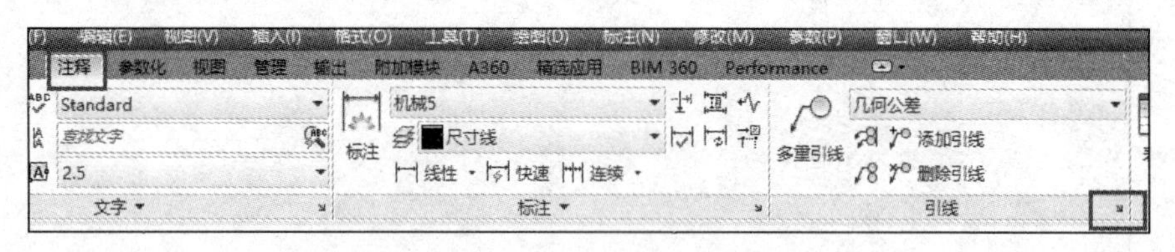

图 4-72　多重引线设置调出按钮

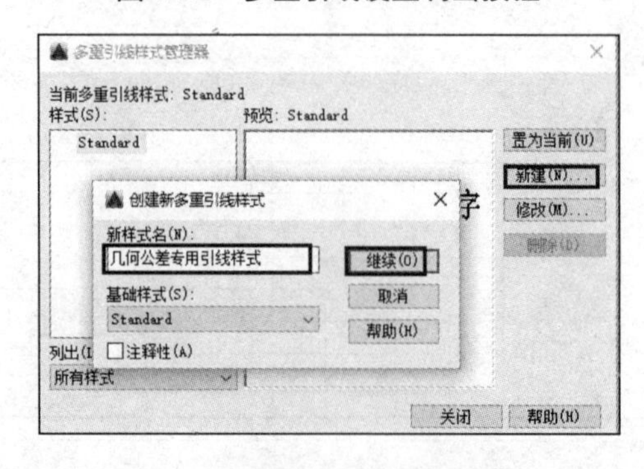

图 4-73　“创建新多重引线样式”对话框

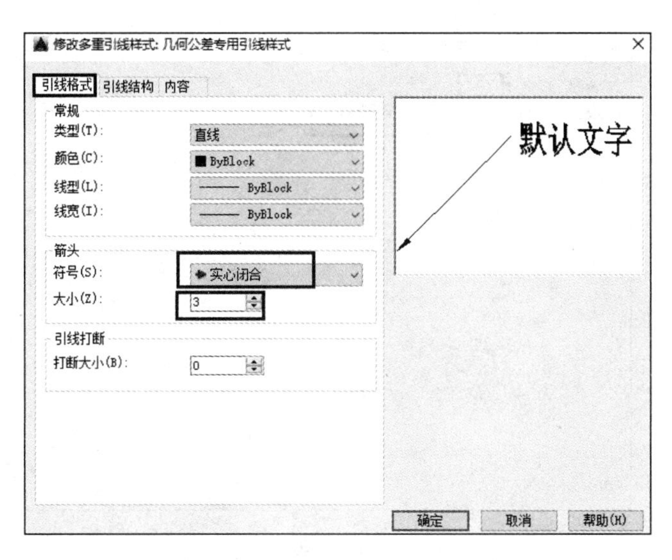

图 4-74　修改多重引线样式对话框设置

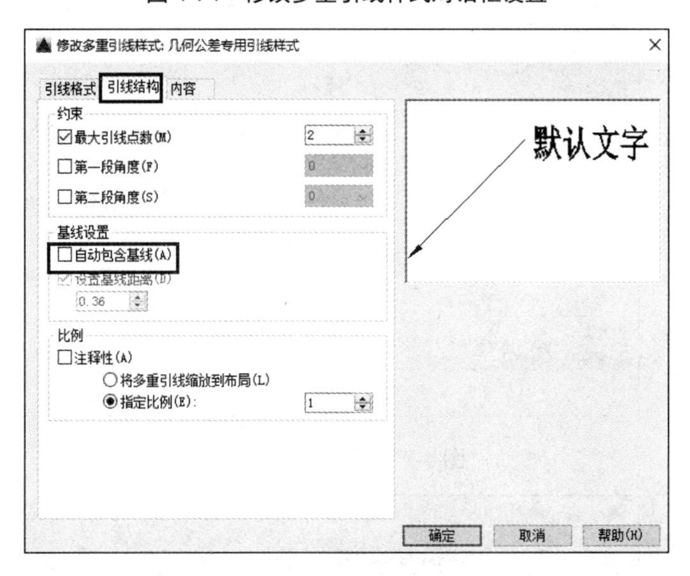

图 4-75　“引线结构”选项卡的设置

单击“内容”选项卡，如图 4-76 所示，多重引线类型设置为“无”，单击“确定”按钮返回“多重引线样式管理器”对话框。设置最终引线样式如图 4-77 所示。单击“置为当前”按钮，再单击“确定”按钮关闭对话框。此时“引线”工具栏上出现当前所用的引线样式—“几何公差专用引线样式”。

2）设置表面结构参数引线样式

和几何公差专用引线样式设置的步骤一样，调出“多重引线样式管理器”对话框，如图 4-78 所示，在“新样式名”文本框中输入样式名，如“表面结构参数专用引线样式”，单击“继续”按钮。此时弹出修改多重引线样式对话框，如图 4-79 所示。修改“引线格式”选项卡中的箭头大小为“3”，与尺寸标注样式的箭头大小保持一致。

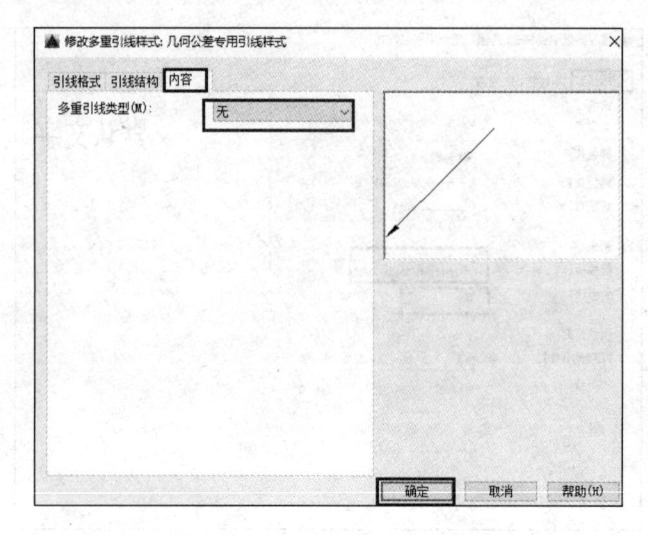

图 4-76 “内容”选项卡的设置

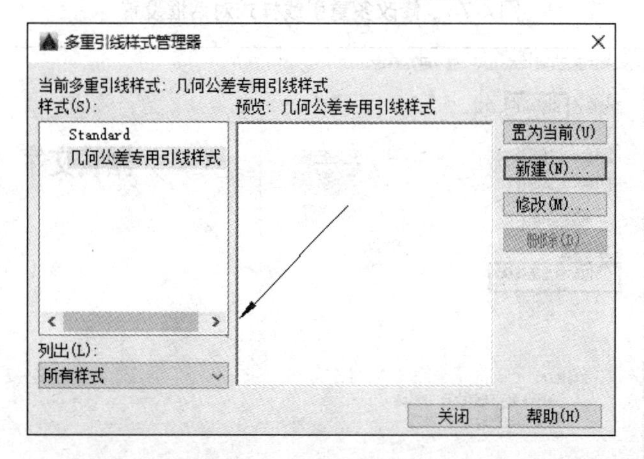

图 4-77 最终引线样式

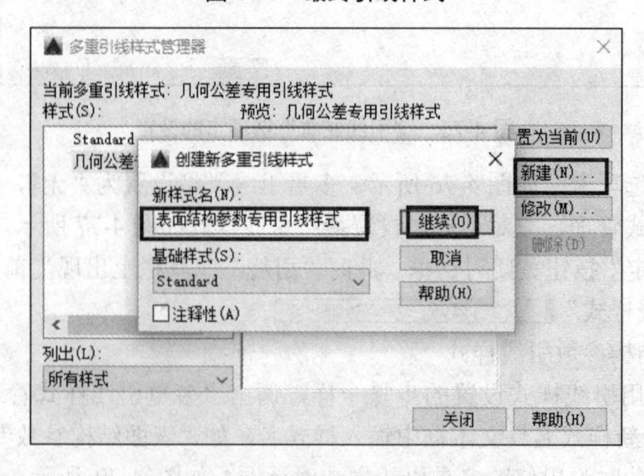

图 4-78 新建表面结构参数引线样式

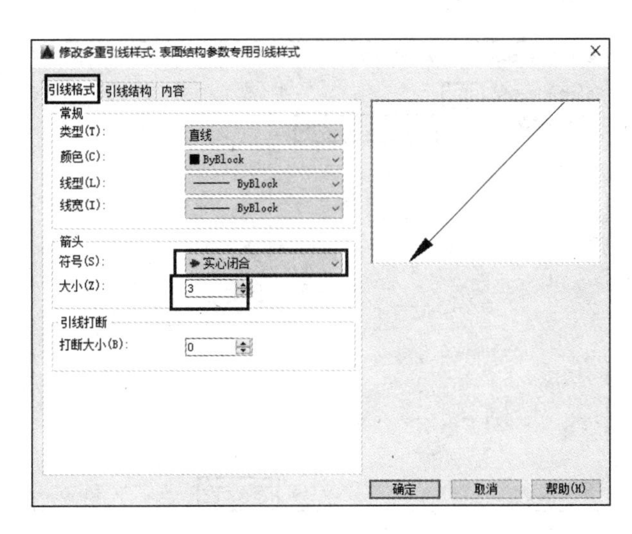

图 4-79　“引线格式”设置

选择“引线结构”选项卡，如图 4-80 所示，勾选“自动包含基线”和“设置基线距离”复选框，设置基线距离为“7”。

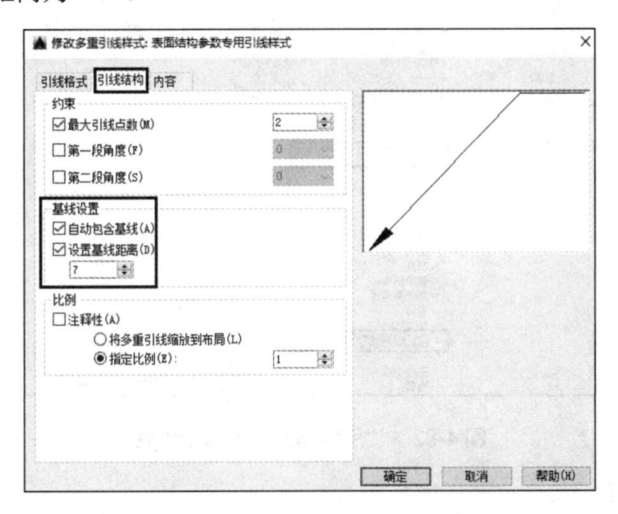

图 4-80　“引线结构”选项卡设置

选择“内容”选项卡，如图 4-81 所示，多重引线类型设置为“无”，单击“确定”按钮返回“多重引线样式管理器”对话框，再单击“确定”按钮关闭对话框。

3）装配图零件虚线引线设置

装配图中零件虚线的设置除引线“箭头”形式和表面结构参数引线的设置不一样外，其余设置都一样。依据前面的引线设置，在“新样式名”文本框中输入“装配图零件序号引线样式”，在“引线格式”选项卡中将箭头符号设置为“小点”，如图 4-82 所示，其余选项卡设置和“表面结构参数专用引线样式”设置一样。

通过以上设置，就建立好机械零件图常用多重引线样式，根据画图需要选择相应的多重引线样式即可。

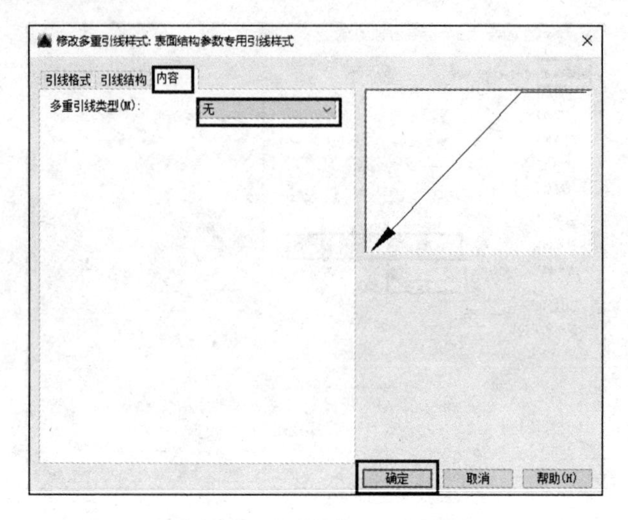

图 4-81　“内容”选项卡设置

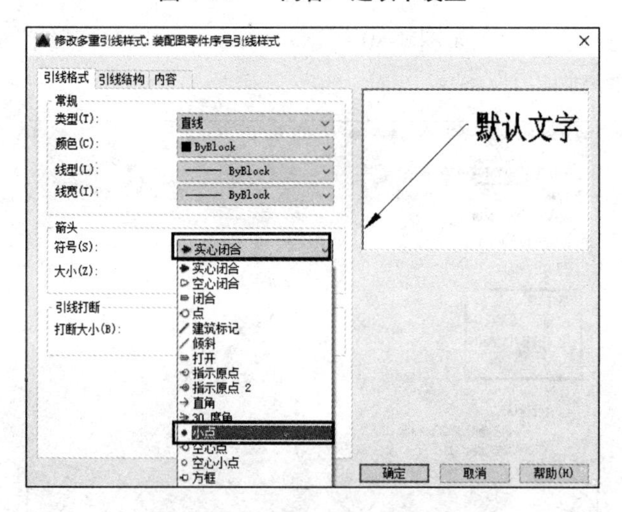

图 4-82　“引线格式”选项卡设置

3. 几何公差标注

这里介绍一下用“标注”菜单中的“多重引线”命令和“公差”命令进行标注。

（1）绘制带箭头的指引线，将之前建立好的“几何公差专用引线样式”置为当前，选择“标注”→“多重引线”命令，在如图 4-83 所示的 *A*、*B* 点处单击,从而绘制出一条水平指引线。

（2）标注公差框格，选择“标注”→“公差”命令，或者单击“标注”工具栏中的“公差”按钮，系统弹出“形位公差”（新制图国家标准为几何公差）对话框。按图 4-84 所示的步骤操作，再单击“确定”按钮退出对话框。系统提示公差位置时，对象捕捉刚才绘制的指引线端点（图 4-83 中的 *B* 点）放置公差框格，标注结果如图 4-85 所示。

（3）基准符号的绘制。基准符号是由基准方格（边长为 2*h*=7mm 的细实线正方形）和基准三角形（三角形长约为 3mm，内部涂黑）组成，两者用线宽为 3mm 的细实线相连，基准方格内大写字母的字高 h=3.5mm，如图 4-86 所示。基准符号的绘制步骤如下，如图 4-87 所示。

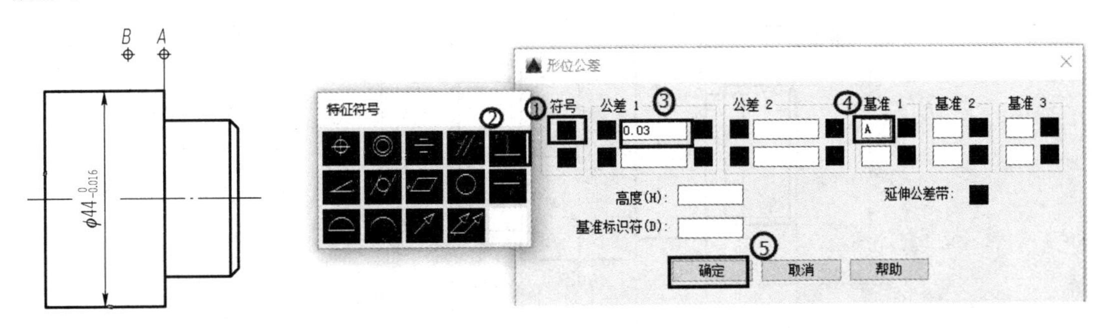

图 4-83　绘制指引线

图 4-84　“几何公差”及“特征符号”对话框的设置

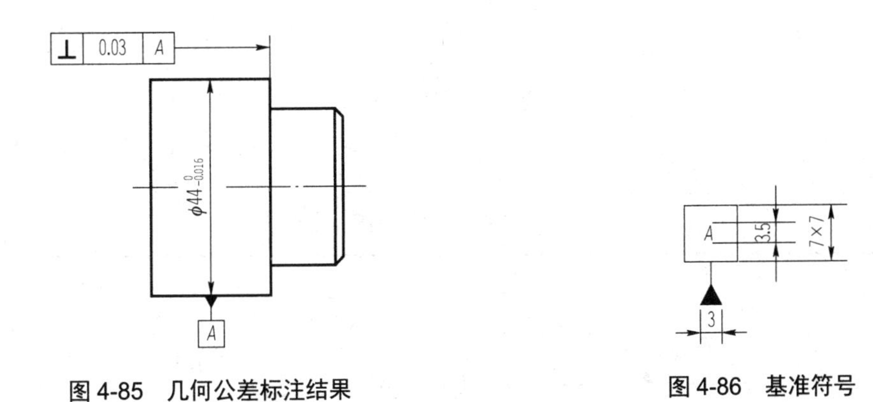

图 4-85　几何公差标注结果

图 4-86　基准符号

① 将细实线图层作为当前图层，绘制边长是 7mm 的正方形[图 4-87（a）]。

② 以正方形的底边中点为起点，绘制长为 3mm 的竖直线[图 4-87（b）]。

③ 使用正多边形命令，绘制边长为 3mm 的正三角形[图 4-87（c）]。

④ 使用图案填充命令填充三角形，图案选择 SOLID[图 4-87（d）]。

⑤ 书写基准方格内的大写字母，字高为 3.5mm[图 4-87（e）]。

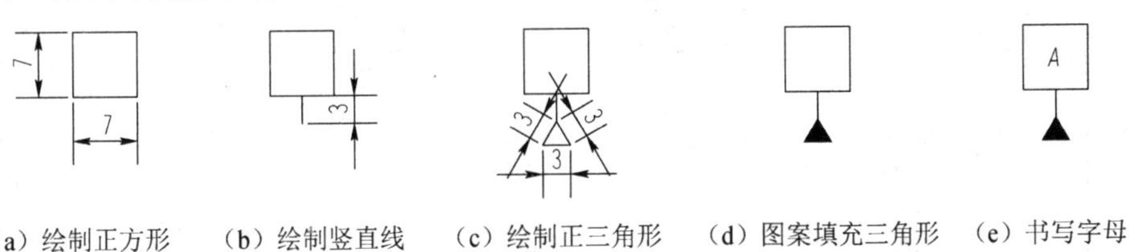

（a）绘制正方形　（b）绘制竖直线　（c）绘制正三角形　（d）图案填充三角形　（e）书写字母

图 4-87　基准符号的绘制

4.1.6　随堂练习

利用模板，选择合适图幅，按 1∶1 的比例绘制轴零件图（图 4-88）和从动轴零件图（图 4-89）。

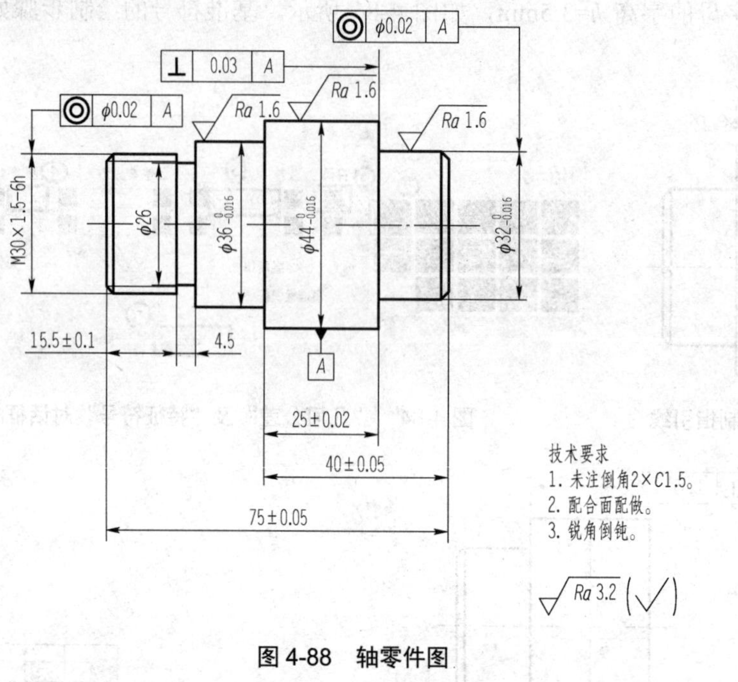

图 4-88　轴零件图

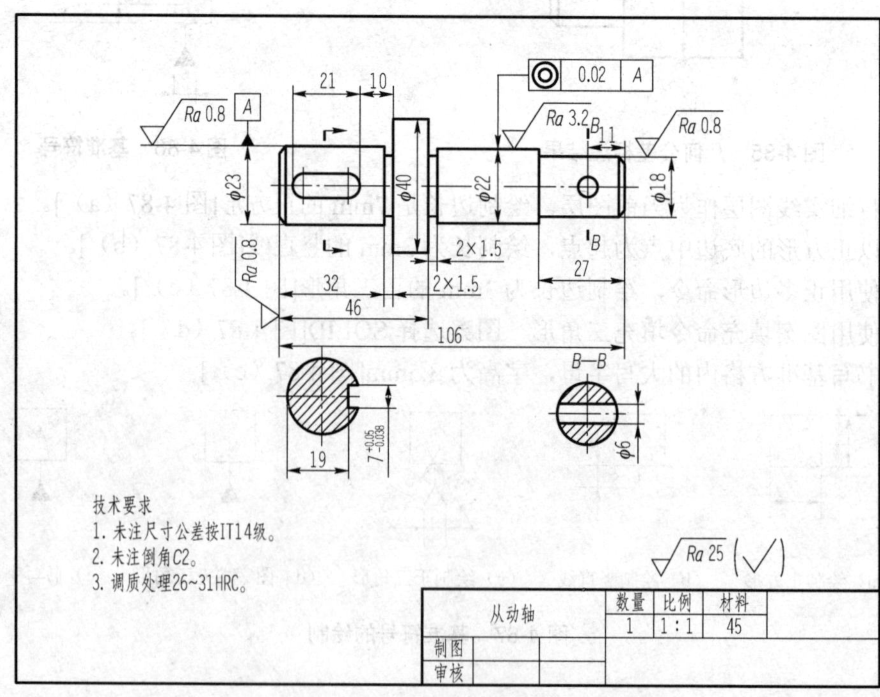

图 4-89　从动轴零件图

4.2　绘制齿轮零件图

4.2.1　案例介绍及知识要点

齿轮零件图分析及绘图步骤

齿轮是重要的机械零件之一，齿轮零件图的绘制可以依照 GB/T 4459.2—2003《机械制图 齿轮表示法》的相应标准来进行。齿顶圆和齿顶线用粗实线绘制，分度圆和分度线用细点画线绘制，齿根圆和齿根线用细实线来绘制，也可以省略不画。齿轮的主视图一般采用剖视图，在剖视图中齿根圆和齿根线用粗实线绘制。对于齿轮、蜗轮、端盖等零件，一般用主视图和左视图两个视图，或者一个主视图和一个局部视图来表示，当剖切面通过齿轮轴线时，轮齿一律按不剖处理。

本案例完成的齿轮零件图如图 4-90 所示。该实例主要的目的是使读者掌握绘制齿轮零件图的方法和步骤。

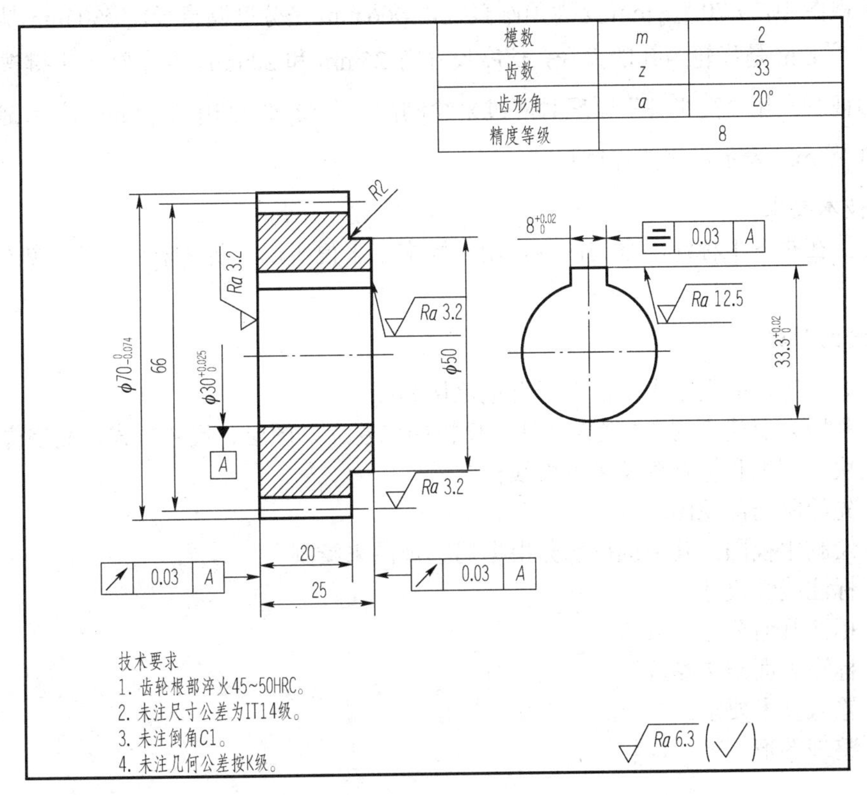

图 4-90　齿轮零件图

						45			×××职业技术学院
标记	处数	分区	更改文件号	签名	年、月、日				
设计	(签名)	年、月、日	标准化	签名	(年、月、日)	(阶段标记)	质量	比例	齿轮
审核								1:1	
工艺			批准			共 1 张		第 1 张	

图 4-90（续）

4.2.2 图形分析及绘图步骤

1. 图形分析

1）视图分析

齿轮视图主要由一个全剖的主视图和一个局部视图组成，局部视图键槽与内孔部分与主视图要符合“高平齐”的关系。

2）尺寸分析

在主视图中，$\phi70_{-0.074}^{\ 0}$ mm 是齿顶圆直径，$\phi66$ mm 是分度圆直径，$\phi50$ mm 是凸缘的尺寸，$\phi30_{\ 0}^{+0.025}$ mm 是齿轮内孔的直径，长度尺寸有 25mm 和 20mm。在主视图中键槽的尺寸是通过局部视图利用“高平齐”原理对应过来绘制的。在局部视图中 $8_{\ 0}^{+0.02}$ mm 表示键槽宽度尺寸，$33.3_{\ 0}^{+0.02}$ mm 表示键槽的深度尺寸。

3）技术要求

将无法在视图上标注出来的内容，用一段文字来说明，主要是未注公差、热处理要求、倒角等。

2. 绘图步骤

（1）根据零件的尺寸大小，选择合适比例和图幅。

（2）利用之前建立的 A4 模板文件，模板中已建立好图层、尺寸样式、文字样式、表面结构参数块、图纸和标题栏及多重引线样式。

（3）先绘制局部视图。

（4）绘制主视图，其中键槽部分根据局部视图来绘制。

（5）标注线性尺寸。

（6）标注几何公差。

（7）标注表面结构参数。

（8）输入技术要求。

（9）整理图形。

4.2.3 操作步骤

步骤 1：软件启动，打开模板

启动 AutoCAD 软件，新建文件，打开之前建好的 A4 模板，将文件另存为“齿轮.dwg”。

模板中已经建好图层，设置好标注样式、文字样式、多重引线的各种样式，建好表面结构参数块。

步骤 2：插入“标题栏”外部块

插入“标题栏”块的具体操作，参考图 4-60，表格属性如表 4-4 所示。若图中标题栏的信息输错，可以单击标题栏弹出“增强属性编辑器”对话框，进行标题栏信息的编辑。

表 4-4　名称及材料相关信息

属性标记	属性提示	内容
图样名称	请输入图样名称	齿轮
图样代号	请输入图样代号	无
单位名称	请输入单位名称	×××职业技术学院
材料标记	请输入材料标记	45
比例	请输入图样比例	1∶1
P	请输入图纸总张数	5
P1	请输入图纸为第几张	1

创建好的图框和标题栏，如图 4-90 所示。

步骤 3：绘制局部视图

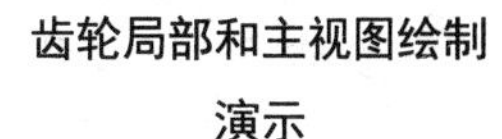

齿轮局部和主视图绘制演示

按照图 4-94 的步骤进行局部视图的绘制：

（1）用“直线”命令绘制中心线[图 4-91（a）]。

（2）用“圆”命令绘制 ϕ30 mm 圆[图 4-91（b）]。

（3）用“偏移”命令将竖直中心线左右各偏移 4，水平中心线往上偏移 18.3mm[图 4-91（c）]。

（4）用“修剪”命令修剪出键槽，将线调整到相应的图层[图 4-91（d）、（e）]。

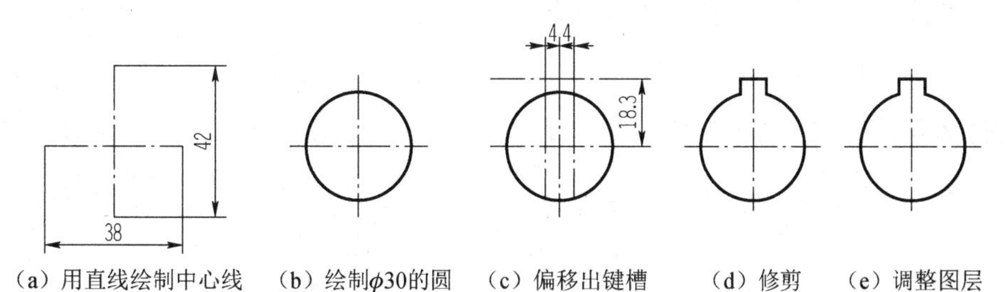

（a）用直线绘制中心线　（b）绘制ϕ30的圆　（c）偏移出键槽　（d）修剪　（e）调整图层

图 4-91　局部视图绘制步骤

步骤 4：绘制主视图

（1）绘制主视图，可以使用“矩形”命令绘制齿顶线所在的矩形（@20,70），绘制分度线所在的矩形（@20,66），绘制凸缘部分的矩形（@5,50）。然后通过“移动”命令将 3 个矩形按照中点重合原则组合到一起，就绘制出主视图的轮廓。

（2）利用“分解”命令框选主视图，将 3 个矩形分解，将分度线往齿根线方向偏移 2.5mm，生成齿根线，调整到相应的图层[图 4-92（a）]。

（3）键槽结构处的图形，利用左视图按“高平齐”原理将对应位置线延伸过来，再经修剪操作得到[图 4-92（b）]。

（4）图案填充和倒角如图 4-92（c）、（d）所示。完成的齿轮零件视图如图 4-93 所示。

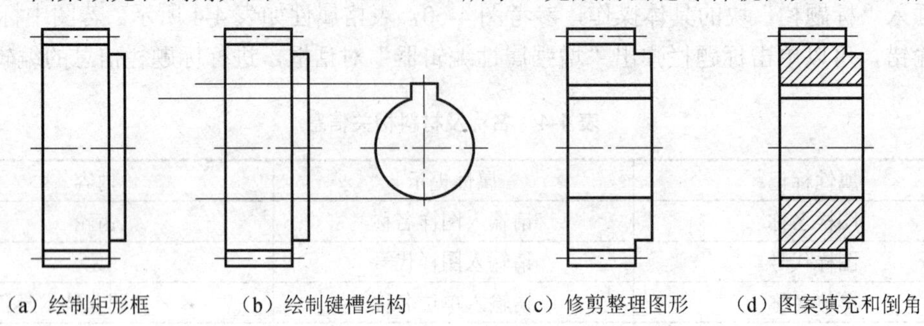

图 4-92　主视图绘制步骤

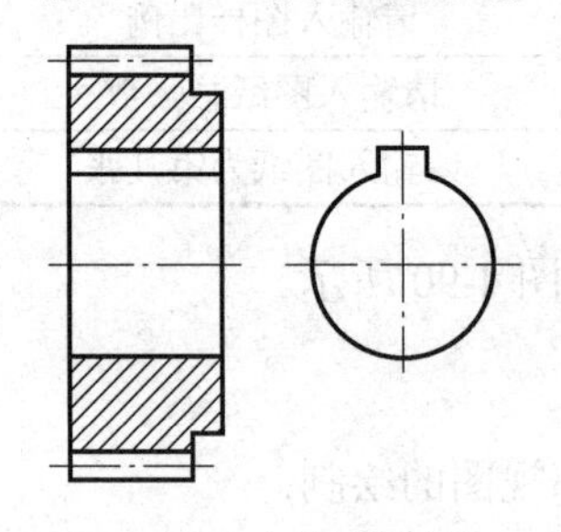

图 4-93　齿轮零件视图

步骤 5：标注尺寸和尺寸公差

标注齿轮零件尺寸和尺寸公差，如图 4-94 所示。在标注尺寸的时候注意选择相应的尺寸样式，标注长度尺寸选择“长度”标注样式；标注直径尺寸，选择“直径”标注样式。具体标注方法参考前面轴类零件尺寸的标注。

步骤 6：标注几何公差和基准

标注齿轮零件的几何公差和基准，可参考轴类零件公差标注的方法，如图 4-95 所示。

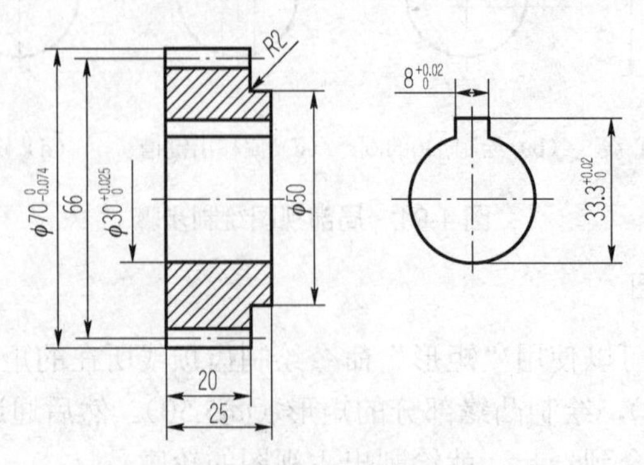

图 4-94　标注尺寸和尺寸公差

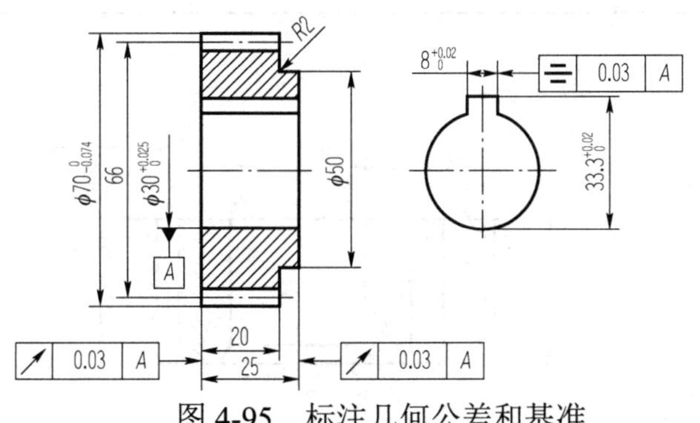

图 4-95　标注几何公差和基准

步骤 7：标注表面结构参数

用插入块的方式标注表面结构参数，模板中有“*Ra*”表面结构参数块，具体块的使用参考轴零件中的表面结构参数标注方法。

步骤 8：绘制齿轮参数表

绘制图框右上角的齿轮参数表，尺寸如图 4-96 所示，并注写参数及数值。

模数	m	2
齿数	z	33
齿形角	α	20°
精度等级		8

技术要求
1. 齿轮根部淬火45~50HRC。
2. 未注尺寸公差为IT14级。
3. 未注倒角C1。
4. 未注几何公差按K级。

图 4-96　标注齿轮参数及技术要求

步骤 9：输入技术要求

选择“仿宋 5”文字样式，输入技术要求文字，如图 4-96 所示，并标注标题栏文字。

步骤 10：保存文件

注意在绘图过程中，要隔一段时间保存一下文件，防止计算机出现突发状况。

4.2.4　随堂练习

按 1∶1 的比例绘制模板零件图（图 4-97）。

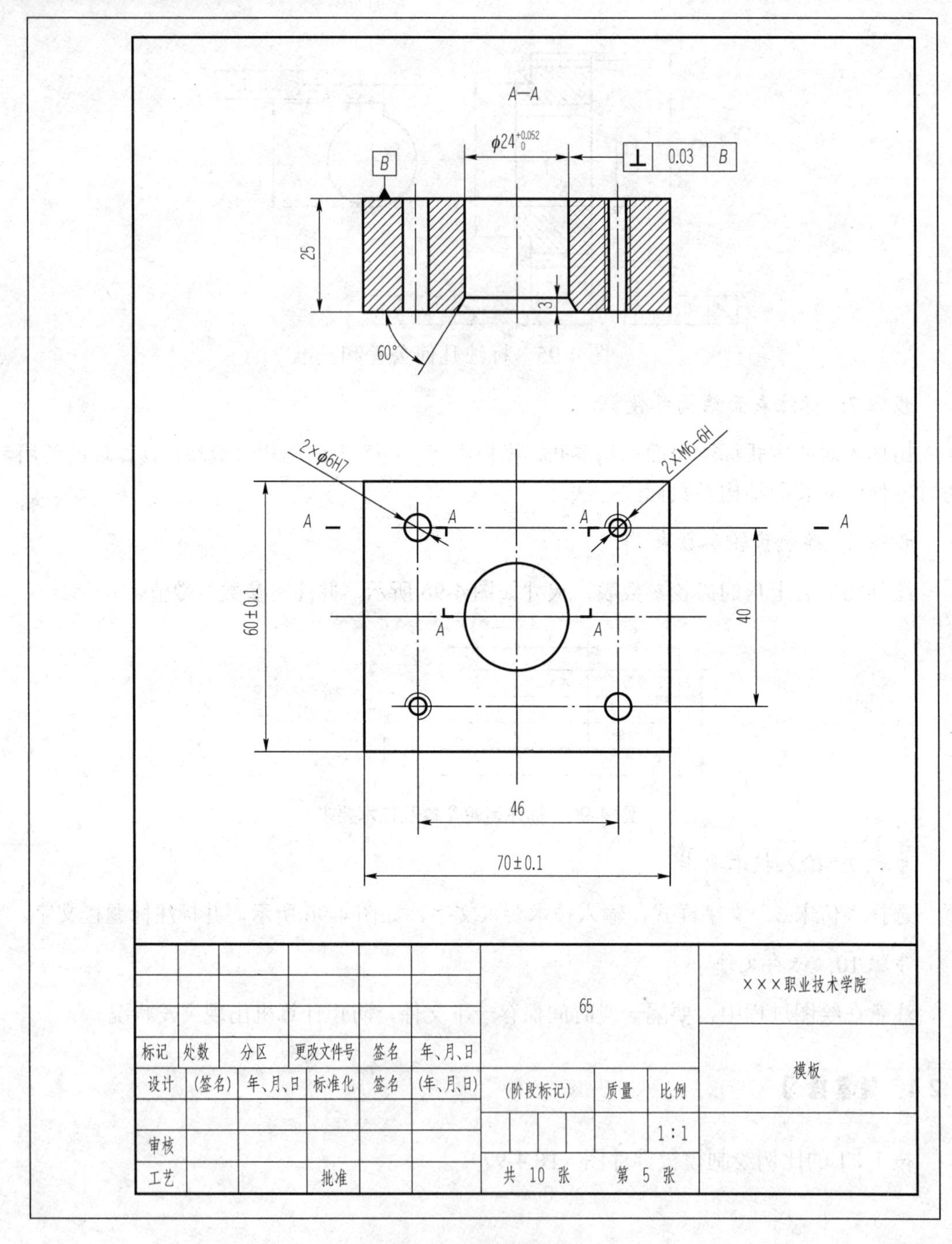
A—A
$\phi24^{+0.052}_{0}$
0.03
B
B
25
3
60°
2×ϕ6H7
2×M6-6H
A
A
A
A
A
A
60±0.1
40
46
70±0.1
65
×××职业技术学院
模板
标记
处数
分区
更改文件号
签名
年、月、日
设计
(签名)
年、月、日
标准化
签名
(年、月、日)
(阶段标记)
质量
比例
1:1
审核
工艺
批准
共 10 张
第 5 张

图 4-97　模板零件图

第 5 章　绘制装配图

在机械制图中，装配图是用来表达部件或机器的工作原理、零件之间的安装关系及相互位置的图样，包含装配、检验、安装时所需要的尺寸数据和技术要求，是生产中重要的技术文件。

前面已经学习了一些平面图、简单零件图及典型机械零件图的绘制方法，本章主要通过典型实例介绍运用 CAD 来绘制装配图的方法和步骤，如螺栓连接装配图、顶尖座装配图、滑动轴承装配图、千斤顶装配图等。

在本章中，绘制完整装配图要求包含一组装配体的机械图样、必要的尺寸、技术要求、标题栏、零件序号和明细栏等内容，且符合国家制图标准。

本章将在前面学习的基础上，学习应用直接绘制法和零件插入法来绘制装配图，同时还将学习如何从装配图中拆画零件图和应用引线来标注零件序号及应用表格来绘制明细栏等。

本章绘制的实例有螺栓连接装配图、顶尖座装配图、滑动轴承装配图、千斤顶装配图等。

5.1　螺栓连接装配简图

5.1.1　案例介绍及知识要点

1. 案例介绍

绘制螺栓连接装配简图，如图 5-1 所示。

2. 知识要点

（1）螺栓用于两个或两个以上不太厚并能钻成通孔的零件之间的连接。为了便于装配，通孔直径比螺纹直径略大（光孔直径 D 一般为螺栓公称直径 d 的 1.1 倍）。

（2）螺栓连接一般包括 4 个组件：螺栓、垫圈、螺母和连接件。

（3）螺栓连接的基本画法及绘图步骤。

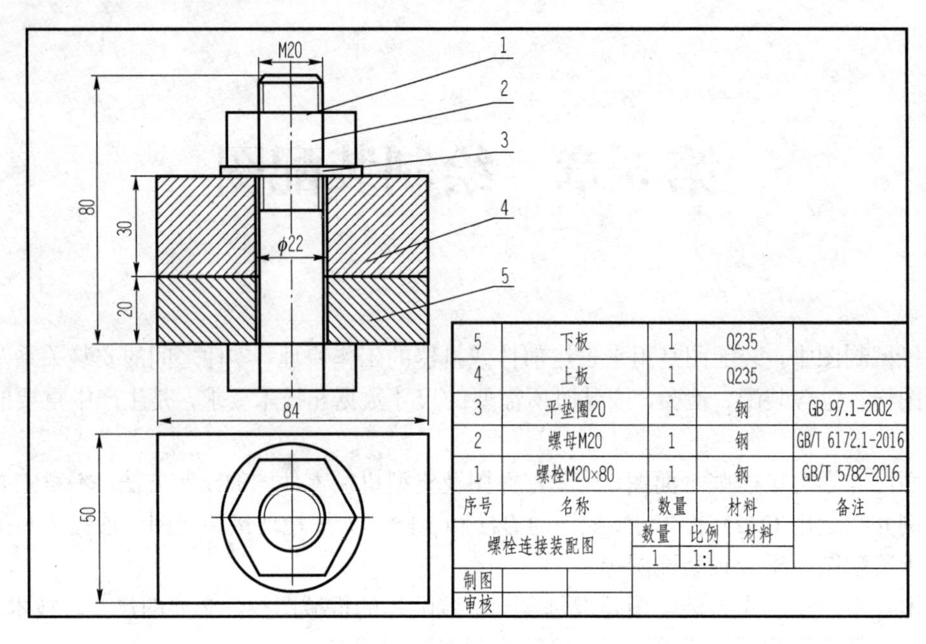

图 5-1　螺栓连接装配图

5.1.2　图形分析及绘图步骤

1．图形分析

1）视图分析

如图 5-1 所示的螺栓连接，由一个全剖的主视图来反映螺栓、垫圈、螺母及连接件的装配关系。

螺栓连接画法的基本原则如下：

（1）被连接件的孔径为 1.1*d*（*d*=20）；

（2）两块板的剖面线方向相反；

（3）螺栓、垫圈、螺母按不剖画；

（4）螺栓的有效长度按下式计算：$L_{计}=t_1+t_2+0.15d$（垫圈厚）$+0.8d$（螺母厚）$+0.3d$（螺栓头部伸出长度）。本例中 $t_1=30$ mm，$t_2=20$ mm。

2）尺寸分析

根据图 5-1，所绘制的装配图是 M20 螺纹连接，设两块连接板的厚度分别为 30mm 和 20mm。螺纹紧固件的画法有以下两种：

（1）查表法。根据螺纹紧固件的规定标记，从有关标准中查出各部分的具体尺寸来绘图。

（2）比例法。为方便画图，螺纹紧固件的各部分尺寸，除了公称长度按公式计算外，其余均以螺纹大径 *d*（或 *D*）为参数按一定比例绘图。具体比例参照表 5-1。

下面就采用比例画法来绘制螺栓连接的装配图，在绘图之前，需要清楚六角螺母、螺栓和垫圈的简化画法的各部分尺寸与螺栓公称直径 *d* 的具体比例关系，具体见表 5-1。

表 5-1　标准件简化画法

名称	规定标记	简化画法
六角螺母	规定标记：螺母 GB6172 M20 国标号　螺纹规格	0.8d 2d
六角头螺栓	规定标记： 螺栓 GB782 M20 ×80 螺栓长度　六角头螺栓	C0.1d d 2d 0.7d　L（由设计决定）
垫圈	规定标记：垫圈 GB97.1 20 规格用于M20的螺栓或者螺钉	0.15d 1.1d　2.2d

2. 绘图步骤

（1）根据装配图的尺寸大小，选择合适的比例和图幅；
（2）根据装配图的图线情况，建立相应的图层；
（3）按照螺栓、下板、上板、垫圈、螺母的顺序绘制装配图；
（4）设置标注样式和文字样式；
（5）标注必要的尺寸；
（6）绘制标题栏和明细栏。

螺栓装配图绘制过程演示

5.1.3　操作步骤

步骤 1：软件启动

启动 AutoCAD 软件，自动生成 Drawing1 文件，将文件另存为“螺栓连接装配图.dwg”。

步骤 2：建立图层

根据表 5-2 所示的图层信息，建立相应图层。

表 5-2　图层信息表

图层名称	颜色	线型	线宽/mm
轮廓线	自定	Continuous	0.5
细实线	自定	Continuous	0.25
剖面线	自定	Continuous	0.25
尺寸线	自定	Continuous	0.25
中心线	自定	CENTER2	0.25

步骤 3：绘制图框和标题栏

根据图形的尺寸分析，选择横放的 A4 图纸，图 5-2 是绘制好的 A4 图框和标题栏。

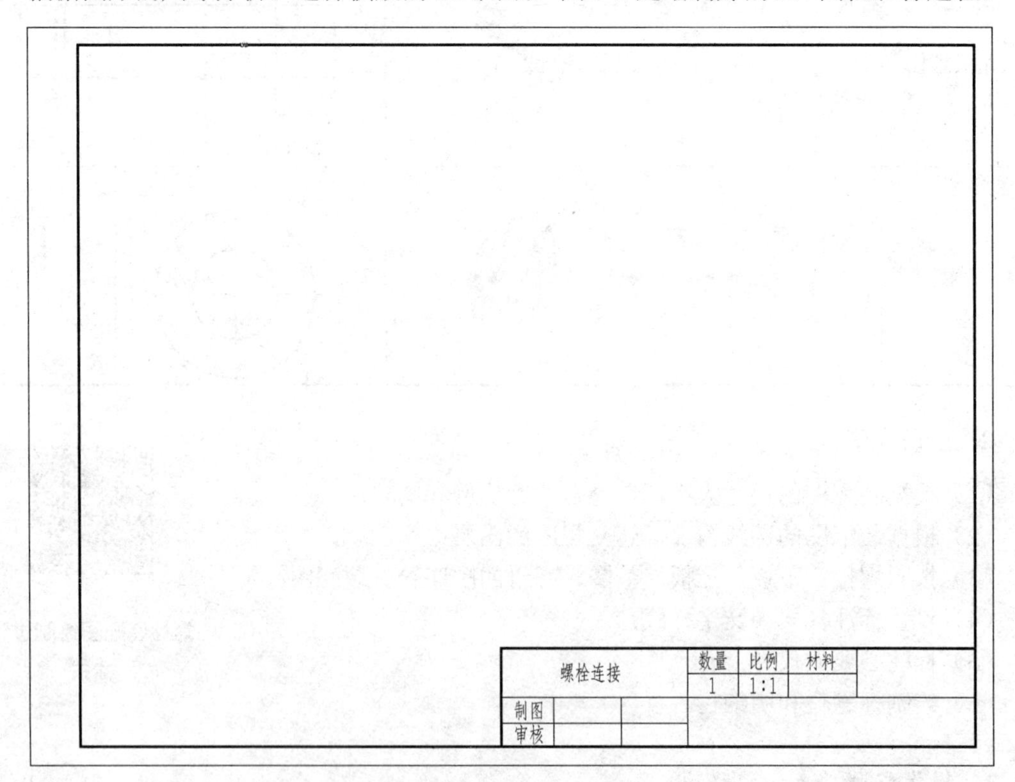

图 5-2　A4 图框和标题栏

步骤 4：绘制装配体

为了绘图方便，可以先在图框外绘图，绘制完调整好视图间距离，再移到图框内。

1）绘制中心线

选取“中心线”图层，并启用正交模式，单击“直线”按钮或者在命令行窗口输入“L”，按 Enter 键，绘制一条长 100mm 的竖直直线。

2）使用“矩形”按钮，进行装配图若干矩形线框的绘制选取“轮廓线”图层，进行如下操作。

（1）单击“矩形”按钮，对角线第 1 点在绘图区域可以任意选取，第 2 点要在命令行窗口输入“@40×14”，按照这种方法，绘制另外一个 20mm×94mm 的矩形，绘制完的图形如图 5-3 所示。具体的命令为

```
命令: _rectang
指定第一个角点或 [倒角(C)/标高(E)/圆角(F)/厚度(T)/宽度(W)]: 鼠标左键点一点
指定另一个角点或 [面积(A)/尺寸(D)/旋转(R)]: @40,14↙
↙
指定第一个角点或 [倒角(C)/标高(E)/圆角(F)/厚度(T)/宽度(W)]: 鼠标左键点一点
指定另一个角点或 [面积(A)/尺寸(D)/旋转(R)]: @20,80↙
```

（2）使用“移动”命令，将图 5-3 中的两个矩形线框移动到合适的位置，移动后的效果如图 5-4 所示。具体命令操作如下：

```
命令: m↙
选择对象: 选取 40×14 矩形线框↙（或者按一下鼠标右键）
指定基点或 [位移(D)] <位移>:  选取 40×14 矩形线框下边线段中点为基点
指定第二个点或 <使用第一个点作为位移>:选取中心线的下端点↙
选择对象: 选取 20×94 矩形线框↙（或者按一下鼠标右键）
指定基点或 [位移(D)] <位移>:  选取 20×94 矩形线框下边线段中点为基点
指定第二个点或 <使用第一个点作为位移>: 选取 40×14 矩形下边中点
```

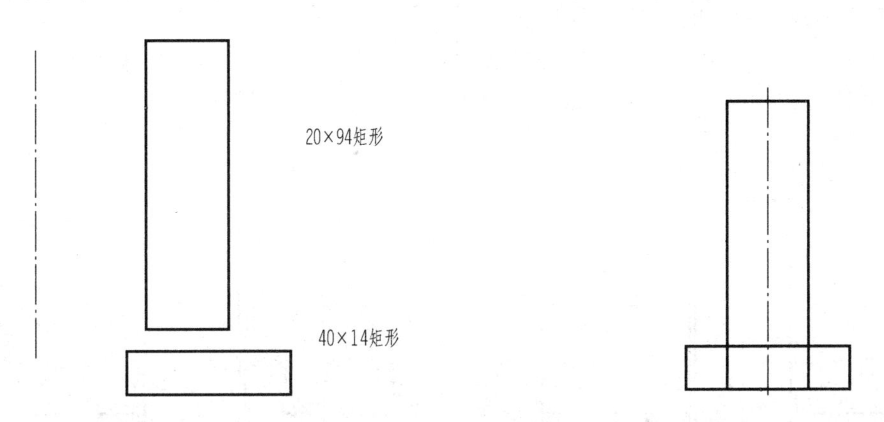

图 5-3　作螺栓的两个矩形　　**图 5-4　移动后的螺栓视图**

3）上板、下板的绘制

由图 5-1 来看，孔的直径为 ϕ24.2 mm，板的宽度为 84mm，两块板的高度分别为 20mm、30mm，此处将使用“偏移”命令来绘制一些辅助线，然后用“直线”命令、“镜像”命令等来绘制其余图形。

（1）使用“偏移”命令绘制两条辅助线，如图 5-5 所示。具体操作命令为

```
命令: offset↙
指定偏移距离或 [通过(T)/删除(E)/图层(L)] <42.0000>: 11↙
选择要偏移的对象，或 [退出(E)/放弃(U)] <退出>:选择中心线
```

指定要偏移的那一侧上的点，或 [退出(E)/多个(M)/放弃(U)] <退出>:单击中心线左侧任意空白处↙

指定偏移距离或 [通过(T)/删除(E)/图层(L)] <11.0000>: 42↙

选择要偏移的对象，或 [退出(E)/放弃(U)] <退出>:选择中心线

指定要偏移的那一侧上的点，或 [退出(E)/多个(M)/放弃(U)] <退出>:单击中心线左侧任意空白处

（2）单击“直线”按钮，或者在命令行窗口输入“L”，按 Enter 键，绘制上下板的轮廓，如图 5-6 所示。

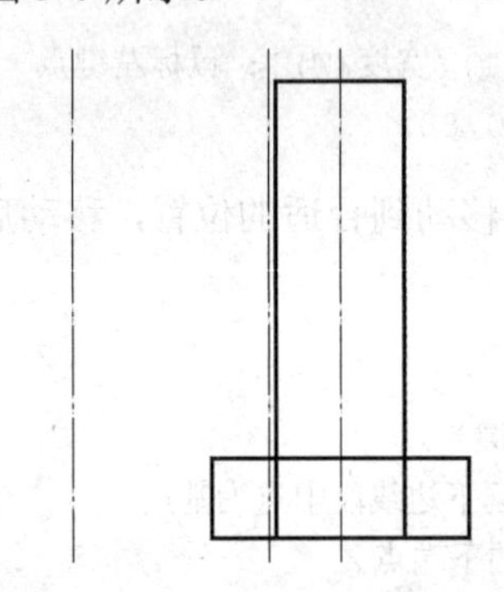

图 5-5 使用“偏移”命令作辅助线

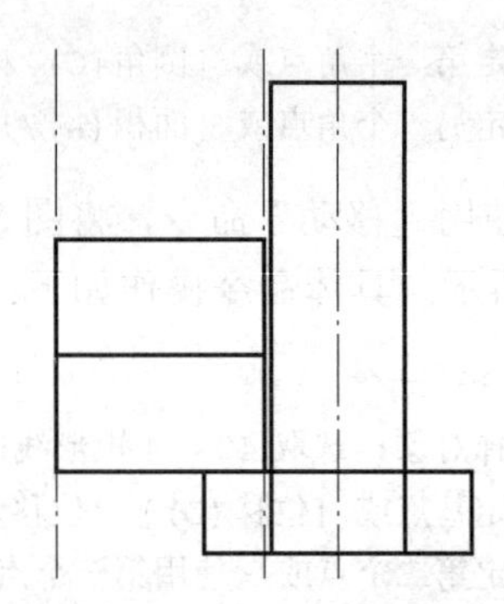

图 5-6 作左边两个连接件的矩形

（3）删除辅助线，并单击“镜像”按钮，或者在命令行窗口输入“MI”，按 Enter 键，将所绘制的图形镜像到右侧，如图 5-7 所示。

（4）选取“剖面”图层，单击“图案填充”按钮，或在命令行窗口中输入“BH”，按 Enter 键选择适当的图案类型先对上板进行填充；然后设置角度为 90°，再对下板进行填充，如图 5-8 所示。

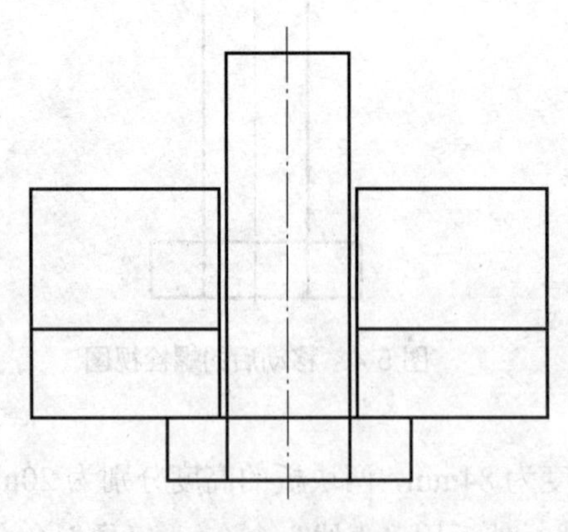

图 5-7 镜像后的效果

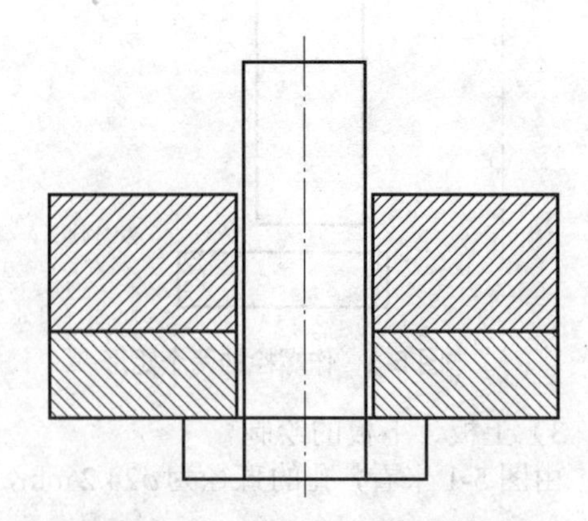

图 5-8 绘制两个连接件的剖视图

4）螺母与垫圈的绘制

（1）单击“矩形”按钮，对角线第 1 点在绘图区域可以任意选取，第 2 点要在命令行窗口输入“@44×3”，按照这种方法，绘制另外一个 40×16 的矩形，如图 5-9 所示。

（2）单击“移动”按钮，将图 5-9 中的两个矩形线框移动到合适的位置，移动后的效

果如图 5-10 所示。

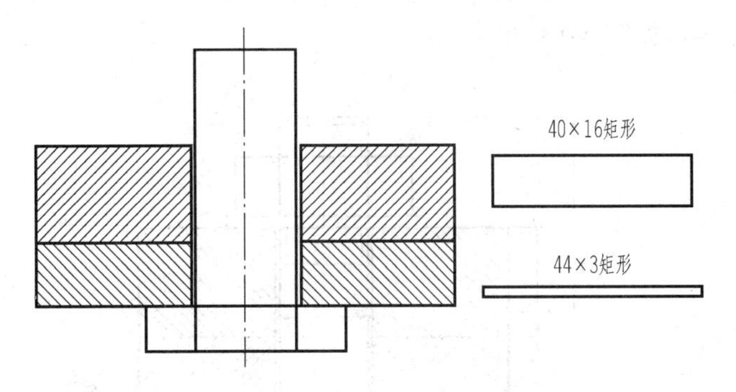

图 5-9 绘制螺母、垫圈矩形

（3）单击“倒角”按钮，倒两个 C2 的倒角，用直线将倒角两端相连，如图 5-11 所示。

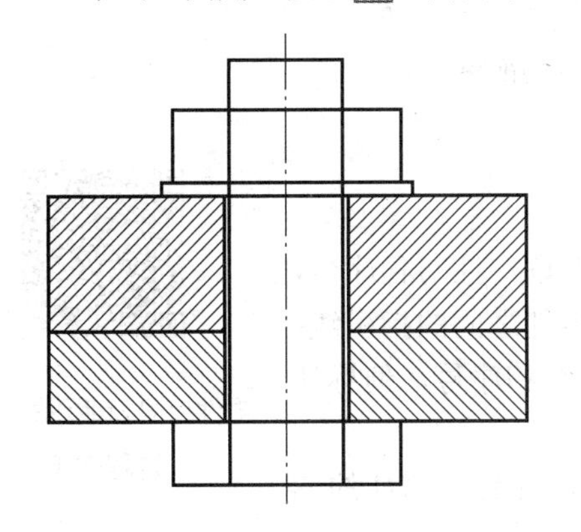

图 5-10 垫圈、螺母移动后效果图

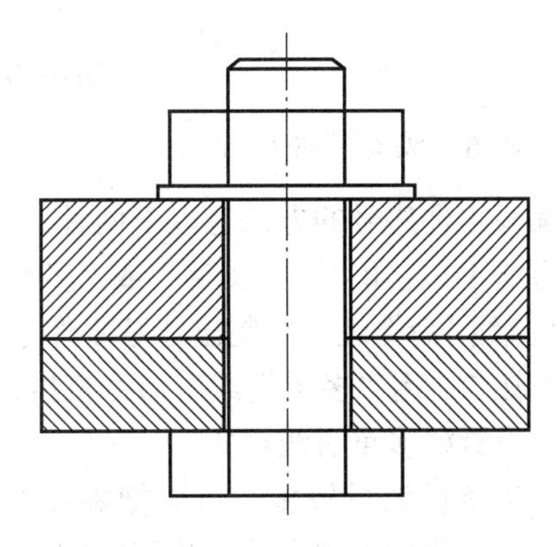

图 5-11 螺栓头部倒角

（4）绘制螺纹终止线（距离螺栓顶部距离为 24mm）和螺纹小径（ϕ10.2mm），此处要注意，绘制直线之前，要先确定所要绘制直线的具体位置，再将所需的直线绘制出来，并修剪被遮挡住的螺纹小径线，最后结果如图 5-12 所示。

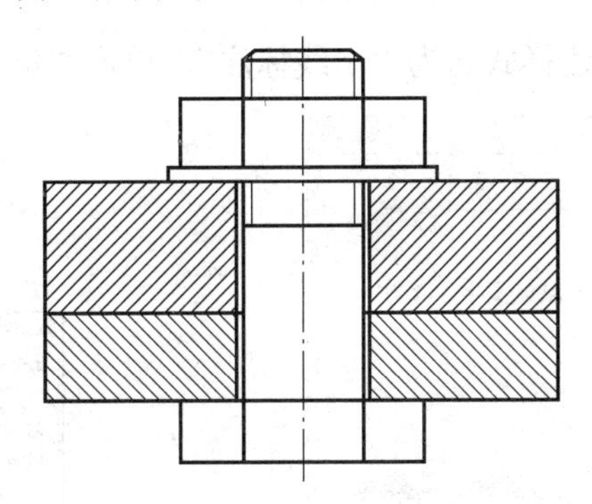

图 5-12 绘制螺纹小径线并修剪遮住的线条

步骤 5：标注装配体尺寸

根据需要新建必要的文字样式和标注样式（具体如何新建，见第 4 章），并对图形进行标注。根据装配图的要求，标出必要的尺寸（如外形尺寸、规格尺寸、装配体尺寸、安装尺寸和其他重要尺寸等，如图 5-13 所示。

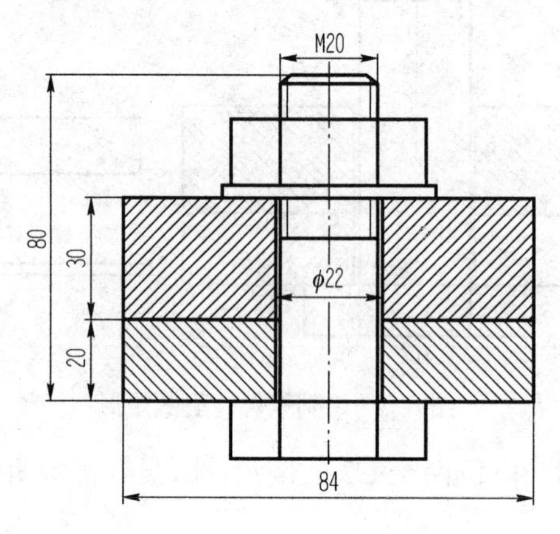

图 5-13　完全标注后的视图

步骤 6：编写零件序号

零件序号及明细栏绘制过程演示

编写零件序号的方法有以下两种。

方法 1：先用“单行文字”或“多行文字”命令逐一注写各序号，再用“直线”命令逐一绘制出连续零件序号和所指零件之间的指引线。

方法 2：用“多重引线”命令直接标注出指引线和序号，但标注前应先设置好多重引线样式。

如果零件数量较多，可以把零件序号创建成具有文字属性的图块，再使用块插入的方法在装配图中添加序号。

此处以“多重引线”命令为例来标注。

（1）设置“多重引线”标注样式。

选择“格式”→“多重引线样式”命令，弹出“多重引线样式管理器”对话框，如图 5-14 所示。

单击“新建”按钮，新建样式名为“引线标注”，单击“继续”按钮，如图 5-15 所示。

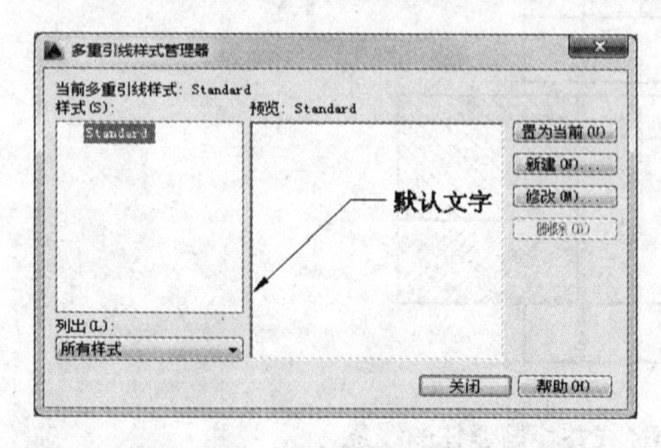

图 5-14　多重引线样式编辑器

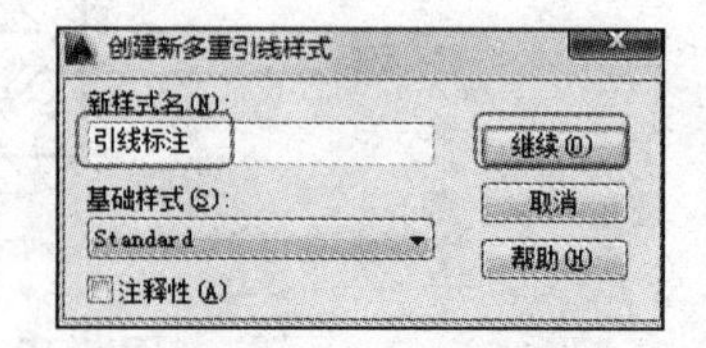

图 5-15　创建多重引线样式

修改“内容”选项卡中的文字样式为“GB-5”，如图 5-16 所示（此处可以按照不同的标准进行设置，没有强行要求）。

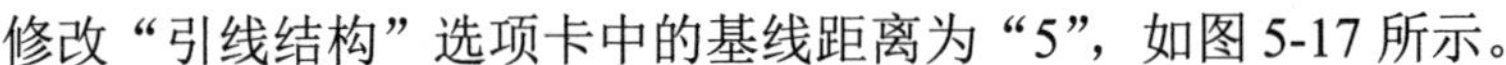

修改“引线结构”选项卡中的基线距离为“5”，如图 5-17 所示。

图 5-16　多重引线内容设置

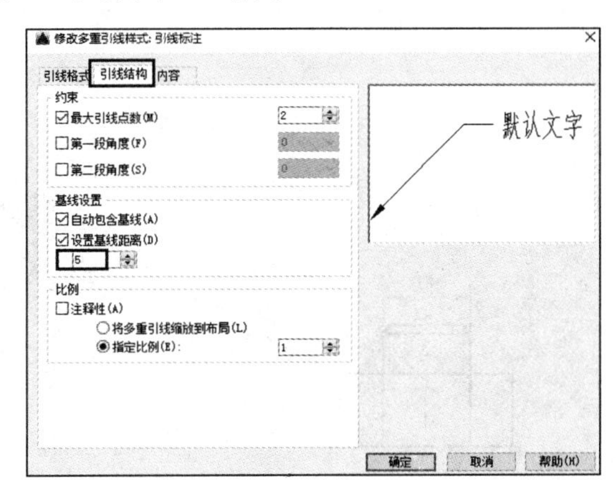

图 5-17　多重引线结构设置

修改“引线格式”选项卡中的箭头符号为“小点”，如图 5-18 所示。

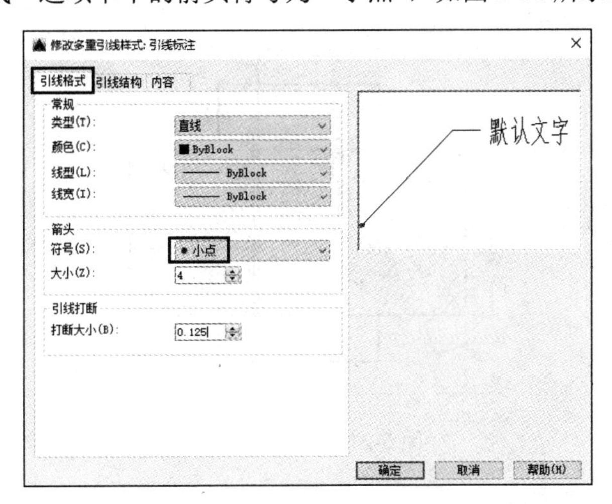

图 5-18　多重引线格式设置

其余参数为默认。

（2）引线标注。

选择“标注”→“多重引线”命令，或在命令行窗口输入“MLEADER”，按 Enter 键在系统指定引线箭头的位置或“[引线基线优先(L)/内容优先(C)/选项(O)] <选项>:”的提示下，在绘图区域选取图 5-19 所示的点 *A*；在系统指定引线基线的位置的提示下，选取图 5-19 所示的点 *B*，此时系统弹出文字编辑器选项卡及文字的输入窗口；在文字输入窗口输入“1”，然后单击文字编辑器的“关闭”按钮，或者直接在任意空白处单击，完成操作。其余的引线按照上述方法依次标注，但需要注意的是，当确定第二个点时，要先在上一个引线的 *B* 点停留，并顺着追踪线向下移动，当移动到一个合适的位置时，再单击。这样做的目的是让所有引线折弯处在一条直线上，达到美观的效果，如图 5-20 所示。

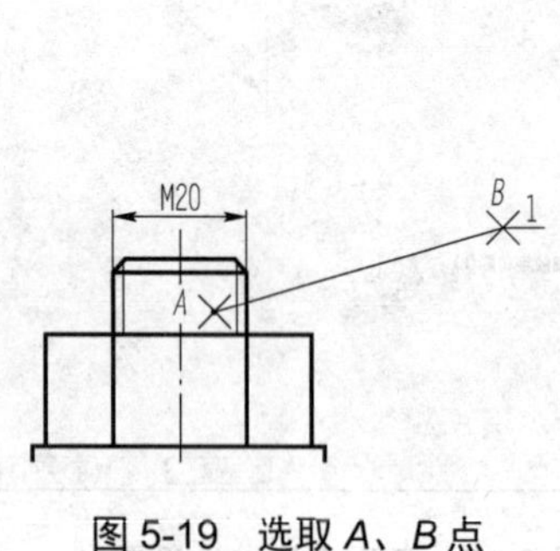

图 5-19　选取 *A*、*B* 点

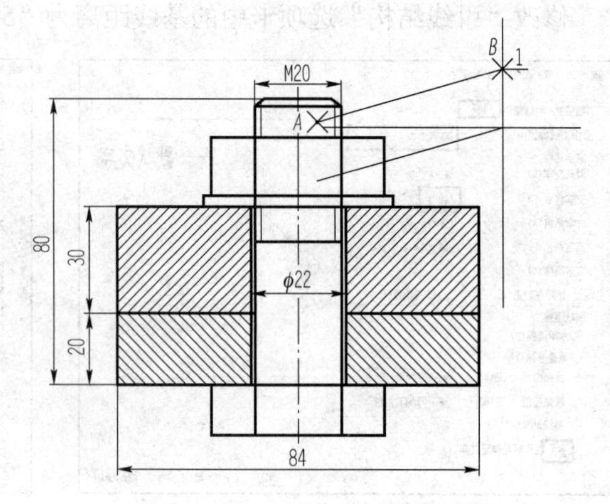

图 5-20　引线标注对齐方法

引线标注完的效果如图 5-21 所示。

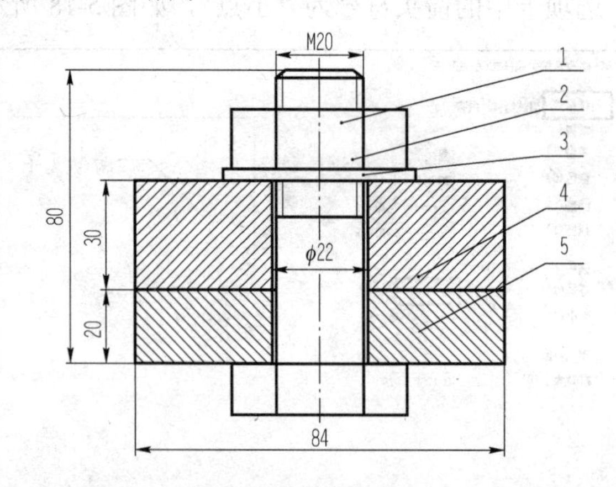

图 5-21　引线标注完全

步骤 7：明细栏的绘制

明细栏的绘制，可以使用"偏移"命令或"阵列"命令来创建，再填写明细栏文字。也可调用"创建表格"命令来绘制明细栏，并填写明细栏文字。这里介绍如何用表格来创建明细栏，明细栏尺寸如图 5-22 所示。

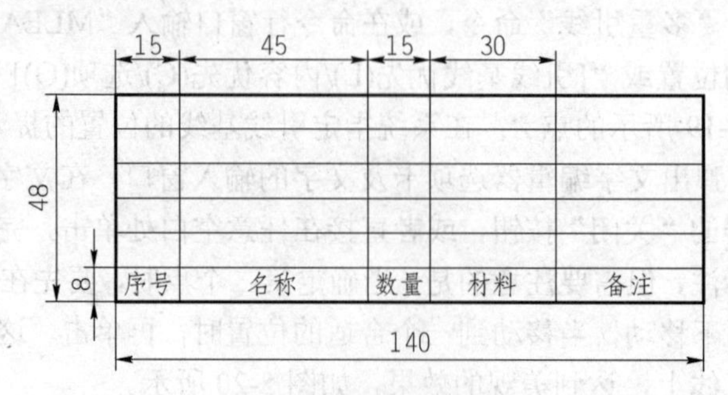

图 5-22　明细栏尺寸

1）设置“表格样式”

选择“格式”→“表格样式”命令，打开“表格样式”对话框，如图 5-23 所示。

单击“新建”按钮，新建样式名为“明细栏”，单击“继续”按钮，如图 5-24 所示。

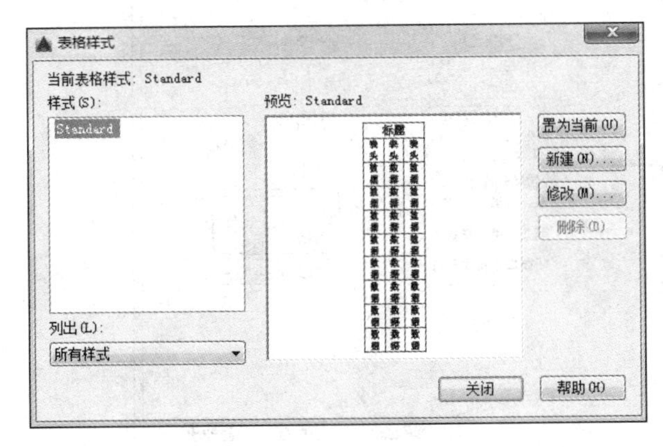

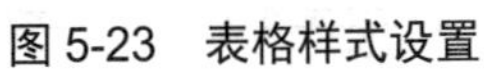
图 5-23　表格样式设置

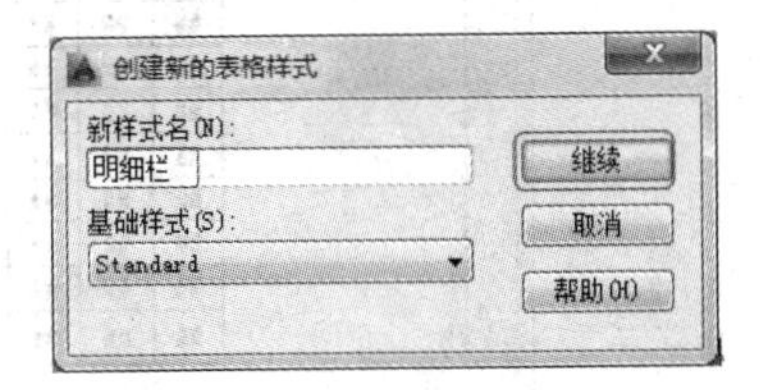

图 5-24　表格样式名设置

设置表格方向为“向上”，文字样式为“GB3.5”（文字样式可根据要求设定），如图 5-25 所示。

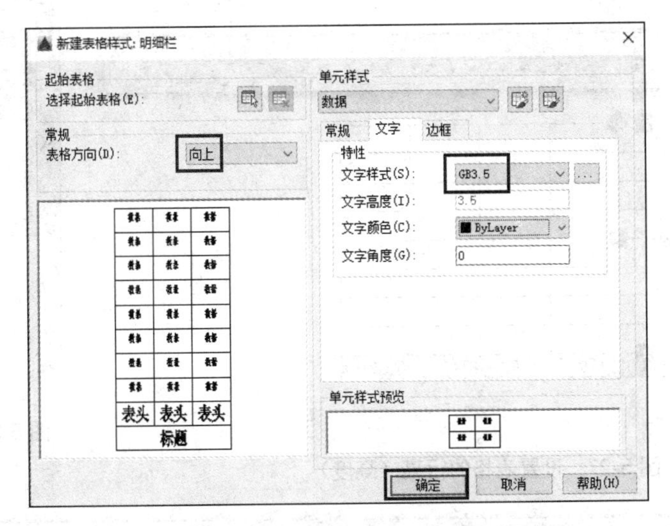

图 5-25　表格生长方式设置

其余选项均采用默认设置。

2）绘制明细栏

单击表格按钮，或者直接在命令行窗口输入“TB”，按 Enter 键，弹出如下对话框，设置列数为“5”，行数为“4”，第一行单元样式为“数据”，第二行单元样式为“数据”，其余采用默认设置，如图 5-26 所示。

用鼠标框选第一列（图 5-27），按 Ctrl+1 打开特性对话框，设置单元高度为“8”（图 5-28）选中第一行第一列（图 5-29），用上述方法设置单元宽度为“15”，依次设置第二列单元宽度为“45”，第三列单元宽度为“15”，第四列单元宽度为“30”，第五列单元宽度为“35”。

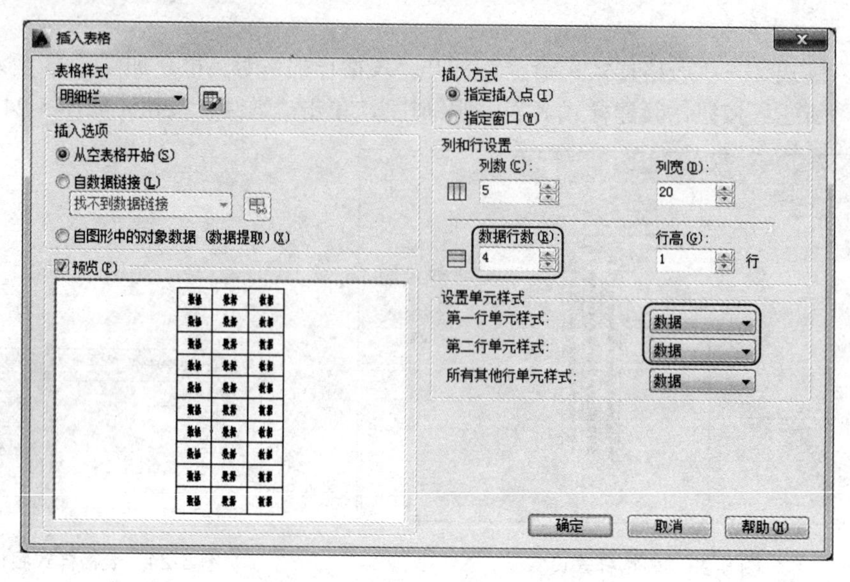

图 5-26　明细栏行和列的设置

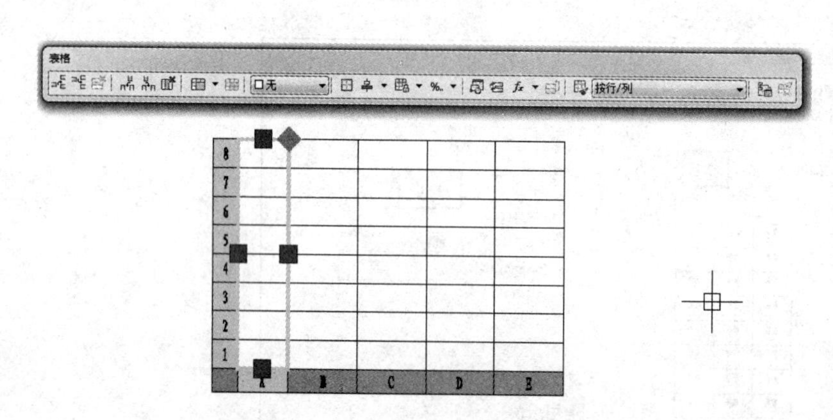

图 5-27　设置表格的行高（高度）

图 5-28　单元格的高度设置

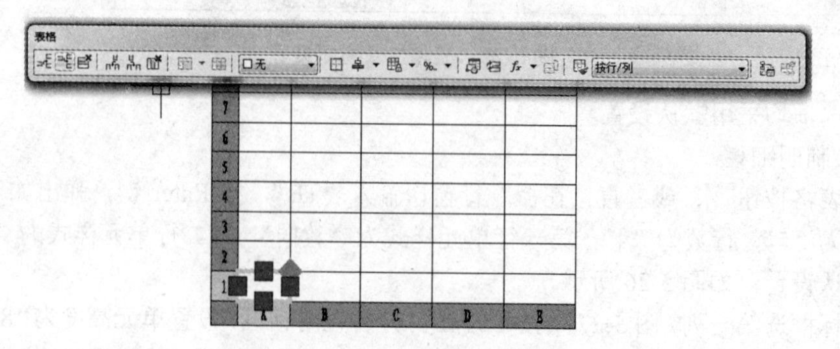

图 5-29　单元格的细节尺寸设置

双击单元格，填写明细栏信息，如图 5-30 所示。

5	下板	1	Q235	
4	上板	1	Q235	
3	平垫圈20	1	钢	GB 97.1—2002
2	螺母M20	1	钢	GB/T 6172.1—2016
1	螺栓M20×80	1	钢	GB/T 5782—2016
序号	名称	数量	材料	备注

图 5-30　填写单元格

步骤 8：完成装配图的绘制，保存文件，并退出系统。

补画俯视图，填写标题栏，并将图形及明细栏进行合适的布置，完成效果如图 5-31 所示。

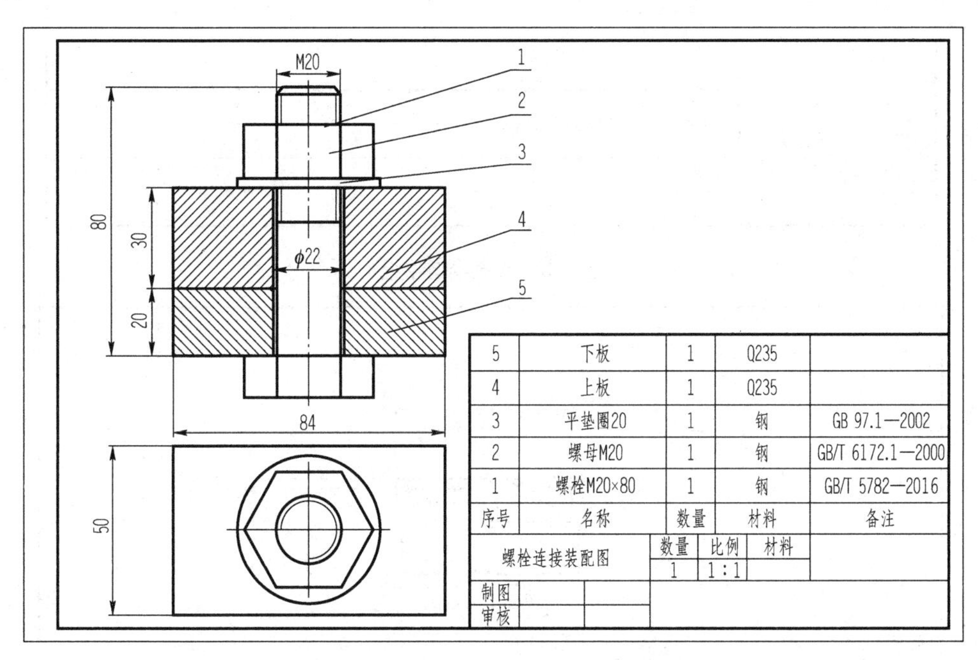

图 5-31　最后完成的螺栓连接装配图

5.1.4　步骤点评

（1）在标注引线的时候，要注意先设置引线格式。

（2）在绘制明细栏的时候，要先设置表格样式，这样可以节约时间。

5.1.5　随堂练习

根据图 5-32～图 5-35 所给出的零件图，绘制如图 5-36 所示的装配体图。

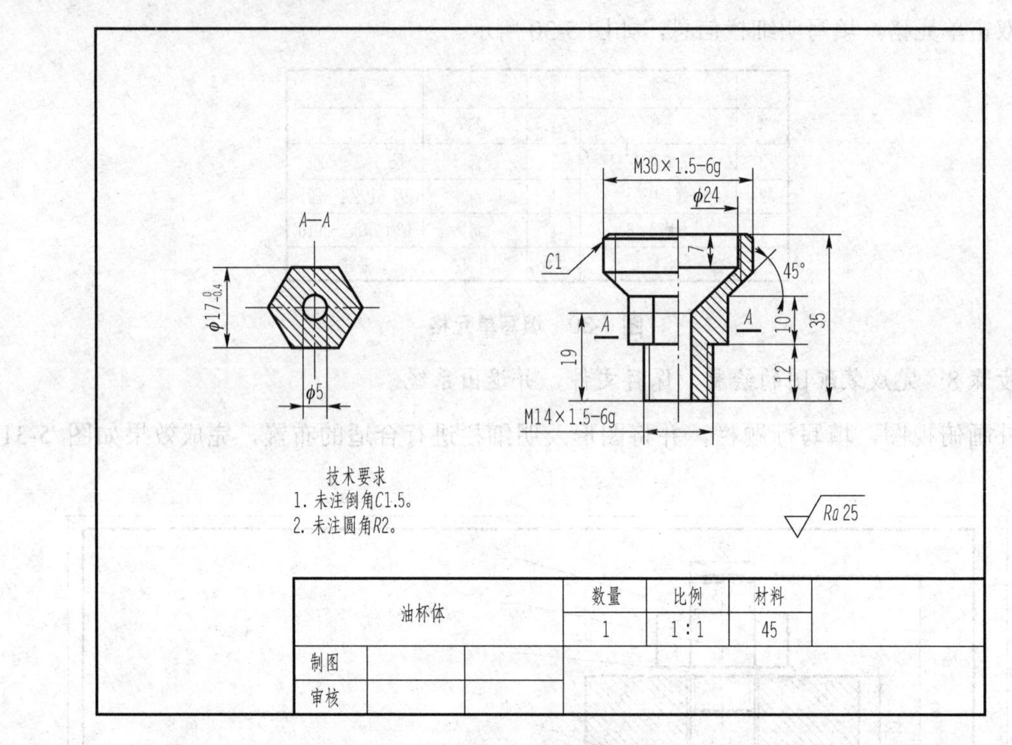

图 5-32　油杯体零件图

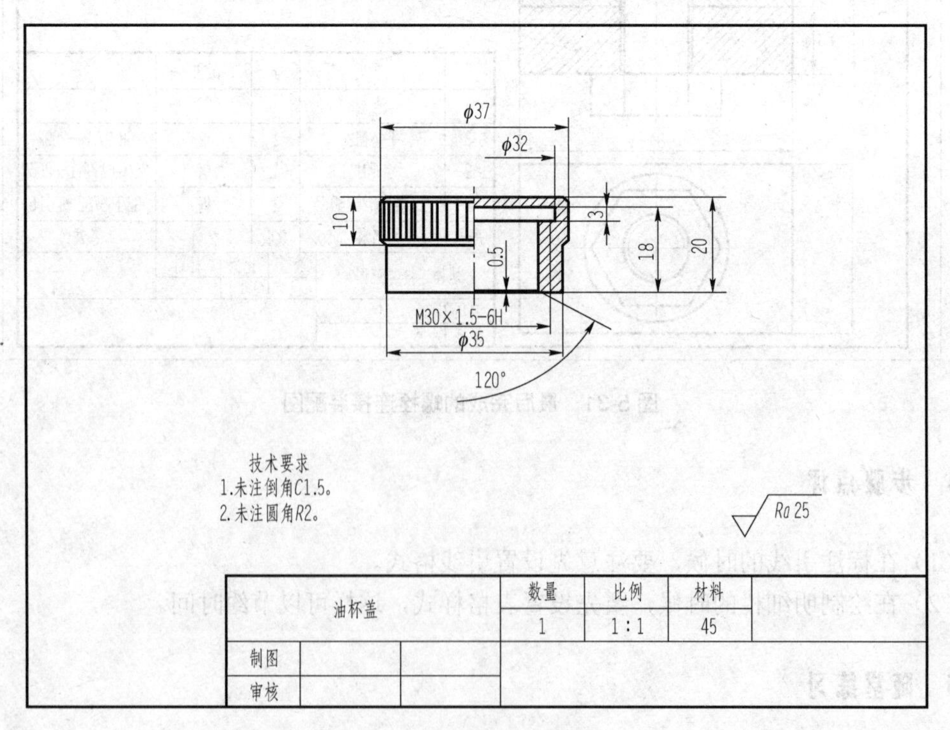

图 5-33　油杯盖零件图

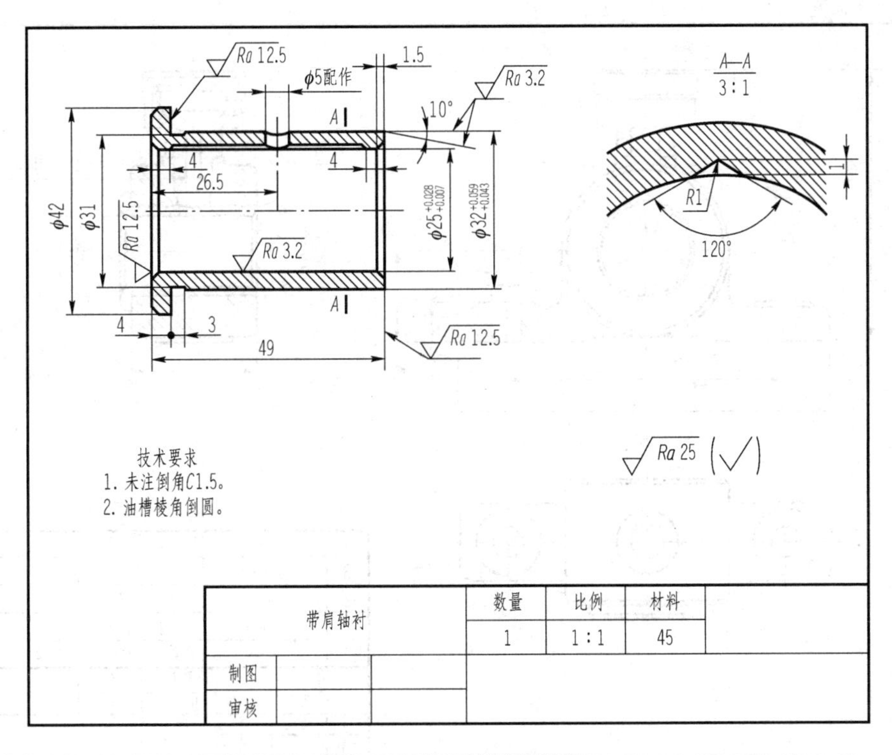

图 5-34　带肩轴衬零件图

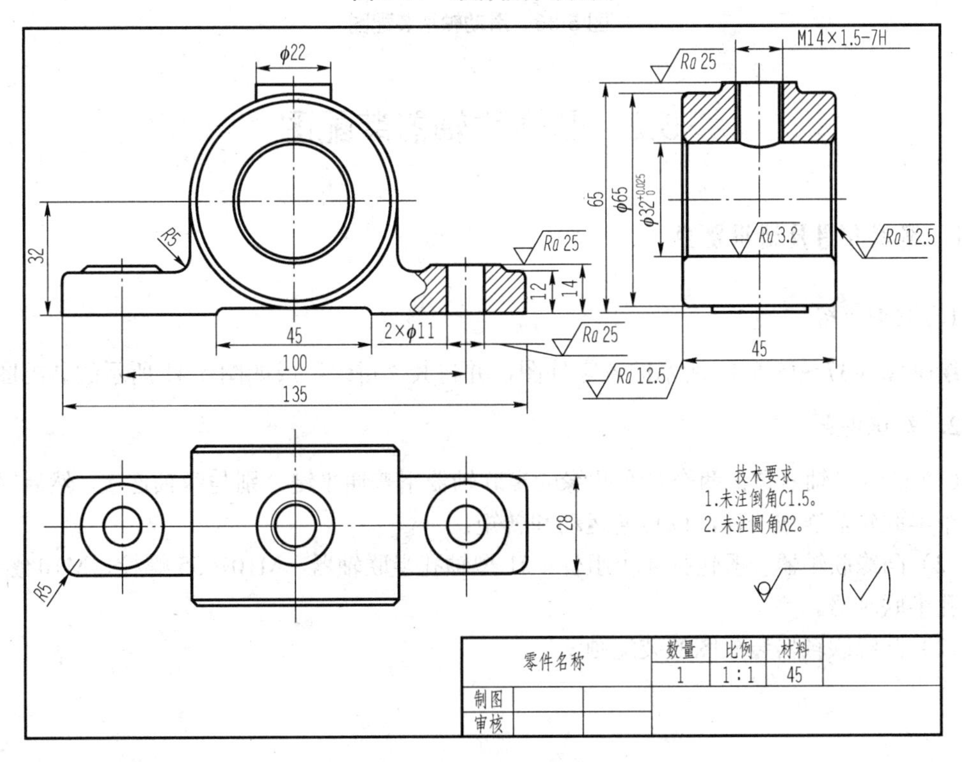

图 5-35　轴承座零件图

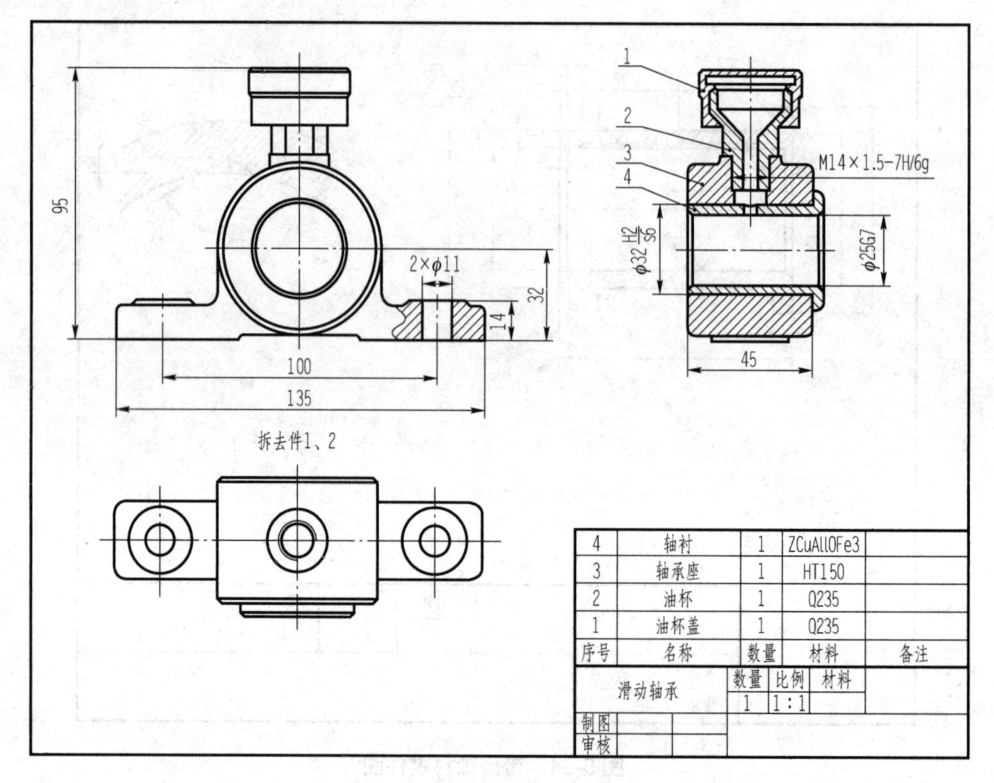

图 5-36　滑动轴承装配图

5.2　凸缘联轴器装配图

5.2.1　案例介绍及知识要点

1. 案例介绍

绘制图 5-37～图 5-40 所示的各零件图，并将其“拼装”成如图 5-41 所示的装配图。

2. 知识要点

（1）凸缘联轴器是把两个带有凸缘的半联轴器用普通平键分别与两轴连接，然后用螺栓把两个半联轴器连成一体，以传递运动和转矩。

（2）凸缘联轴器一般包括 4 个组件：J1 型轴孔半联轴器、M10×55 螺栓、M10 螺母、J 型轴孔半联轴器。

（3）凸缘联轴器装配图的装配画法。

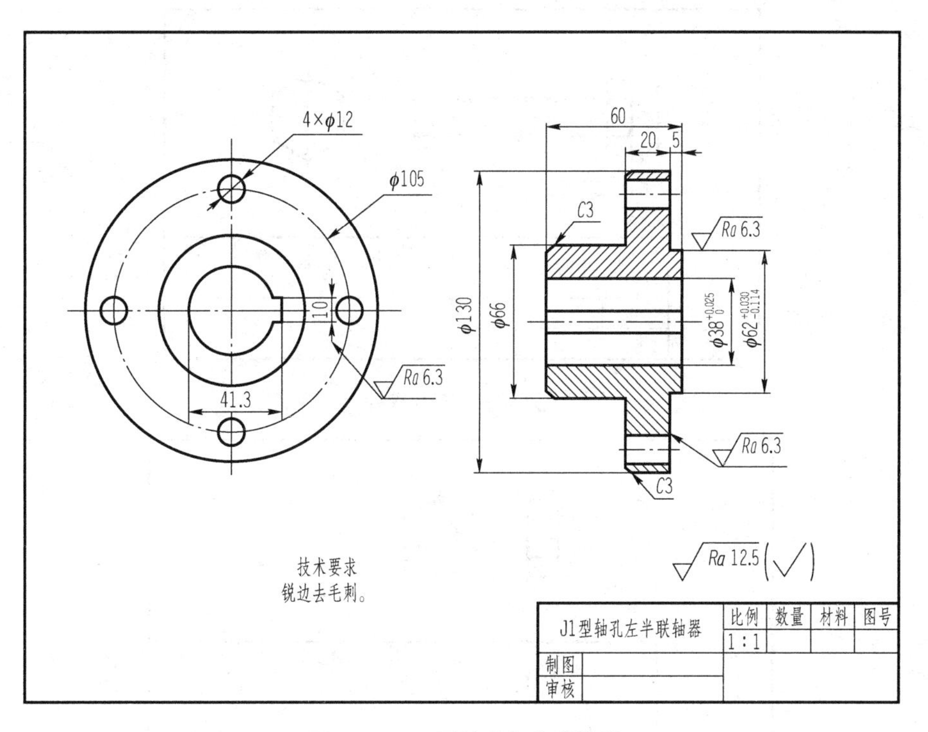

图 5-37　J1 型轴孔左半联轴器

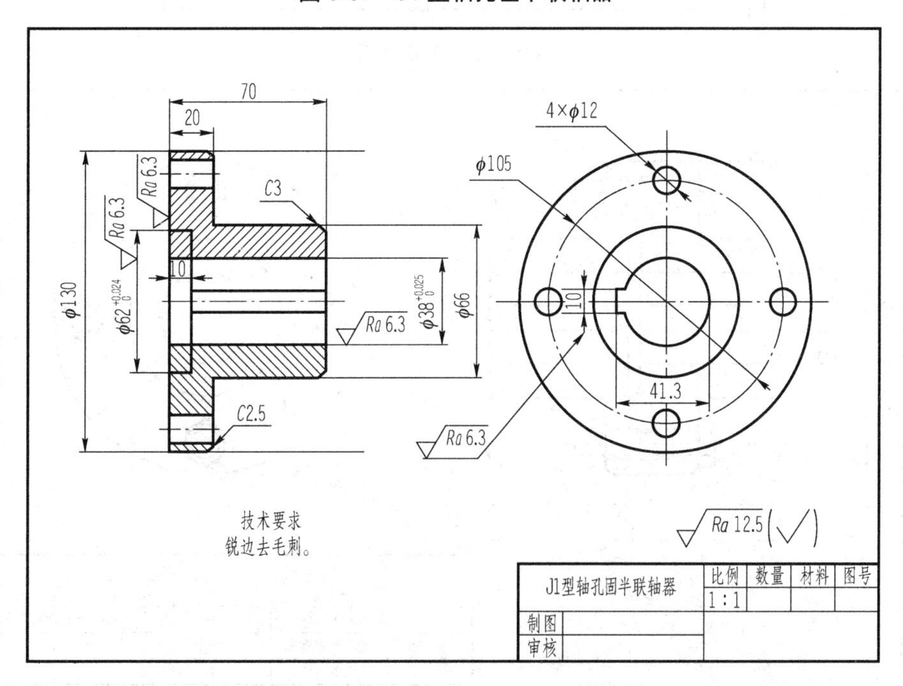

图 5-38　J 型轴孔右半联轴器

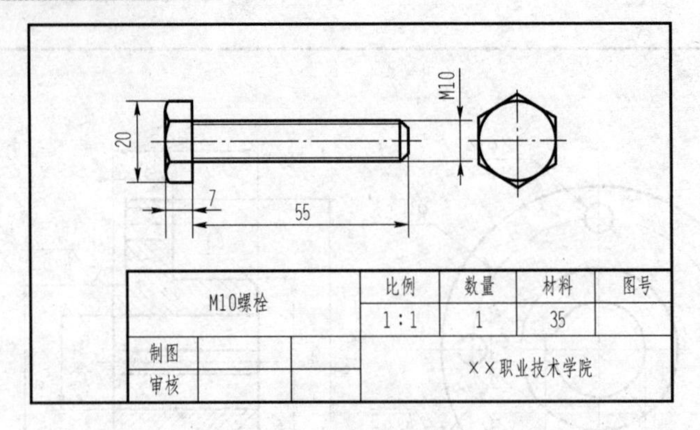

图 5-39　M10 螺栓

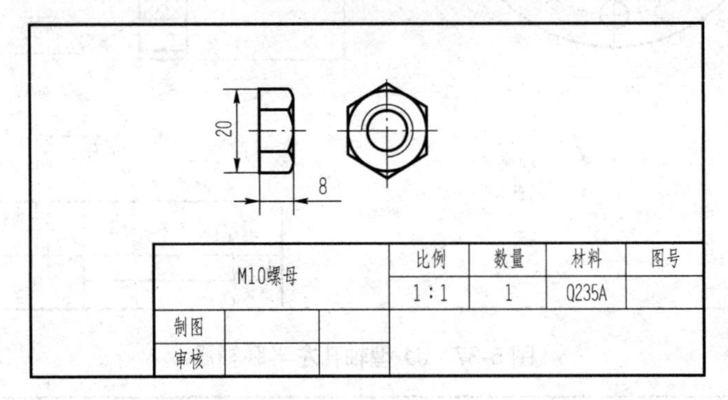

图 5-40　M10 螺母

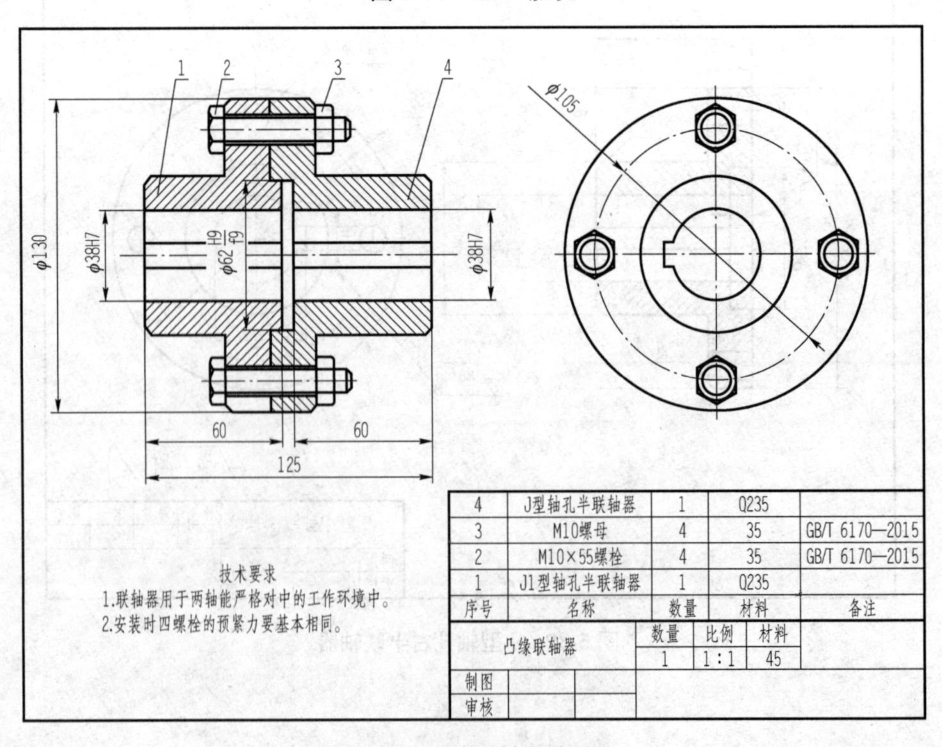

图 5-41　凸缘联轴器装配图

5.2.2　图形分析及绘图步骤

1. 图形分析

如图 5-41 所示的凸缘联轴器，由一个全剖的主视图和一个左视图来反映装配关系，其中主视图中的螺栓连接按不剖来画。

2. 绘图步骤

（1）根据装配图的尺寸大小，选择合适比例和图幅。

（2）根据装配图的图线情况，建立相应的图层。

（3）绘制各零件图，各零件的比例应一致，零件的尺寸可以暂时不标。

（4）调入装配干线上的主要零件，然后沿装配干线展开，逐个插入相关零件。插入后，若需要修剪不可见的线段，应当分解零件图，插入零件图的视图时应当注意确定它的轴向和径向定位。

（6）根据零件之间的装配关系，检查各零件的尺寸是否有干涉现象。

（7）标注装配尺寸，写技术要求，添加零件序号，填写明细栏、标题栏。

5.2.3　操作步骤

凸缘联轴器装配图

此处省略 5.1 中介绍过的步骤（软件启动、建立图层、绘制图框和标题栏、引线标注、明细栏绘制等），只介绍如何拼画装配图。

步骤 1：确定表达方法、比例

确定凸缘联轴器装配图的表达方法，选择合适的比例。

步骤 2：建立“凸缘联轴器”目录

在 E 盘根目录（E:\）建立一个“凸缘联轴器”的目录。

步骤 3：绘制零件图并保存

选择合适的图幅绘制图 5-37～图 5-40 所示零件图，并分别以“J1 型轴孔半联轴器.dwg”“M10×55 螺栓.dwg”“M10 螺母.dwg”“J 型轴孔半联轴器.dwg”为文件名保存在“凸缘联轴器”的目录下。

步骤 4：使用“设计中心”打开“J 型轴孔半联轴器.dwg”文件并进行编辑

（1）选择“工具”→“选项板”→“设计中心”命令，启动“设计中心”窗口，在文件夹列表中找到“凸缘联轴器”的存储位置，在内容区选择“J 型轴孔半联轴器.dwg”，右击，在弹出的快捷菜单中选择【在应用程序窗口中打开】命令，如图 5-42 所示。

（2）打开“J 型轴孔半联轴器.dwg”文件。

（3）冻结标注图层，删除左视图、图框、标题栏、技术要求等，并将视图位置进行调整，如图 5-43 所示。

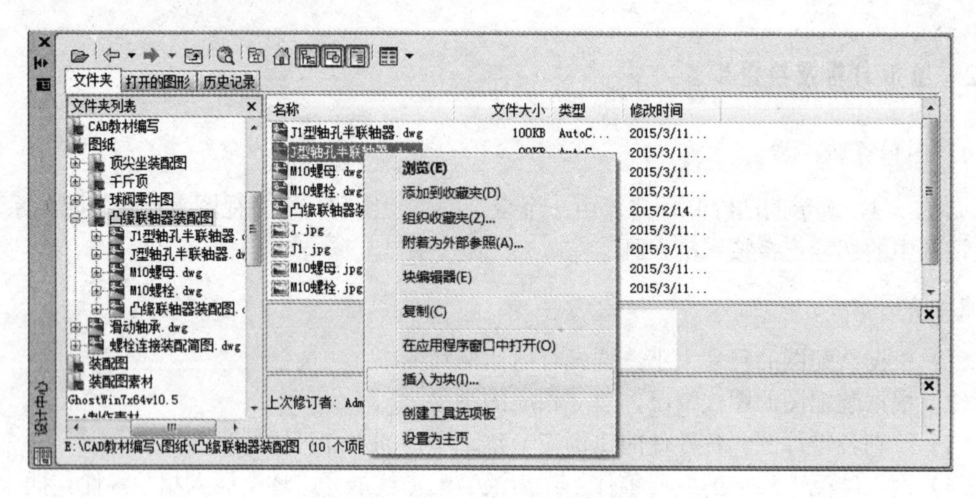

图 5-42　调用 J 型轴孔半联轴器块

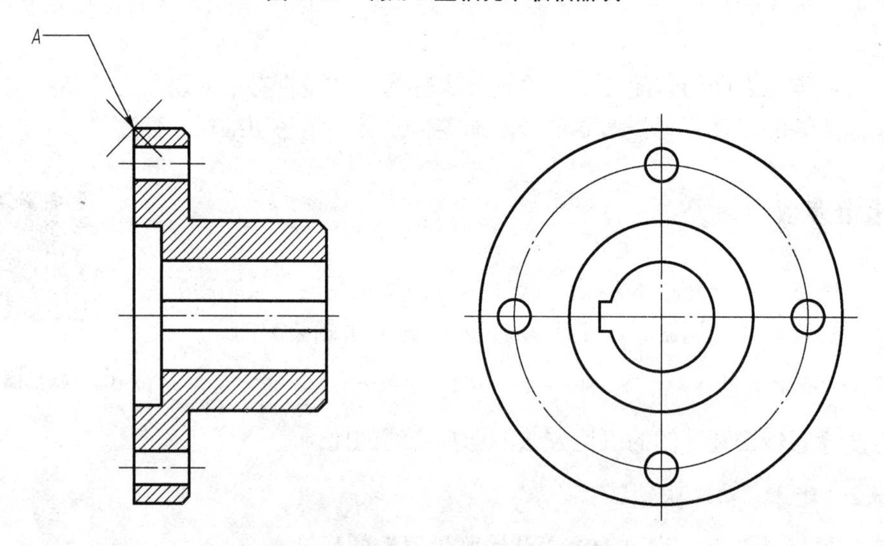

图 5-43　右半联轴器块插入基点选择

（4）使用“另存为”命令将打开的“J 型轴孔半联轴器.dwg”文件另存到“凸缘联轴器”目录中，文件名为“凸缘联轴器装配图.dwg”。

步骤 5：装配 J1 型轴孔半联轴器

在“设计中心”窗口的内容区选择“J1 型轴孔半联轴器.dwg”并右击，在弹出的快捷菜单中选择“插入为块”命令，如图 5-44 所示。

在打开的“插入”对话框中，勾选“在屏幕上拾取”复选框， 在“比例”选项区中勾选“统一比例”复选框，单击“确定”按钮，弹出“块-重定义块”对话框，单击“否”按钮，然后单击基准点，从而将“J1 型轴孔半联轴器.dwg”的图形以块的形式插入“凸缘联轴器装配图.dwg”文件中，为保证装配准确，应充分使用对象捕捉功能。

当图块插入当前图纸中后，插入的图块不一定在屏幕范围内显示。可在命令行窗口中输入“Z”，按 Enter 键，再输入“A”，按 Enter 键查看全部图形，将其移动至合适的位置再进行编辑。

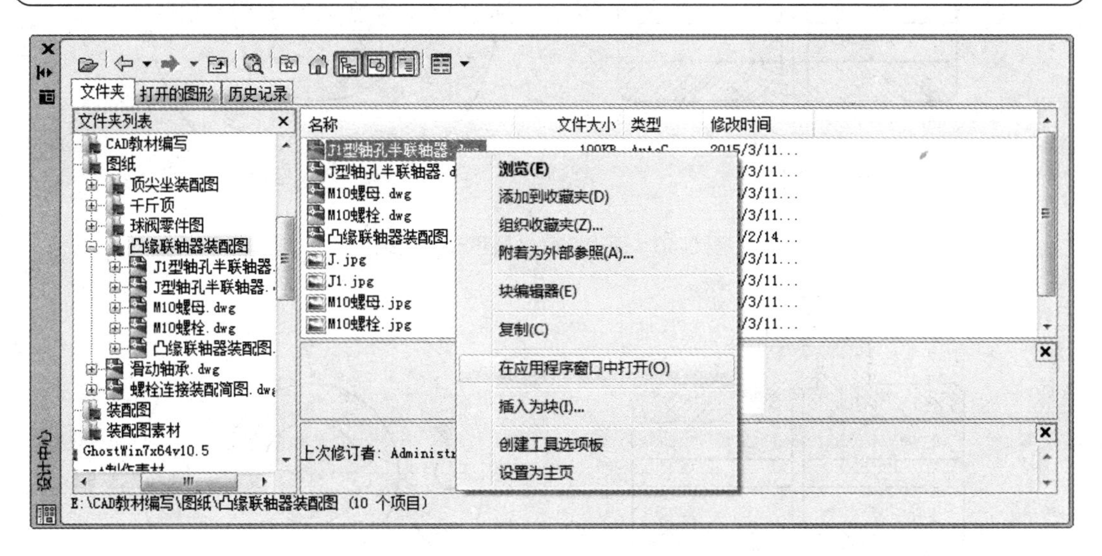

图 5-44　调用 J1 型轴孔半联轴器块

将插入的块“分解”，利用“删除”命令删除多余线条和视图，修改后的图形如图 5-45 所示。

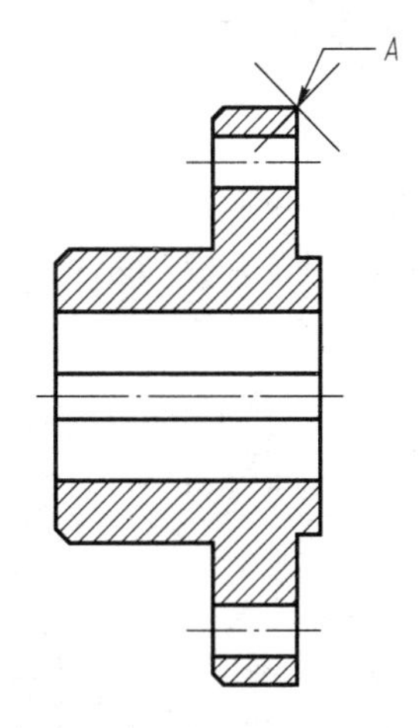

图 5-45　左半联轴器块插入基点选择

利用“移动”命令移动图形，以图 5-43 中的点 *A* 为基点，将图形移动到图 5-45 中 *A* 点的位置，如图 5-46 所示。

利用“修剪”命令，将多余的图线进行修剪，另外装配图要求相邻的零件的剖面线方向相反或者间隔不等，这里将剖面线方向进行 90° 旋转，修剪后如图 5-47 所示。

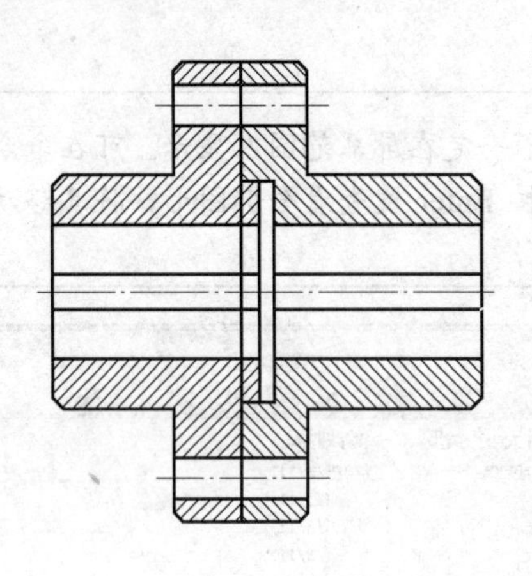
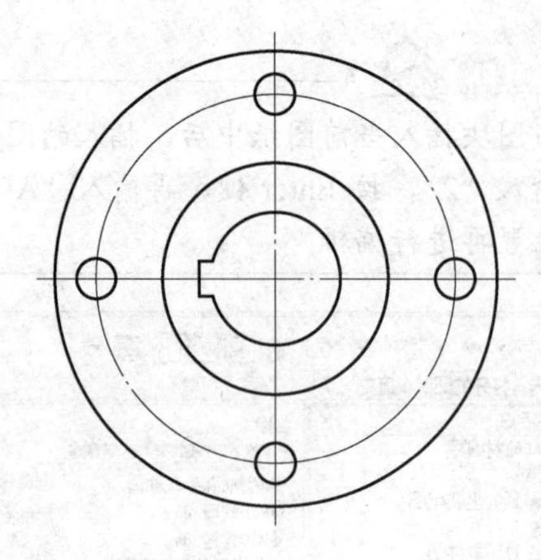

图 5-46　两半个联轴器移动后效果

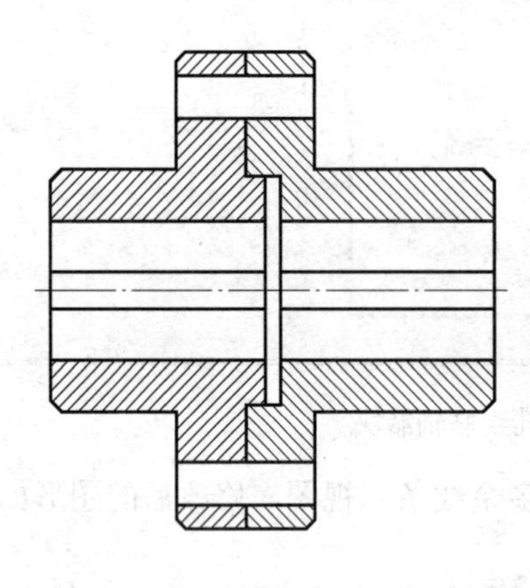
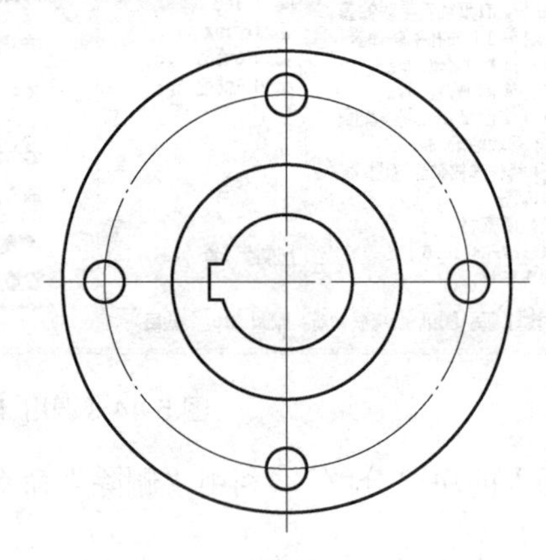

图 5-47　修剪后的效果

步骤 6：装配螺栓

参照步骤 5，将“螺栓.dwg”插入，并将插入的块分解，用“移动”命令移动图形，以图 5-48 中的点 B 为基点，将螺栓移动到图 5-49 所示位置。

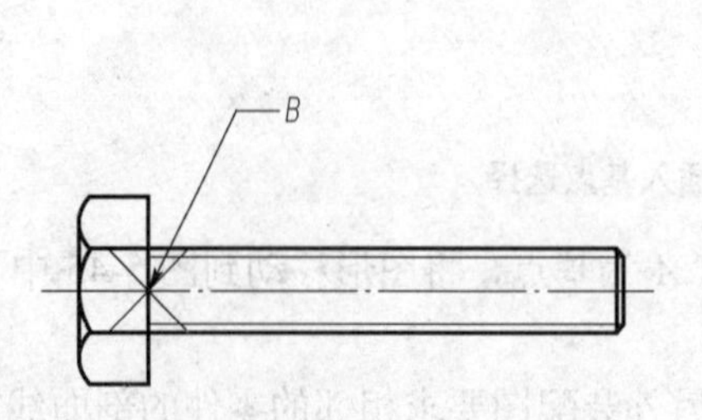

图 5-48　螺栓块插入点选择

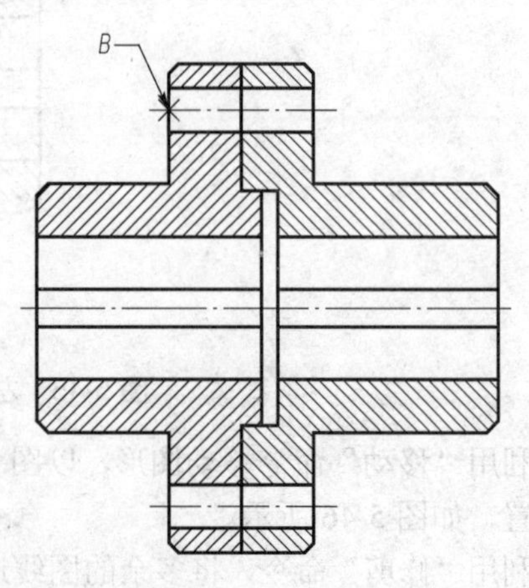

图 5-49　螺栓块插入装配图的对应点选择

用同样的方法，装配另外一个螺栓，装配完成的效果如图 5-50 所示。

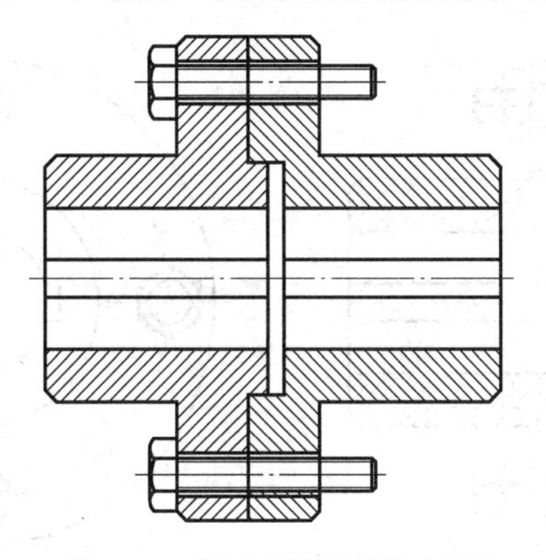

图 5-50　两个螺栓装配好效果

在左视图中装配螺栓，装配后的效果如图 5-51 所示。

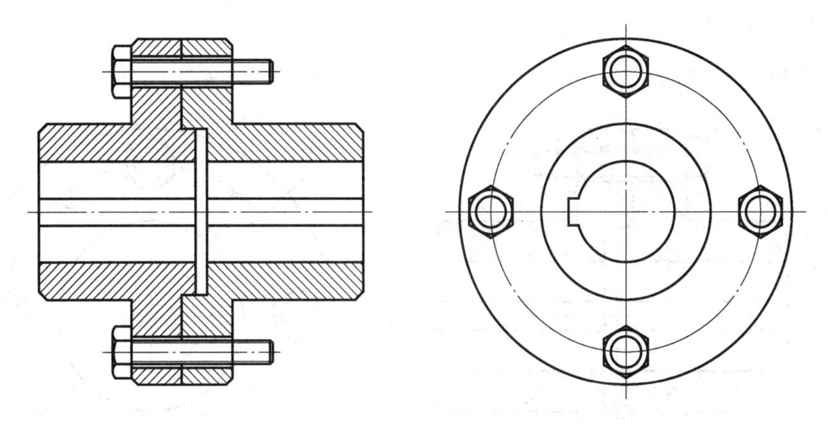

图 5-51　装配并修剪多余的线条

步骤 7：装配螺母

参照步骤 5，将“螺母.dwg”插入，并将插入的块分解，用“移动”命令移动图形，以图 5-52 中的点 *C* 为基点，将螺栓移动到图 5-53 中点 *C* 的位置。

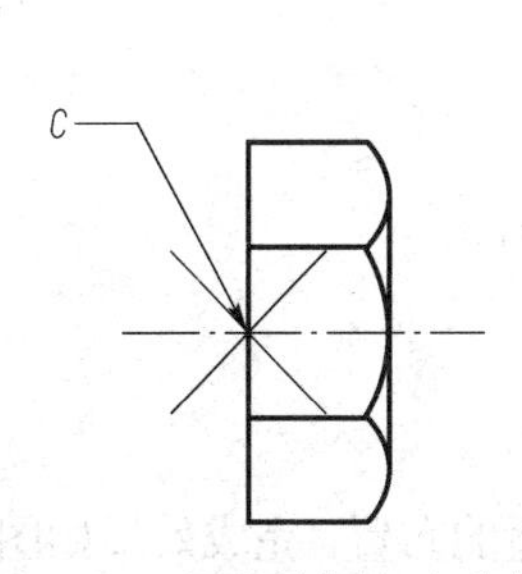

图 5-52　螺母块插入点选择

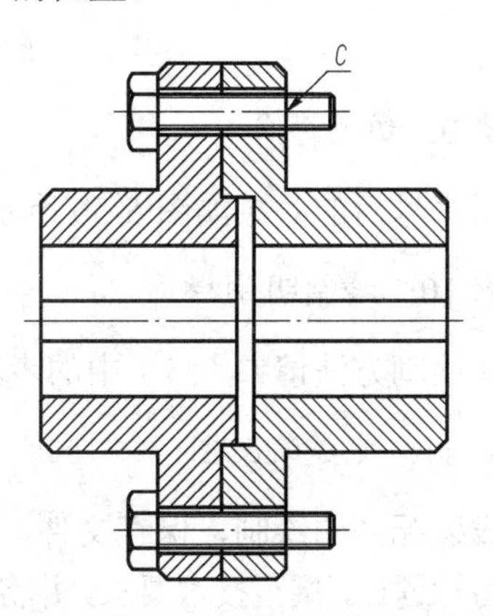

图 5-53　螺母块装配图对应插入点选择

装配好的效果如图 5-54 所示。

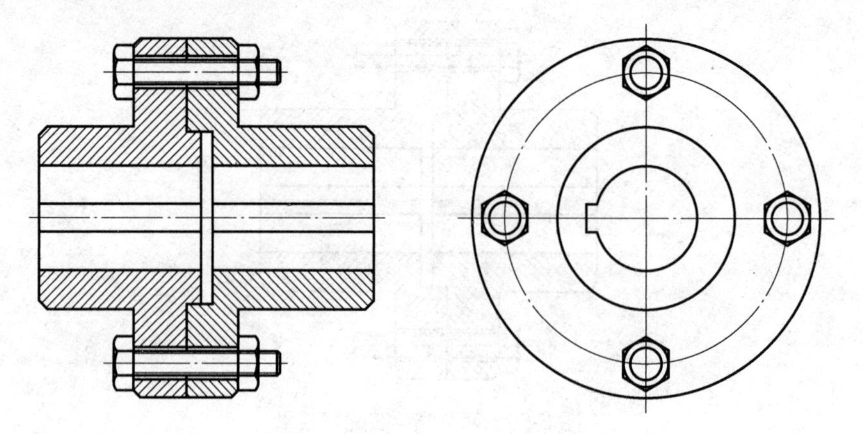

图 5-54 装配完成并修剪多余线条

步骤 8：标注尺寸

给装配图标注必要的尺寸，如图 5-55 所示。

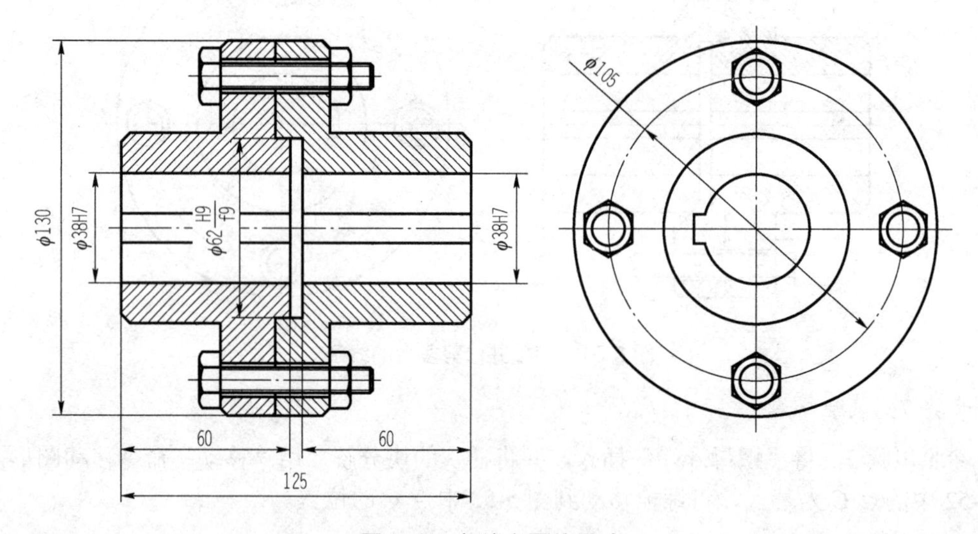

图 5-55 标注必要的尺寸

步骤 9：编写序号

编写序号后的效果如图 5-56 所示。

步骤 10：绘制明细栏

具体绘制方法请参考 5.1 中的步骤 7，效果如图 5-57 所示。

步骤 11：完成装配图

完成装配图的绘制，保存文件，并退出系统。

填写标题栏，撰写技术要求，并将图形及明细栏进行合适的布置，完成效果如图 5-58 所示。

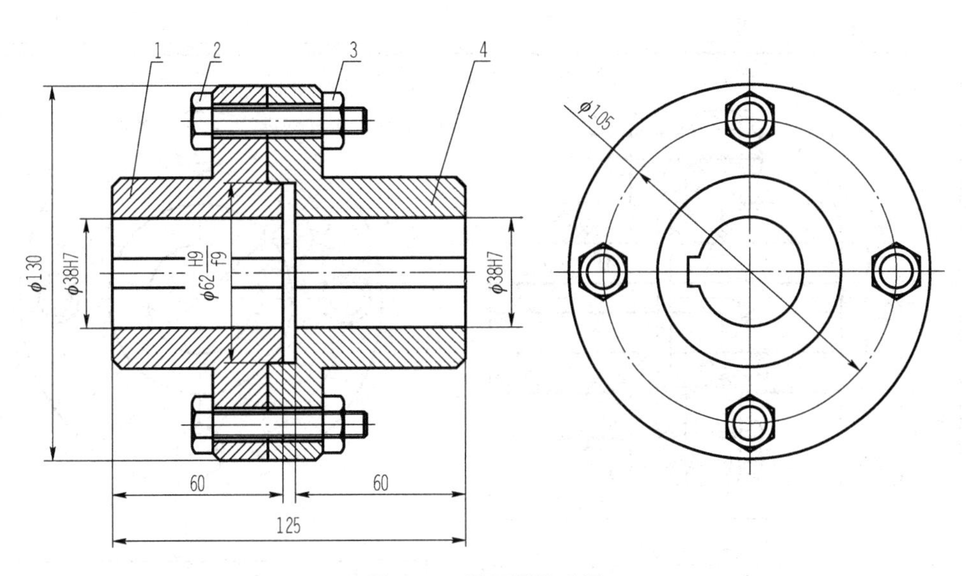

图 5-56　编写零件序号

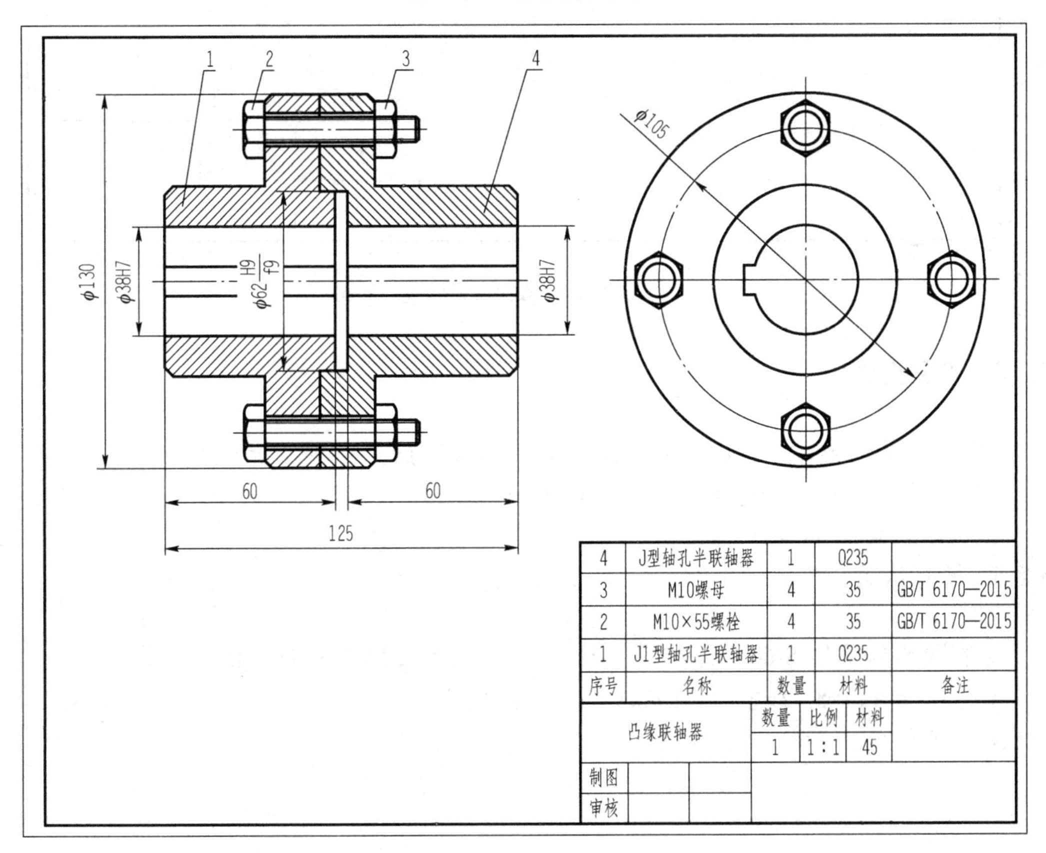

图 5-57　绘制并填写明细栏

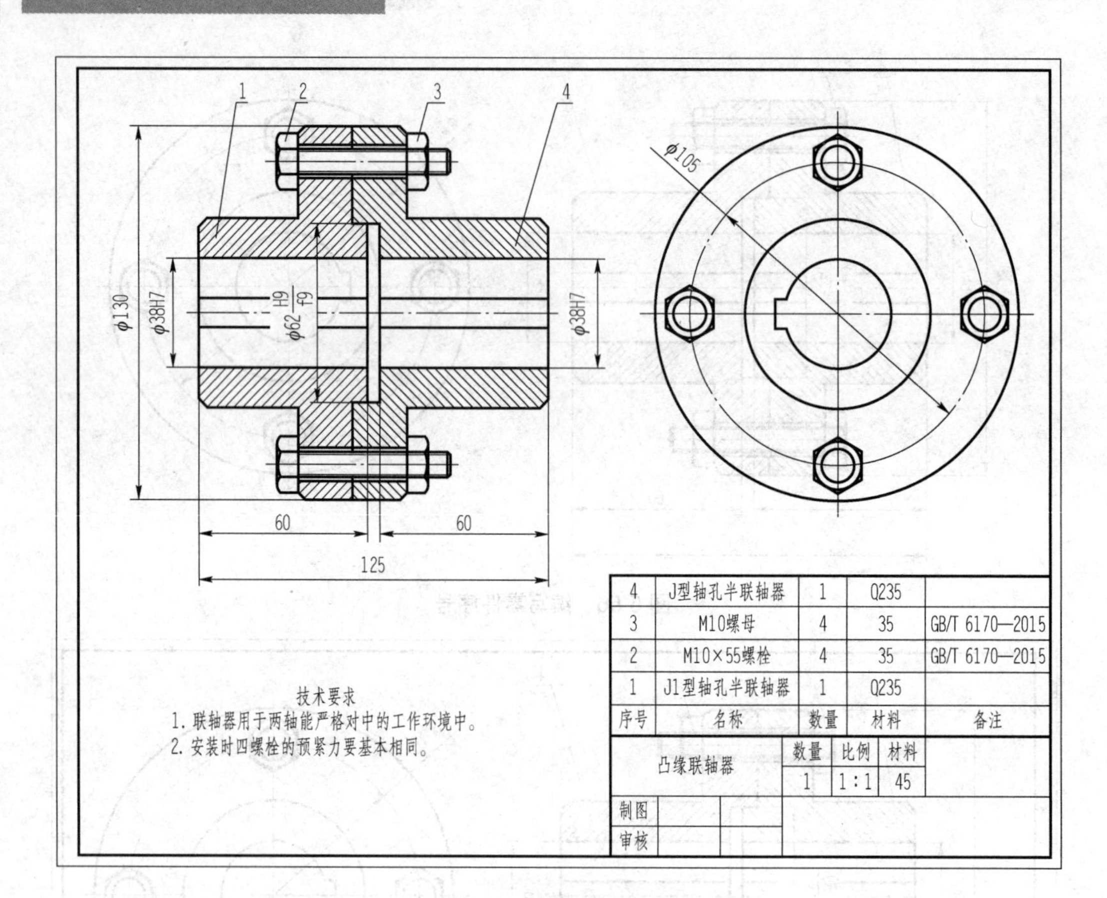

图 5-58 填写技术要求

5.2.4 步骤点评

（1）零件图在装配过程中，一定要注意拾取正确的点，否则将无法正确装配。

（2）插入的图块，一定要分解以后才能进行编辑。

5.2.5 随堂练习

绘制图 5-59 和图 5-60 所示的零件图，然后拼画成如图 5-61 所示的装配图。

要求：图形正确，线型符合国家标准，标注尺寸，标注零件序号，画图框、标题栏和明细栏，并填写文字。

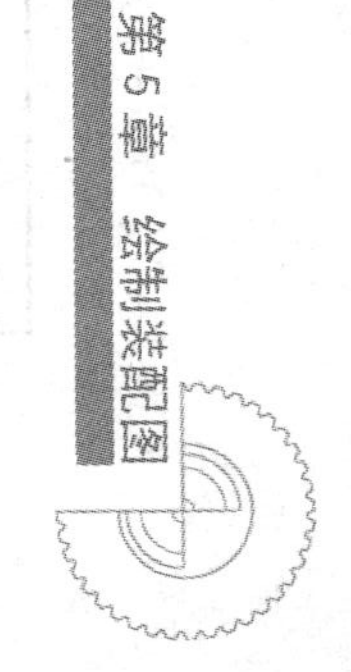

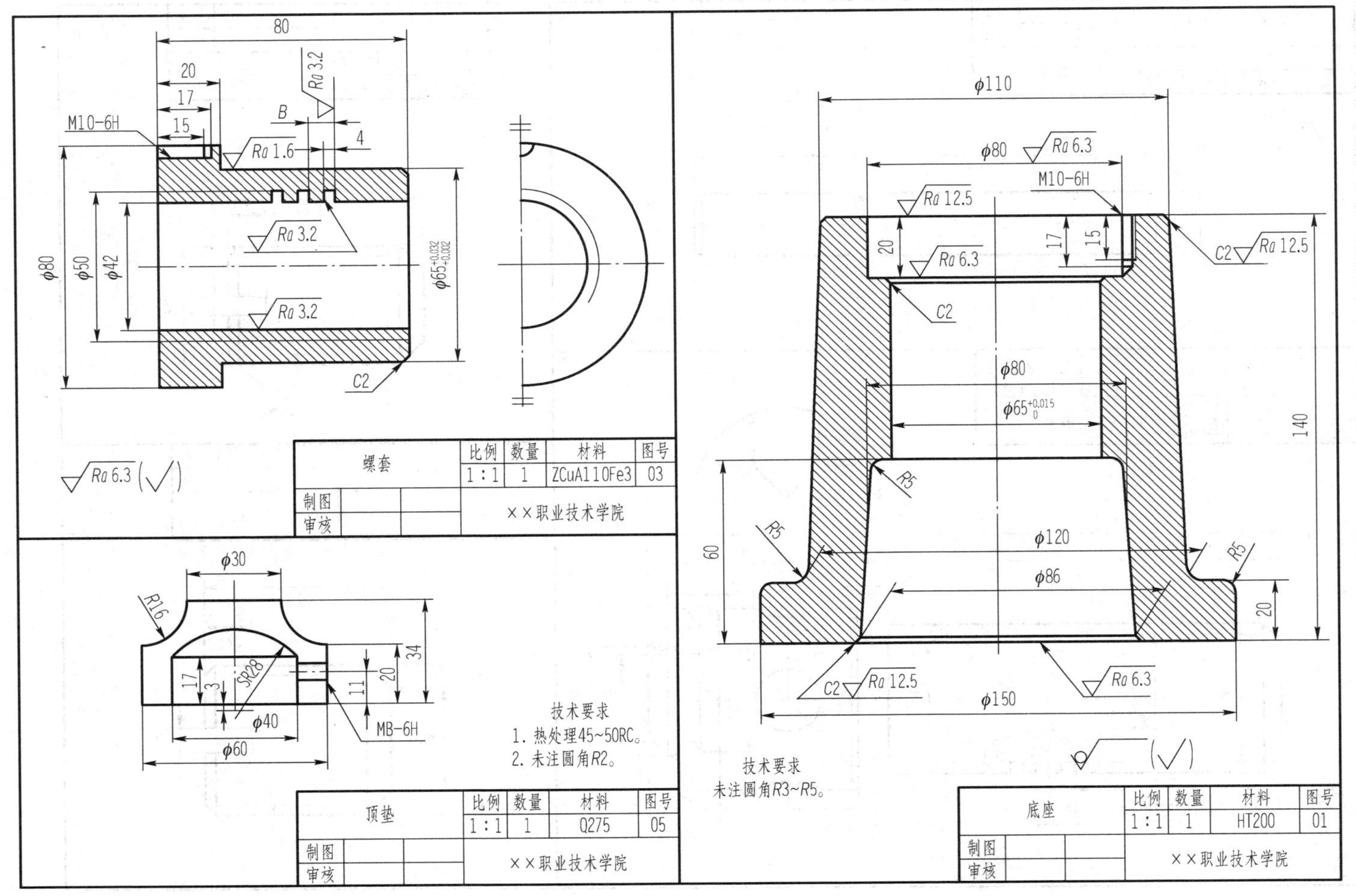

图 5-59　螺套、顶垫和底座零件图

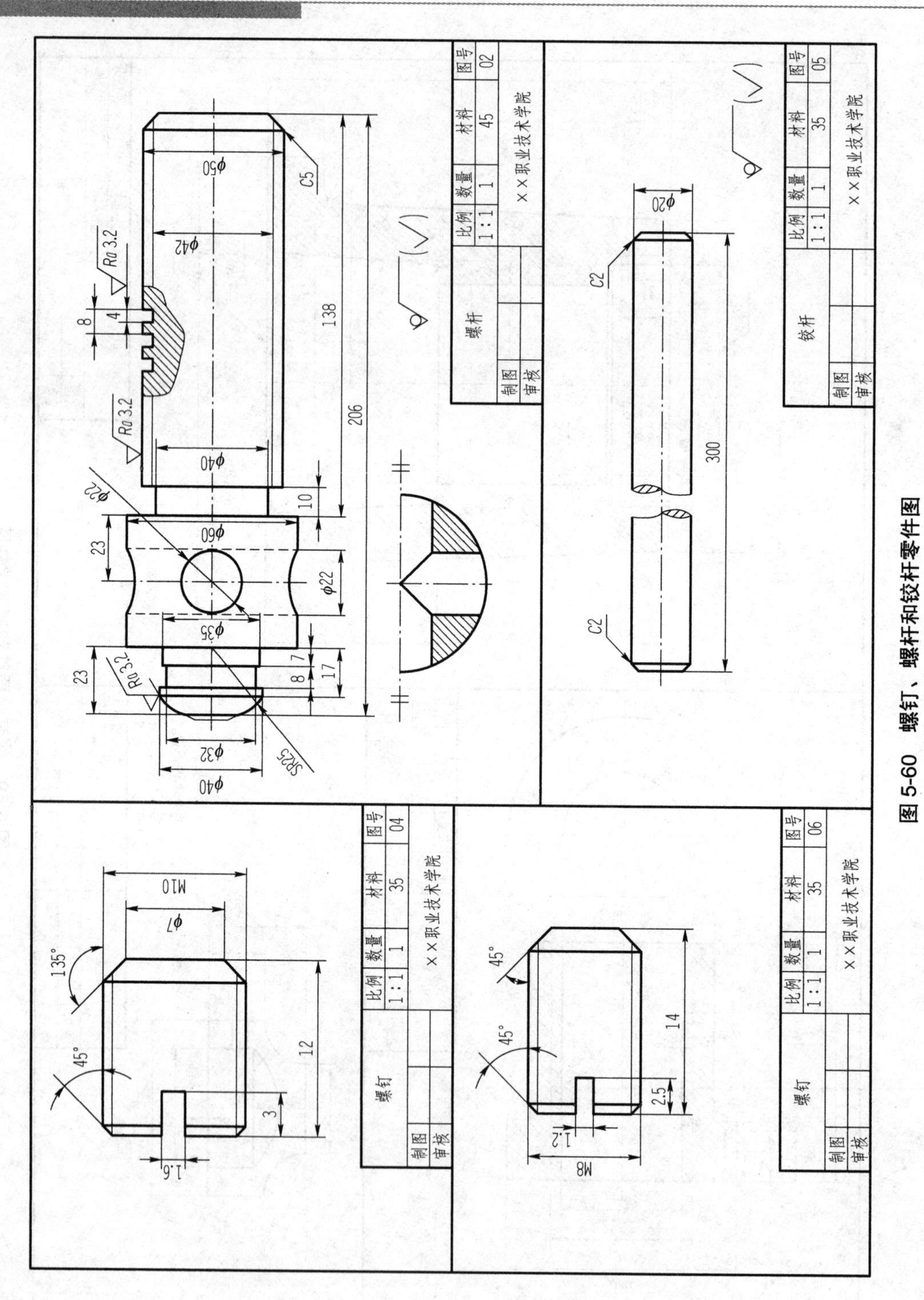

图 5-60 螺钉、螺杆和铰杆零件图

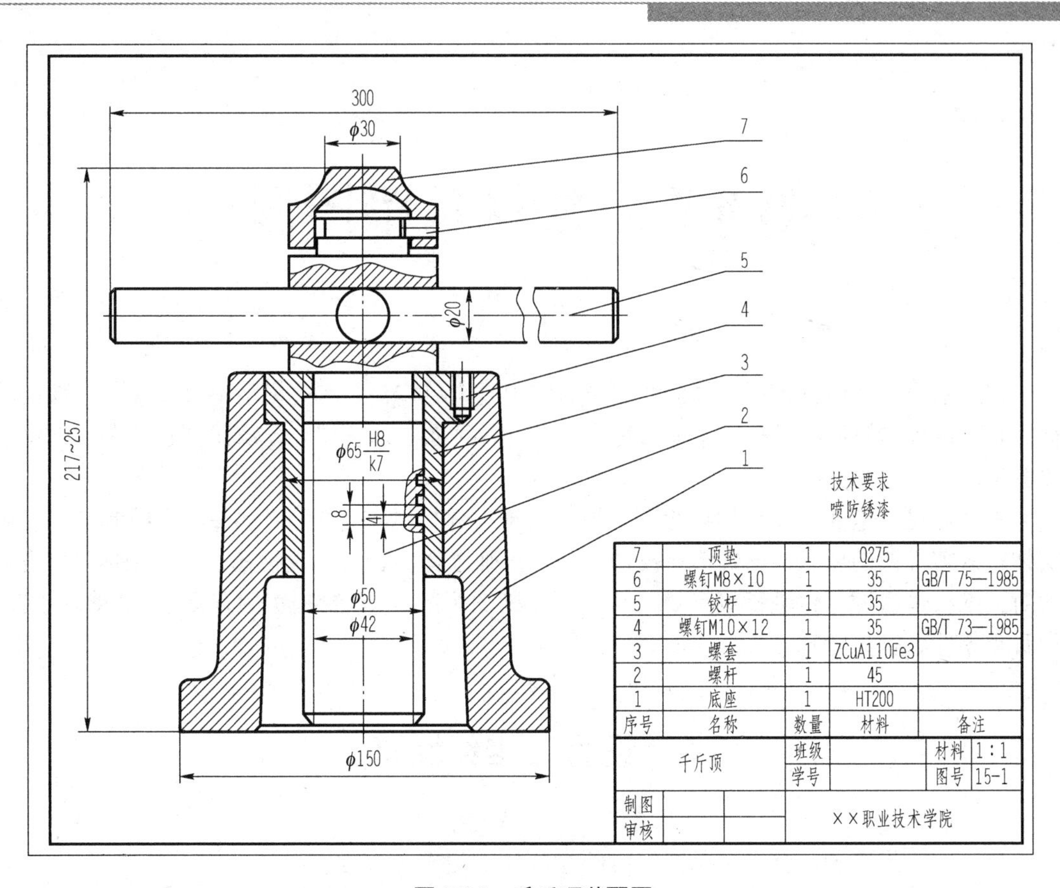
300
φ30
7
6
5
4
3
2
1
φ20
217~257
φ65 H8/k7
8
4
φ50
φ42
φ150
技术要求
喷防锈漆
7 顶垫 1 Q275
6 螺钉M8×10 1 35 GB/T 75—1985
5 铰杆 1 35
4 螺钉M10×12 1 35 GB/T 73—1985
3 螺套 1 ZCuA110Fe3
2 螺杆 1 45
1 底座 1 HT200
序号 名称 数量 材料 备注
千斤顶
班级
材料 1:1
学号
图号 15-1
制图
审核
××职业技术学院

图 5-61 千斤顶装配图

第6章　绘制三维图形

在工程设计和绘图过程中，三维图形的应用越来越广泛。实体模型不仅具有线和面的特征，而且具有体的特征，各实体对象间可以进行各种布尔运算操作，从而创建复杂的三维实体图形。

本章通过典型实例介绍如何绘制典型的三维实体机械零件图。在本章中，绘制完整三维实体机械零件图的要求：正确选择投影方向，正确选择和合理布置视图，建立坐标系，合理地对三维实体机械零件进行编辑使其符合国家制图标准。本章绘制实例有支架、滑动轴承盖、盘管类零件、锥齿轮轴。

6.1　设置三维绘图环境

要进行三维绘图，首先要掌握三维绘图环境的设置，以便在绘图过程中随时掌握绘图信息，并可以调整好视图效果方便以后的出图。

三维绘图环境的设置及视觉样式的应用

6.1.1　视图

1. 命令格式

菜单："视图"→"三维视图"

工具栏："视图"工具栏

"视图"工具栏中的按钮实际是视点命令的10个常用的视角：俯视、仰视、左视、右视、前视、后视、东南等轴测、西南等轴测、东北等轴测、西北等轴测，用户在变化视角的时候，尽量用这10个设置好的视角，这样可以节省不少时间。用户也可以在不同的平面视图中将零件的平面图画好后转换到三维视图中进行三维操作。

2. 操作步骤

图6-1中表示的是一个用平面主视图观察三维锥齿轮轴的三维图形，图6-2是用平面俯视图观察三维锥齿轮轴，仅仅从平面视图观察，比较难判断它具体的样子。这时可以利用"视图"命令来调整视图方向，如图6-3采用了"西南等轴测"命令观看的锥齿轮轴，从而能够比较直观地感受到锥齿轮轴的立体形状。

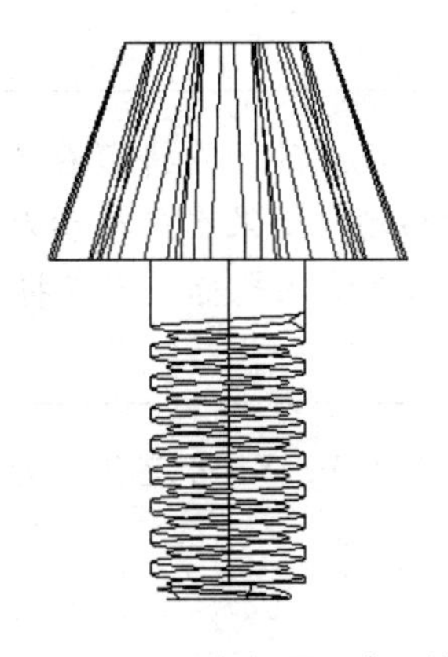

图 6-1　用平面主视图观察三维锥齿轮轴

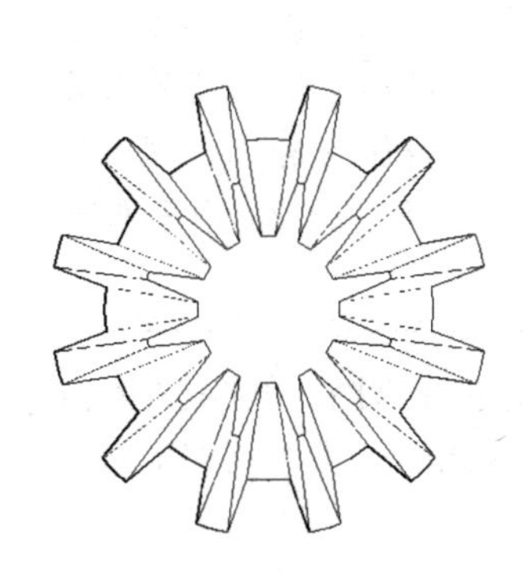

图 6-2　用平面俯视图观察三维锥齿轮轴

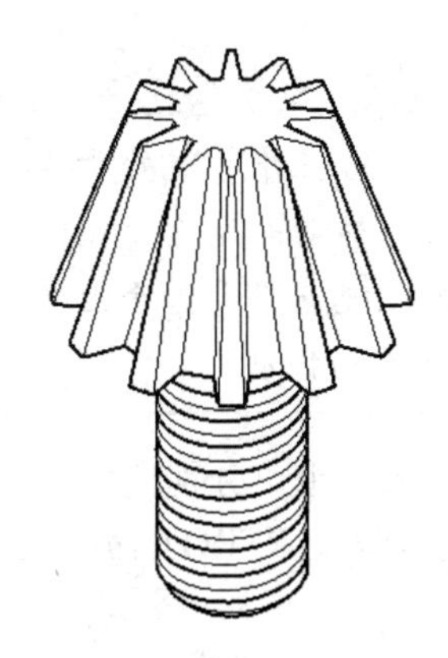

图 6-3　用“西南等轴测”命令观看锥齿轮轴的三维图形

6.1.2　三维导航

1. 命令格式

菜单：“视图”→“动态观察”

工具栏：“三维导航”工具栏

通过以上操作之一即可进入三维导航动态观察模式，控制在三维空间交互查看对象。该命令可使用户同时从 X、Y、Z 这 3 个方向动态观察对象。

用户在不确定使用何种角度观察的时候，可以用该命令，因为该命令提供了实时观察的功能，用户可以随意用鼠标来改变视点，直到达到需要的视角的时候退出该命令，继续编辑。

2. 操作步骤

选择三维导航中的自由动态观察，将锥齿轮轴的三维图形改变方向，这时可以换个角度来查看锥齿轮轴的空间结构，如图 6-4 所示，从而能够更直观地感受到图形某些部分的细节形状。

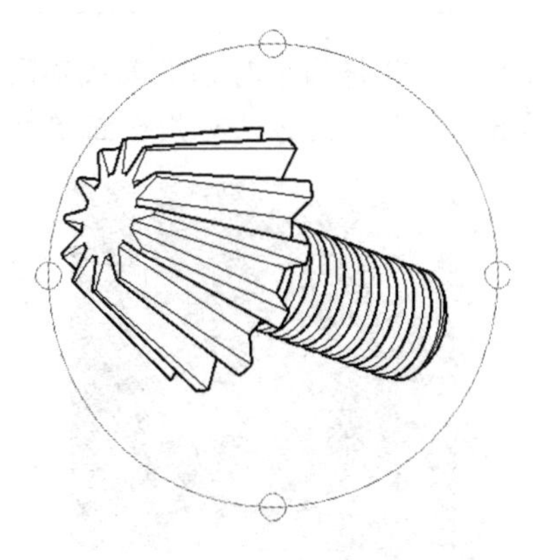

图 6-4　利用“自由动态观察”命令观看锥齿轮轴的三维图形

注 意

当三维导航处于活动状态时，显示三维动态观察光标图标，视点的位置将随着光标的移动而发生变化，视图的目标将保持静止，视点围绕目标移动。如果水平拖动光标，视点将平行于世界坐标系（WCS）的 *XY* 平面移动。如果垂直拖动光标，视点将沿 Z 轴移动。

用户也可分别使用 RTROTX、RTROTY、RTROTZ 命令，分别从 *X*、*Y*、*Z* 这 3 个方向观察对象。RTROT 命令处于活动状态时，无法编辑对象。

6.1.3 视觉样式

1. 命令格式

菜单：“视图”→“视觉样式”
工具栏：“视觉样式”工具栏
通过以上操作之一即可设置当前视口的视觉样式。

2. 操作步骤

选择视觉样式中的概念视觉样式，将以图层设置的颜色对锥齿轮轴进行着色，这时锥齿轮轴更具立体感，如图 6-5 为概念视觉样式下显示的锥齿轮轴，让视觉观察能够更直观。

图 6-5 概念视觉样式下显示的锥齿轮轴

注 意

在上了色的概念视觉样式下，可将两个对象设置成不同的色彩，当两个对象的面重合时，会出现斑马纹，如图 6-6 所示。此方法可用于正确判断各建模对象所处的位置。

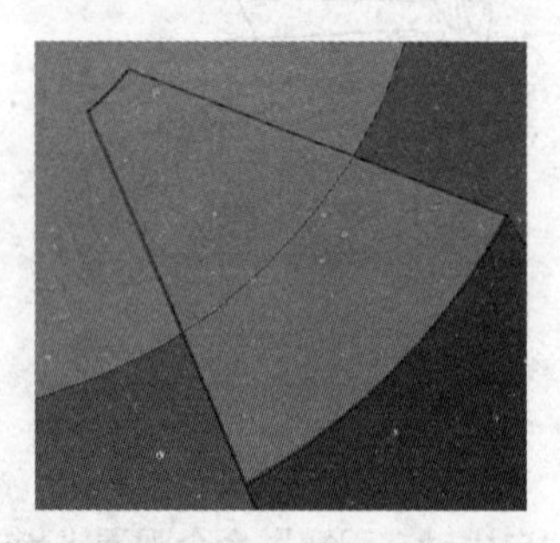

图 6-6 概念视觉样式显示的斑马纹

6.1.4　建模与实体编辑工具栏的放置

1. 建模命令格式

菜单："绘图"→"建模"
工具栏："建模"工具栏

2. 实体编辑命令格式

菜单："修改"→"实体编辑"
工具栏："实体编辑"工具栏

3. 操作步骤

在已有的工具栏上右击，在弹出的快捷菜单中勾选"建模"和"实体编辑"复选框，将"建模"工具栏放置在软件的左边（与"绘图"工具栏在一起，因为它实际上就是三维绘图），将"实体编辑"工具栏放置在软件的右边（它实际上就是三维修改），如图 6-7 所示，将图标进行合理地摆放，符合 5S 标准，将有助于在绘图和编辑时对命令的选取。

经过这些三维绘图环境的设置，再进入下一课题，对零件的三维图形进行建模操作。

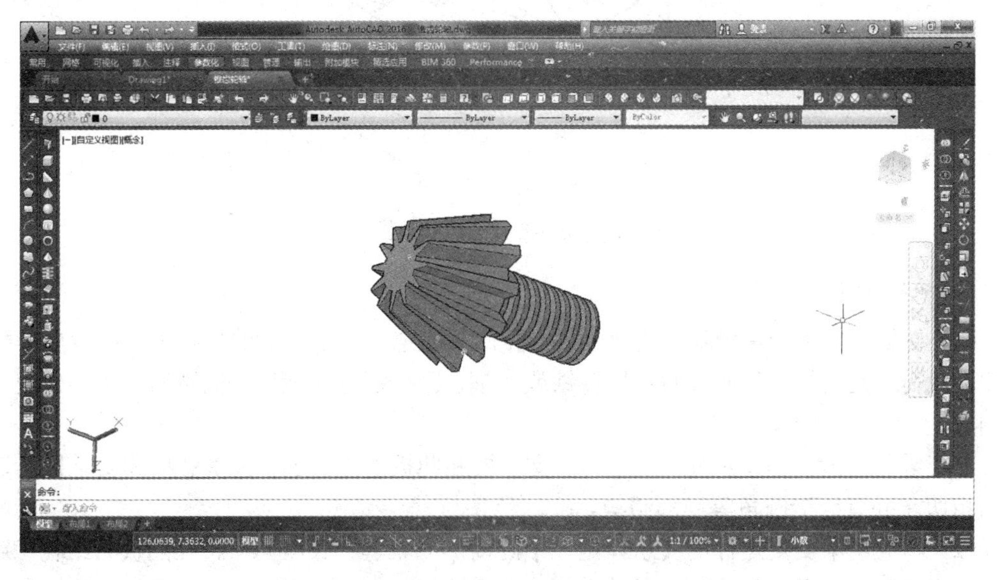

图 6-7　建模和实体编辑工具条的合理的摆放

6.1.5　随堂练习

建立新图形文件，图形区域为 A3（420mm×297mm）幅面。三维视图方式选择为"东南等轴测”。打开“UCS”操作面板，选择“世界”。视觉样式为“三维线框”。

6.2 绘制支架

6.2.1 案例介绍及知识要点

1. 案例介绍

绘制支架三维实体，如图 6-8 所示。

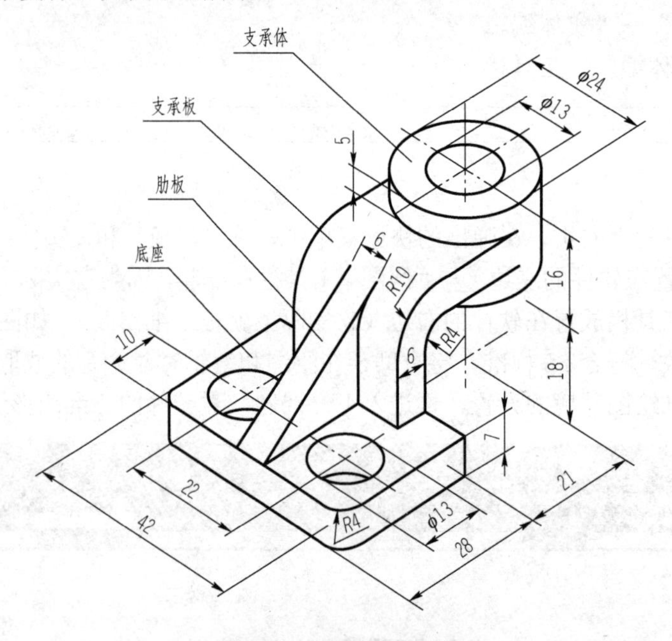

图 6-8 支架三维实体图

2. 知识要点

(1) 支架一般用于在机器上支承零件，并使其确定于一定位置的各种机构中承受操作时的振动载荷。此类零件材质多数采用铸铁或铸钢，经过铸造或锻造、机械加工和热处理等工艺制成。

支架零件一般都是由底座、支承体、支承板和肋板所组成的，大多肋板和支承板的连接处为相切，并有铸造圆角等局部结构。

(2) 本案例中支架零件的支承体是一个圆筒形的轴套；底座为一带孔的板状结构；连接底座和支承体的支承板为带圆角的直角板，此直角板与支承体相切；三角形状的肋板与支承板也为相切关系。

(3) 通过本案例的学习应掌握 AutoCAD 中基本体的创建方法，掌握实体建模的常见工具的使用方法，掌握 AutoCAD 实体模型的实用表达方法，熟练掌握 UCS 命令并能够灵活使用，建立三维实体建模的基本思想，熟悉支架类零件建模的一般方法和步骤。

6.2.2　建模技术分析及绘图步骤

1. 建模技术分析

1）建模基本体分析

通过分析可将该零件分成 4 个组成部分，底座为一个 42mm×28mm×7mm 的长方体，支承体是一个 16mm×ϕ24mm 的圆筒，支承板为两边长度分别为 21mm、23mm，厚度为 6mm 带圆角的直角板；肋板为厚度为 6mm 的三角状连接板。

2）建模思路分析

对于三维实体建模来讲，基准主要有 3 个方向，零件的摆放决定了 3 个基准的位置，对于零件的摆放有以零件在机床上加工时主要加工位置放置，或按照零件在机器中的工作位置放置两种方式。本案例采用零件在机床上加工时主要加工位置放置，将该零件底座放置在 *XY* 面上。用“矩形”命令画长方体后拉伸（或用“长方体”命令直接绘制）；支承板与肋板可在侧视图中进行绘制，做成面域后拉伸成形，再移动至正确位置；支承体用“圆柱”命令直接建模。

3）建模时的注意事项

三维实体建模时，要展开自己的空间想象能力，不断地调整空间视角和用户坐标系（UCS），这样才能完成模型的建模工作。

利用线框模型生成实体模型，线框模型的线条必须是多段线方可拉伸，如果不是多段线则需要转化为面域后进行拉伸。

对各个实体进行布尔运算时，要全面考虑运算步骤。

2. 绘图步骤

（1）绘制长方体、圆柱体，拉伸后进行布尔运算形成实体底座（也可直接应用“长方体”命令进行长方体建模）。

（2）利用侧视图绘制支承板的侧面投影图，进行面域操作后拉伸，形成支承板的实体。

（3）通过复制边，进行肋板侧面投影的绘制，进行面域操作后拉伸，形成肋板的实体，再移动至所需位置。

（4）直接绘制二圆柱体形成支承体，通过辅助线进行移动，到达所需位置。

（5）进行布尔运算形成支架三维实体。

长方体绘制、倒圆角及布尔运算分析

3. 绘图命令分析

1）绘制长方体分析

对于长方体的建模，可以先绘制平面矩形后转变为面域再进行拉伸；也可先绘制平面矩形后直接用“按住并拖动”按钮进行建模；还可以用“长方体”按钮直接建模。

例：绘制前先设置正交模式，以便于零件摆放位置的正确。

单击“长方体”按钮，第 1 点在绘图区可以随便指定，若空间概念不是太好，可采用分别用 3 条边输入的方式进行，此时输入的第一个数值为 *X* 轴的数值，第二个数值为 *Y* 轴的数值，最后输入 *Z* 轴的数值，如图 6-9 所示。

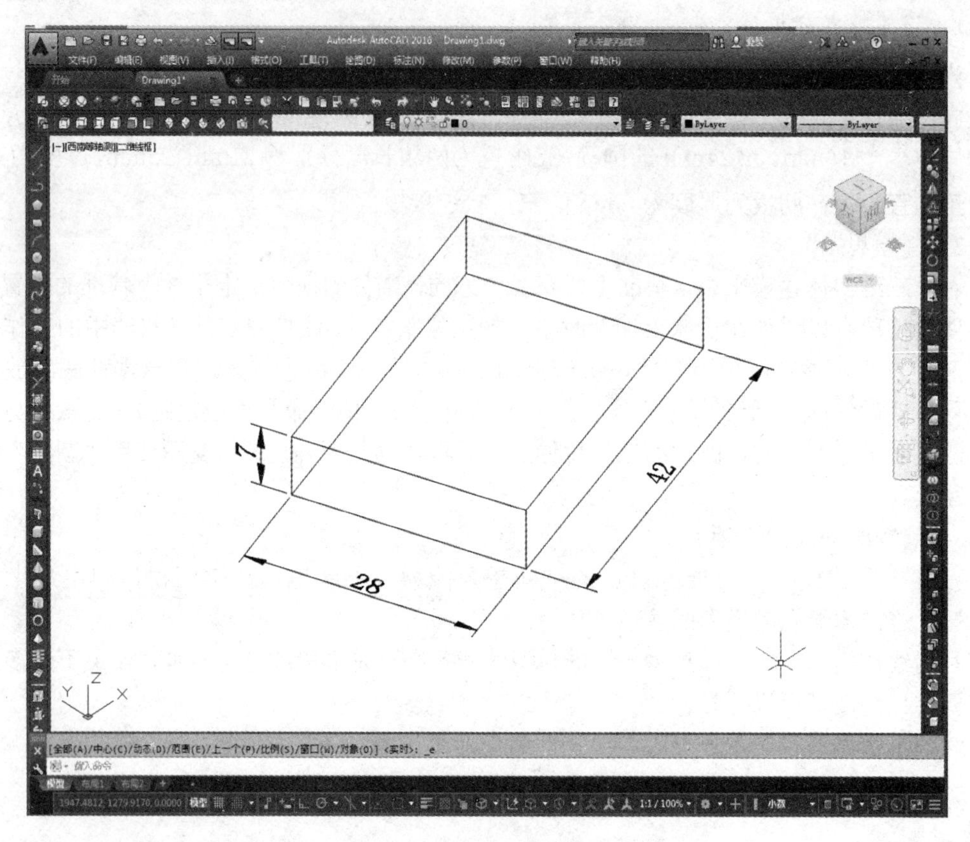

图 6-9　绘制长方体

AutoCAD 文本提示如下：

命令：_box
指定第一个角点或 [中心(C)]：（用鼠标在绘图区任选一点）
指定其他角点或 [立方体(C)/长度(L)]：l↙（采用输入长度的选项方式，回车）
指定长度 <28.0000>：28↙（输入 X 轴长度）
指定宽度 <42.0000>：42↙（输入 Y 轴长度）
指定高度或 [两点(2P)] <7.0000>：7↙（输入 Z 轴长度，按 Enter 键,结束“长方体”命令）

2）倒圆角分析

对于长方体的圆角，可在绘制长方体时倒圆角后再一起进行拉伸；也可在长方体建模后用“圆角”命令进行倒圆角。下面对长方体建模后用“圆角”命令倒圆角进行举例。

例：上表面的四周都进行倒 *R*4 的圆角。

单击“圆角”按钮，先设置半径数值，直接点选需要倒圆的边线，最后按 Enter 键即可，如图 6-10 所示。

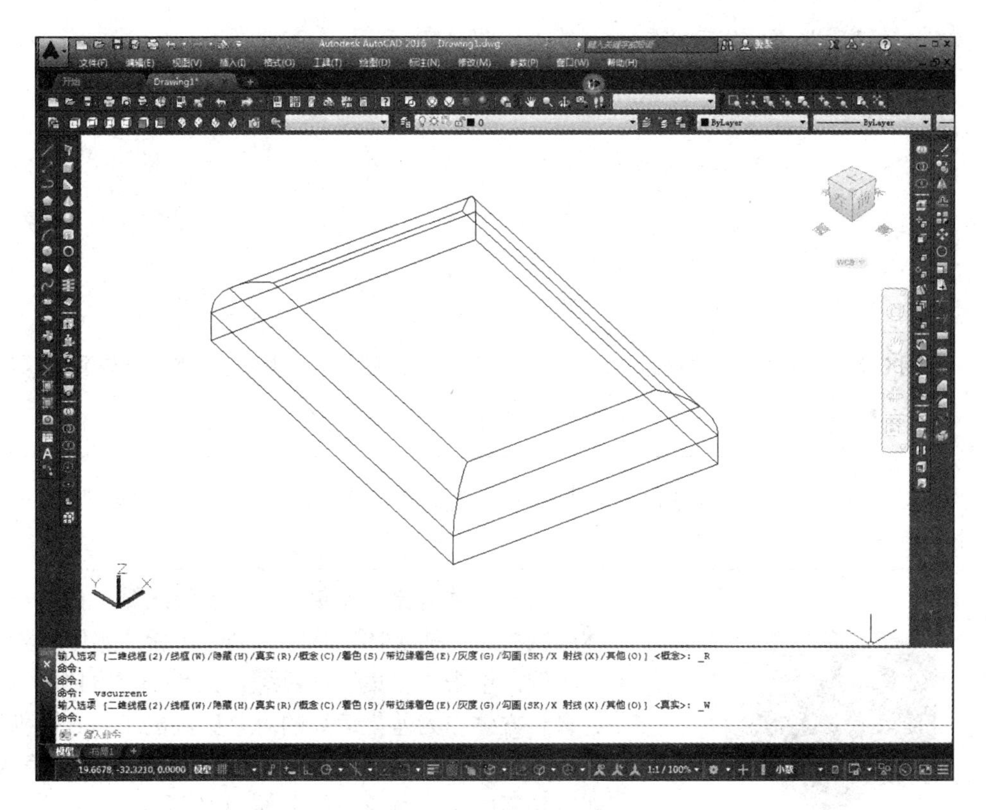

图 6-10　长方体顶面倒圆角

AutoCAD 文本提示如下：

命令：_fillet
当前设置：模式 = 修剪，半径 = 0.0000
选择第一个对象或 [放弃(U)/多段线(P)/半径(R)/修剪(T)/多个(M)]：
输入圆角半径或 [表达式(E)]：4↙（输入圆角半径，按 Enter 键）
选择边或 [链(C)/环(L)/半径(R)]：（用鼠标选取一条边线）
选择边或 [链(C)/环(L)/半径(R)]：（用鼠标选取下一条边线）
选择边或 [链(C)/环(L)/半径(R)]：（用鼠标选取下一条边线）
选择边或 [链(C)/环(L)/半径(R)]：（用鼠标选取下一条边线）
已选定 4 个边用于圆角。↙（结束圆角）

若只要对一条边倒圆角或直角，则只需选择相应的边即可。

3）实体的布尔运算分析

AutoCAD 中的布尔运算是利用布尔逻辑运算的原理，对实体和面域进行并集运算、差集运算和交集运算，以产生新的组合实体。

（1）实体对象的并集运算。并集运算是将多个实体组合成一个实体。

例：绘制一个图 6-11 所示的长方体及与其相交的圆球，从线框显示可看出，它们是两个物体（也可用点选的方式判断它们是两个物体）。

单击“并集”按钮，在命令行窗口提示下，在绘图区选择所有的实体对象为并集对象，按 Enter 键后即可并集运算实体，效果如图 6-12 所示。

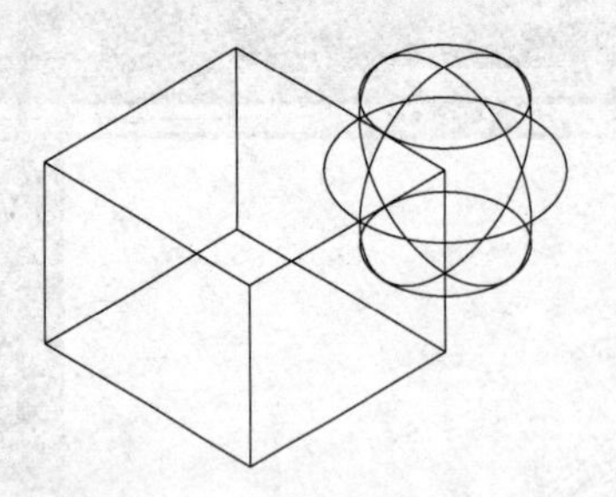

图 6-11　长方体与相交的圆球

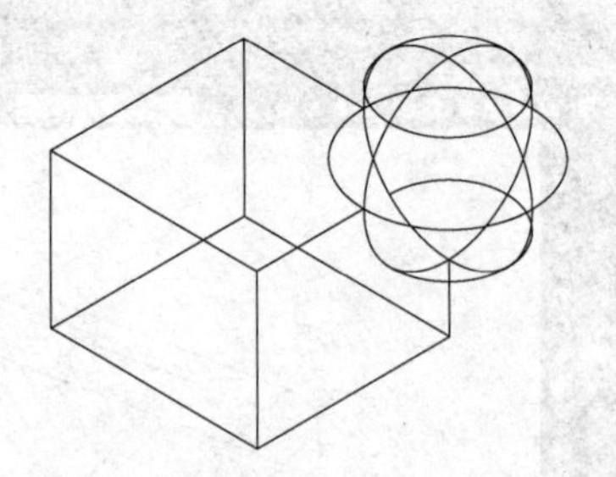

图 6-12　并集后的长方体与圆球

注　意

观察图 6-12 中长方体与相交圆球相交部分线框的变化，可明显看出二者已合并为一个实体了。

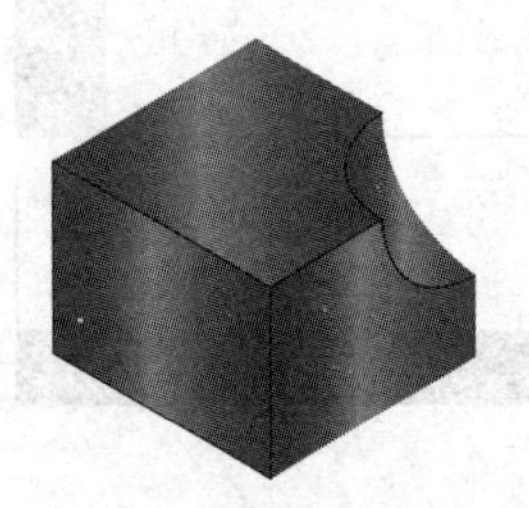

图 6-13　长方体减去圆球后得到的实体

（2）实体对象的差集运算。差集运算是指从一些实体中减去另一些实体，从而得到一个新的实体对象。

例：单击“差集”按钮，在命令行窗口提示下，选择长方体作为差集运算的对象后，按 Enter 键确认，再选择上部的圆球作为减去的对象，按 Enter 键确认后，即得到新的实体对象，如图 6-13 所示。

AutoCAD 文本提示如下：

命令：_subtract 选择要从中减去的实体、曲面和面域...
选择对象：找到 1 个（用鼠标选取长方体）↙（选择长方体作为差集运算的对象，按 Enter 键）
选择对象：
选择要减去的实体、曲面和面域...
选择对象：找到 1 个↙（选择圆球作为减去的对象，按 Enter 键）

注　意

差集选择次序一定要先选择被减对象，按 Enter 键确认后再选择的是为减去的对象。如图 6-14 所示的是上例中选择对象交换后，旋转观察得到的效果，实际上是一个圆球被减去了 1/8。

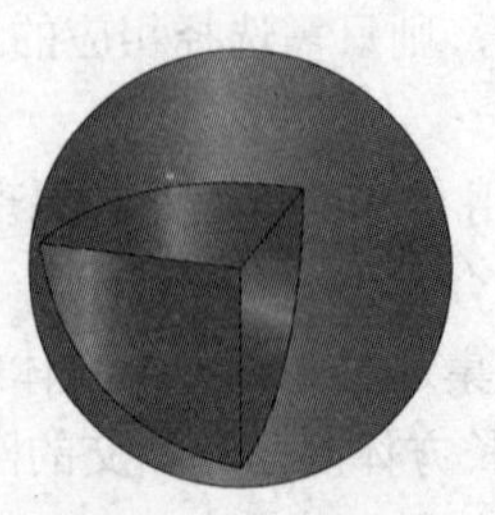

图 6-14　圆球减去长方体后的得到的实体

（3）实体对象的交集运算。交集运算是指可以将两个以上重叠实体的公共部分创建复合对象。

单击“交集”按钮，在命令行窗口提示下，在绘图区选择所有的实体对象为并集对象，按 Enter 键后即可交集运算实体，效果如图 6-15 所示。这实际上是一个 1/8 的圆球。

4）实体的复制边操作分析

用户可以复制边及为其指定颜色，目的是将三维实体上的选定边复制为二维圆弧、圆、椭圆、直线或样条曲线。AutoCAD 软件提供用于执行修改、延伸操作及基于提取边创建新三维实体的方法。基于提取边创建新三维实体的步骤如下：

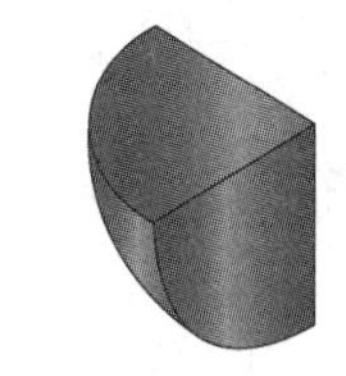

图 6-15　长方体与圆球交集后得到的实体

（1）指定要复制的边。按 Ctrl 键并单击要选择的边。

（2）设置位移：指定位移的基点，设置用于确定新对象放置位置的第一个点，之后指定位移的第二点，并设置新对象的相对方向和距离。具体实例见 6.2.3 节的步骤 4：肋板建模。

6.2.3　操作步骤

步骤 1：设置作图环境

启动 AutoCAD 2016 软件，在状态栏中单击“切换工作空间”按钮，选择“三维建模”选项，进入“三维建模”工作空间。选择“视图”→“三维视图”→“西南等轴测”命令。建立西南等轴测如图 6-16 所示。

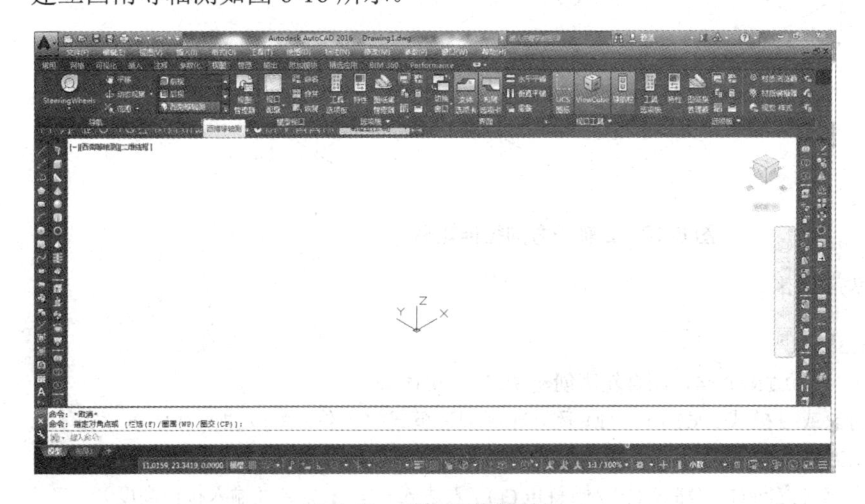

图 6-16　建立西南等轴测

支架三维实体建模演示

步骤 2：底座建模

根据图 6-8 所示尺寸信息，绘制长方体。

1）在 *XY* 面上进行长方体的实体建模

（1）单击“矩形”按钮，对角线第 1 点在绘图区可以随便指定，第 2 点要在命令行窗口输入“@28,42”。28mm×42mm 的矩形线框就绘制好了，如图 6-17 所示。

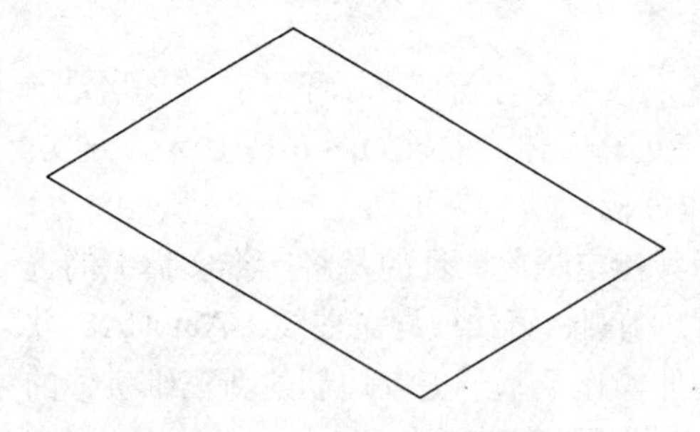

图 6-17　在 *XY* 面上绘制矩形

AutoCAD 文本提示如下：

命令：_rectang
指定第一个角点或 [倒角(C)/标高(E)/圆角(F)/厚度(T)/宽度(W)]：（用鼠标在绘图区任意点取一点）
指定另一个角点或 [面积(A)/尺寸(D)/旋转(R)]：@28,42↙（输入相对坐标的数值）

（2）执行“拉伸”命令，将在上一步骤中创建的矩形向 *Z* 轴正方向拉伸 7mm，结果如图 6-18 所示。

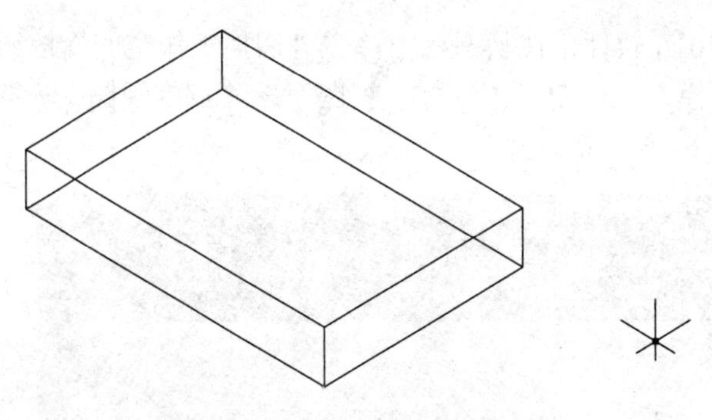

图 6-18　*Z* 轴正方向拉伸矩形

AutoCAD 文本提示如下：

命令：_extrude
当前线框密度： ISOLINES=4，闭合轮廓创建模式 = 实体
选择要拉伸的对象或 [模式(MO)]：_MO 闭合轮廓创建模式 [实体(SO)/曲面(SU)] <实体>：（用鼠标在绘图区选取长方体）
指定拉伸的高度或 [方向(D)/路径(P)/倾斜角(T)/表达式(E)]：7↙（输入拉伸高度）
选择要拉伸的对象或 [模式(MO)]：找到 1 个↙

2）在 *XY* 面上进行圆柱体的实体建模

单击“圆柱体”按钮，捕捉长方体顶点后如图 6-19 所示，输入圆柱体半径和高度进行圆柱体建模。此处由于圆柱体用来进行钻孔，所以高度只需等于或大于底座即可。结果如图 6-20 所示。

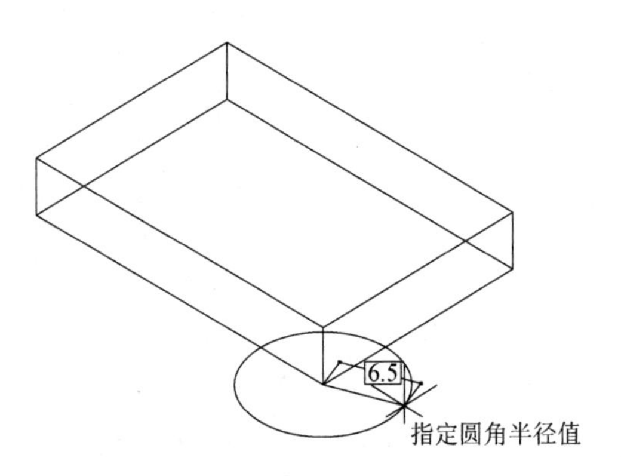

图 6-19　捕捉长方体顶点

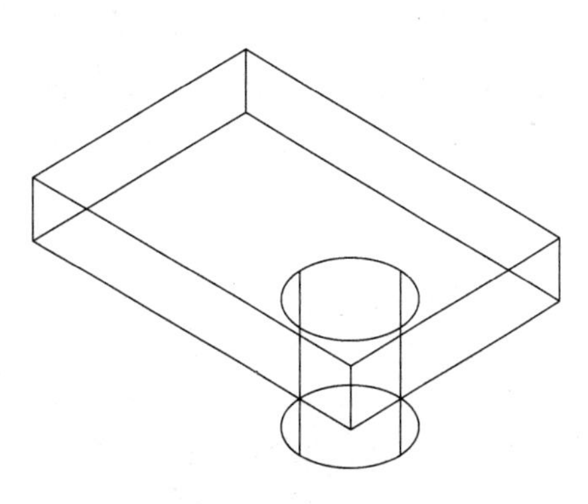

图 6-20　圆柱体建模

AutoCAD 文本提示如下：

命令：_cylinder
指定底面的中心点或 [三点(3P)/两点(2P)/切点、切点、半径(T)/椭圆(E)]：（用鼠标在绘图区选取长方体顶点）
指定底面半径或 [直径(D)]：6.5↙（输入半径值）
指定高度或 [两点(2P)/轴端点(A)] <7.0000>：（移动鼠标至合适高度后单击）

单击“移动”按钮，捕捉圆柱体圆心，将圆柱体移至图样位置，结果如图 6-21 所示。

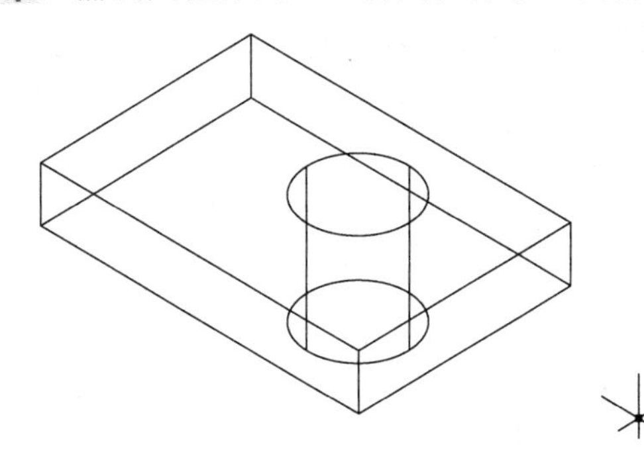

图 6-21　移动后的圆柱体

AutoCAD 文本提示如下：

命令：_move（用鼠标在绘图区选取圆柱体）
选择对象：找到 1 个↙
指定基点或 [位移(D)] <位移>：（用鼠标在绘图区选取圆柱体圆心）
指定第二个点或 <使用第一个点作为位移>：@10,10↙（输入相对坐标数值）

单击“镜像”按钮，选取圆柱体圆长方体中点，将圆柱体镜像，结果如图 6-22 所示。
AutoCAD 文本提示如下：

命令：_mirror（用鼠标在绘图区选取圆柱体）
选择对象：找到 1 个↙
指定镜像线的第一点：（用鼠标在绘图区选取长方体前中点） 指定镜像线的第二点：（用鼠标在绘图区选取长方体后中点）

要删除源对象吗？[是(Y)/否(N)] <N>:↙（采用默认值）

布尔运算形成圆孔：单击“差集”按钮，在长方体中钻削圆柱孔，结果如图 6-23 所示。

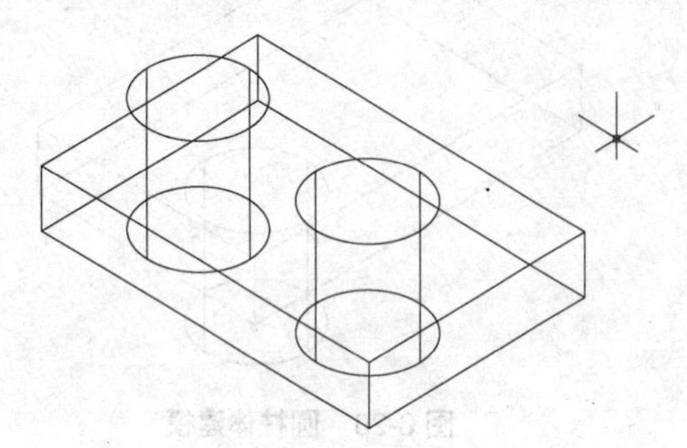

图 6-22　镜像圆柱体

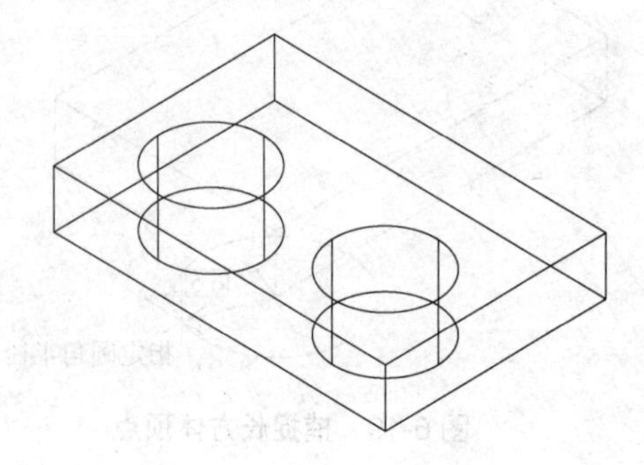

图 6-23　布尔运算形成圆孔

AutoCAD 文本提示如下：

命令：_subtract 选择要从中减去的实体、曲面和面域...（用鼠标在绘图区选取长方体）
选择对象：找到 1 个↙（确认）
选择对象：选择要减去的实体、曲面和面域...（用鼠标在绘图区分别选取圆柱体）
选择对象：找到 1 个↙（选取一个圆柱）
选择对象：找到 1 个，总计 2 个↙（再选取另一个圆柱后按 Enter 键确认，结束命令）

倒圆角：单击“圆角”按钮，给长方体倒两个 *R*4 的圆角，结果如图 6-24 所示。

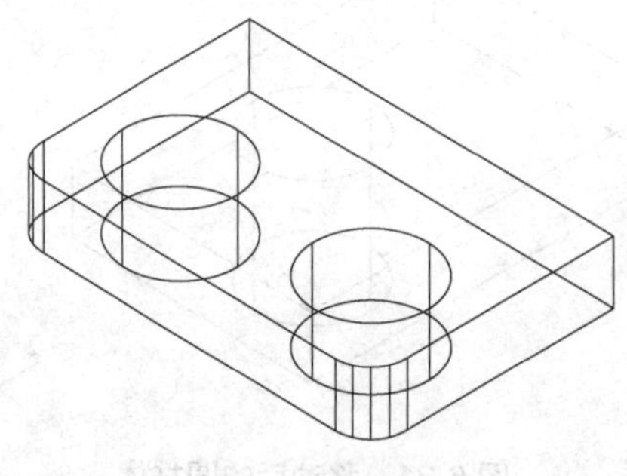

图 6-24　倒圆角

AutoCAD 文本提示如下：

命令：_fillet
当前设置：模式 = 修剪，半径 = 0.0000
选择第一个对象或 [放弃(U)/多段线(P)/半径(R)/修剪(T)/多个(M)]：（用鼠标在绘图区选取长方体的一个边线）
输入圆角半径或 [表达式(E)]：4↙（输入圆角半径数值）
选择边或 [链(C)/环(L)/半径(R)]：（用鼠标在绘图区选取长方体的另一个边线）
选择边或 [链(C)/环(L)/半径(R)]：
已选定 2 个边用于圆角。↙（确认后按 Enter 键）

步骤 3：支承板建模

根据图 6-8 所示尺寸信息，绘制支承板。

1）在前视面上进行支承板的截面图形绘制

（1）选择“视图”→“三维视图”→“前视”命令，进入前视基准面。

（2）根据所需尺寸，绘制支承板的截面图形，采用“直线”命令、“圆角”命令；偏移后用直线封闭，结果如图 6-25 所示。

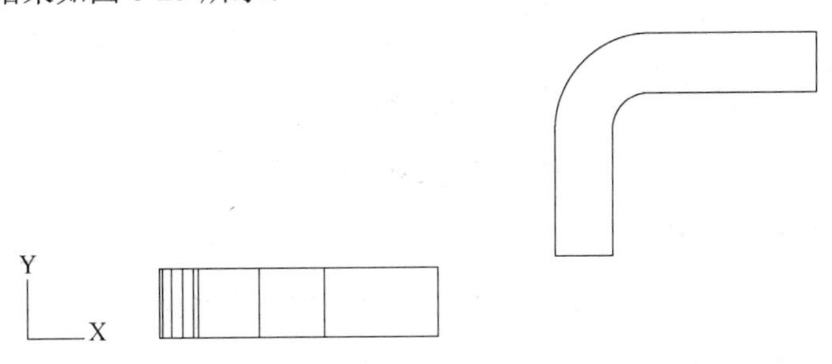

图 6-25　支承板截面图

AutoCAD 文本提示如下：

```
命令： _offset
当前设置：删除源=否  图层=源  OFFSETGAPTYPE=0
指定偏移距离或 [通过(T)/删除(E)/图层(L)] <通过>： 6↙（输入偏移距离后按 Enter 键）
选择要偏移的对象，或 [退出(E)/放弃(U)] <退出>：（用鼠标在绘图区选取两根直线和圆弧进行偏移）
命令： _line
指定第一个点：（用鼠标在绘图区选取直线端点）
指定下一点或 [放弃(U)]： （用鼠标在绘图区选取另一直线端点）
指定下一点或 [放弃(U)]： ↙
命令： LINE
指定第一个点：（用鼠标在绘图区选取直线端点）
指定下一点或 [放弃(U)]： （用鼠标在绘图区选取另一直线端点）
指定下一点或 [放弃(U)]： ↙
```

（3）创建面域：将图 6-25 中的封闭图形创建为一个面域（多对象图形需做成面域后方能拉伸成实体）。

单击“面域”按钮，选取封闭图形创建面域。AutoCAD 文本提示如下：

```
命令： _region
选择对象：指定对角点：找到 8 个（用鼠标在绘图区窗口选取封闭图形）
选择对象：↙
已提取 1 个环。
已创建 1 个面域。
```

（4）创建支承板的拉伸实体。选择“视图”→“三维视图”→“西南等轴测”命令，单击“拉伸”按钮，选取面域图形拉伸 24mm，形成支承板的实体，结果如图 6-26 所示。

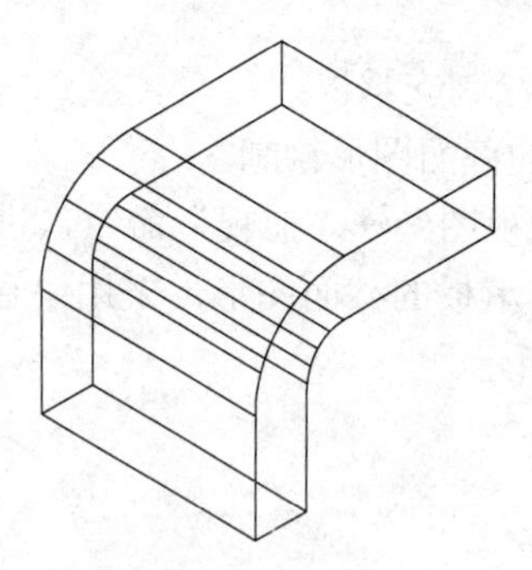

图 6-26　支承板拉伸图

AutoCAD 文本提示如下：

```
命令: _-view 输入选项 [?/删除(D)/正交(O)/恢复(R)/保存(S)/设置(E)/窗口(W)]:
命令: _extrude
当前线框密度: ISOLINES=4，闭合轮廓创建模式 = 实体
选择要拉伸的对象或 [模式(MO)]: _MO 闭合轮廓创建模式 [实体(SO)/曲面(SU)] <实体>:
_SO（用鼠标在绘图区选取面域体）
选择要拉伸的对象或 [模式(MO)]: 找到 1 个
选择要拉伸的对象或 [模式(MO)]:
指定拉伸的高度或 [方向(D)/路径(P)/倾斜角(T)/表达式(E)]: 24↙
```

（5）将支承板移动到正确位置。单击“移动”按钮，捕捉支承板下端中点，将其对齐至底板边中点位置，结果如图 6-27 所示。

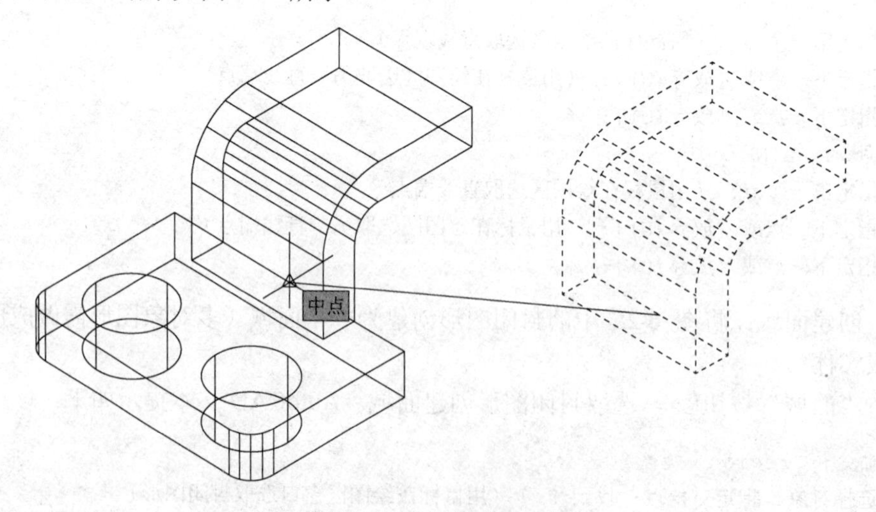

图 6-27　支承板对齐底板

步骤 4：肋板建模

根据图 6-8 所示的尺寸信息，创建肋板实体。

（1）单击实体编辑中的“复制边”按钮，复制肋板的边线，结果如图 6-28 所示。

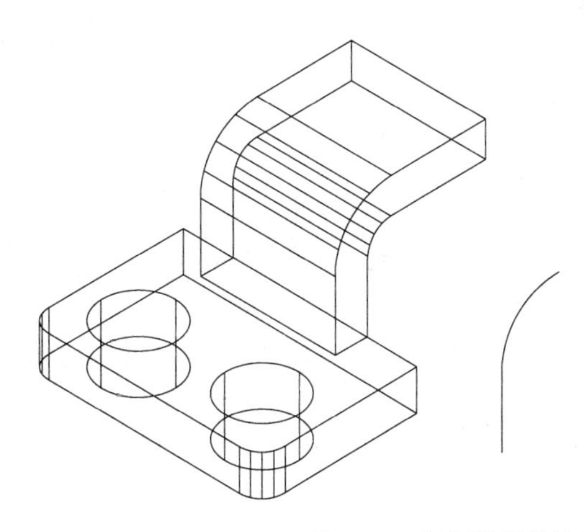

图 6-28　复制肋板的边线

AutoCAD 文本提示如下：

```
命令: _solidedit
实体编辑自动检查:  SOLIDCHECK=1
输入实体编辑选项 [面(F)/边(E)/体(B)/放弃(U)/退出(X)] <退出>: _edge
输入边编辑选项 [复制(C)/着色(L)/放弃(U)/退出(X)] <退出>: _copy
选择边或 [放弃(U)/删除(R)]: (用鼠标在绘图区选取肋板的直边线)
选择边或 [放弃(U)/删除(R)]: (用鼠标在绘图区选取肋板的圆弧边线)
选择边或 [放弃(U)/删除(R)]: ↙
指定基点或位移: (用鼠标选取肋板边线的端点)
指定位移的第二点: (用鼠标在图形的侧边点取)
输入边编辑选项 [复制(C)/着色(L)/放弃(U)/退出(X)] <退出>:↙(按 Enter 键, 退出)
实体编辑自动检查:  SOLIDCHECK=1
输入实体编辑选项 [面(F)/边(E)/体(B)/放弃(U)/退出(X)] <退出>:↙
```

（2）单击“直线”按钮，采用捕捉端点、切点等命令，完成肋板封闭图形的绘制，结果如图 6-29 所示。

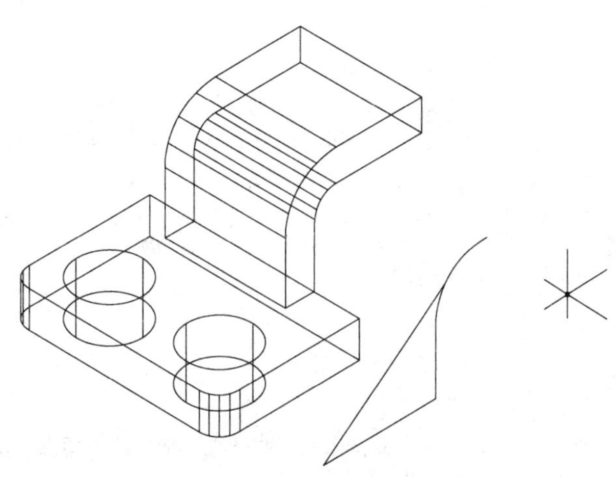

图 6-29　肋板封闭图形的绘制

AutoCAD 文本提示如下：

```
命令: _line
指定第一个点: （用鼠标捕捉直线的端点）
指定下一点或 [放弃(U)]: 22
指定下一点或 [放弃(U)]: _tan 到（采用临时捕捉，捕捉圆弧切点）
指定下一点或 [闭合(C)/放弃(U)]: ↙
```

（3）采用修剪、面域等命令，将所绘图形转换为面域，结果如图 6-30 所示。

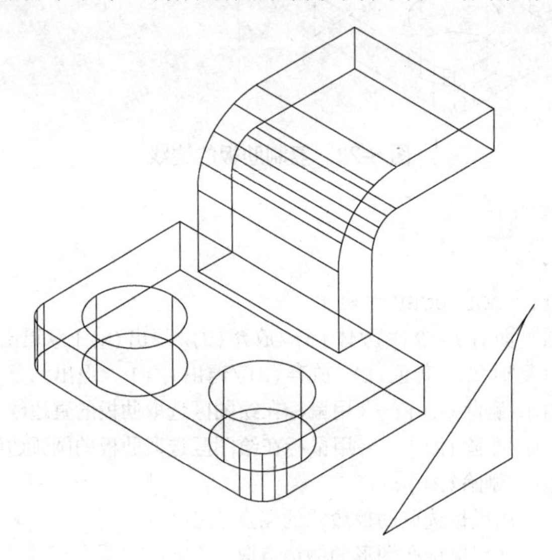

图 6-30　肋板面域的绘制

“修剪”命令的 AutoCAD 文本提示如下：

```
命令: _trim
视图与 UCS 不平行。命令的结果可能不明显。
当前设置:投影=UCS，边=无
选择剪切边...
选择对象或 <全部选择>:（按 Enter 键，全部选择）
选择要修剪的对象，或按住 Shift 键选择要延伸的对象，或
[栏选(F)/窗交(C)/投影(P)/边(E)/删除(R)/放弃(U)]: （用鼠标选择多余部分）
选择要修剪的对象，或按住 Shift 键选择要延伸的对象，或
[栏选(F)/窗交(C)/投影(P)/边(E)/删除(R)/放弃(U)]: ↙
```

“面域”命令的 AutoCAD 文本提示如下：

```
命令: _line
指定第一个点: （用鼠标捕捉直线的端点）
指定下一点或 [放弃(U)]: 22
指定下一点或 [放弃(U)]: _tan 到（采用临时捕捉，捕捉圆弧切点）
指定下一点或 [闭合(C)/放弃(U)]: ↙
```

命令：_region
选择对象：指定对角点：找到 6 个（用鼠标选取面域部分）
选择对象：
已提取 1 个环。
已创建 1 个面域。↙

（4）拉伸面域，形成肋板实体，结果如图 6-31 所示。

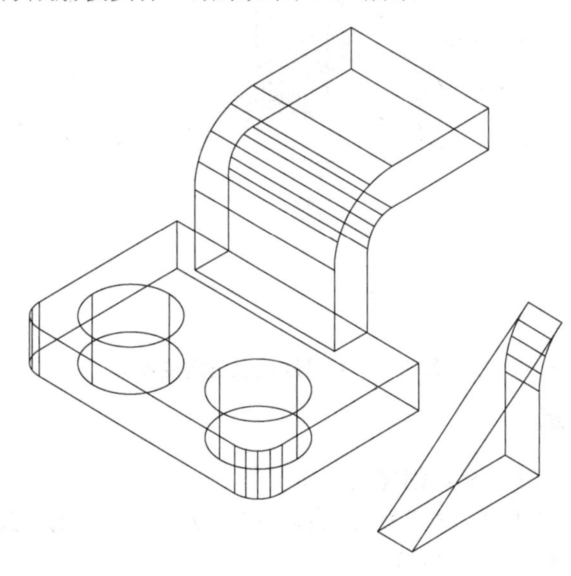

图 6-31　肋板实体建模

AutoCAD 文本提示如下：

命令：_extrude
当前线框密度： ISOLINES=4，闭合轮廓创建模式 = 实体
选择要拉伸的对象或 [模式(MO)]：_MO 闭合轮廓创建模式 [实体(SO)/曲面(SU)] <实体>：_SO（用鼠标选取面域）
选择要拉伸的对象或 [模式(MO)]：找到 1 个
选择要拉伸的对象或 [模式(MO)]：
指定拉伸的高度或 [方向(D)/路径(P)/倾斜角(T)/表达式(E)] <24.0000>：6↙

（5）将肋板移动到正确位置。单击“移动”按钮，捕捉肋板下端中点，将其对齐至底板边中点位置，结果如图 6-32 所示。

AutoCAD 文本提示如下：

命令：_move（用鼠标选取肋板部分）
选择对象：找到 1 个
选择对象：
指定基点或 [位移(D)] <位移>：（用鼠标选取肋板底边中点）
指定第二个点或 <使用第一个点作为位移>：（用鼠标选取支承板底边中点）

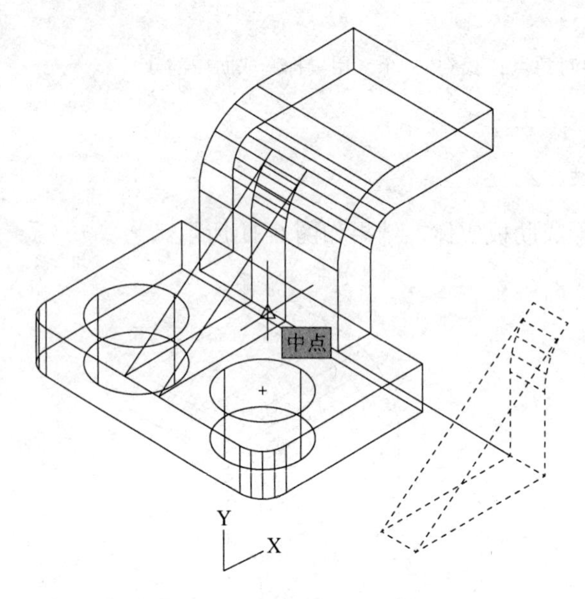

图 6-32　移动肋板至正确位置

步骤 5：支承体建模

根据图 6-8 所示的尺寸信息，创建支承体实体。

（1）采用圆柱体直接建模形成支承体实体。单击实体编辑中的“圆柱体”按钮，分别绘制大、小两个圆柱体，结果如图 6-33 所示。

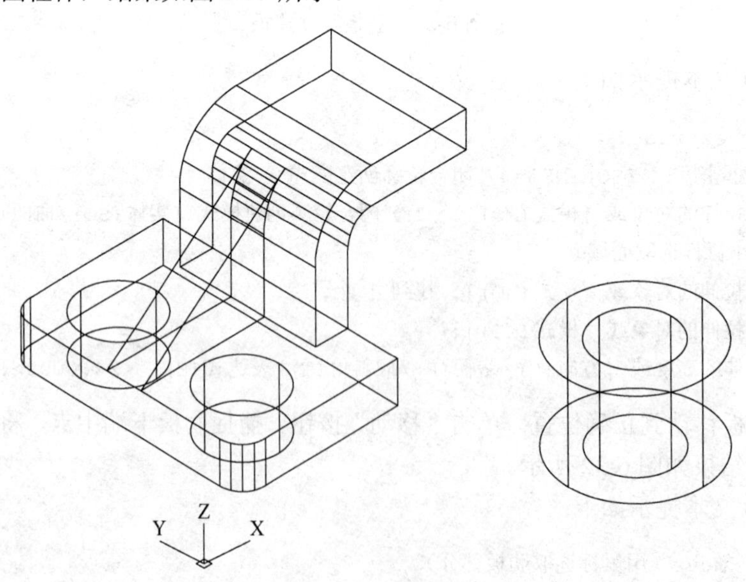

图 6-33　圆柱体建模

AutoCAD 文本提示如下：

命令：_cylinder
指定底面的中心点或 [三点(3P)/两点(2P)/切点、切点、半径(T)/椭圆(E)]：（用鼠标点取

圆心）
指定底面半径或 [直径(D)]: d↙
指定直径: 13↙
指定高度或 [两点(2P)/轴端点(A)]: 16↙

AutoCAD 文本提示如下：

命令: _cylinder
指定底面的中心点或 [三点(3P)/两点(2P)/切点、切点、半径(T)/椭圆(E)]: （用鼠标点取圆心）
指定底面半径或 [直径(D)] <12.0000>: 12↙
指定高度或 [两点(2P)/轴端点(A)] <-16.0000>: 16↙

（2）绘制辅助线以便于对齐支承体实体的位置。单击“直线”按钮，绘制肋板顶面中线及圆柱体轴线，为下一步对齐支承体实体的位置做准备，结果如图 6-34 所示。

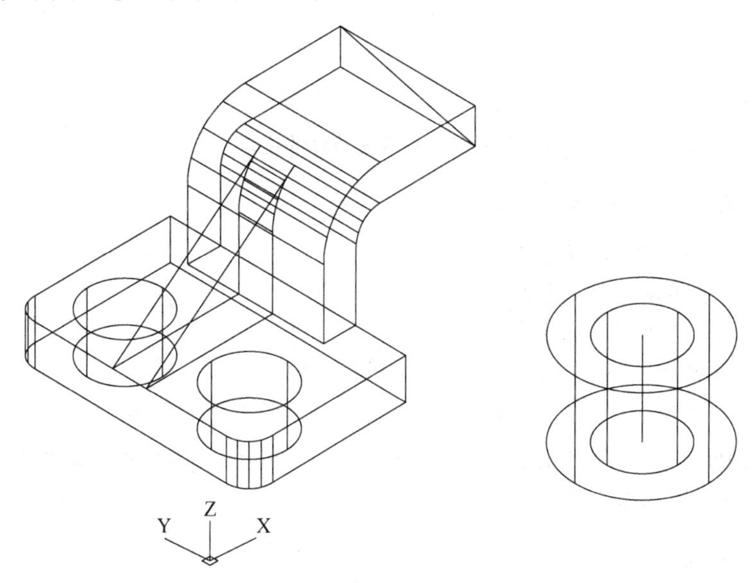

图 6-34　作辅助线

AutoCAD 文本提示如下：

命令: _line
指定第一个点: （用鼠标捕捉端点）
指定下一点或 [放弃(U)]: （用鼠标捕捉端点）
指定下一点或 [放弃(U)]: ↙
命令: LINE
指定第一个点: （用鼠标捕捉圆心）
指定下一点或 [放弃(U)]: （用鼠标捕捉圆心）
指定下一点或 [放弃(U)]: ↙

（3）对齐支承体实体的位置。单击“移动”按钮，选择两个圆柱后，捕捉上一步所绘制的圆柱轴线的中点将其对齐至肋板前端中点，结果如图 6-35 所示。

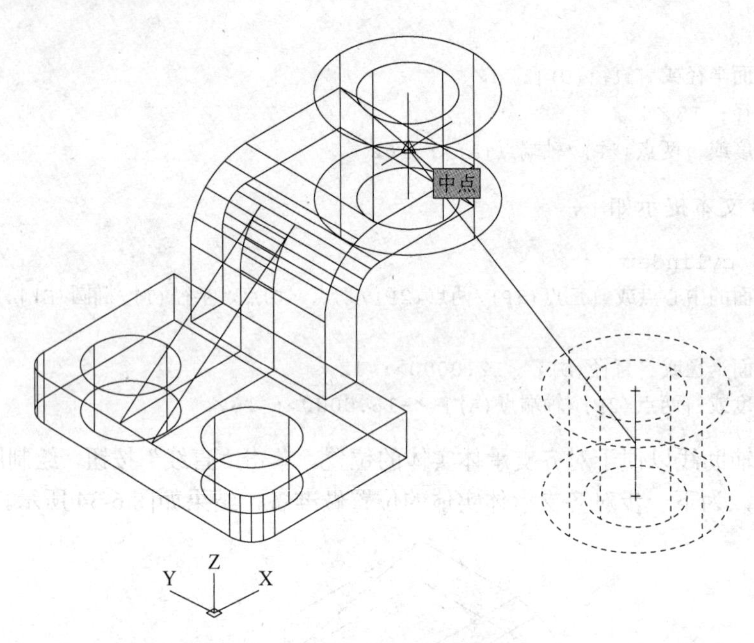

图 6-35　对齐支承体的位置

AutoCAD 文本提示如下：

命令：_move（用鼠标选取两个圆柱体）
选择对象：指定对角点：找到 3 个
选择对象：（按回车键，结束选择）
指定基点或 [位移(D)] <位移>：（用鼠标捕捉轴线中点）
指定第二个点或 <使用第一个点作为位移>：（用鼠标捕捉肋板前端中点）

（4）删除辅助线。单击“删除”按钮，选择轴线和肋板前端辅助线，将之删除。AutoCAD 文本提示如下：

命令：_erase
选择对象：找到 1 个（用鼠标点选轴线）
选择对象：找到 1 个，总计 2 个（用鼠标点选肋板前端辅助线）
选择对象：↙

步骤 6：布尔运算形成所需实体

（1）实体并集。单击“并集”按钮，将所需合并的实体进行并集运算。AutoCAD 文本提示如下：

命令：_union
选择对象：找到 1 个
选择对象：找到 1 个，总计 2 个
选择对象：找到 1 个，总计 3 个
选择对象：找到 1 个，总计 4 个
选择对象：↙

（2）实体差集。单击“差集”按钮，将所需去除的实体进行差集运算。结果如图 6-36 所示。

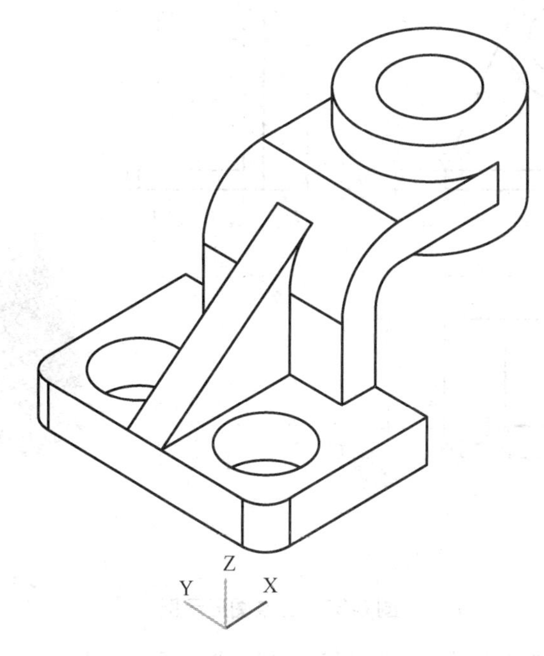

图 6-36　完成布尔运算后的实体

AutoCAD 文本提示如下：

```
命令： _subtract 选择要从中减去的实体、曲面和面域...
选择对象：找到 1 个（用鼠标选取并集后的实体）
选择对象： 选择要减去的实体、曲面和面域... （按 Enter 键）
选择对象：找到 1 个（用鼠标选取小圆柱）
选择对象：↙
```

6.2.4　随堂练习

【操作要求】

（1）三维视图:建立新图形文件，图形区域为 A3（420mm×297mm）幅面，在设置的图形区域内作图。新建视口，将绘图区建成 4 个视口，三维视图角度依次设置为主视、左视、俯视和西南等轴测，视觉样式为三维线框。打开“UCS”操作面板，选择“世界”选项。

（2）三维绘图：按图 6-37（a）所示的三视图给出的尺寸绘制三维图形，其中圆柱的直径为 50mm，孔径为 30mm；底板为 110mm×85mm×10mm 的矩形板；圆柱与底板之间采用斜板和肋进行支承。

（3）三维图形编辑:对矩形板外侧的两角进行倒角，圆角半径为 10mm，视觉样式转换为概念视觉样式，对三维视图进行着色，颜色选用 RGB: 192,192,192，结果如图 6-37（b）所示。

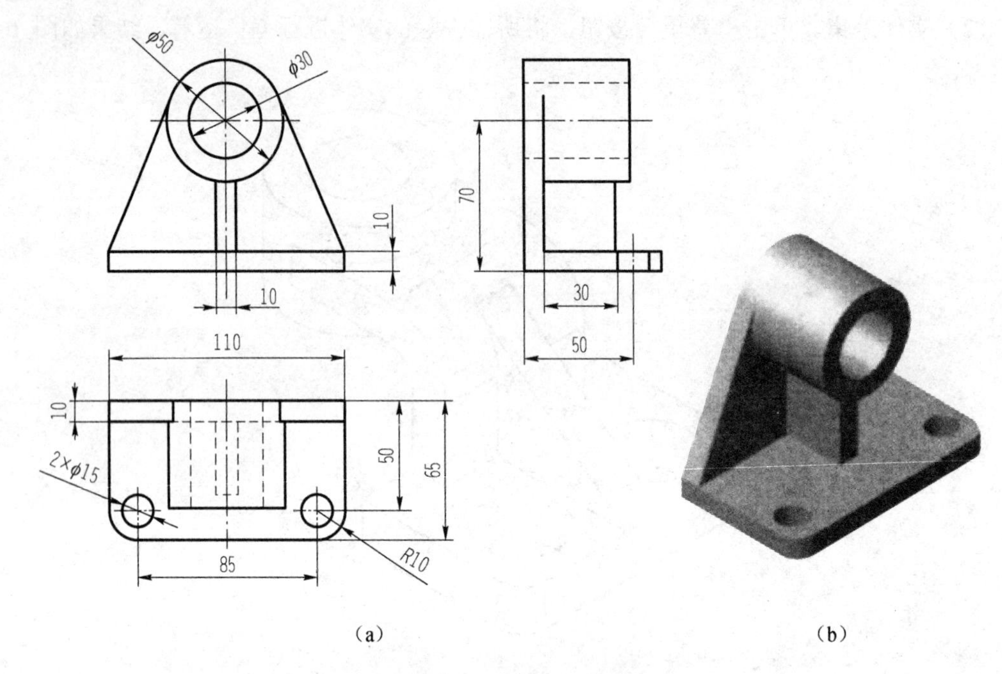

（a）　（b）

图 6-37　三维图形示例

（4）保存文件：将完成的图形以全部缩放的形式显示，并以“学号+姓名”为文件名保存。

6.3　绘制滑动轴承盖

6.3.1　案例介绍及知识要点

1. 案例介绍

绘制滑动轴承盖三维实体，如图 6-38 所示。

2. 知识要点

（1）滑动轴承盖由两个半圆组成，下半部（轴承座）装在机体上，上半部由轴承盖(瓦盖)固定在机体上。

滑动轴承盖多数采用铸铁或铸钢，经过由铸造、机械加工工艺制成。滑动轴承盖一般由轴承盖、肋板或筋板所组成，在轴承盖的侧边有与轴承座相连接的孔，轴承盖上大多有圆柱形的加油孔等结构。

（2）本案例中所需建模的滑动轴承盖零件的主体是一个带有半圆孔的底座，其顶上有两个带有圆孔和圆角的肋板；此半圆孔的中间部分还有一个圆柱形的加油孔。

（3）通过本案例的学习应掌握 AutoCAD 中基本体的创建方法，掌握实体建模的常见工具的使用方法，掌握 AutoCAD 参数化设计的方法，熟练掌握 AutoCAD 2016 软件上新有的

“按住并拖动”命令的使用方法，建立三维实体建模的基本思想，熟悉底座类零件建模的方法和步骤。

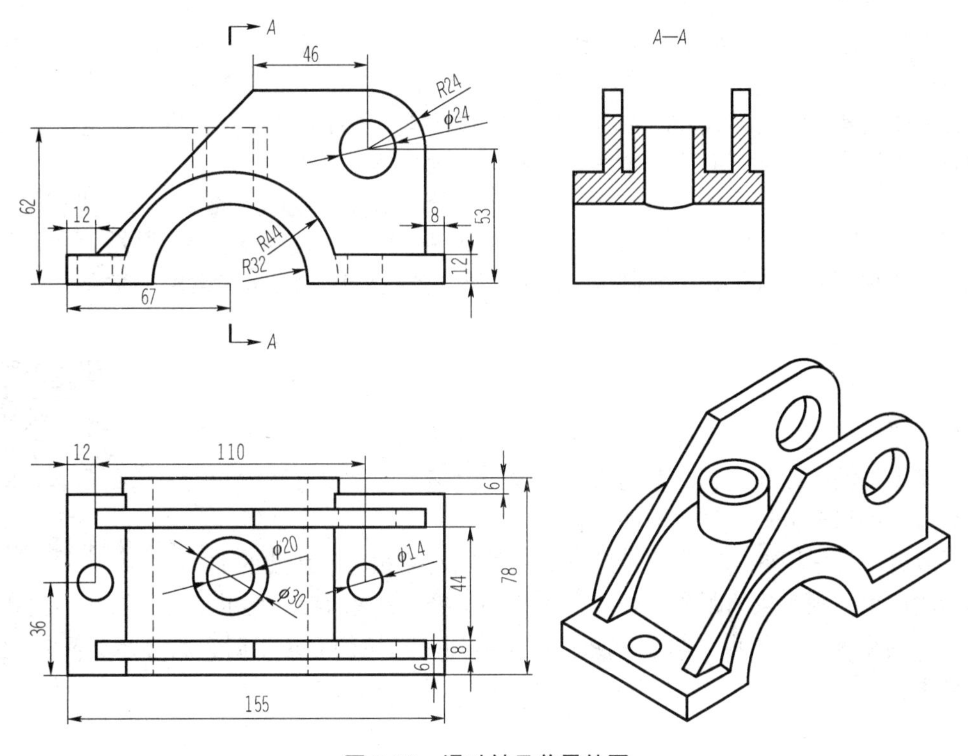

图 6-38　滑动轴承盖零件图

6.3.2　建模技术分析及绘图步骤

1. 建模技术分析

1）建模基本体分析

通过分析可将该零件分成 3 个组成部分，底座为一个带有内径为 *R*32mm 外径为 *R*44mm 的半圆盖的长方体，其上对称分布有两个连接孔；在底座上有两块对称的斜筋板，此斜筋板上各有一个圆角和一个孔；半圆盖的上方是一个内孔的圆柱，此内孔与半圆盖贯通。

2）建模思路分析

对于这个零件需要注意建模的次序，可先在主视图中将底座和斜筋板画出，然后利用 AutoCAD 2016 上的“按住并拖动”命令直接使它们立体化而不再需要进行面域操作。另一个斜筋板，可在俯视图中将其镜像。针对半圆盖的上方圆柱采用常规命令建模后运用布尔运算，多出部分再用一个圆柱体进行差集运算。

3）建模时的注意事项

二维绘制时应注意参数化的应用；三维实体建模后，二维图形可放在专用图层中将其关闭，方便观察。三维建模一定培养好自己的空间想象能力，不断地调整空间视角和平面视图，许多三维的问题是可以放在二维中解决的，灵活地应用能更简单地完成实体模型的建模工作。

2. 绘图步骤

（1）先利用参数化进行底座和斜筋板绘制，再用“按住并拖动”命令直接使它们立体化。

（2）将实体的斜筋板采用正交或极轴的方式移动到正确位置，再进入俯视图中将斜筋板镜像出另一个。

（3）通过辅助线的方式，建立两个同心的圆柱体；进行布尔运算，将前面建模形成的底座和斜筋板及大圆柱体合并成一个实体；再对小圆柱体进行差集。

（4）绘制一个大圆柱体，对底座进行布尔运算将前面建模形成的多出部分进行差集。

（5）在底座的角点绘制底板孔所需的ϕ14mm 圆柱体（用以钻孔，高度可以高一些），再将此圆柱体移动到正确位置，复制另一个ϕ14mm 圆柱体后进行布尔运算，完成滑动轴承盖零件的三维建模。

3. 绘图命令分析

参数化图形和约束分析

参数化图形是一项用于使用约束进行设计的技术，约束是应用于二维几何图形的关联和限制。利用参数化绘图功能，当改变图形的尺寸参数后，图形会自动发生相应的变化。

一般有两种常用的约束类型：几何约束控制对象相对于彼此的关系和标注约束控制对象的距离、长度、角度和半径值。图 6-39 显示了使用默认格式和可见性的几何约束和标注约束。将十字光标移至应用了约束的对象上时，将显示光标标记，如图 6-40 所示。

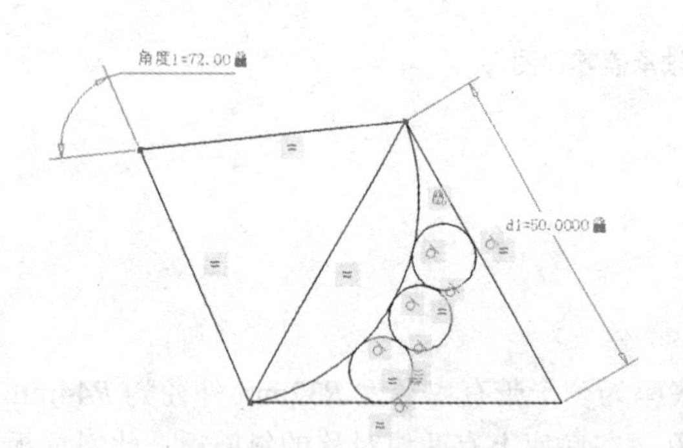

图 6-39　默认格式和可见性的几何约束和标注约束

图 6-40　约束的光标标记显示

例：绘制图 6-41 所示的图形，要求矩形的长宽比为 2。

（1）画矩形，长为 80mm，宽为 40mm（使它们成比例关系）。作对角线，单击“参数化”工具栏上的“自动约束”按钮，选择整体图形使其自动添加约束，垂直线约束为保持相互平行且长度相等，垂直线被约束为与水平线保持垂直，水平线被约束为保持水平，如图 6-42 所示。

（2）单击“参数化”工具栏上的“重合”按钮，把斜线顶点与矩形顶点重合在一起（3 个端点固定）。选择时只要使捕捉点靠近端点即可，如图 6-43 所示。

（3）选择“参数”→“标注约束”→“对齐”命令，标注斜线的长度，并将尺寸改为 80。此时图形会自动跟随尺寸变化发生相应的变化。

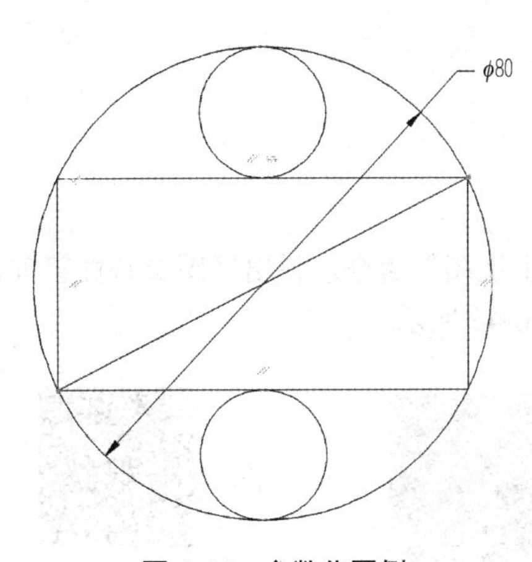

图 6-41　参数化图例

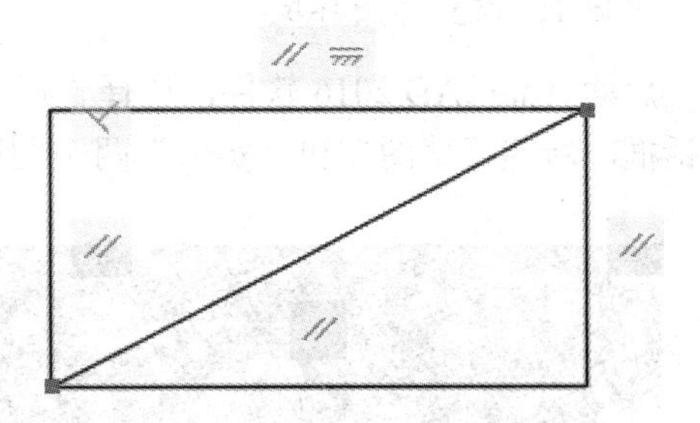

图 6-42　对图例进行参数化自动约束

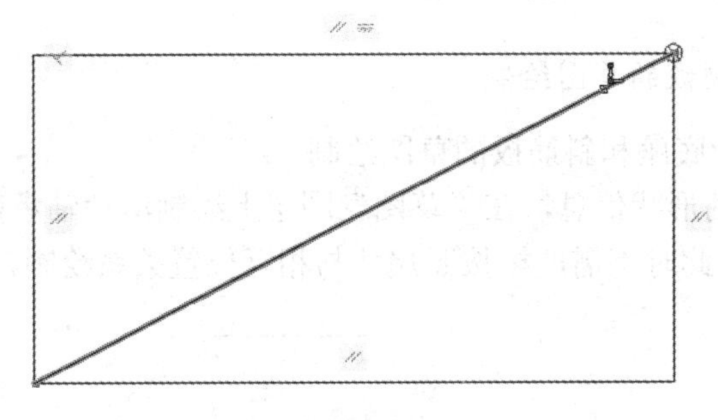

图 6-43　固定斜线顶点与矩形端点重合

（4）以斜线中点为圆心，顶点为半径绘制大圆。用二点画法绘制两个小圆（捕捉象限点和中点）。完成图形如图 6-44 所示。

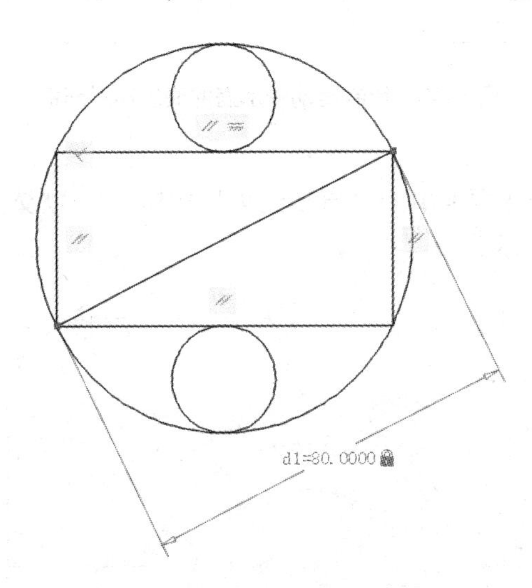

图 6-44　参数化确定后的图形

6.3.3 操作步骤

步骤 1：设置作图环境

启动 AutoCAD 2016 软件，选择“视图”→“主视图”命令。弹出“图层特性管理器”对话框，新建“草图”和“实体”两个图层，如图 6-45 所示。

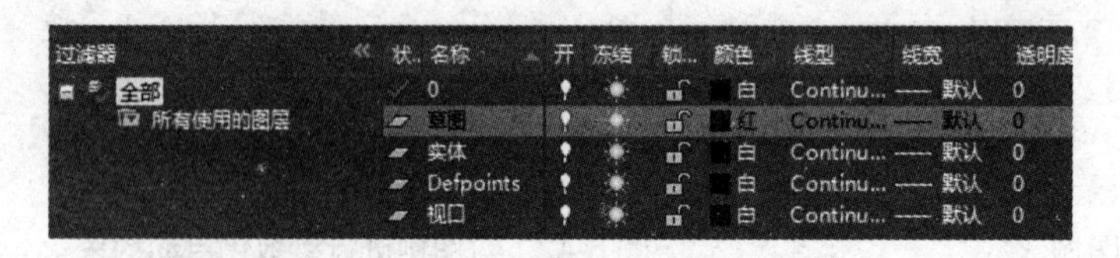

图 6-45　新建两个图层

滑动轴承盖绘制演示

步骤 2：底座和斜筋板的草图绘制

1）在主视图上进行底座和斜筋板的草图绘制

根据图 6-38 所示的形状信息，在“草图”图层上绘制滑动轴承盖的底座和斜筋板的投影图，如图 6-46 所示。此时不需严格按照尺寸与相互位置关系绘制，只需基本相似即可。

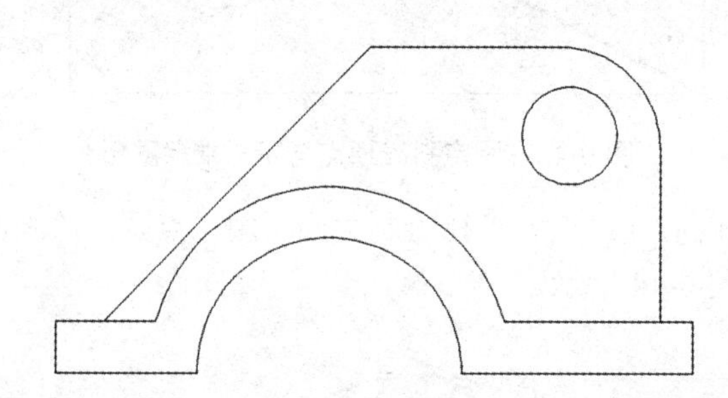

图 6-46　绘制滑动轴承盖的底座和斜筋板

2）进行参数化标注

（1）单击“参数化”选项卡中的“自动约束”按钮，以交叉窗口选择所画图形，出现自动约束，如图 6-47 所示。

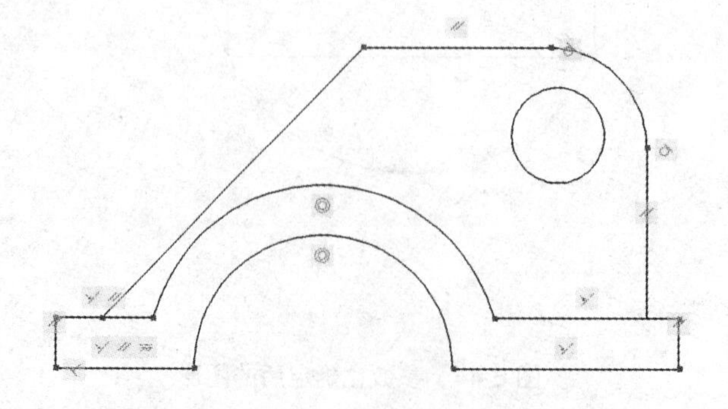

图 6-47　底座与斜筋板自动约束情况

AutoCAD 文本提示如下：

```
命令: _AutoConstrain
选择对象或 [设置(S)]:指定对角点: 找到 13 个（用鼠标交叉窗口选择所画图形）
选择对象或 [设置(S)]:
已将 23 个约束应用于 13 个对象↙
```

（2）单击“参数化”选项卡“几何约束”面板中的“同心”按钮◎，点选斜筋板上圆与圆弧，使其同心约束，如图 6-48 所示。

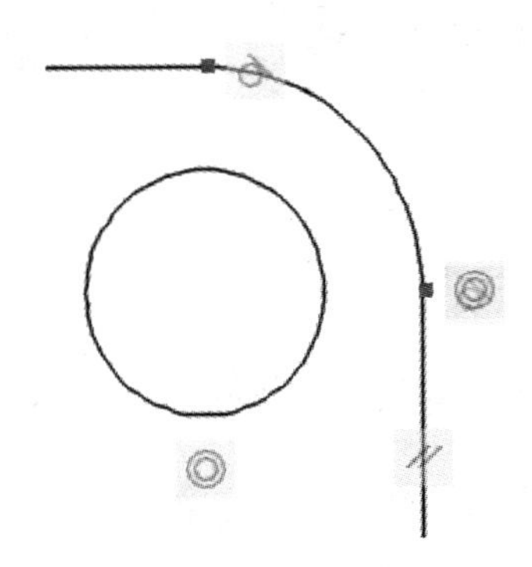

图 6-48　圆与圆弧同心约束

AutoCAD 文本提示如下：

```
命令: _GcConcentric
选择第一个对象: （用鼠标点选圆）
选择第二个对象: （用鼠标点选圆弧）
```

（3）单击“参数化”选项卡“几何约束”面板中的“半径”按钮，选择斜筋板上圆弧，标注尺寸，如图 6-49 所示。

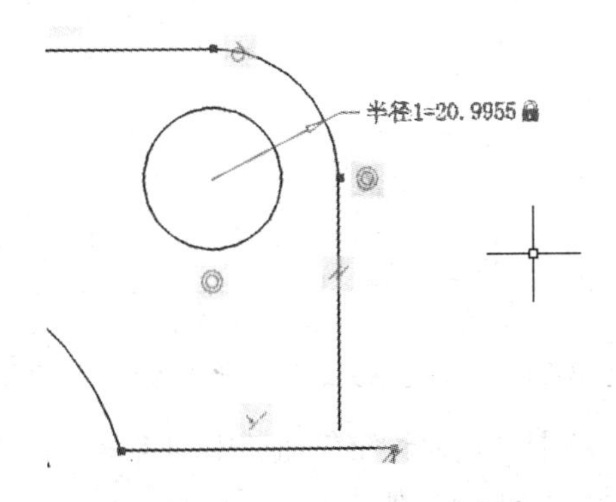

图 6-49　标注参数化圆弧尺寸

AutoCAD 文本提示如下：

```
命令: _DcRadius
选择圆弧或圆: （用鼠标点选圆弧）
```

标注文字 = 21.00（更改尺寸数值为 21，图形随着改变）
指定尺寸线位置：（用鼠标点取放置位置）

（4）单击“参数化”选项卡“几何约束”面板中的“半径”按钮，选择斜筋板上的圆，标注尺寸为“=半径 1”，此时应该尺寸就与半径 1 关联了，如图 6-50 所示。

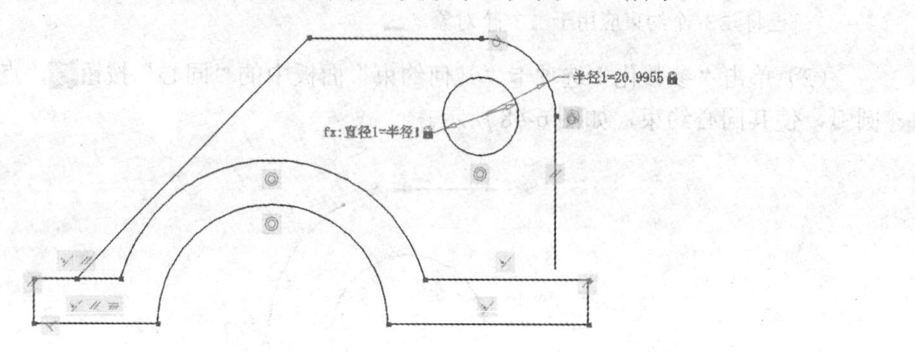

图 6-50　标注参数化圆与圆弧尺寸关联

AutoCAD 文本提示如下：

命令：_DcDiameter
选择圆弧或圆：
标注文字 = 22.91（更改标注尺寸为“=半径 1”）
指定尺寸线位置：↙

（5）单击半径 1 标注的尺寸，将其改变为 24，此时直径 1 与跟着变化为尺寸 24，如图 6-51 所示。

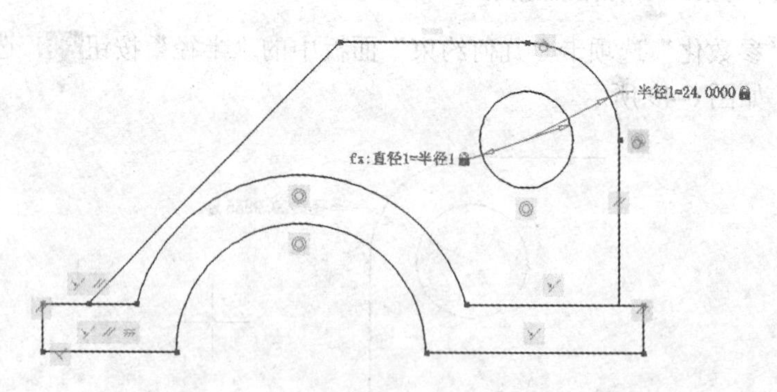

图 6-51　参数化下关联尺寸跟随基准尺寸变化

（6）单击“参数化”选项卡“几何约束”面板中的“重合”命令，选择底板的上平面线和斜筋板的垂线下端点，使它们重合，如图 6-52 所示。

AutoCAD 文本提示如下：

命令：_GcCoincident
选择第一个点或 [对象(O)/自动约束(A)] <对象>：（用鼠标点选底板的上平面线）
选择第二个点或 [对象(O)] <对象>：（用鼠标点选斜筋板的垂线下端点）

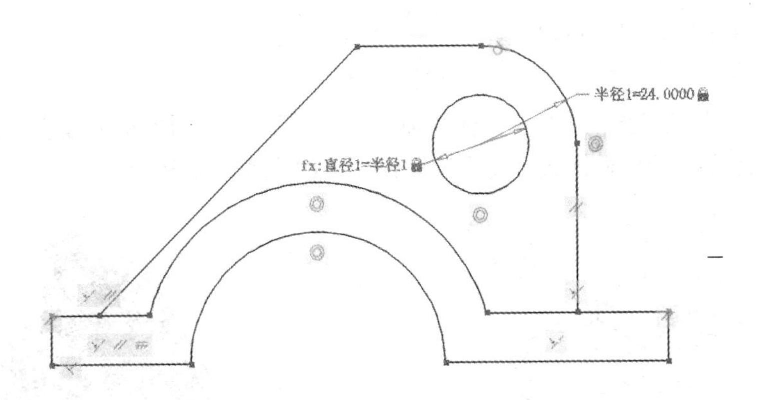

图 6-52　重合约束的设置

（7）标注其他参数化尺寸，如图 6-53 所示。

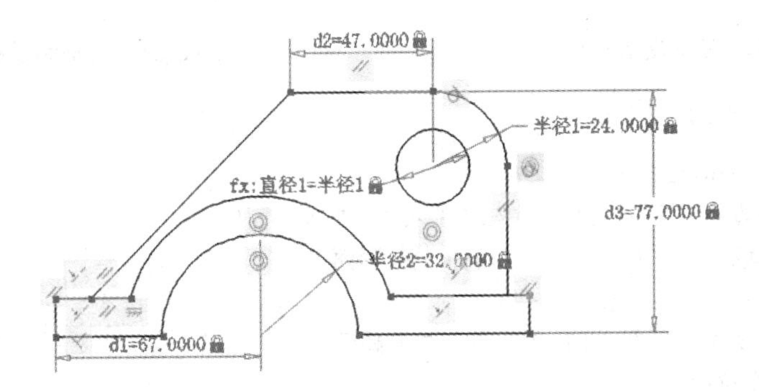

图 6-53　完成参数化尺寸标注

（8）单击“参数化”选项卡“动态标注”面板中的“全部隐藏”命令和“隐藏所有尺寸约束”命令，形成图形如图 6-54 所示。

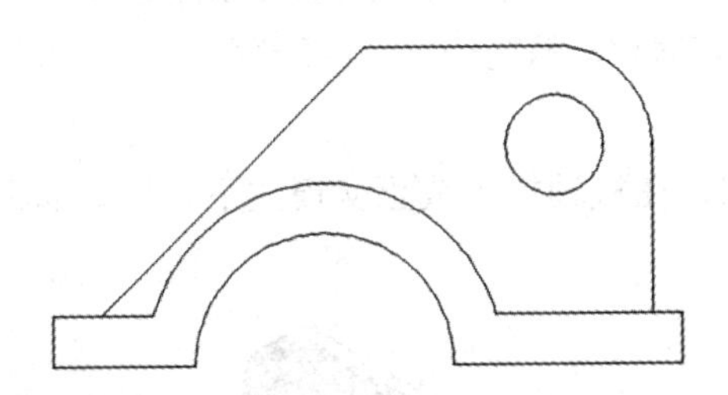

图 6-54　隐藏所有几何约束和尺寸约束

步骤 3：底座和斜筋板的建模

（1）进入西南等轴测视图，单击“建模”工具栏上的“按住并拖动”按钮，点选底板的投影，输入尺寸“72”，完成图形如图 6-55 所示。

AutoCAD 文本提示如下：

```
命令：_presspull
选择对象或边界区域：（用鼠标点选底板的投影面）
```

```
指定拉伸高度或 [多个(M)]:72↙
已创建 1 个拉伸命令: _GcCoincident
```

（2）单击“建模”工具栏上的“按住并拖动”按钮，点选斜筋板的投影，输入尺寸“8”，完成拉伸后再改变一下视觉样式，便于观察，完成图形如图 6-56 所示。

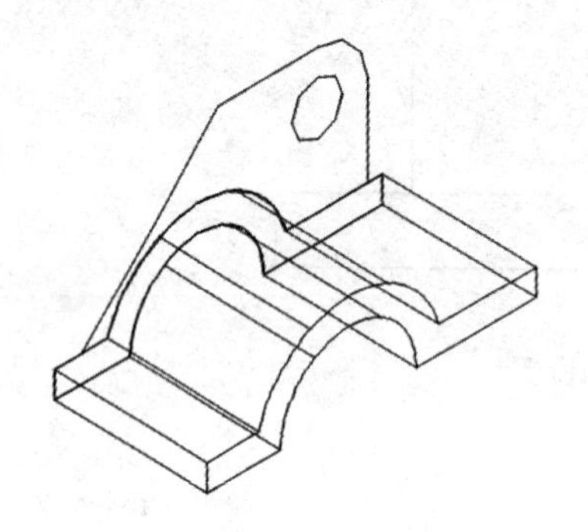

图 6-55 完成底板建模

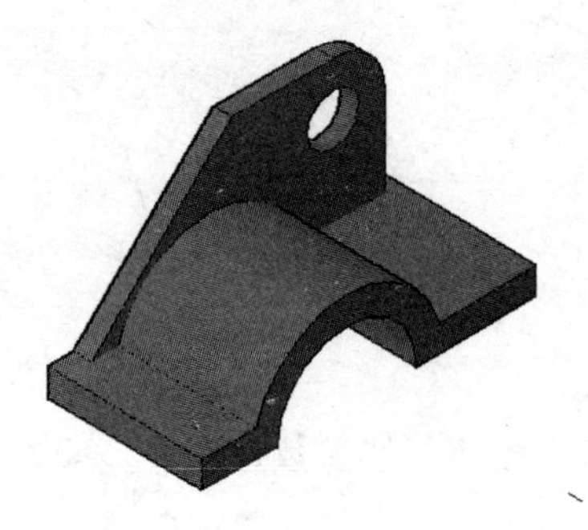

图 6-56 完成斜筋板建模

AutoCAD 文本提示如下：

```
命令: _presspull
选择对象或边界区域:选择要从中减去的实体、曲面和面域...
差集内部面域... （用鼠标点选斜筋板的投影面）
指定拉伸高度或 [多个(M)]:
指定拉伸高度或 [多个(M)]:8 （输入拉伸高度） ↙（回车）
已创建 1 个拉伸
选择对象或边界区域:
命令:
命令: _vscurrent
输入选项 [二维线框(2)/线框(W)/隐藏(H)/真实(R)/概念(C)/着色(S)/带边缘着色(E)/灰度(G)/勾画(SK)/X 射线(X)/其他(O)] <二维线框>: _C（将二维线框视觉样式改变为概念视觉样式）
```

（3）单击“移动”按钮，在极轴模式或正交模式下，将斜筋板移动 6 个单位，如图 6-57 所示。

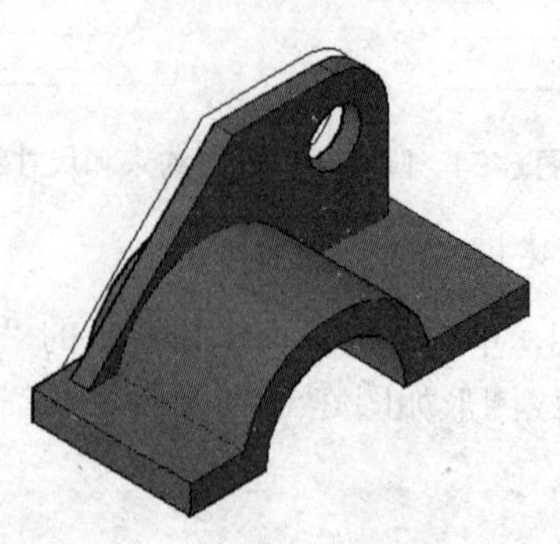

图 6-57 移动斜筋板

（4）进入俯视图，选择斜筋的两个中点为镜像线对以底板进行镜像，并将所有实体放置到“实体”图层，并取消“草图”层的可见性，最终效果如图 6-58 所示。

（5）转换视图到后视图，关闭“实体”图层，打开“草图”图层，将底座的大半圆圆弧延长至底面如图 6-59 所示。

图 6-58　移动斜筋板

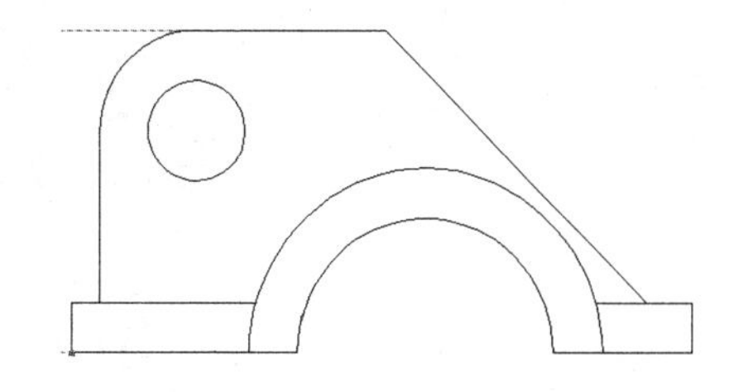

图 6-59　延长大半圆圆弧

（6）单击“建模”工具栏上的“按住并拖动”按钮，点选大、小半圆圆弧中间部分，输入尺寸“6”，完成拉伸，完成图形如图 6-60 所示。

图 6-60　背面圆弧的拉伸

步骤 4：上方圆柱油孔的建模

（1）改变视觉样式，进入三维线框视觉模式（方便捕捉），画一根底座半圆的轴线，方便捕捉中点画圆柱，完成图形如图 6-61 所示。

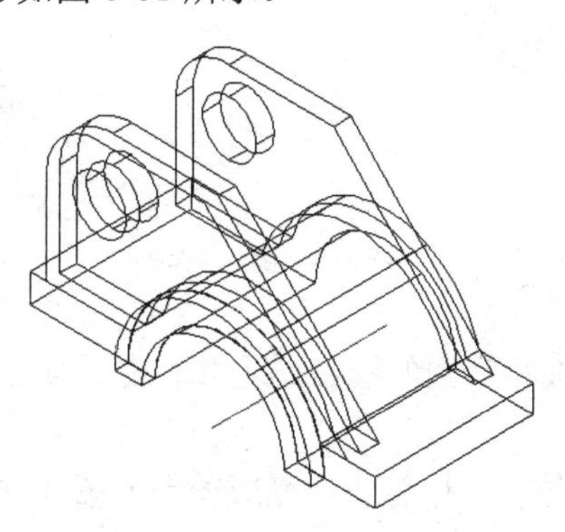

图 6-61　画底座半圆的轴线

（2）捕捉前面所画轴线的中点，绘制 ϕ20 mm×62mm 和 ϕ30mm×62mm 的两个实体圆柱，完成图形如图 6-62 所示。

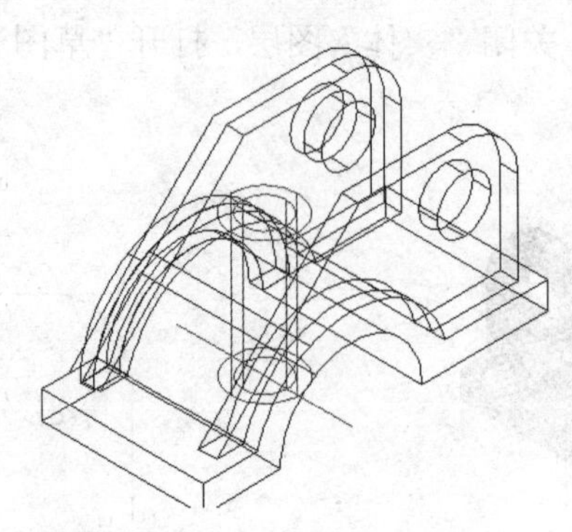

图 6-62　绘制两个实体圆柱

AutoCAD 文本提示如下：

```
命令: _cylinder
  指定底面的中心点或 [三点(3P)/两点(2P)/切点、切点、半径(T)/椭圆(E)]:
  指定底面半径或 [直径(D)]: 10↙
  指定高度或 [两点(2P)/轴端点(A)]: 62↙
  命令:CYLINDER
  指定底面的中心点或 [三点(3P)/两点(2P)/切点、切点、半径(T)/椭圆(E)]:
  指定底面半径或 [直径(D)] <10.0000>: 15↙
  指定高度或 [两点(2P)/轴端点(A)] <62.0000>: 62↙
```

（3）布尔运算，将大圆体与基座并集后再差集小圆体，完成后改变视觉样式，并关闭草图图层，完成图形如图 6-63 所示。

此时存在一个问题，半圆孔内多出上例中的圆柱，如图 6-64 所示。

图 6-63　绘制两个实体圆柱

图 6-64　多出的圆柱体

（4）绘制切除的圆柱，捕捉半圆的圆心，采用轴端点与正交相结合的方式，建立切除的圆柱，如图 6-65 所示。

（5）布尔运算，将大圆体与基座差集，完成图形如图 6-66 所示。

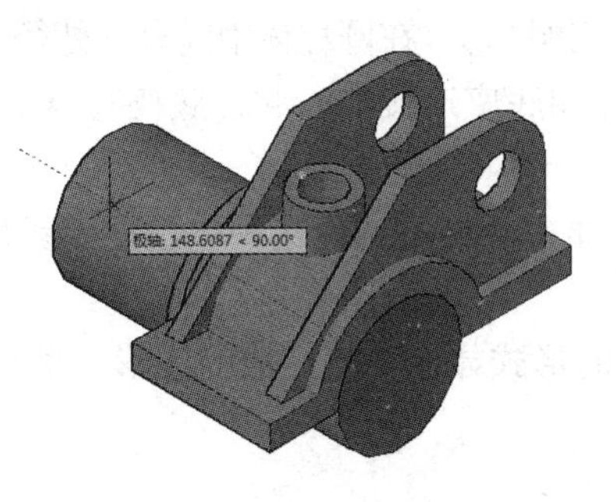

图 6-65　绘制切除需用的圆柱体

图 6-66　切除后的图形

（6）绘制底板切除所需圆柱，在角点上绘制 ϕ14mm 的圆柱，完成图形如图 6-67 所示。

（7）移动圆柱到图样上要求的点，并在正交模式下复制一个，完成图形如图 6-68 所示。

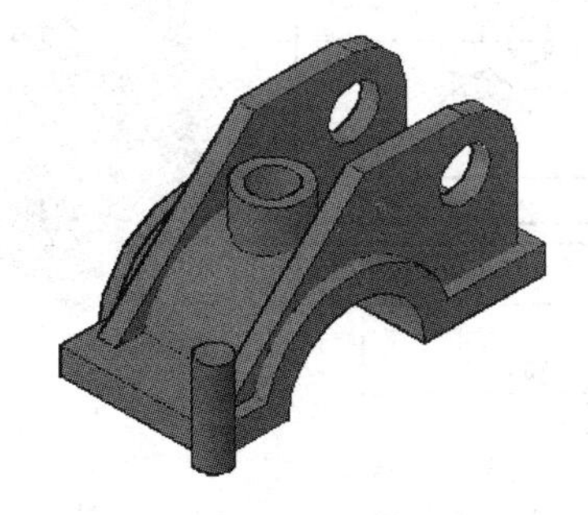

图 6-67　绘制切除所需圆柱

图 6-68　绘制与复制切除所需圆柱

（8）布尔运算，将两个小圆体与基座差集，再将所有的部件进行并集，完成图形如图 6-69 所示。

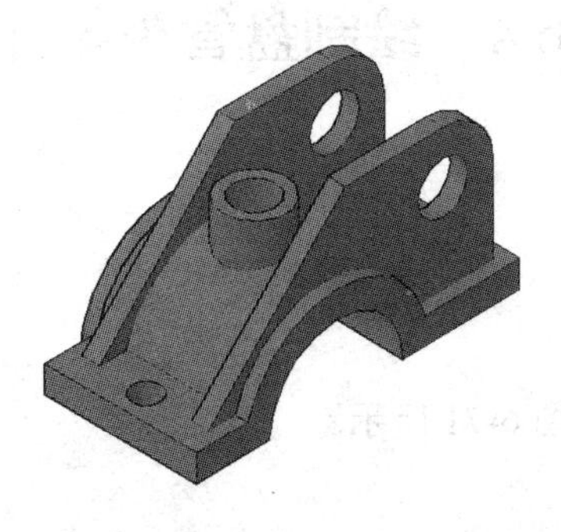

图 6-69　完成后的效果

6.3.4　随堂练习

【操作要求】

（1）三维视图：建立新图形文件，图形区域为 A3（420mm×297mm）幅面，在设置的图形区域内作图。三维视图方式选择为西南等轴测。打开“UCS”操作面板，选择“世界”选项。视觉样式为三维线框。

（2）三维绘图：按图 6-70（a）所示的尺寸绘制三维图形。在圆柱体中间有一外径为 40mm 的凸台，内部有一直径为 21mm 的孔。整个圆柱体和底座连接在一起，底座有 4 个直径为 18mm 的孔，纵向距离为 140mm，间距 156mm。

（3）三维图形编辑：视觉样式转换为概念视觉样式。材质颜色选择单色索引颜色:8，结果如图 6-70（b）所示。

（4）保存文件：将完成的图形以“全部缩放”的形式显示，将完成的图形“学号+姓名”为文件名保存上交。

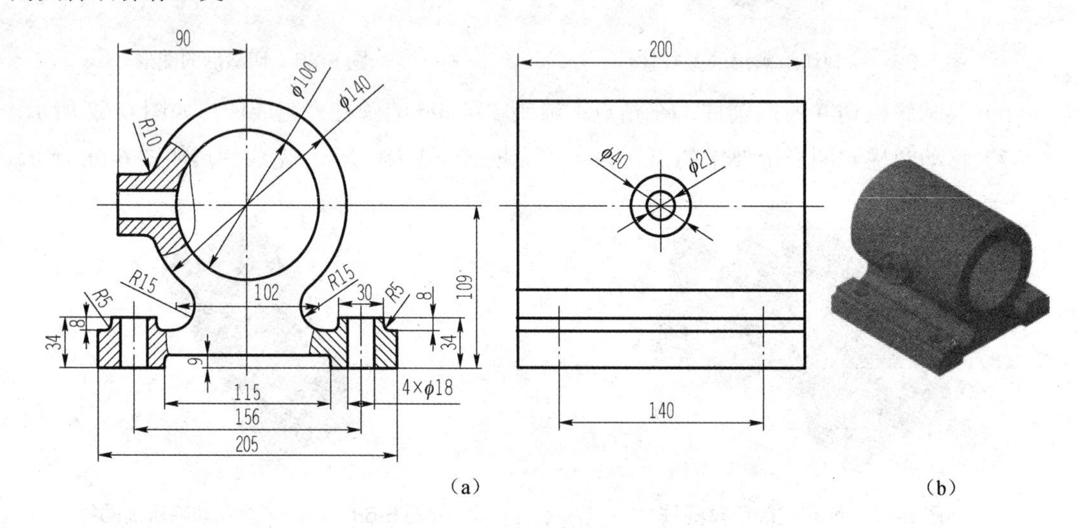

（a） （b）

图 6-70 三维图形尺寸及效果

6.4 绘制盘管类零件

6.4.1 案例介绍及知识要点

1. 案例介绍

绘制盘管类三维实体，如图 6-71 所示。

2. 知识要点

（1）盘管类零件在机器中主要起支承、轴向定位及密封作用。常见盘管类零件的结构主要有：凸台、凹坑、螺纹孔、销孔等。

一般用于机器上作为端盖或连接管道，并使其确定于一定位置的各种机构中，承受操作时的振动载荷。此类零件多数采用铸铁或铸钢，经过铸造、机械加工工艺制成。

（2）本案例中所需建模的零件有一个带有 4 个均布沉头孔的底座，主体是一个中空的圆台，此圆台在侧面有一个与它相贯的圆柱。零件整体的管厚是均匀的 2mm。

（3）通过本案例的学习应掌握 AutoCAD 中基本体的创建方法，掌握实体建模的常见工具的使用方法，掌握 AutoCAD 实体模型的抽壳方法，熟练掌握 UCS 命令的含义并能够灵活使用，建立三维实体建模的基本思想，熟悉盘管类零件建模的一般方法和步骤。

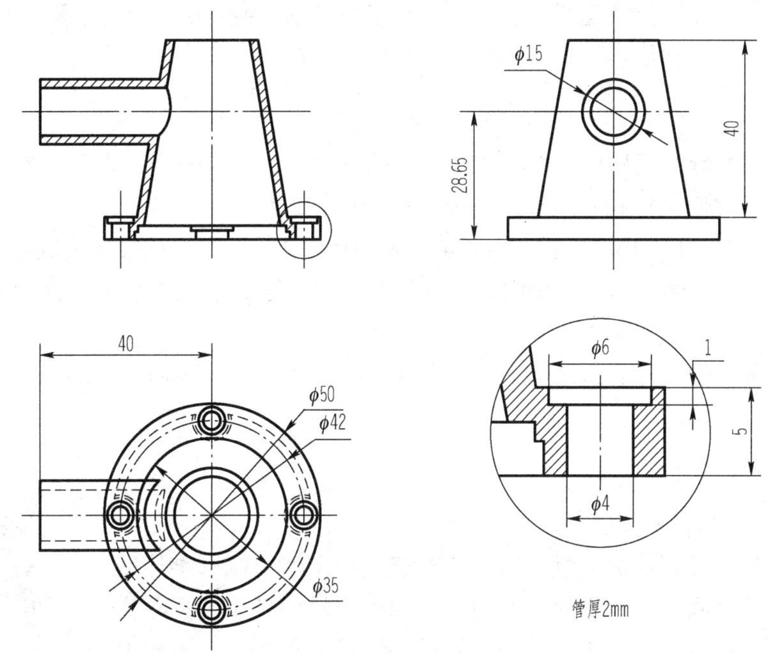

图 6-71　盘管类零件

6.4.2　建模技术分析及绘图步骤

1. 建模技术分析

1）建模基本体分析

通过分析可将该零件分成 3 个组成部分，底座为一个 ϕ50mm×5mm 的圆盘，其上均匀地分布有 4 个沉头孔；中间部分为一中空的圆台；在圆台的侧面连接有一个带内孔的圆柱，该圆柱与底面高度为 28.65mm。

2）建模思路分析

对于这个零件需要注意建模的次序，可先在主视图中将底座圆盘画出；再绘制出一个沉头孔后阵列形成 4 个，接着用“差集”命令形成 4 个沉头孔；然后在底座圆盘的顶面上绘制 ϕ35mm 的平面圆，通过倾斜 10° 的拉伸获得高度为 40mm 的圆台；再以底座圆盘下底面的圆心为端点（此点为图样上的基准，方便照图示尺寸移动）绘制一长度为 40mm 直径为 35mm 的圆柱；移动至图示尺寸后再对所有实体进行合并（用“并集”命令）；最后用“抽壳”命令实施抽壳（注意删除相应的面），完成建模。

3）建模时的注意事项

三维实体建模时，要展开自己的空间想象能力，不断地调整空间视角和用户坐标系（UCS），这样才能完成模型的建模工作。

利用线框模型生成实体模型，线框模型的线条必须是多段线方可拉伸，如果不是多段线，则需要转化为面域后进行拉伸。

对各个实体进行布尔运算时，要全面考虑运算步骤。

对于这个零件需要注意建模的次序、各布尔运算的步骤，在抽壳时一定要注意去除的面的选择，操作中要灵活应用三维动态观察（“透明”命令）。

2. 绘图步骤

（1）先绘制圆盘的圆柱体，再绘制沉头孔的圆柱体。应用阵列，建立 4 个均布的沉头孔圆柱体，接着对它们进行布尔运算，完成底座的前期建模。

（2）绘制圆台底座的圆，利用“拉伸”命令中的“倾斜”选项拉伸底圆形成圆台。

（3）通过绘制“圆柱体”命令中的“选择中心点”选项来建立水平放置的圆柱体，再移动至所需位置。

（4）进行布尔运算将前面建模形成的各实体合并成一个实体后进行抽壳，完成盘管零件的三维建模。

3. 绘图命令分析

1）圆台建模的方法分析

三维建模有着较强的灵活性，对此圆台建模可采用绘制圆锥体后切除得到，或绘制圆柱体后用倾斜面得到；也可采用绘制平面直角梯形后旋转得到；还可以用绘制上下两个圆后通过拉伸得到；本案例中采用绘制平面圆后倾斜拉伸得到。

实体建模中抽壳的分析与应用

2）实体建模中抽壳的分析与应用

抽壳实体对象是用指定的厚度创建一个中空壳体，可以为所有面指定一个固定的薄层厚度。一个三维实体只能有一个壳。通过选择面可以将选中的面排除在壳外。将现有面偏移出其原位置即可创建新的面。其中，删除面的操作最不易掌握，它是指定对对象进行抽壳时要删除的面对象（即此面为空）。

建议： 在将三维实体转换为壳体之前创建其副本。通过此种方法，如果需要进行重大修改，可以使用原始版本，并再次对其进行抽壳。

例：对一立方体进行删除顶面，使壳厚度为 5mm 的抽壳操作。

先绘制一个 50mm×50mm×50mm 的立方体，再单击“抽壳”按钮，在命令行窗口提示下，删除顶面，输入抽壳厚度，按 Enter 键后即可得到抽壳后的实体，效果如图 6-72 所示。

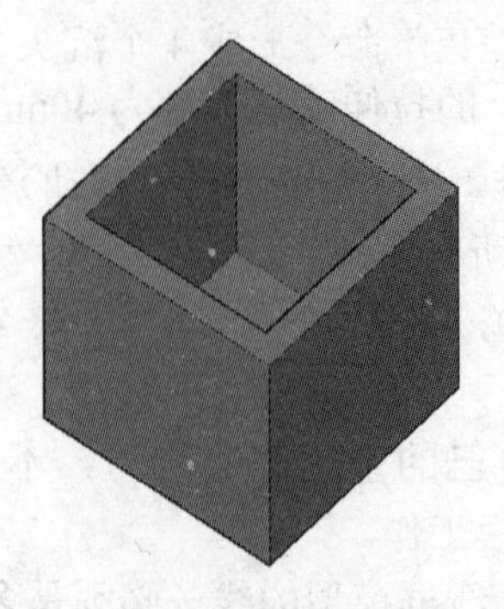

图 6-72　删除顶面后抽壳的立方体

AutoCAD 文本提示如下：

```
命令：_box（点选立方体命令）
指定第一个角点或 [中心(C)]：（在绘图区域任点一处，作为立方体顶点坐标）
指定其他角点或 [立方体(C)/长度(L)]：
>>输入 ORTHOMODE 的新值 <0>:
正在恢复执行 BOX 命令。
指定其他角点或 [立方体(C)/长度(L)]：@50,50,50（用相对坐标输入立方体对角点坐标）↙
命令：_solidedit（点选抽壳命令）
实体编辑自动检查：SOLIDCHECK=1
输入实体编辑选项 [面(F)/边(E)/体(B)/放弃(U)/退出(X)] <退出>：_body
输入体编辑选项
[压印(I)/分割实体(P)/抽壳(S)/清除(L)/检查(C)/放弃(U)/退出(X)] <退出>：_shell
选择三维实体：（点选抽壳命令）
删除面或 [放弃(U)/添加(A)/全部(ALL)]：找到一个面，已删除 1 个。（点选顶面删除顶面）
删除面或 [放弃(U)/添加(A)/全部(ALL)]：↙（确认）
输入抽壳偏移距离：5↙
已开始实体校验。
已完成实体校验。
输入体编辑选项
[压印(I)/分割实体(P)/抽壳(S)/清除(L)/检查(C)/放弃(U)/退出(X)] <退出>:↙
实体编辑自动检查：SOLIDCHECK=1
输入实体编辑选项 [面(F)/边(E)/体(B)/放弃(U)/退出(X)] <退出>:↙
```

6.4.3 操作步骤

盘管类零件实体建模

步骤 1：设置作图环境

启动 AutoCAD 2016 软件，在状态栏中单击“切换工作空间”按钮，选择“三维建模”选项，进入“三维建模”工作空间。选择“视图”→“三维视图”→“西南等轴测”命令。

步骤 2：底座圆盘建模

根据图 6-71 所示的尺寸信息绘制圆盘。

1）在 *XY* 面上进行圆柱体的实体建模

单击“圆柱体”按钮，在坐标平面内选择圆心点，建立 ϕ50mm×5mm 的圆盘，如图 6-73 所示。

AutoCAD 文本提示如下：

```
命令：_cylinder
指定底面的中心点或 [三点(3P)/两点(2P)/切点、切点、半径(T)/椭圆(E)]：（用鼠标点选
圆心）
```

指定底面半径或 [直径(D)]: 25（输入半径值）↙
指定高度或 [两点(2P)/轴端点(A)]: 5↙

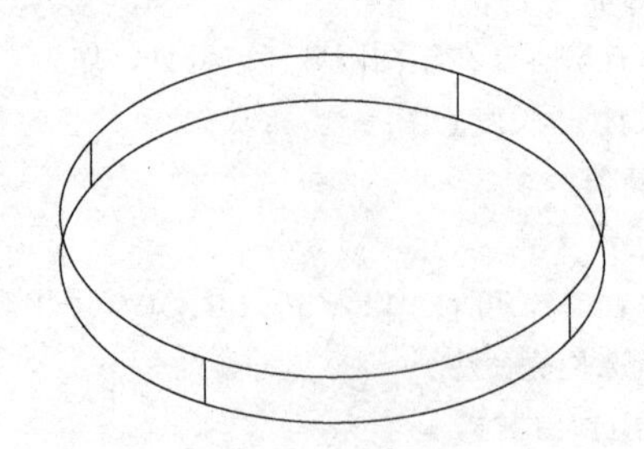

图 6-73　底座圆盘

2）进行沉头孔的建模

（1）单击“圆柱体”按钮，捕捉上一圆柱体的象限点作为此圆柱体的圆心，建立ϕ4mm×4mm 的圆柱体；继续捕捉此小圆柱体的顶点圆心作为下一圆柱体的圆心建立ϕ6mm×1mm 的圆柱体。

AutoCAD 文本提示如下：

命令: _cylinder
指定底面的中心点或 [三点(3P)/两点(2P)/切点、切点、半径(T)/椭圆(E)]: （捕捉底座的象限点）
指定底面半径或 [直径(D)] <2.0000>: 2↙
指定高度或 [两点(2P)/轴端点(A)] <-4.0000>: 4↙
命令:CYLINDER
指定底面的中心点或 [三点(3P)/两点(2P)/切点、切点、半径(T)/椭圆(E)]: （捕捉上一圆柱的顶圆圆心）
指定底面半径或 [直径(D)] <2.0000>: 3↙
指定高度或 [两点(2P)/轴端点(A)] <4.0000>: 1↙

（2）单击“并集”按钮，将上一步所建立的两个圆柱体进行并集，如图 6-74 所示。

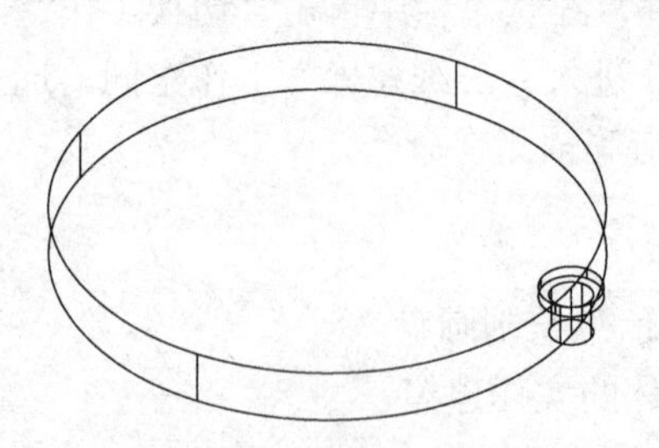

图 6-74　建立沉头孔

AutoCAD 文本提示如下：

命令: _union
选择对象: 找到 1 个（选择一圆柱）
选择对象: 找到 1 个，总计 2 个（选择另一圆柱）
选择对象: ↙

（3）将沉头孔移动到正确位置。单击“移动”按钮，捕捉沉头孔的圆心，采用正交模式，向圆心方向移动 4mm（半径 25mm-距离 21mm），将其移动至正确位置，结果如图 6-75 所示。

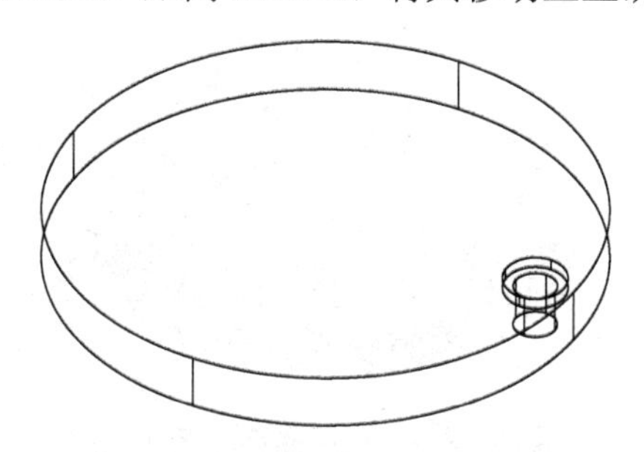

图 6-75　移动沉头孔到达正确位置

AutoCAD 文本提示如下：

```
命令: _move
选择对象: 找到 1 个（选择沉头孔）
选择对象: ↙
指定基点或 [位移(D)] <位移>:（选择沉头孔中心）
指定第二个点或 <使用第一个点作为位移>: 4↙（输入距离，在正交模式下，按 Enter 键，结束）
```

（4）环形阵列沉头孔。单击“环形阵列”按钮，捕捉底座中心，对沉头孔进行环形阵列，结果如图 6-76 所示。

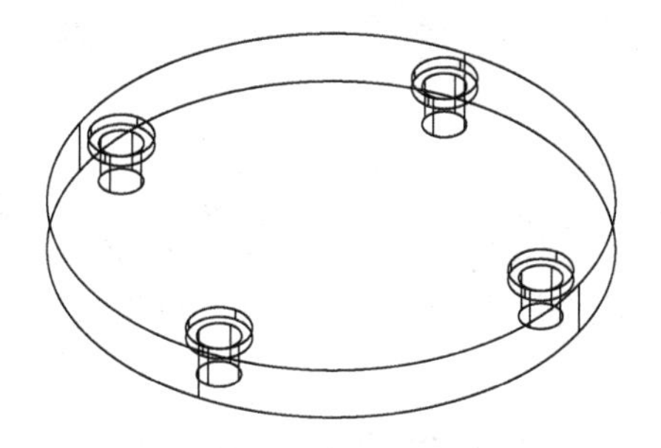

图 6-76　环形阵列沉头孔

AutoCAD 文本提示如下：

```
命令: _arraypolar
选择对象: 找到 1 个（选择沉头孔）
选择对象:
类型 = 极轴  关联 = 是↙（确定选择）
指定阵列的中心点或 [基点(B)/旋转轴(A)]: （选择底座中心作为阵列中心）
选择夹点以编辑阵列或 [关联(AS)/基点(B)/项目(I)/项目间角度(A)/填充角度(F)/行(ROW)/
层(L)/旋转项目(ROT)/退出(X)] <退出>: i（选择更改项目）
输入阵列中的项目数或 [表达式(E)] <6>: 4（输入阵列项目数）
选择夹点以编辑阵列或 [关联(AS)/基点(B)/项目(I)/项目间角度(A)/填充角度(F)/行(ROW)/
层(L)/旋转项目(ROT)/退出(X)] <退出>:↙（结束）
```

3）进行沉头孔的布尔运算

单击“差集”按钮，将所需去除的沉头孔进行差集，结果如图 6-77 所示。

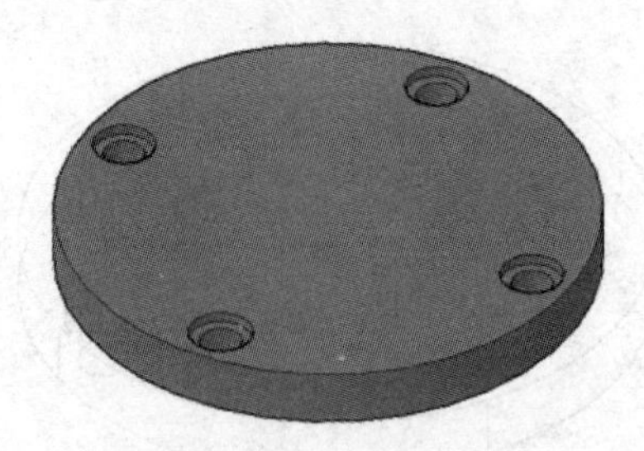

图 6-77　差集后的环形沉头孔

AutoCAD 文本提示如下：

```
命令：_subtract 选择要从中减去的实体、曲面和面域...
选择对象：找到 1 个（选择底座圆柱体）
选择对象： 选择要减去的实体、曲面和面域...
选择对象：找到 1 个（选择一个沉头孔）
选择对象：找到 1 个，总计 2 个（选择另一个沉头孔）
选择对象：找到 1 个，总计 3 个（选择另一个沉头孔）
选择对象：找到 1 个，总计 4 个（选择另一个沉头孔）
选择对象：↙
```

当线框显示时不容易看到差集后的效果，此时可以采用概念显示的方式来观察实体图形，如图 6-74 所示。

步骤 3：圆台建模

根据图 6-71 所示的尺寸信息进行圆台建模。圆台建模采用先画圆，再拉伸的方法来建模。

（1）在底座圆柱体的上面绘制一个尺寸为ϕ35mm 的圆（捕捉底座圆柱体的上圆心），结果如图 6-78 所示。

（2）单击“拉伸”按钮，选取上一步所绘制的圆，进行圆台的拉伸建模，结果如图 6-79 所示。

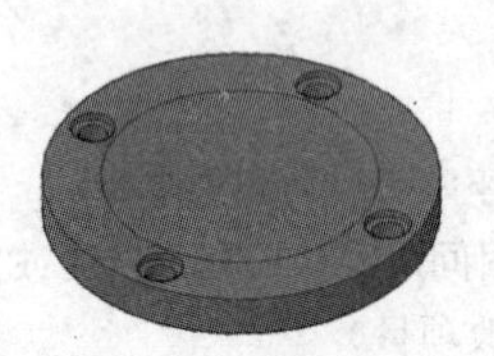

图 6-78　绘制圆台底圆

图 6-79　拉伸圆台

AutoCAD 文本提示如下：

命令：_extrude
当前线框密度： ISOLINES=4，闭合轮廓创建模式 = 实体
选择要拉伸的对象或 [模式(MO)]：_MO 闭合轮廓创建模式 [实体(SO)/曲面(SU)] <实体>：_SO
选择要拉伸的对象或 [模式(MO)]：找到 1 个（选取上一步所绘制的圆）
选择要拉伸的对象或 [模式(MO)]：
指定拉伸的高度或 [方向(D)/路径(P)/倾斜角(T)/表达式(E)] <1.0000>：t（用设置倾斜角选项进行操作）↙
指定拉伸的倾斜角度或 [表达式(E)] <0>：10（输入倾斜角角度数值）↙
指定拉伸的高度或 [方向(D)/路径(P)/倾斜角(T)/表达式(E)] <1.0000>：40↙

步骤 4：水平管的建模

根据图 6-71 所示的尺寸信息进行水平管建模。

（1）水平管建模采用直接进行圆柱体建模即可，但要注意圆柱的方向。单击“圆柱体”按钮，捕捉上圆台上顶面圆心作为圆柱体的起点圆心，应用指定第二点圆心的方式来决定圆柱体的方向，结果如图 6-80 所示。

AutoCAD 文本提示如下：

命令：_cylinder
指定底面的中心点或 [三点(3P)/两点(2P)/切点、切点、半径(T)/椭圆(E)]：（捕捉上圆台上顶面圆心）
指定底面半径或 [直径(D)] <3.0000>：7.5（输入半径）↙
指定高度或 [两点(2P)/轴端点(A)] <40.0000>：A（输入轴端点选项）↙
指定轴端点：40↙（在正交模式下，用鼠标给定方向后，输入数值；确认后退出）

（2）对齐水平管实体的位置。单击“移动”按钮，选择水平管圆柱后，采用正交模式，向下方移动 16.35mm，将其移动至正确位置，结果如图 6-81 所示。

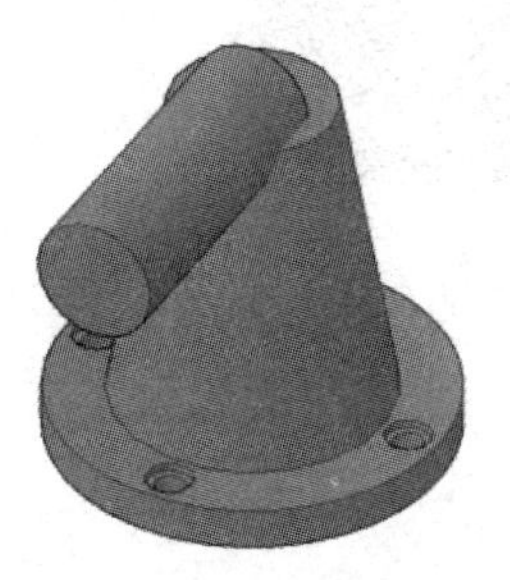

图 6-80　水平管建模

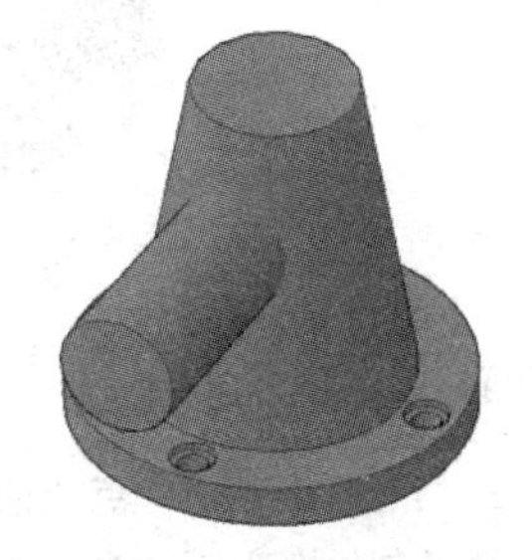

图 6-81　水平管移动至正确位置

AutoCAD 文本提示如下：

命令：_move
选择对象：找到 1 个（选择水平管圆柱）
选择对象：↙
指定基点或 [位移(D)] <位移>：（鼠标点取水平管圆柱中心，确认移动基点）
指定第二个点或 <使用第一个点作为位移>：16.35↙（在正交模式下，用鼠标给定方向后，输入数值；确认后退出）

步骤 5：对实体建模的零件进行合并

单击“并集”按钮，将以上所建模的实体进行并集操作，使它们变为一个实体。虽然在概念视觉样式下，合并后的实体与未合并的实体没有什么变化，但是当用户将视觉样式改变为二维线框视觉样式时，可明显看出二者的区别，如图 6-82 所示。

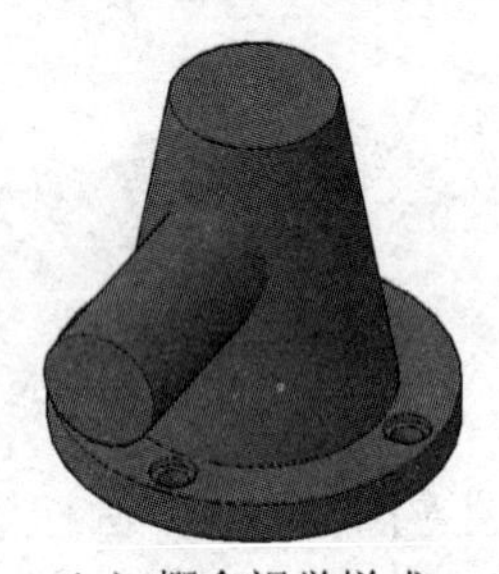

（a）概念视觉样式

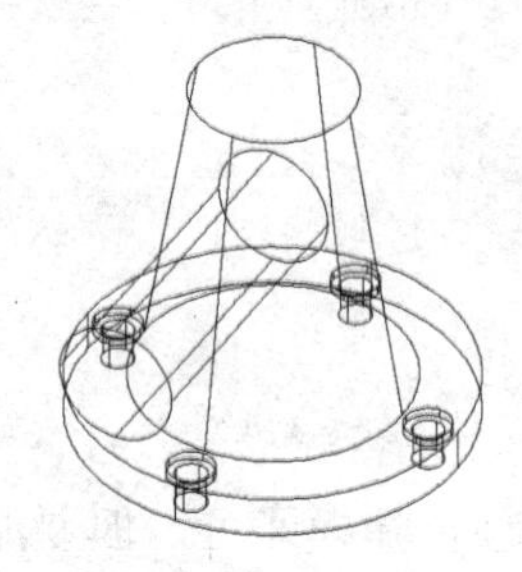

（b）二维线框视觉样式（未合并）

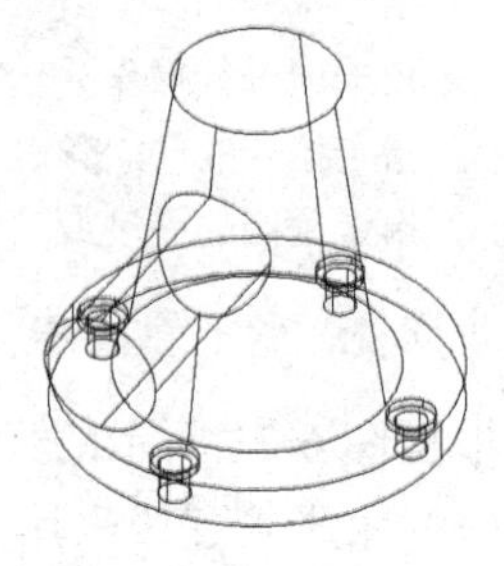

（c）二维线框视觉样式（合并后）

图 6-82　不同视觉样式下的实体显示

步骤 6：对实体建模后的零件抽壳

选择“实体”工具栏，单击“抽壳”按钮，将以上所建模的实体进行抽壳操作。注意上、下底面及水平管圆柱的端面需要删除面，使其端面贯通，在操作中还要用到“透明”命令中的“动态观察”，方便选择上下顶面。最终效果如图 6-83 所示。

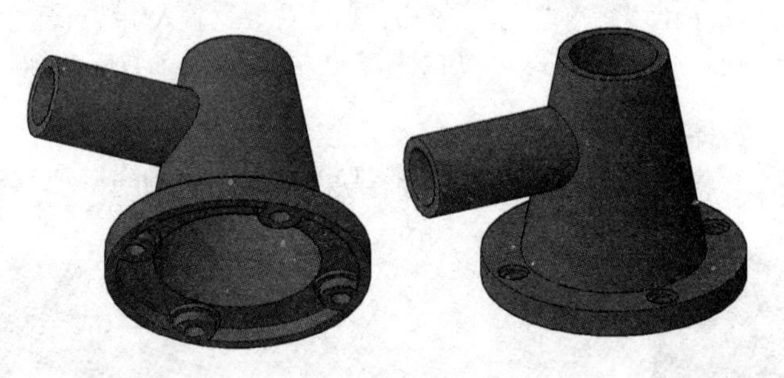

图 6-83　抽壳后的效果

AutoCAD 文本提示如下：

```
命令：_solidedit（点选抽壳命令）
实体编辑自动检查： SOLIDCHECK=1
输入实体编辑选项 [面(F)/边(E)/体(B)/放弃(U)/退出(X)] <退出>：_body
输入体编辑选项
[压印(I)/分割实体(P)/抽壳(S)/清除(L)/检查(C)/放弃(U)/退出(X)] <退出>：_shell
选择三维实体：（点选所建模编辑好的实体）
删除面或 [放弃(U)/添加(A)/全部(ALL)]：找到一个面，已删除 1 个。（鼠标在需要删除的一个面上点选一下）
删除面或 [放弃(U)/添加(A)/全部(ALL)]：找到一个面，已删除 1 个。（鼠标在需要删除的另一个面上点选一下）
```

删除面或 [放弃(U)/添加(A)/全部(ALL)]: '_3dorbit 按 ESC 或 ENTER 键退出，或者单击鼠标右键显示快捷菜单。(应用动态观察命令转动实体，以便于选择不在当前的面)
正在恢复执行 SOLIDEDIT 命令。(转动到所需角度后，退出动态观察命令)
删除面或 [放弃(U)/添加(A)/全部(ALL)]: 找到一个面，已删除 1 个。(鼠标再次选择另一个需要删除的面，在它上面点选一下)
删除面或 [放弃(U)/添加(A)/全部(ALL)]: ↙(表示不再需要删除面了，退出删除面的选择)
输入抽壳偏移距离: 2↙ (输入抽壳厚度后，确认)
已开始实体校验。
已完成实体校验。
输入体编辑选项
[压印(I)/分割实体(P)/抽壳(S)/清除(L)/检查(C)/放弃(U)/退出(X)] <退出>:↙(确认后退出命令)

6.4.4 随堂练习

【操作要求】

（1）三维视图：建立新图形文件，图形区域为 A3（420mm×297mm）幅面，在设置的图形区域内作图。三维视图方式选择为西南等轴测。打开“UCS”操作面板，选择“世界”选项。视觉样式为“三维线框”。

（2）三维绘图：按图 6-84（a）所示的尺寸绘制三维图形。在中间有一直径为 30mm 的孔，外径为 60mm 的凸台，内部有一直径为 30mm 的孔横贯整个圆柱体。

（3）三维图形编辑：视觉样式转换为概念视觉样式。材质颜色选择单色索引颜色:8，结果如图 6-84（b）所示。

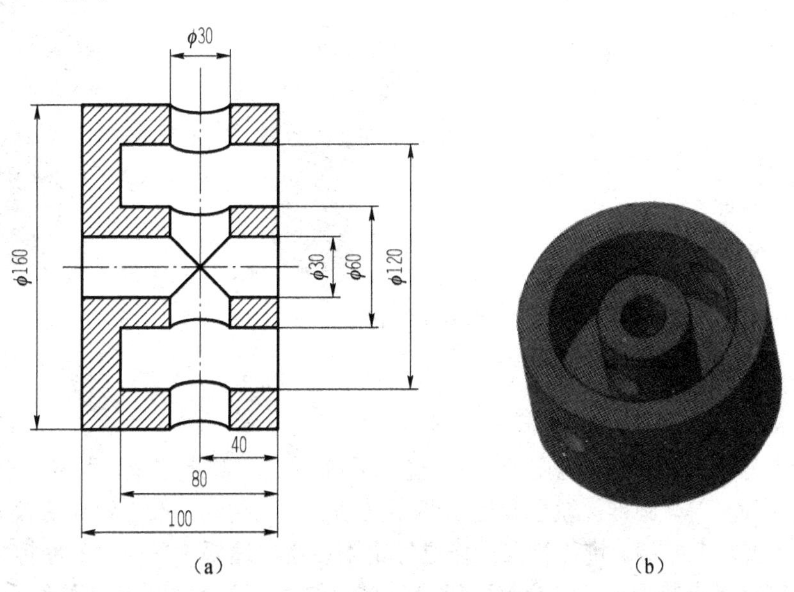

图 6-84　绘制图形的尺寸和效果

（4）保存文件：将完成的图形以“全部缩放”的形式显示，将完成的图形 “学号+姓名”为文件名保存上交。

6.5 绘制锥齿轮轴

6.5.1 案例介绍及知识要点

1. 案例介绍

绘制锥齿轮轴三维实体，如图 6-85 所示。

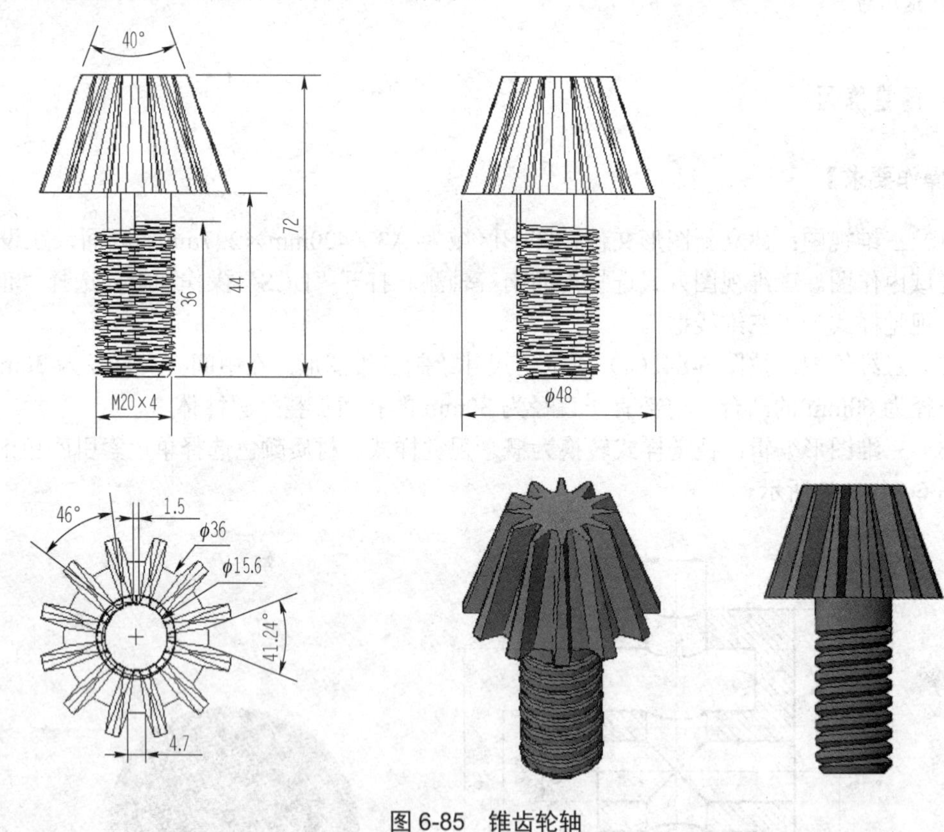

图 6-85 锥齿轮轴

2. 知识要点

1）锥齿轮概述

锥齿轮也称伞齿轮，广泛应用于印刷设备、汽车差速器和水闸上，也多用于机车、船舶、铁路轨道检测设备等。圆锥齿轮主要用于两相交轴之间的传动，锥齿轮载荷较大，定心精度要求高，技术要求非常高。锥齿轮在工作过程中不可避免地要承受巨大的摩擦力，最好的办法就是对其进行淬火热处理，这样就可以提高它的硬度、耐磨性和使用寿命了。

2）建模思路分析

对于锥齿轮轴零件建模思路分析：对于锥齿轮部分可将其看成基体是一个圆台，用一个齿轮形的刀具沿母线切削而成，下部是一圆柱体，用一个成型车刀沿螺旋线切削而成。

3）建模时的注意事项

三维实体建模时，要展开自己的空间想象能力，不断地调整空间视角和用户坐标系（UCS），这样才能完成模型的建模工作。

利用线框模型生成实体模型，线框模型的线条必须是多段线方可拉伸，如果不是多段线，则需要转化为面域后进行拉伸。

对各个实体进行布尔运算时，要全面考虑运算步骤。

6.5.2　建模技术分析及绘图步骤

1. 建模技术分析

1）建模基本体分析

通过分析可将该零件主要分成两个组成部分，下部是一个ϕ20mm×44mm 的圆柱，其上有一段长为 36mm，螺距为 4mm 的三角螺纹；上部分为一个 12 齿的锥齿轮。

2）建模思路分析

此零件可分别采用旋转、放样、圆周阵列、倒角、扫描等步骤进行绘制，如图 6-86 所示。

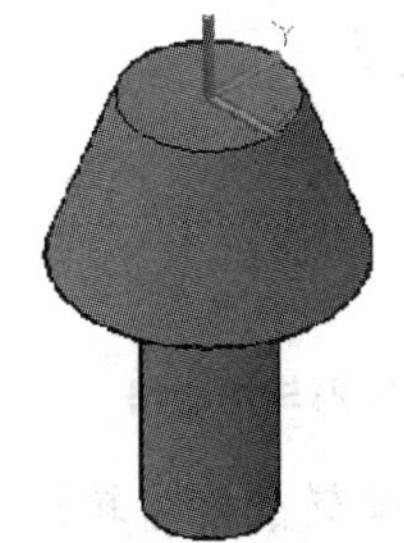

（a）旋转建立基体

（b）放样形成齿轮槽实体

（c）圆周阵列后切除

（d）倒角

（e）切削形成螺旋槽

图 6-86　锥齿轮轴建模思路分析

2. 绘图步骤

（1）先绘制旋转基体的截面，再面域后旋转建立基体。

（2）绘制齿轮槽两端截面图，利用放样形成单个的齿轮槽实体，再利用环形阵列形成均布的齿轮槽实体，经布尔运算后完成锥齿轮建模。

（3）对圆柱端面进行倒角。

（4）先绘制三维螺旋线，再绘制螺纹截面，经扫描后形成螺纹槽实体，差集后完成螺纹建模。

旋转、放样与扫掠命令的实体建模

3. 绘图命令分析

1）用截面旋转建立基体的方法分析

下面通过实例来说明利用绕轴旋转对象创建三维实体或曲面的方法。例：参照图 6-87 的尺寸，旋转建立带轮建模。

（1）绘制带轮截面图形与中心线（回转轴线），如图 6-88 所示，将截面图形创建为面域。

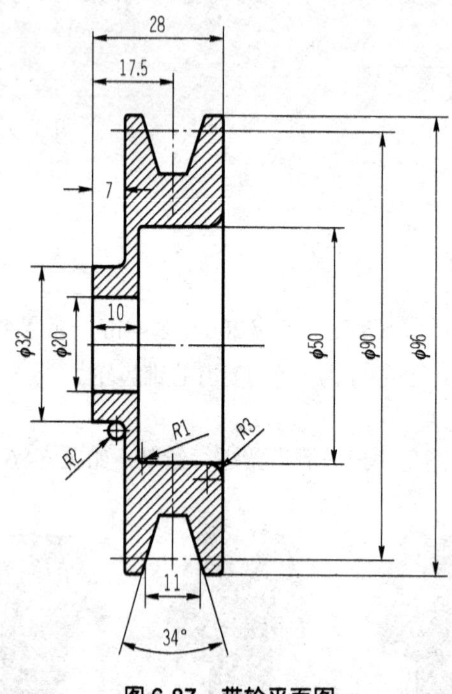

图 6-87　带轮平面图

图 6-88　带轮截面图形与中心线

（2）单击“旋转”按钮，采用闭合轮廓创建实体模式，以所绘面域为旋转的闭合轮廓，以所绘制的中心线作为旋转轴线进行建模。AutoCAD 文本提示如下：

```
命令：_revolve
当前线框密度： ISOLINES=4，闭合轮廓创建模式 = 实体
选择要旋转的对象或 [模式(MO)]：_MO 闭合轮廓创建模式 [实体(SO)/曲面(SU)] <实体>：_SO
选择要旋转的对象或 [模式(MO)]：找到 1 个（选择已成面域的带轮截面图形）
选择要旋转的对象或 [模式(MO)]：↙（结束选择）
指定轴起点或根据以下选项之一定义轴 [对象(O)/X/Y/Z] <对象>:（捕捉旋转轴线的一个端点）
指定轴端点：（捕捉旋转轴线的一个端点）
指定旋转角度或 [起点角度(ST)/反转(R)/表达式(EX)] <360>:↙（确认旋转角度）
```

最终效果如图 6-89 所示。

图 6-89　带轮

当更改旋转角度时，可得到不同的实体，如图 6-89 所示的图形旋转 270° 后所得图形如图 6-90 所示。

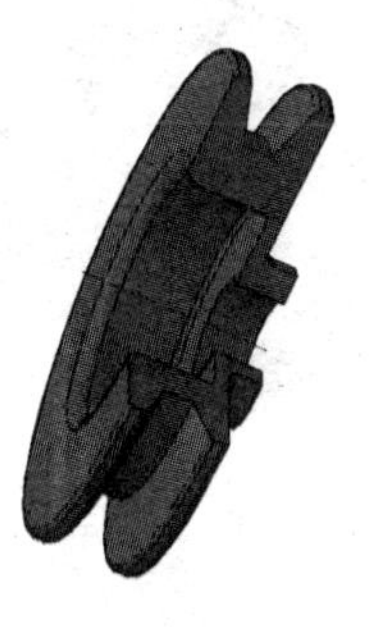

图 6-90　旋转 270° 的带轮

用户也可直接选择边线进行旋转，可得到中间没有孔的带轮（此例不符合带轮的尺寸，只是举例一种方式），如图 6.89 所示的图形以底边为旋转中心，旋转 360° 后所得图形如图 6-91 所示。

2）"放样"命令分析

放样是在若干横截面之间的空间中创建三维实体或曲面，通过指定一系列横截面（必须至少指定两个横截面）来创建三维实体或曲面。横截面定义了结果实体或曲面的形状。

例：在俯视图中绘制一个 50mm×30mm 的矩形，再在其中心绘制一个 ϕ20mm 的圆；进入西南等轴测视图后，在下交模式下向上移动 50mm，如图 6-92 所示。

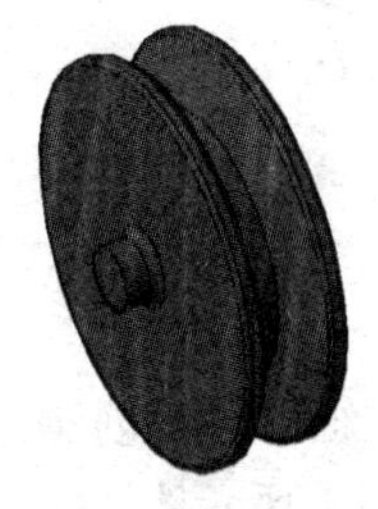

图 6-91　以底边为旋转中心所得的带轮

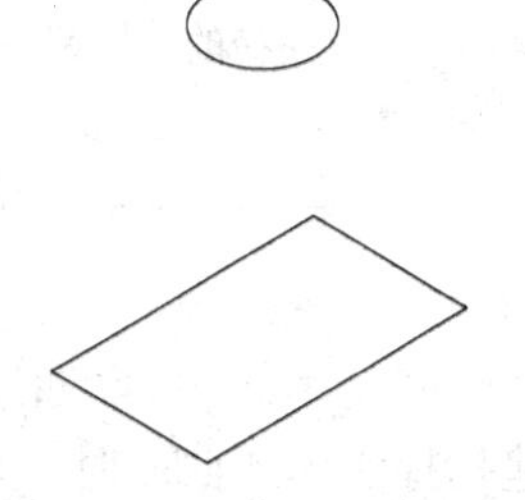

图 6-92　空间的矩形与圆

单击“放样”按钮，选择上下两个轮廓，得到放样的实体。AutoCAD 文本提示如下：

```
命令: _loft
当前线框密度:  ISOLINES=4，闭合轮廓创建模式 = 实体
按放样次序选择横截面或 [点(PO)/合并多条边(J)/模式(MO)]: _MO 闭合轮廓创建模式 [实体(SO)/曲面(SU)] <实体>: _SO
按放样次序选择横截面或 [点(PO)/合并多条边(J)/模式(MO)]: 找到 1 个（选择矩形）
按放样次序选择横截面或 [点(PO)/合并多条边(J)/模式(MO)]: 找到 1 个，总计 2 个（选择圆）
按放样次序选择横截面或 [点(PO)/合并多条边(J)/模式(MO)]:
选中了 2 个横截面
输入选项 [导向(G)/路径(P)/仅横截面(C)/设置(S)] <仅横截面>:↙（确认）
```

最终效果如图 6-93 所示。

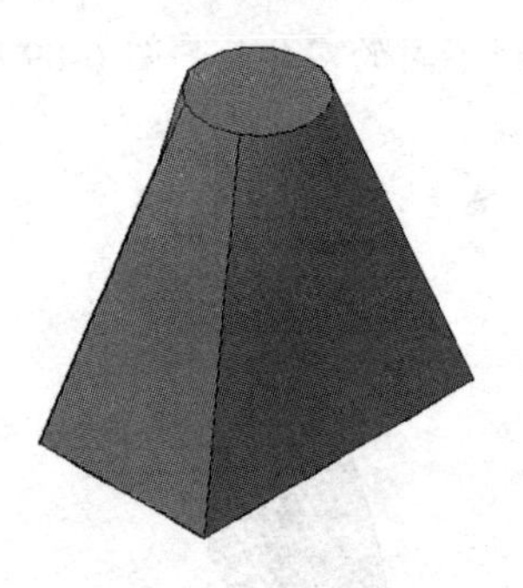

图 6-93　放样实体

以上放样是在仅横截面不使用导向或路径的情况下，创建的放样对象。若采用路径，则必须保证路径与横截面的所有平面相交，如图 6-94 所示。

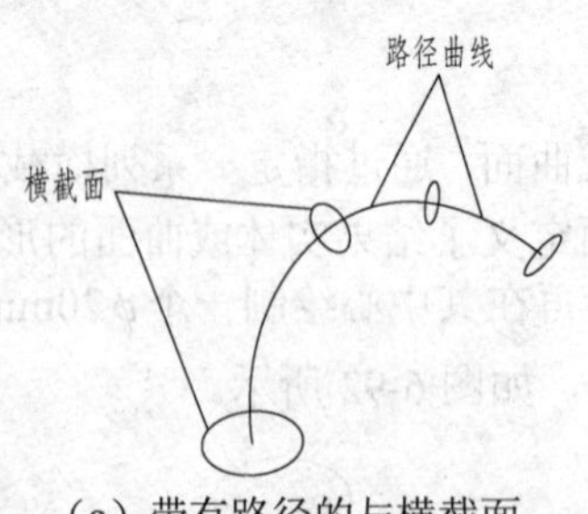

（a）带有路径的与横截面

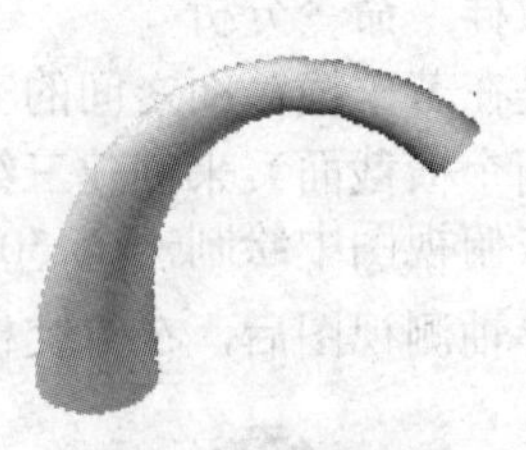

（b）放样后的实体

图 6-94　采用路径放样的实体

3）“扫掠”命令分析

使用“扫掠”命令，可以通过过沿开放或闭合路径扫掠二维对象来创建三维实体或三维曲面。创建扫掠实体或曲面时，可以使用的对象和路径如表 6-1 所示。

表 6-1　可以使用的对象和路径

可以扫掠的对象	可以用作扫掠路径的对象
二维和三维样条曲线	二维和三维样条曲线
二维多段线	二维和三维多段线
二维实体	实体、曲面和网格边子对象
三维实体面子对象	螺旋
圆弧	圆弧
圆	圆
椭圆	椭圆
椭圆弧	椭圆弧
直线	直线
面域	实体、曲面和网格边子对象
宽线	

例：绘制一根三维多段线及一个圆，如图 6-95（a）所示。单击“扫掠”按钮，选择圆为扫掠对象，三维多段线为扫掠路径，得到扫掠的实体，如图 6-95（b）所示。

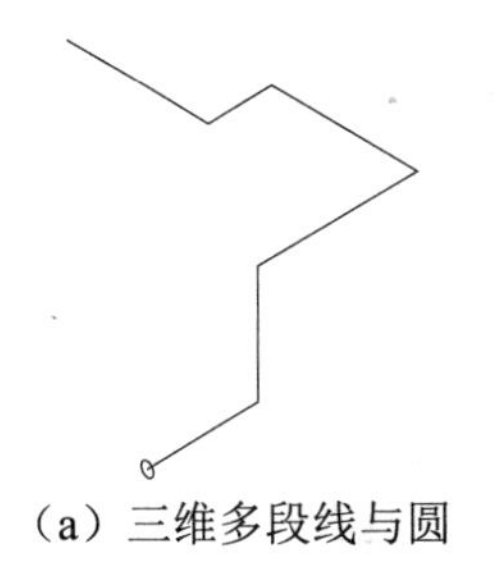

（a）三维多段线与圆

（b）扫掠后的实体

图 6-95　采用扫掠建模

AutoCAD 文本提示如下：

```
命令：_sweep（选择扫掠命令）
当前线框密度： ISOLINES=4，闭合轮廓创建模式 = 实体
选择要扫掠的对象或 [模式(MO)]：_MO 闭合轮廓创建模式 [实体(SO)/曲面(SU)] <实体>：_SO
（点选圆）
选择要扫掠的对象或 [模式(MO)]：找到 1 个
选择要扫掠的对象或 [模式(MO)]：↙（确认）
选择扫掠路径或 [对齐(A)/基点(B)/比例(S)/扭曲(T)]：（点选三维多段线）↙（确认）
```

6.5.3　操作步骤

步骤 1：设置作图环境

启动 AutoCAD 2016 软件，在状态栏中单击“切换工作空间”按钮，选取“三维建模”

选项，进入“三维建模”工作空间。选择“视图”→“前视”命令。

步骤 2：旋转建立基体

（1）单击“直线”按钮，根据图 6-85 旋转基体的截面图绘制图形，对于斜线可以先大约画一下，应用“参数化”→“角度”命令标注角度并修改成所需要的角度，再进行编辑，如图 6-96 和图 6-97 所示。

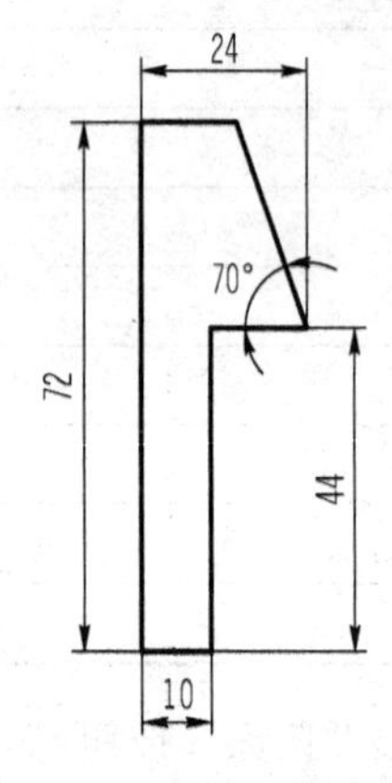

图 6-96　旋转基体的截面图

图 6-97　采用参数化标注角度

锥齿轮轴建模

AutoCAD 文本提示如下：

```
命令：_line
指定第一个点：（单击选取）
指定下一点或 [放弃(U)]：14（在正交模式下输入数值）
指定下一点或 [放弃(U)]：44（在正交模式下输入数值）
指定下一点或 [闭合(C)/放弃(U)]：10（在正交模式下输入数值）
指定下一点或 [闭合(C)/放弃(U)]：72（在正交模式下输入数值）
指定下一点或 [闭合(C)/放弃(U)]：（在正交模式下，单击选取）
指定下一点或 [闭合(C)/放弃(U)]：（捕捉起点，单击确定）
指定下一点或 [闭合(C)/放弃(U)]：↙
命令：_DcAngular
选择第一条直线或圆弧或 [三点(3P)] <三点>：（单击选取水平线，先选取的线条将不转动）
选择第二条直线：（用鼠标选取斜线）
指定尺寸线位置：
标注文字 = 70（更改角度为 70°）
```

（2）单击“面域”按钮，选取封闭图形创建面域。AutoCAD 文本提示如下：

```
命令：_region
选择对象：指定对角点：找到 7 个（采用窗口或交叉窗口选取图形）
选择对象：↙（确认）
已拒绝 1 个闭合的、退化的或未支持的对象。
已提取 1 个环。
已创建 1 ↙个面域。
```

（3）单击“实体”选项卡上的“旋转”按钮，选取创建好的面域，将其旋转生成实体。最终效果如图 6-98 所示。

图 6-98　采用旋转建立的基体

AutoCAD 文本提示如下：

```
命令: _revolve
当前线框密度: ISOLINES=4，闭合轮廓创建模式 = 实体
选择要旋转的对象或 [模式(MO)]: _MO 闭合轮廓创建模式 [实体(SO)/曲面(SU)] <实体>: _SO
选择要旋转的对象或 [模式(MO)]: 找到 1 个（选取创建好的面域）
选择要旋转的对象或 [模式(MO)]: ↙
指定轴起点或根据以下选项之一定义轴 [对象(O)/X/Y/Z] <对象>:（捕捉旋转边线的顶点）
指定轴端点:（捕捉旋转边线的另一顶点）
指定旋转角度或 [起点角度(ST)/反转(R)/表达式(EX)] <360>:↙（确认后，自动退出命令）
```

步骤 3：放样形成齿轮槽实体

1）绘制顶面截面图形

（1）由于对于平面图形 AutoCAD 只能在 *XY* 面上进行绘制，因此用户先要将坐标 *XY* 面安置在基体的顶面上。

单击“视图”选项卡上的“三点”按钮，使用 3 个点定义新的用户坐标系，分别捕捉顶圆的圆心和两个象限点，将坐标的 *XY* 面放置在顶面上，效果如图 6-99 所示。

（2）根据图 6-100 所示尺寸绘制顶面截面图形。

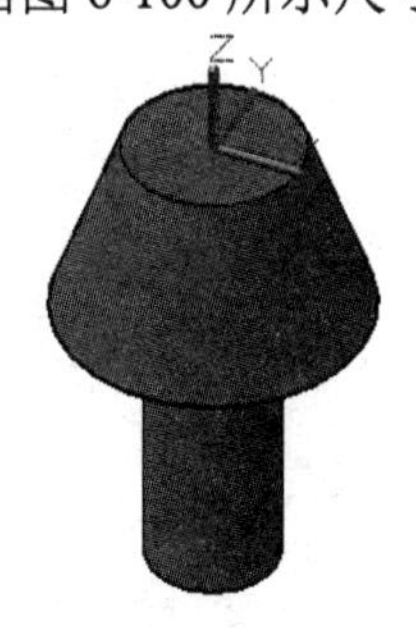

图 6-99　建立新的用户坐标系

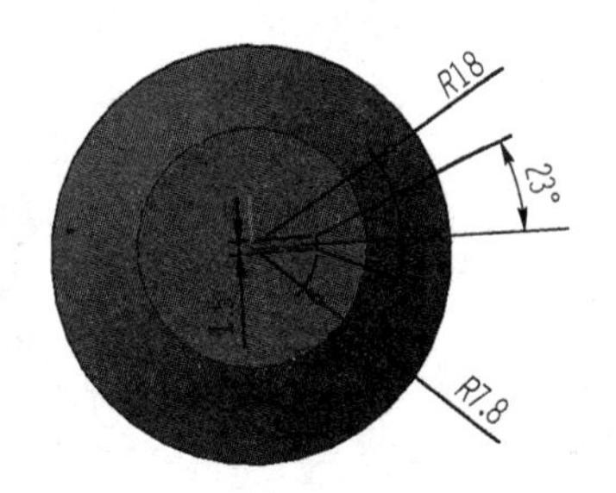

图 6-100　顶面截面图形尺寸

（3）单击“视图”选项卡上的“原点”按钮，移动坐标原点定义新的用户坐标系；捕捉圆台底圆的圆心，将坐标的 *XY* 面放置在圆台底圆面上，效果如图 6-101 所示。

（4）根据图 6-102 所示尺寸绘制圆台底圆面截面图形。完成效果如图 6-102 所示。

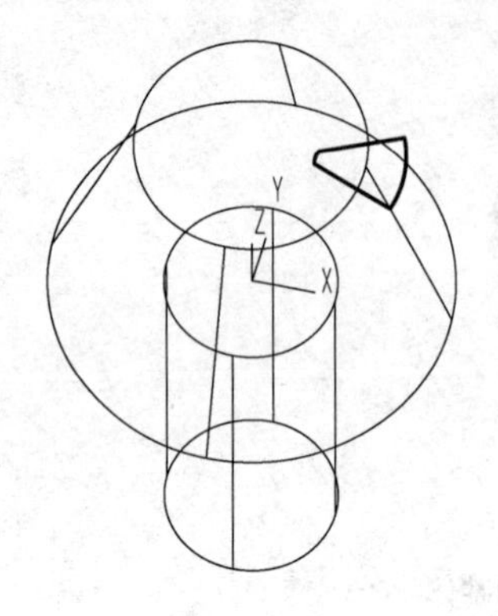

图 6-101　移动坐标原点建立新的用户坐标系

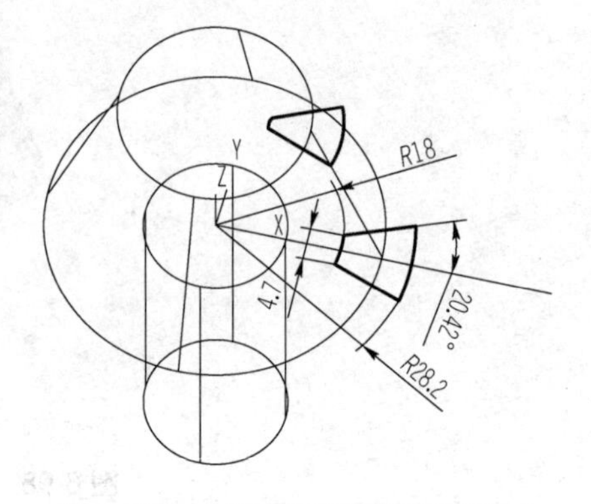

图 6-102　圆台底圆面截面图形尺寸

（5）单击“修改”选项卡上的“编辑多段线”按钮，将以上两个截面图形编辑成多段线。

AutoCAD 文本提示如下：

```
命令：_pedit
选择多段线或 [多条(M)]：(选择任一条线段)
选定的对象不是多段线
是否将其转换为多段线？<Y>↙（将其转换为多段线）
输入选项 [闭合(C)/合并(J)/宽度(W)/编辑顶点(E)/拟合(F)/样条曲线(S)/非曲线化(D)/线型生成(L)/反转(R)/放弃(U)]：j↙（将其他线段合并成多段线）
选择对象：指定对角点：找到 4 个（将其他线段选进集）
选择对象：↙
多段线已增加 3 条线段
输入选项 [打开(O)/合并(J)/宽度(W)/编辑顶点(E)/拟合(F)/样条曲线(S)/非曲线化(D)/线型生成(L)/反转(R)/放弃(U)]：↙（退出编辑命令）
```

2）放样形成单个齿轮槽实体

单击“实体”选项卡上的“放样”按钮，对上面所绘制的两个截面进行放样操作。完成效果如图 6-103 所示。

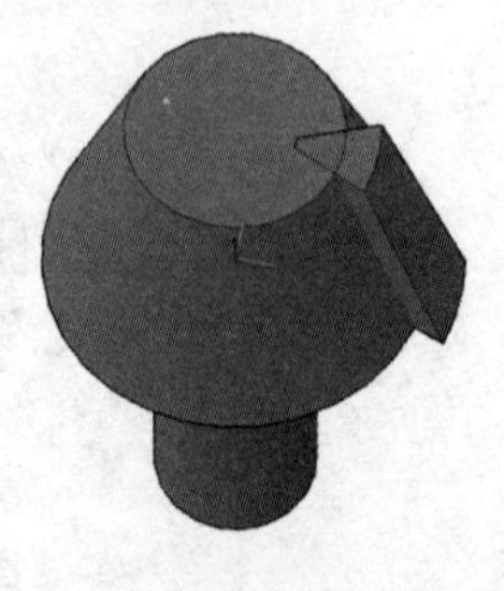

图 6-103　放样形成单个齿轮槽实体

AutoCAD 文本提示如下：

命令： _loft
当前线框密度： ISOLINES=4，闭合轮廓创建模式 = 实体
按放样次序选择横截面或 [点(PO)/合并多条边(J)/模式(MO)]： _MO 闭合轮廓创建模式 [实体(SO)/曲面(SU)] <实体>： _SO
按放样次序选择横截面或 [点(PO)/合并多条边(J)/模式(MO)]： 找到 1 个(任意选择一个截面)
按放样次序选择横截面或 [点(PO)/合并多条边(J)/模式(MO)]： 找到 1 个，总计 2 个(选择另一个截面)
按放样次序选择横截面或 [点(PO)/合并多条边(J)/模式(MO)]：
选中了 2 个横截面
输入选项 [导向(G)/路径(P)/仅横截面(C)/设置(S)] <仅横截面>:↙（确定后，退出）

3）阵列形成齿轮槽实体

单击“修改”选项卡上的“环形阵列”按钮，对上面形成的单个齿轮槽实体进行环形阵列操作。完成效果如图 6-104 所示。

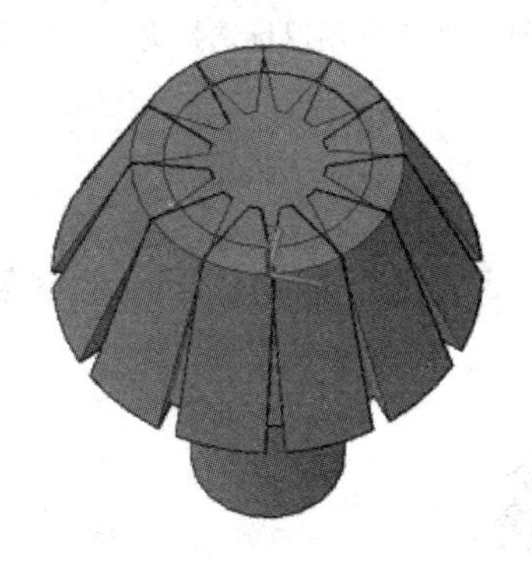

图 6-104　阵列形成齿轮槽实体

AutoCAD 文本提示如下：

命令： _arraypolar
选择对象： 找到 1 个（选择放样形成的单个齿轮槽实体）
选择对象:↙（确认）
类型 = 极轴　关联 = 否
指定阵列的中心点或 [基点(B)/旋转轴(A)]：(选择圆柱中心)
选择夹点以编辑阵列或 [关联(AS)/基点(B)/项目(I)/项目间角度(A)/填充角度(F)/行(ROW)/层(L)/旋转项目(ROT)/退出(X)] <退出>： i（更改阵列数值）
输入阵列中的项目数或 [表达式(E)] <6>： 12
选择夹点以编辑阵列或 [关联(AS)/基点(B)/项目(I)/项目间角度(A)/填充角度(F)/行(ROW)/层(L)/旋转项目(ROT)/退出(X)] <退出>:↙

4）布尔运算形成齿轮槽

单击“差集”按钮，对所需去除的齿轮槽实体进行差集操作，结果如图 6-105 所示。

AutoCAD 文本提示如下：

```
命令: _subtract 选择要从中减去的实体、曲面和面域...
选择对象: 找到 1 个（点选基体后按 Enter 键确认）
选择对象:
选择要减去的实体、曲面和面域...
选择对象: 找到 1 个（用鼠标选择一个齿轮槽实体）
选择对象: 找到 1 个, 总计 2 个（用鼠标选择另一个齿轮槽实体）
选择对象: 找到 1 个, 总计 3 个（用鼠标选择另一个齿轮槽实体）
选择对象: 找到 1 个, 总计 4 个（用鼠标选择另一个齿轮槽实体）
选择对象: 找到 1 个, 总计 5 个（用鼠标选择另一个齿轮槽实体）
选择对象: 找到 1 个, 总计 6 个（用鼠标选择另一个齿轮槽实体）
选择对象: 找到 1 个, 总计 7 个（用鼠标选择另一个齿轮槽实体）
选择对象: 找到 1 个, 总计 8 个（用鼠标选择另一个齿轮槽实体）
选择对象: 找到 1 个, 总计 9 个（用鼠标选择另一个齿轮槽实体）
选择对象: 找到 1 个, 总计 10 个（用鼠标选择另一个齿轮槽实体）
选择对象: 找到 1 个, 总计 11 个（用鼠标选择另一个齿轮槽实体）
选择对象: 找到 1 个, 总计 12 个（用鼠标选择另一个齿轮槽实体）
选择对象: ↙
```

步骤 4: 倒角

单击“倒角”按钮，对圆柱底边进行 2mm×2mm 的倒角，结果如图 6-106 所示。

图 6-105　形成齿轮槽

图 6-106　倒角

AutoCAD 文本提示如下：

```
命令: _chamfer
(“修剪”模式) 当前倒角距离 1 = 0.0000, 距离 2 = 0.0000
选择第一条直线或 [放弃(U)/多段线(P)/距离(D)/角度(A)/修剪(T)/方式(E)/多个(M)]:
基面选择...（鼠标点选圆柱底边线）
输入曲面选择选项 [下一个(N)/当前(OK)] <当前(OK)>:↙（按 Enter 键确认）
指定基面倒角距离或 [表达式(E)]: 2（输入第一个倒角距离）
指定其他曲面倒角距离或 [表达式(E)] <2.0000>:2（输入第二个倒角距离）
选择边或 [环(L)]:（再次点选圆柱底边线）
选择边或 [环(L)]: ↙
```

步骤 5：建立螺旋线特征

1）绘制扫描路径（螺旋线）

单击“绘图”选项卡上的“螺旋”按钮，捕捉圆柱底边圆心为螺旋线中心，建立旋转半径为 10mm；螺距为 4mm 高度为 36mm 的螺旋线。完成后的效果如图 6-107 所示。

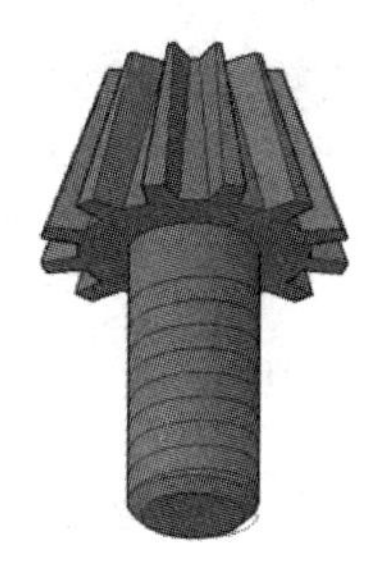

图 6-107　螺旋线

AutoCAD 文本提示如下：

```
命令：_Helix
圈数 = 9.0000      扭曲=CCW
指定底面的中心点：（捕捉圆柱底边圆心）
指定底面半径或 [直径(D)] <10.0000>: 10（输入半径数值）
指定顶面半径或 [直径(D)] <10.0000>:↙（按 Enter 键确认另一端的半径数值）
指定螺旋高度或 [轴端点(A)/圈数(T)/圈高(H)/扭曲(W)] <112.6391>: h（选择修改螺距选项）
指定圈间距 <12.5155>: 4（输入新的螺距数值）
指定螺旋高度或 [轴端点(A)/圈数(T)/圈高(H)/扭曲(W)] <112.6391>: -36↙（输入螺纹的总高数值，注意方向）
```

2）绘制扫描截面图形

单击“视图”选项卡上的“前视”按钮，将作图视图转换至前视面。根据图 6-85 所示尺寸，绘制螺纹的截面图形及辅助线，如图 6-108 所示。

将所绘制的三角形编辑成多段线后，捕捉辅助线的交点，移动到螺旋线的顶点，如图 6-109 所示。

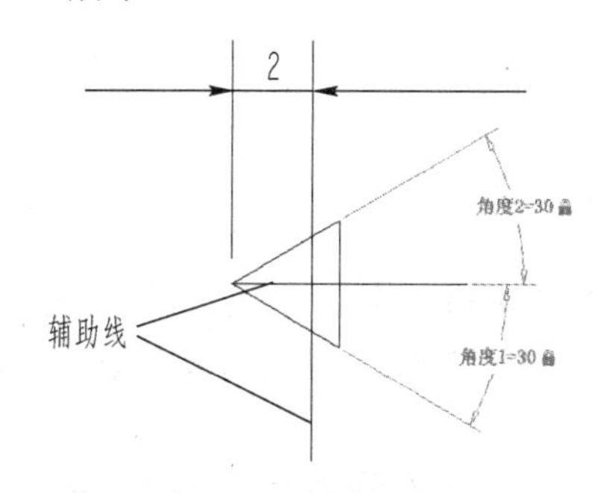

图 6-108　螺纹的截面图形及辅助线

图 6-109　螺纹的截面与螺旋线对齐

3）扫掠形成螺纹槽实体

（1）单击“实体”选项卡上的“扫掠”按钮，以三角形为扫掠对象；以螺旋线为扫掠路径，形成螺纹槽实体，再将不需要的辅助线删除。完成后的效果如图 6-110 所示。

AutoCAD 文本提示如下：

```
命令: _sweep
当前线框密度: ISOLINES=4，闭合轮廓创建模式 = 实体
选择要扫掠的对象或 [模式(MO)]: _MO 闭合轮廓创建模式 [实体(SO)/曲面(SU)] <实体>: _SO
选择要扫掠的对象或 [模式(MO)]: 找到 1 个（选择三角形）
选择要扫掠的对象或 [模式(MO)]: ↙
选择扫掠路径或 [对齐(A)/基点(B)/比例(S)/扭曲(T)]:（选择螺旋线）
```

（2）布尔运算形成螺纹。单击“差集”按钮，对所需去除的螺纹槽实体进行差集操作，结果如图 6-111 所示。

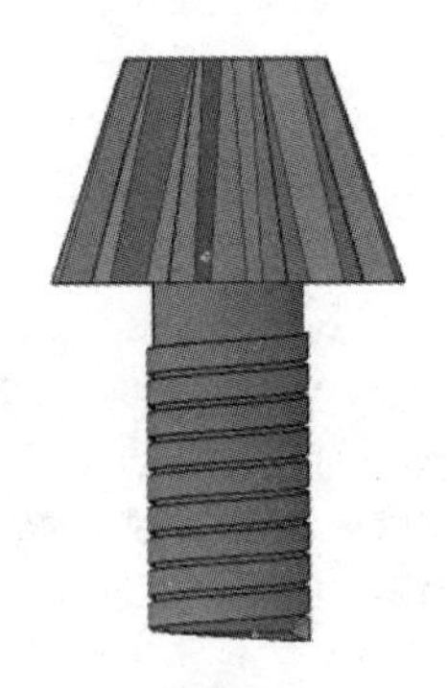

图 6-110　螺纹槽实体

图 6-111　形成螺纹槽

AutoCAD 文本提示如下：

```
命令: _subtract 选择要从中减去的实体、曲面和面域...
选择对象: 找到 1 个（选择基体）
选择对象: ↙
选择要减去的实体、曲面和面域...
选择对象: 找到 1 个（选择螺纹槽实体）
选择对象: ↙
```

6.5.4　随堂练习

【操作要求】

（1）三维视图：建立新图形文件，图形区域为 A3（420mm×297mm）幅面，在设置的图形区域内作图。三维视图方式选择为东南等轴测。打开“UCS”操作面板，选择“世界”选项。视觉样式为三维线框。

（2）三维绘图按图 6-112（a）所示的尺寸绘制三维图形，在圆柱套上有一凸台，凸台上有直径为 30mm 的孔与中间孔相通，在圆柱套的边缘有半径为 5mm 的倒棱。

（3）三维图形编辑：对图形的两端外缘和接缝处倒圆角，圆角半径为 5mm，视觉样式转换为概念视觉样式。材质颜色选择单色索引颜色:8，结果如图 6-112（b）所示。

（4）保存文件：将完成的图形以全部缩放的形式显示，将完成的图形“学号+姓名”为文件名保存后上交。

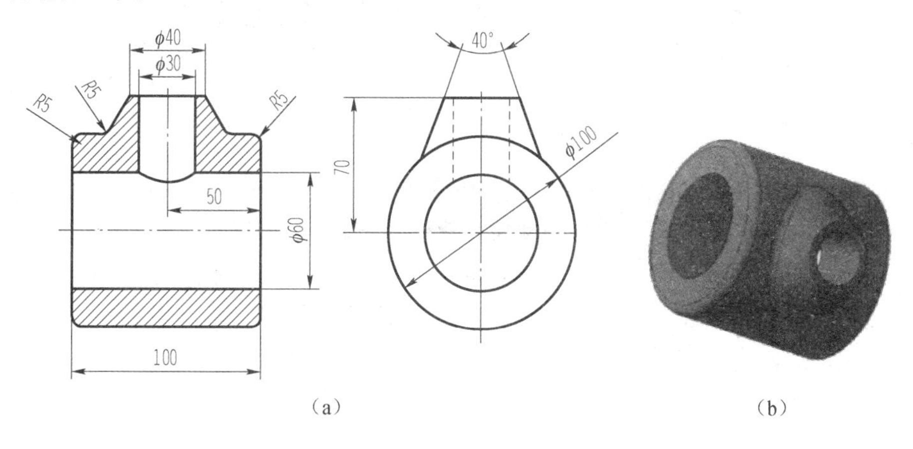

（a）　　（b）

图 6-112　三维图形的尺寸和效果

第 7 章　输出图形文件

为了便于绘图操作，AutoCAD 提供了控制图形显示的功能，这些功能只能改变图形在绘图区的显示方式，可以按用户期望的位置、比例和范围进行图形显示，以便于观察，但不能使图形产生实质性的改变，既不改变图形的实际尺寸，也不影响图形对象间的相对关系。本章主要介绍图形的缩放和平移、视口与空间、图形输出功能等。

绘制完图形后，需要将图形输出打印，本章将讲解图形输出的基本步骤。

7.1　缩放与平移

改变视图最一般的方法就是利用“缩放”命令和“平移”命令。利用它们可以在绘图区放大或缩小图像，或改变图形位置。通过缩放视图功能可以更快速、精确地绘制图形，帮助用户观察图形，而原图形的尺寸并不会发生改变。

7.1.1　缩放

1. 实时缩放

AutoCAD 2016 为交互式的缩放和平移提供了可能。利用实时缩放功能，用户可以通过垂直向上或向下移动鼠标的方式来放大或缩小图形。

缩放、平移与视口

1）执行方式

命令行窗口：ZOOM。

菜单栏：选择“视图”→“缩放”→“实时”命令。

工具栏：单击“标准”工具栏上的“实时缩放”按钮。

2）操作步骤

执行上述操作后，按住鼠标左键垂直向上或向下移动十字光标，可以放大或缩小图形。

2. 动态缩放

如果启动快速缩放功能，则可以用动态缩放功能改变图形显示而不产生重新生成的效果。动态缩放会在当前视区中显示图形的全部。

1）执行方式

命令行窗口：ZOOM。

菜单栏：选择“视图”→“缩放”→“动态”命令。

工具栏：单击“标准”工具栏上的“动态缩放”按钮。

2）操作步骤

命令行窗口提示与操作如下：

```
命令: ZOOM
指定窗口的角点，输入比例因子 (nX 或 nXP)，或者
[全部(A)/中心(C)/动态(D)/范围(E)/上一个(P)/比例(S)/窗口(W)/对象(O)] <实时>:↙
命令: _subtract 选择要从中减去的实体、曲面和面域...
选择对象: 找到 1 个（选择基体）
选择对象: ↙
选择要减去的实体、曲面和面域...
选择对象: 找到 1 个（选择螺纹槽实体）
选择对象: ↙
```

执行上述命令后，系统弹出一个图框，选择动态缩放前图形区呈绿色的点线框。如果要动态缩放的图形显示范围与选择的动态缩放前的范围相同，则此绿色点线框与白线框重合而不可见。重新生成区域的四周有一个蓝色虚线框，用以标记虚拟图纸。此时，如果线框中有一个“×”出现，则可以拖动线框，把它平移到另外一个区域。如果要放大图形到不同的放大倍数，则单击后“×”会变成一个箭头。这时左右拖动边界线即可重新确定视区的大小。

另外，“缩放”命令还有窗口缩放、比例缩放、放大、缩小、中心缩放、全部缩放、对象缩放、缩放上一个和最大图形范围缩放，其操作方法与动态缩放类似，此处不再赘述。

7.1.2　平移

1. 实时平移

利用实时平移，能通过单击或移动鼠标重新放置图形。

1）执行方式

命令行窗口：PAN。

菜单栏：选择“视图”→“平移”→“实时”命令。

工具栏：单击“标准”工具栏上的“实时平移”按钮。

2）操作步骤

执行上述操作后，移动到图形的边缘时，十字光标变为形状，按住鼠标左键移动手形光标就可以平移图形了。

7.2　视口与空间

视口和空间是有关图形显示和控制的两个重要概念，下面简要介绍这两个概念。

7.2.1 视口

绘图区可以被划分为多个相邻的非重叠视口。在每个视口中可以进行平移和缩放操作，也可以进行三维视图设置与三维动态观察，如图 7-1 所示。

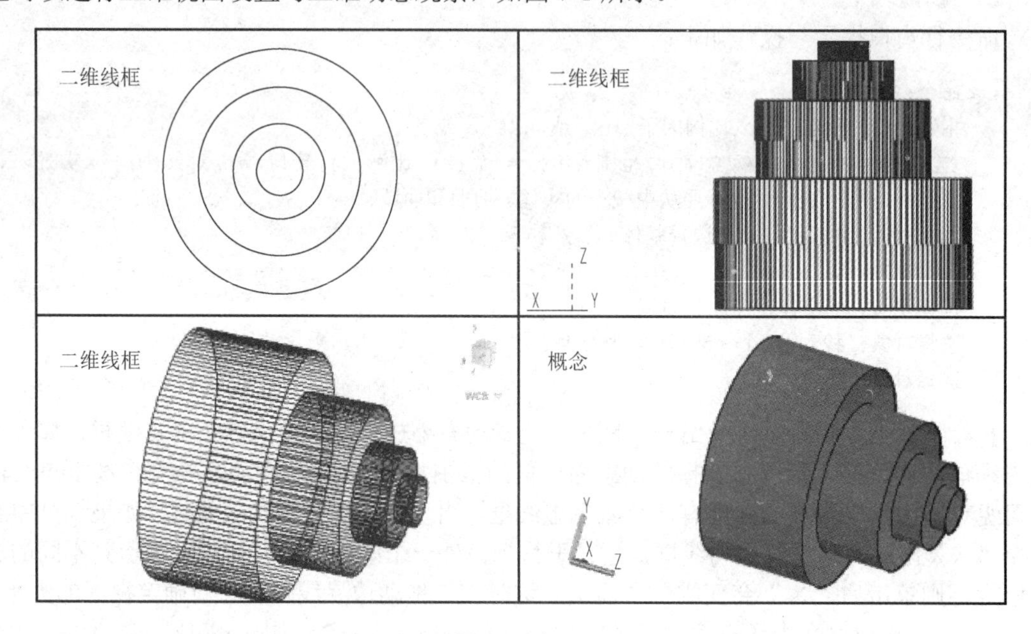

图 7-1　视口

1. 新建视口

执行方式如下。

命令行窗口：VPORTS。

菜单栏：选择“视图”→“视口”→“新建视口”命令。

工具栏：单击“视口”工具栏上的“视口配置”按钮，打开“视口配置”下拉菜单如图 7-2 所示。

另外，也可单击“视口”工具栏上的“显示‘视口’对话框”按钮，弹出如图 7-3 所示的“视口”对话框，在“新建视口”选项卡中列出了一个标准视口配置列表，可用来创建层叠视口。图 7-4 为按图 7-2 中设置创建的新图形视口。用户也可以在多视口的单个视口中创建多视口。

2. 命名视口

执行方式如下。

命令行窗口：VPORTS。

菜单栏：选择“视图”→“视口”→“命名视口”命令。

工具栏：单击“视口”工具栏上的“显示‘视口’对话框”按钮，在弹出的“视口”对话框中选择“命令视口”选项卡。

执行上述操作后，系统打开如图 7-5 所示的“视口”对话框的“命名视口”选项卡，该选项卡用来显示保存在图形文件中的视口配置。其中“当前名称” 提示行显示当前视口名，“命名视口”列表框用来显示保存的视口配置，“预览”显示框用来预览被选择的视口配置。

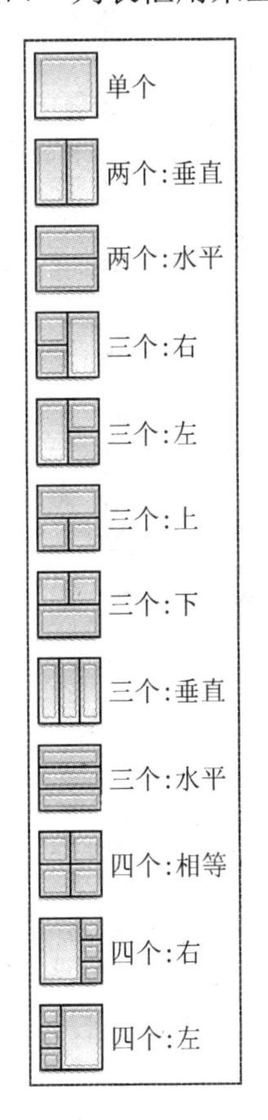

图 7-2　“视口配置”下拉菜单

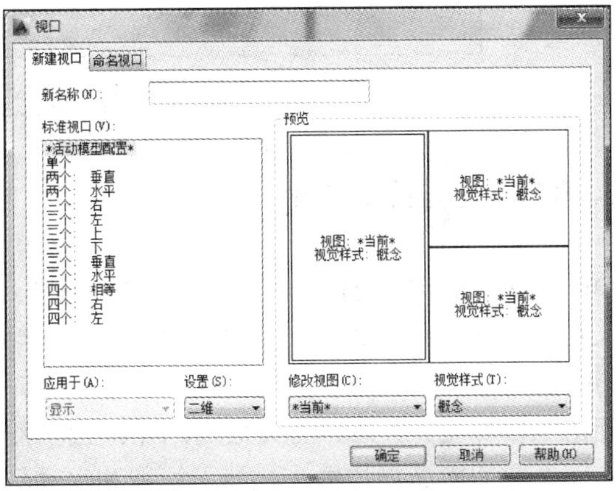

图 7-3　“新建视口”选项卡

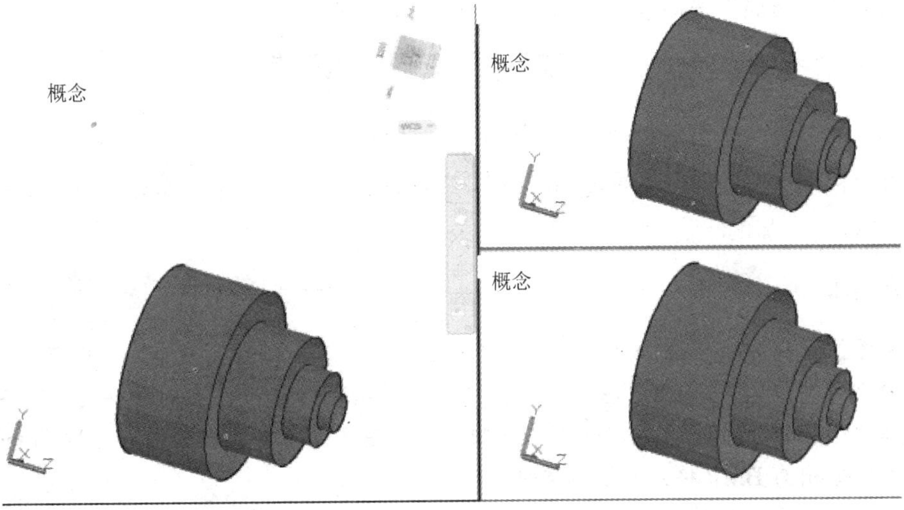

图 7-4　创建的视口

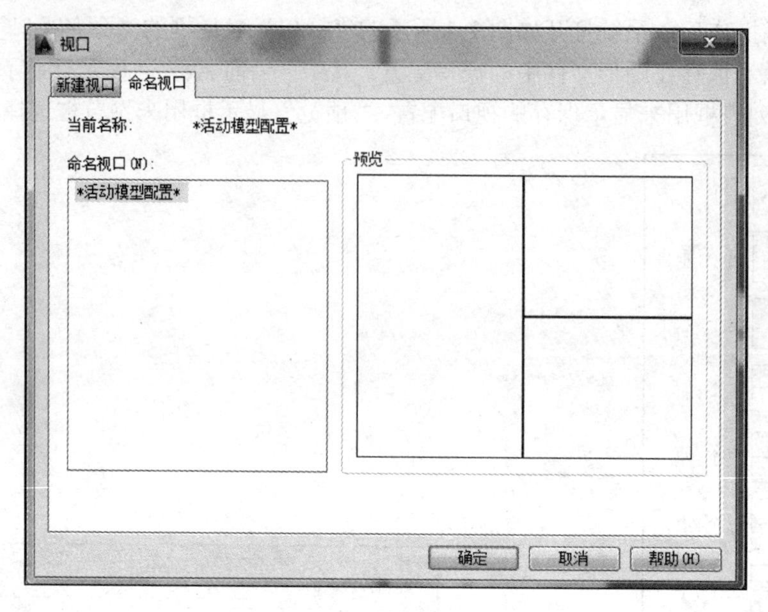

图 7-5　“命名视口”选项卡

7.2.2　模型空间与图纸空间

AutoCAD 可在两个环境中完成绘图和设计工作，即“模型空间”和“图纸空间”。模型空间又可分为平铺式和浮动式两种，大部分设计和绘图工作都是在平铺式模型空间中完成的。图纸空间是模拟手工绘图的空间，它是为绘制平面图而准备的一张虚拟图纸，是一个二维空间的工作环境。从某种意义上说，图纸空间就是为布局图面、打印出图而设计的。另外，还可在图纸空间中添加边框、注释、标题和尺寸标注等内容。

在模型空间和图纸空间中，用户都可以进行输出设置。在绘图区底部有“模型”选项卡及一个或多个“布局”选项卡，如图 7-6 所示。

模型　布局1　布局2

图 7-6　“模型”和“布局”选项卡

选择“模型”选项卡或“布局”选项卡，可以在它们之间进行空间的切换，如图 7-7 和图 7-8 所示。

技巧荟萃

输出图像文件方法：选择“文件”→“输出”→“其他格式”命令，如图 7-9 所示，或直接在命令行窗口输入“EXPORT”，弹出“输出数据”对话框，在“保存类型”下拉列表框中选择“*.bmp”格式，单击“保存”按钮，在绘图区选中要输出的图形后按 Enter 键，被选图形便被输出为 BMP 格式的图形文件。

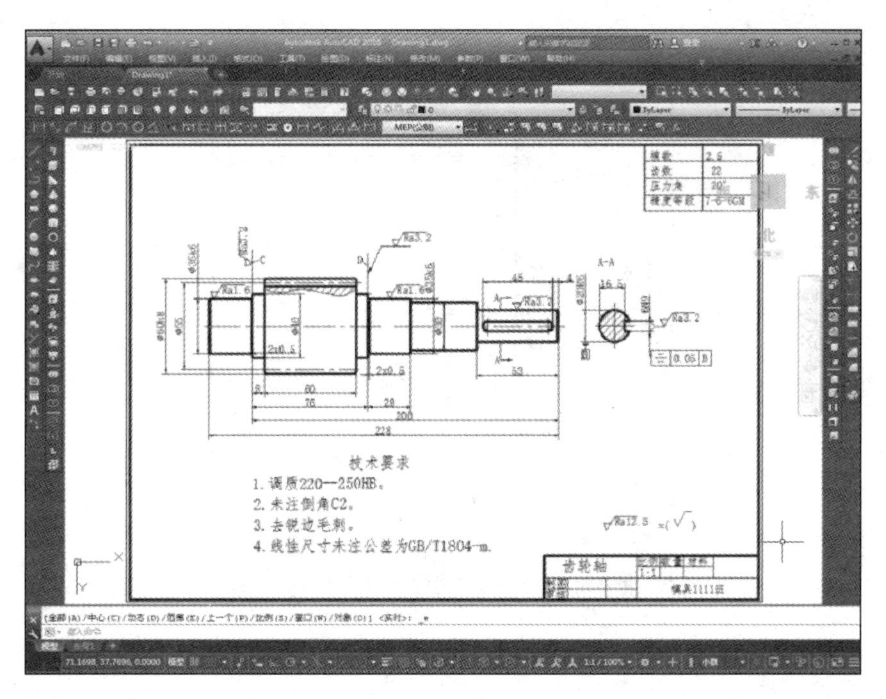

图 7-7　模型空间

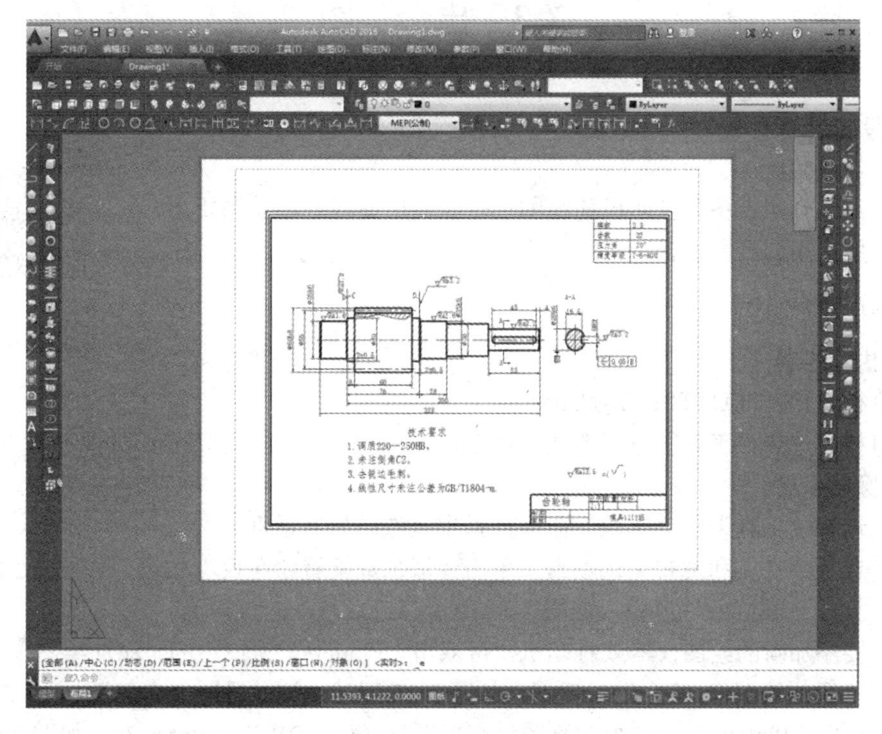

图 7-8　布局空间

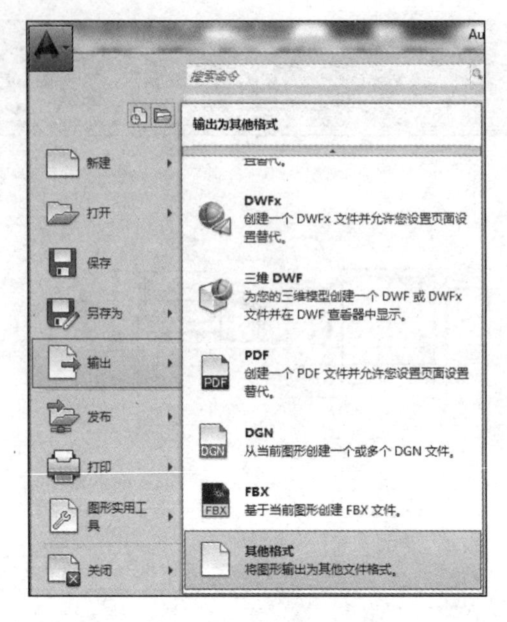

图 7-9　输出图像文件

7.3　出　　图

7.3.1　设置打印设备

图形输出

最常见的打印设备有打印机和绘图仪。在输出图样时，首先要添加和配置要使用的打印设备。

1. 打开打印设备

1）执行方式

命令行窗口：PLOTTERMANAGER。

菜单栏：选择“工具”→“选项”命令。

2）操作步骤

（1）选择“工具”→“选项”命令，弹出“选项”对话框。

（2）选择“打印和发布”选项卡，单击“添加或配置绘图仪”按钮，如图 7-10 所示。

（3）打开“Plotters”窗口，如图 7-11 所示。

（4）要添加新的绘图仪器或打印机，可双击“Plotters”窗口中的“添加绘图仪向导”图标，弹出“添加绘图仪-简介”对话框，如图 7-12 所示，按向导逐步完成添加。

（5）双击“Plotters”窗口中的绘图仪配置图标，如“DWF6 ePlot.pc3”，如图 7-13 所示，对绘图仪进行相关设置。

图 7-10　“打印和发布”选项卡

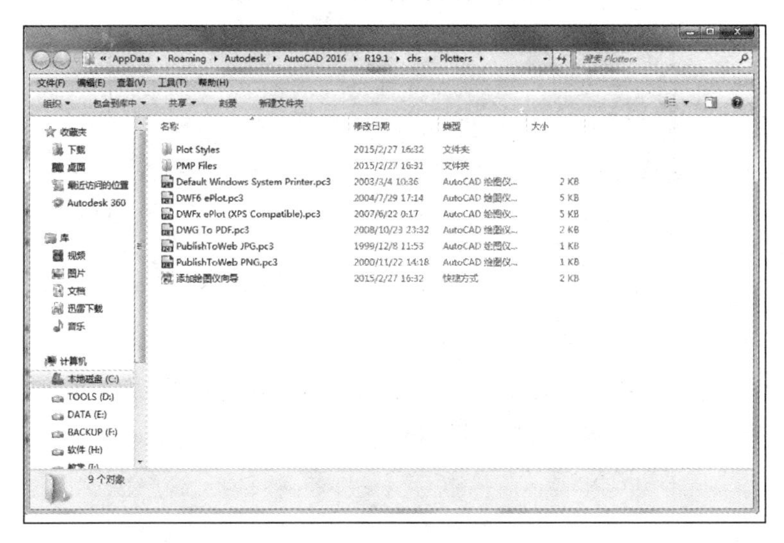

图 7-11　“Plotters”窗口

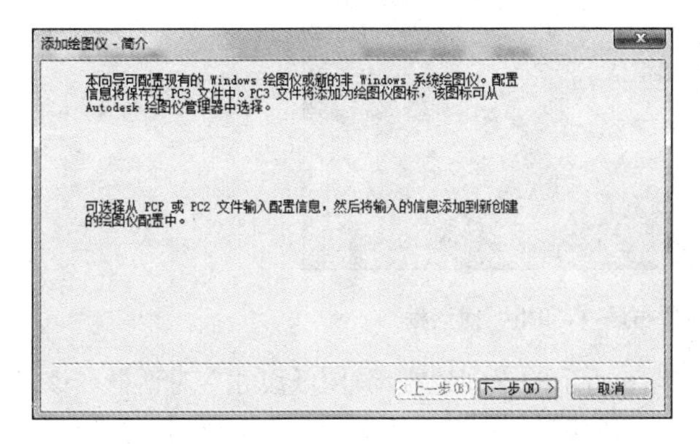

图 7-12　“添加绘图仪-简介”对话框

图 7-13　绘图仪配置编辑器

7.3.2 创建布局

图纸空间是图纸布局环境，可以在这里指定图纸大小、添加标题栏、显示模型的多个视图及创建图形标注和注释。

1）执行方式

命令行：LAYOUTWIZARD。

菜单栏：选择“布局”→“新建布局”命令。

2）操作步骤

(1) 在命令行窗口输入“LAYOUTWIZARD”，弹出“创建布局-开始”对话框。在“输入新布局的名称”文本框中输入新布局名称，如图 7-14 所示。

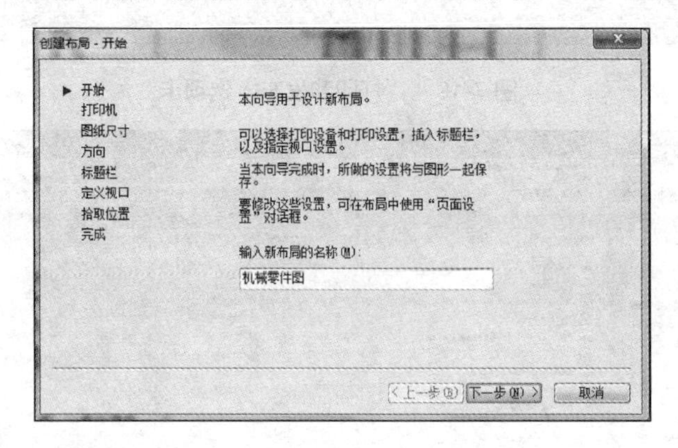

图 7-14 “创建布局-开始”对话框

(2) 单击“下一步”按钮，弹出如图 7-15 所示的“创建布局-打印机”对话框。在该对话框中选择配置新布局“机械零件图”的绘图仪。

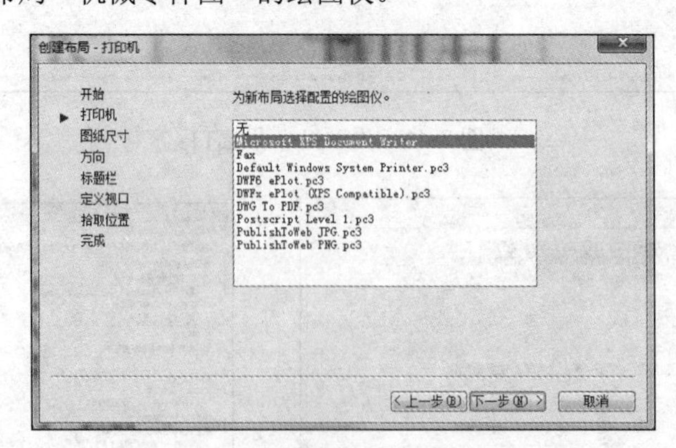

图 7-15 “创建布局-打印机”对话框

(3) 单击“下一步”按钮，弹出如图 7-16 所示的“创建布局-图纸尺寸”对话框。该对话框用于选择打印图纸的大小和所用的单位。在该对话框的“图纸尺寸”下拉列表框中列出了可用的各种格式的图纸，它由选择的打印设备决定，可从中选择一种格式。“图形单位”

选项组用于控制输出图形的单位，可以选择“毫米”、“英寸”或“像素”。点选“毫米”单选按钮，即以毫米为单位，再选择图纸的大小，如“150 AZ(594.00×420.00 毫米)”。

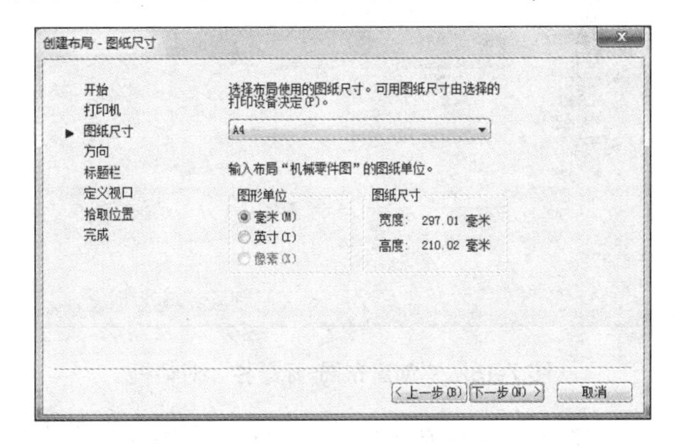

图 7-16　“创建布局-图纸尺寸”对话框

（4）单击“下一步”按钮，弹出如图 7-17 所示的“创建布局-方向”对话框。在该对话框中，点选“纵向”或“横向”单选按钮，可设置图形在图纸上的布置方向。

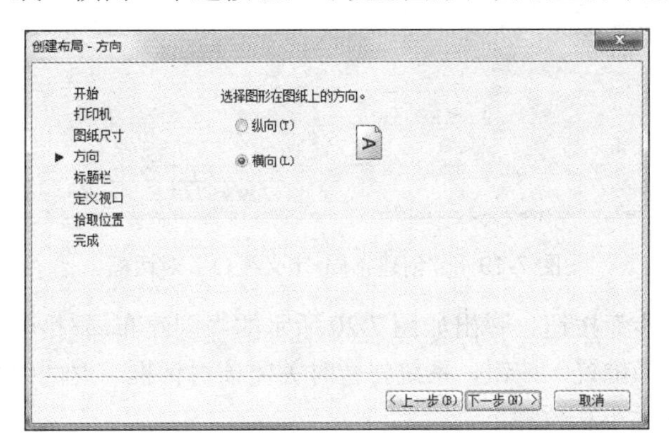

图 7-17　“创建布局-方向”对话框

（5）单击“下一步”按钮，弹出如图 7-18 所示的“创建布局-标题栏”对话框。在该对话框的“路径”列表框中列出了当前可用的图纸边框和标题栏样式，可从中选择一种，作为创建布局的图纸边框和标题栏样式，在“预览”显示框中将显示所选的样式。在“类型”选项组中可以指定所选标题栏图形文件是作为“块”还是作为“外部参照”插入当前图形中。一般情况下，用户在绘图时都已经绘制出了标题栏，所以此步中选择“无”选项即可。

（6）单击“下一步”按钮，弹出如图 7-19 所示的“创建布局-定义视口”对话框。在该对话框中可以指定新创建的布局默认视口设置和比例等。其中，“视口设置”选项组用于设置当前布局，定义视口数；“视口比例”下拉列表框用于设置视口的比例。当点选“阵列”单选按钮时，下面 4 个文本框变为可用，“行数”和“列数”两个文本框分别用于输入视口的行数和列数，“行间距”和“列间距”两个文本框分别用于输入视口的行间距和列间距。

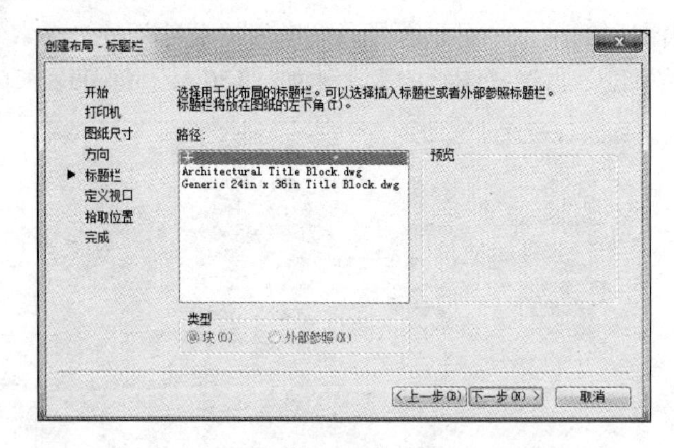

图 7-18 “创建布局-标题栏”对话框

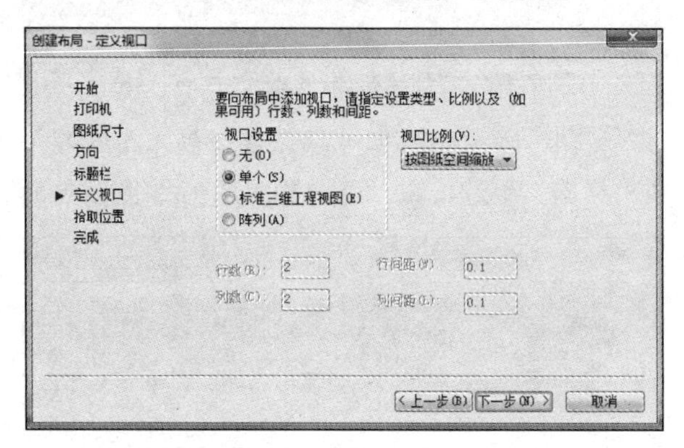

图 7-19 “创建布局-定义视口”对话框

（7）单击“下一步”按钮，弹出如图 7-20 所示的“创建布局-拾取位置”对话框。在该对话框中，单击“选择位置”按钮，系统将暂时关闭该对话框，返回绘图区，用户可以从图形中指定视口配置的大小和位置。

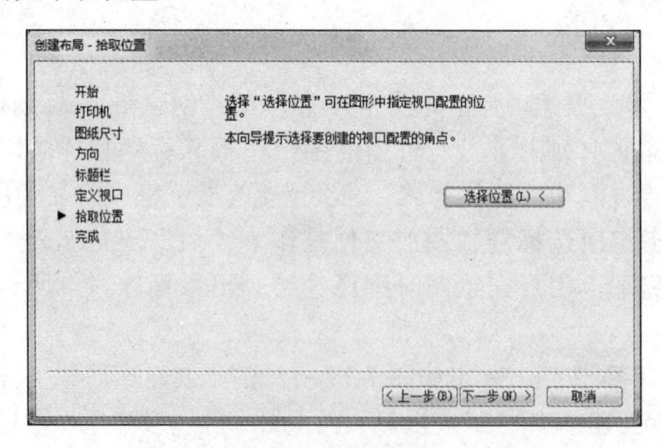

图 7-20 “创建布局-拾取位置”对话框

（8）单击“下一步”按钮，弹出如图 7-21 所示的“创建布局-完成”对话框。单击“完成”按钮，完成新布局“机械零件图”的创建。此后系统自动返回布局空间，显示新创建的布局“机械零件图”，如图 7-22 所示。

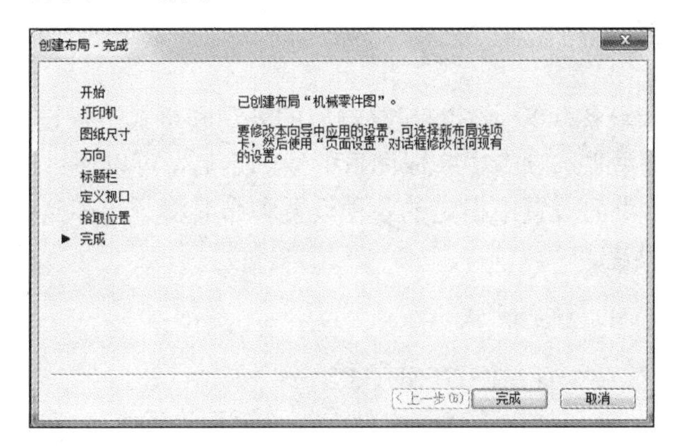

图 7-21　“创建布局-完成”对话框

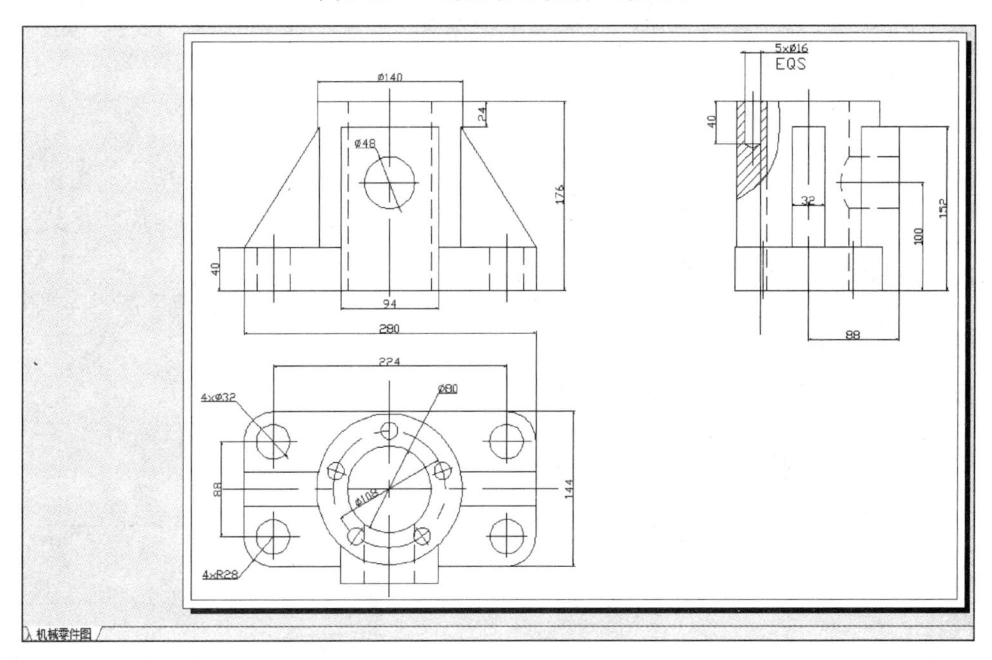

图 7-22　完成“机械零件图”布局的创建

技巧荟萃

AutoCAD 中图形显示比例较大时，圆和圆弧看起来由若干直线段组成，这并不影响打印结果，但在输出图像时，输出结果将与绘图区显示完全一致，因此，若发现有圆或圆弧显示为若干直线段时，应在输出图像前使用“VIEWERS”命令，对屏幕的显示分辨率进行优化，使圆和圆弧看起来尽量光滑逼真。AutoCAD 中输出的图像文件，其分辨率为屏幕分辨率，即 72dpi。如果该文件用于其他程序仅供屏幕显示，则此分辨率已经合适。若最终要打印出来，则要在图像处理软件（如 Photoshop）中将图像的分辨率提高，一般设为 300dpi 即可。

7.3.3 页面设置

面设置可以对打印设备和其他影响最终输出的外观和格式进行设置，并将这些设置应用到其他布局中。在“模型”选项卡中完成图形的绘制之后，可以通过选择“布局”选项卡开始创建要打印的布局。页面设置中指定的各种设置和布局将一起存储在图形文件中，可以随时修改页面设置中的设置。

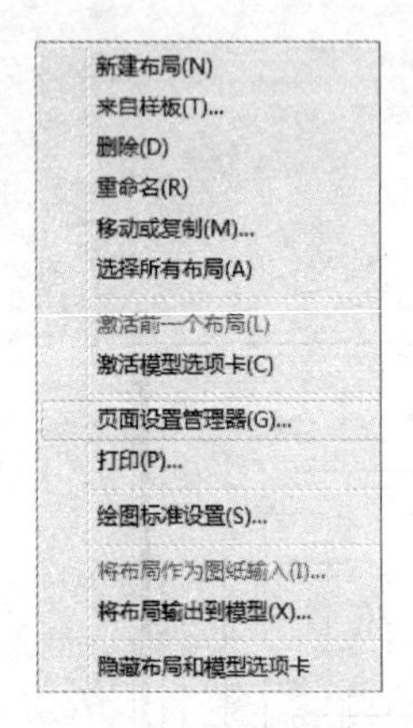

图 7-23 快捷菜单

1. 执行方式

命令行：PAGESETUP。

菜单栏：选择“文件”→“页面设置管理器”命令。

快捷菜单：在模型空间或布局空间中，右击“模型”或“布局”选项卡，在弹出的快捷菜单中选择“页面设置管理器”命令，如图 7-23 所示。

2. 操作步骤

（1）打开“页面设置管理器”对话框，如图 7-24 所示。在该对话框中，可以完成新建布局、修改原有布局、输入存在的布局和将某一布局置为当前等操作。

（2）在“页面设置管理器”对话框中，单击“新建”按钮，弹出“新建页面设置”对话框，如图 7-25 所示。

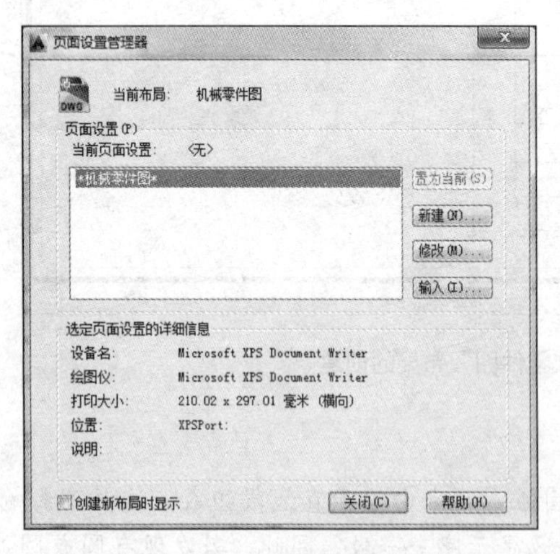

图 7-24 “页面设置管理器”对话框

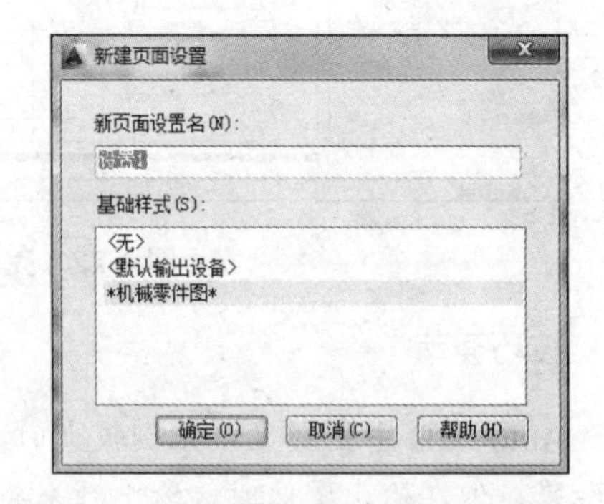

图 7-25 “新建页面设置”对话框

（3）在“新页面设置名”文本框中输入新建页面的名称，如“机械零件图”，单击“确定”按钮，弹出“页面设置-机械零件图”对话框，如图 7-26 所示。

（4）在“页面设置-机械零件图”对话框中，可以设置布局和打印设备并预览布局的结果。对于一个布局，可利用“页面设置”对话框来完成其设置，虚线表示图纸中当前配置的图纸尺寸和绘图仪的可打印区域。设置完毕后，单击“确定”按钮。

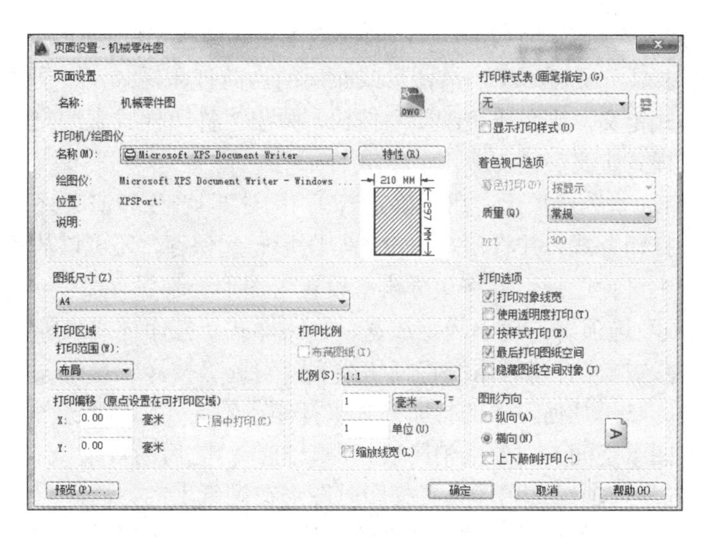

图 7-26　“页面设置-机械零件图”对话框

3．选项说明

“页面设置”对话框中各选项的功能介绍如下。

（1）“打印机/绘图仪”选项组：用于选择打印机或绘图仪。在“名称”下拉列表框中列出了所有可用的系统打印机和 PC3 文件，从中选择一种打印机指定为当前已配置的系统打印设备，以打印输出布局图形。单击“特性”按钮，可弹出“绘图仪配置编辑器”对话框。

（2）“图纸尺寸”选项组：用于选择图纸尺寸。其下拉列表框中可用的图纸尺寸由当前为布局所选的打印设备确定。如果配置绘图仪进行光栅输出，则必须按像素指定输出尺寸。通过使用“绘图仪配置编辑器”对话框可以添加存储在绘图仪配置（PC3）文件中的自定义图纸尺寸。如果使用系统打印机，则图纸尺寸由 Windows 控制面板中的默认纸张设置决定。为已配置的设备创建新布局时，默认图纸尺寸显示在“页面设置”对话框中。如果在“页面设置”对话框中修改了图纸尺寸，则在布局中保存的将是新图纸尺寸，而忽略绘图仪配置文件（PC3）中的图纸尺寸。

（3）“打印区域”选项组：用于指定图形实际打印的区域。选择“窗口”选项，系统将关闭对话框返回绘图区，这时通过指定区域的两个对角点或输入坐标值来确定一个矩形打印区域，然后返回“页面设置”对话框。

（4）“打印偏移”选项组：用于指定打印区域自图纸左下角的偏移。在布局中，指定打印区域的左下角默认在图纸边界的左下角点，也可以在“X”文本框、“Y”文本框中输入一个正值或负值来偏移打印区域的原点。在“X”文本框中输入正值时，原点右移；在“Y”文本框中输入正值时，原点上移。在模型空间中，勾选“居中打印”复选框，系统将自动计算图形居中打印的偏移量，将图形打印在图纸的中间。

（5）“打印比例”选项组：用于控制图形单位与打印单位之间的相对尺寸。打印布局时的默认比例是 1∶1，在“比例”下拉列表框中可以定义打印的精确比例，勾选“缩放线宽”复选框，将对有宽度的线也进行缩放。一般情况下，打印时图形中的各实体按图层中指定的线宽来打印，不随打印比例缩放。在模型空间中打印时，默认设置为“布满图纸”。

（6）“打印样式表”选项组：用于指定当前赋予布局或视口的打印样式表。其“打印样式表”下拉列表框中显示了可赋予当前图形或布局的当前打印样式。如果要更改包含在打印样式表中的打印样式定义，则单击“编辑”按钮，弹出“打印样式表编辑器”对话框，从中可修改选中的打印样式定义。

（7）“着色视口选项”选项组：用于确定若干用于打印着色和渲染视口的选项。用户可以指定每个视口的打印方式，并将该打印设置与图形一起保存，还可以从各种分辨率（最大为绘图仪分辨率）中进行选择，并将该分辨率设置与图形一起保存。

（8）“打印选项”选项组：用于确定线宽、打印样式及打印样式表等的相关属性。勾选“打印对象线宽”复选框，打印时系统将打印线宽；勾选“按样式打印”复选框，以使用在打印样式表中定义、赋予几何对象的打印样式来打印；勾选“隐藏图纸空间对象”复选框，不打印布局环境（图纸空间）对象的消隐线，即只打印消隐后的效果。

（9）“图形方向”选项组：用于设置打印时图形在图纸上的方向。点选“横向”单选按钮，将横向打印图形，使图形的顶部在图纸的长边；点选“纵向”单选按钮，将纵向打印，使图形的顶部在图纸的短边；勾选“上下颠倒打印”复选框，将使图形颠倒打印。

7.3.4　从模型空间输出图形

从模型空间输出图形时，需要在打印时指定图纸尺寸，即在“打印”对话框中选择要使用的图纸尺寸。在该对话框中列出的图纸尺寸取决于在“打印”对话框或“页面设置”对话框中选定的打印机或绘图仪。

1. 执行方式

命令行：PLOT。
菜单栏：选择“文件”→“打印”命令。
工具栏：单击“标准”工具栏中的“打印”按钮。

2. 操作步骤

（1）打开需要打印的图形文件，如“机械零件图”。
（2）选择“文件”→“打印”命令，执行“打印”命令。
（3）弹出“打印-机械零件图”对话框，如图 7-27 所示，在该对话框中设置相关选项。

3. 选项说明

“打印”对话框中各选项功能的介绍如下。

（1）“页面设置”选项组：列出图形中已命名或已保存的页面设置，可以将这些已保存的页面设置作为当前页面设置；也可以单击“添加”按钮，基于当前设置创建一个新的页面设置。

（2）“打印机/绘图仪”选项组：用于指定打印时使用已配置的打印设备。在“名称”下拉列表框中列出了可用的 PC3 文件或系统打印机，可以从中进行选择。设备名称前面的图标用于区分 PC3 文件和系统打印机。

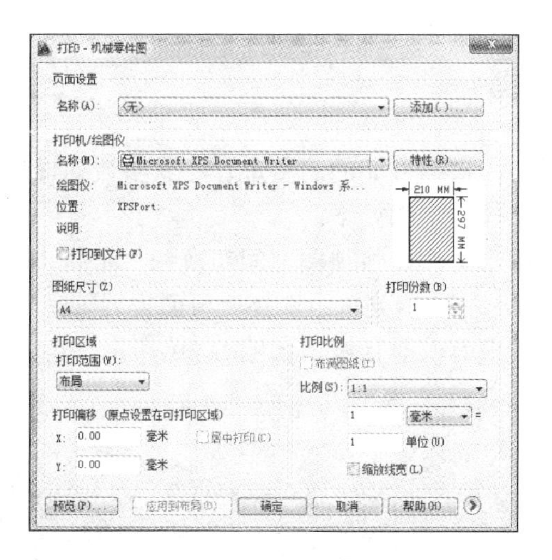

图 7-27　“打印—机械零件图”对话框

（3）“打印份数”微调框：用于指定要打印的份数。当打印到文件时，此选项不可用。

（4）单击“应用到布局”按钮，可将当前打印设置保存到当前布局中去。

其他选项与“页面设置”对话框中的相同，此处不再赘述。

完成所有的设置后，单击“确定”按钮，开始打印。

单击“预览”按钮，或执行 PREVIEW 命令时，在图纸上以打印的方式显示图形。若要退出打印预览并返回“打印”对话框，则应先按 Esc 键，然后按 Enter 键，或在预览窗口中右击，在弹出的快捷菜单中选择“退出”命令。打印预览效果如图 7-28 所示。

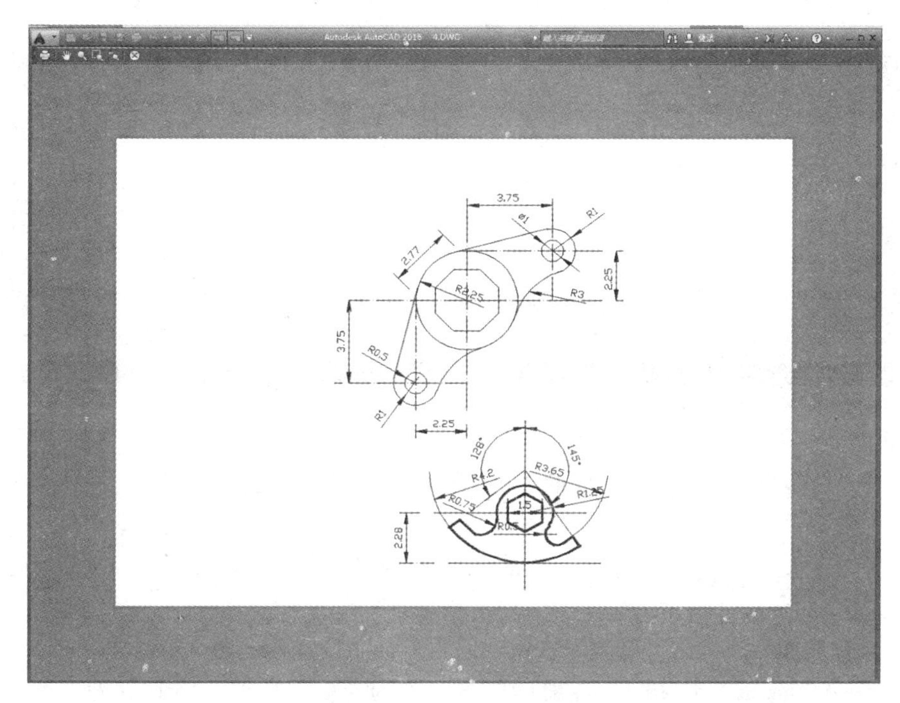

图 7-28　打印预览效果

7.3.5　从图纸空间输出图形

从图纸空间输出图形时，根据打印的需要进行相关参数的设置，首先应在“页面设置”对话框中指定图纸的尺寸。操作步骤如下：

（1）打开需要打印的图形文件，将视图空间切换到“布局 1”，如图 7-29 所示。在“布局 1”选项卡上右击，在弹出的快捷菜单中选择“页面设置管理器”命令。

（2）弹出“页面设置管理器”对话框，如图 7-30 所示。单击“新建”按钮，弹出“新建页面设置”对话框。

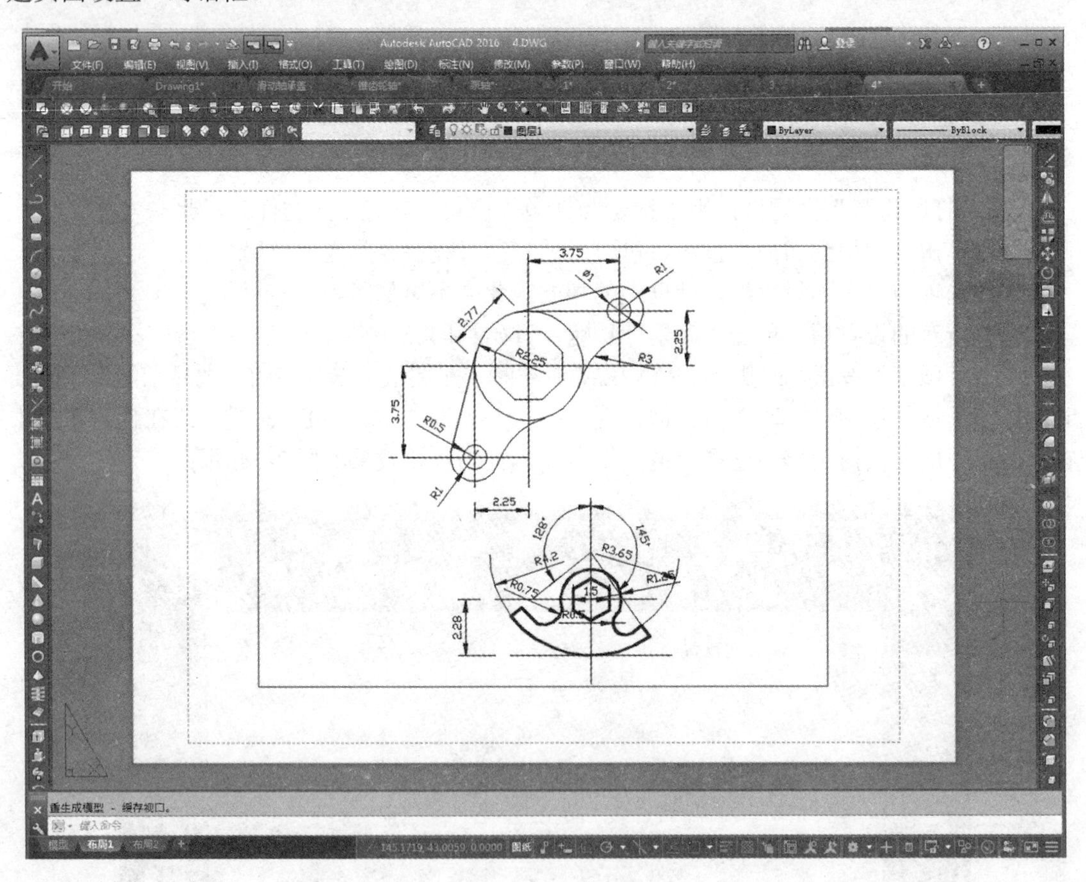

图 7-29　切换到“布局 1”

（3）在“新建页面设置”对话框的“新页面设置名”文本框中输入“零件图”，如图 7-31 所示。

（4）单击“确定”按钮，弹出“页面设置-布局 1”对话框，根据打印的需要进行相关参数的设置，如图 7-32 所示。

（5）设置完成后，单击“确定”按钮，返回“页面设置管理器”对话框。在“当前页面设置”列表框中选择“零件图”选项，单击“置为当前”按钮，将其置为当前布局，如图 7-33 所示。

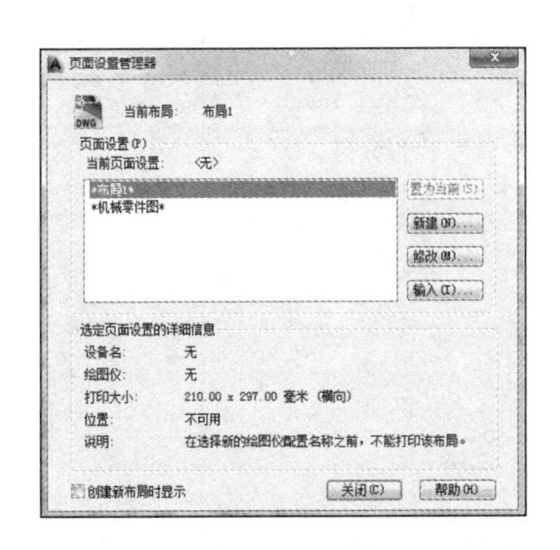

图 7-30　“页面设置管理器”对话框

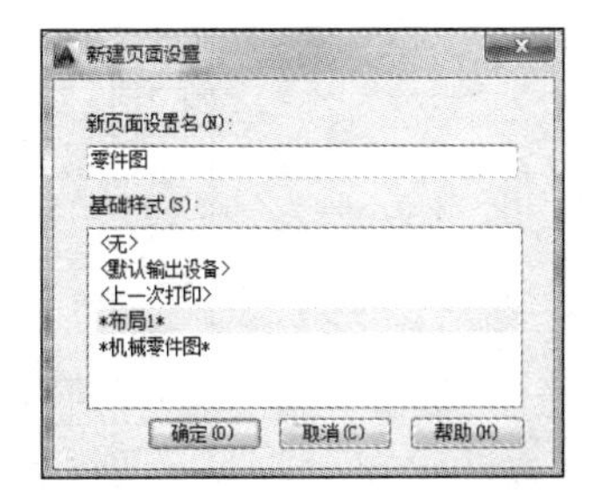

图 7-31　创建“零件图”新页面

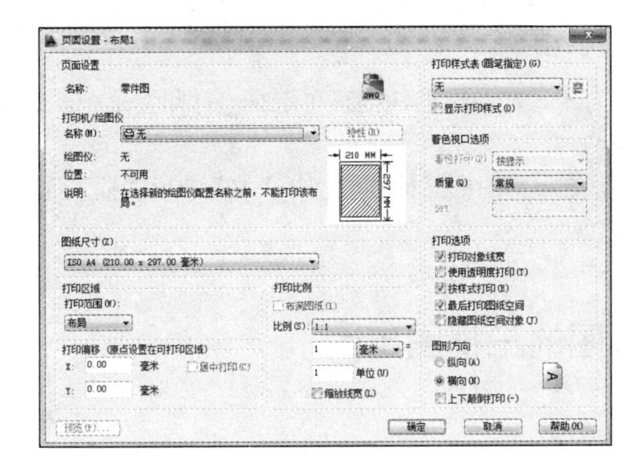

图 7-32　“页面设置-布局 1”对话框

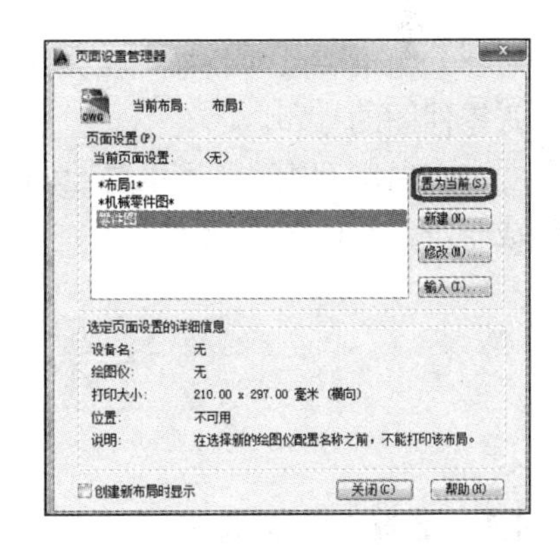

图 7-33　将“零件图”布局置为当前

（6）单击“关闭”按钮，完成“零件图”布局的创建，如图 7-34 所示。

（7）单击“标准”工具栏中的“打印”按钮，弹出“打印-布局 1”对话框，如图 7-35 所示，不需要重新设置，单击左下方的“预览”按钮，打印预览效果如图 7-36 所示。

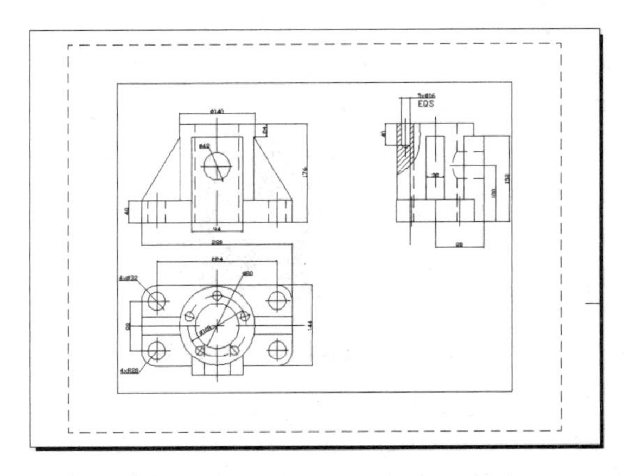

图 7-34　完成“零件图”布局的创建

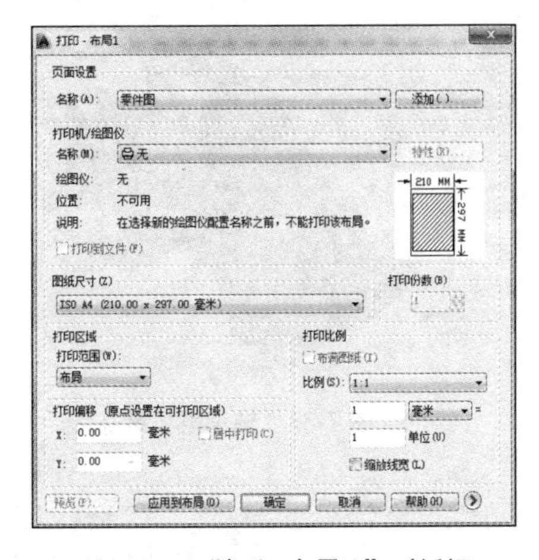

图 7-35　“打印-布局 1”对话框

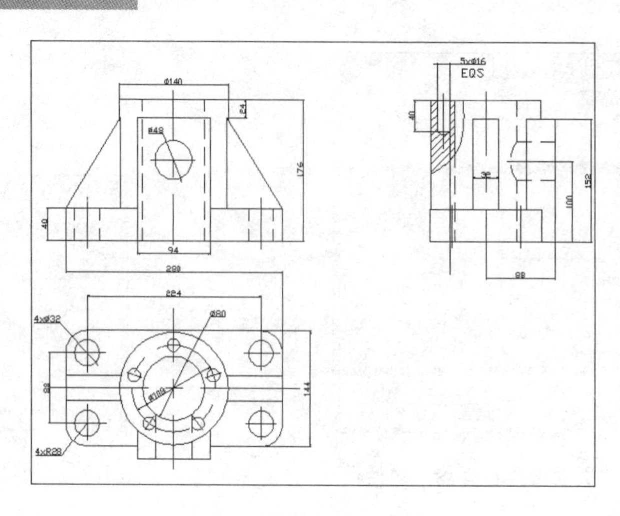

图 7-36　打印预览效果

（8）如果满意其效果，在预览窗口中右击，在弹出的快捷菜单选择“打印”命令，完成一张零件图的打印。

在布局空间中，还可以先绘制完图样，然后将图框与标题栏都以“块”的形式插入布局，组成一份完整的技术图纸。

7.4　立体图的三视图出图

7.4.1　案例介绍及知识要点

1. 案例介绍

本案例介绍由轴承盖三维实体生成其工程图的方法，主要包括基本视图、投影视图、全剖视图的创建，以及编辑视图、修改截面视图的样式等操作。轴承盖三维实体如图 7-37 所示。

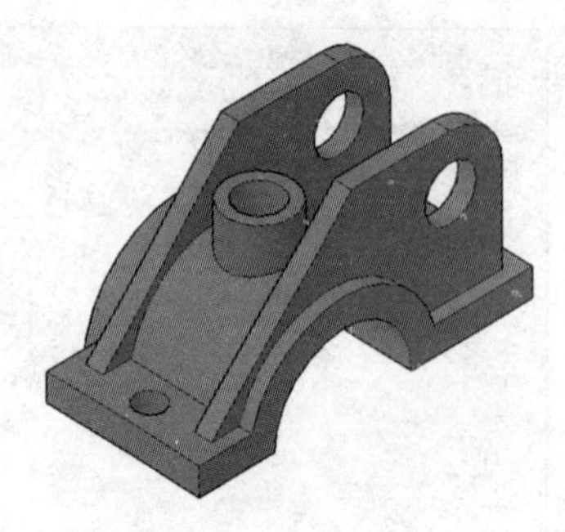

图 7-37　轴承盖三维实体

三维实体的三视图出图

2. 知识要点

（1）对于箱盖类零件的出图，除了合理选择视图外，还得采用合适的剖面将其内部结构

反映出来。

（2）本案例所需进行绘制的轴承盖箱盖底座的结构为一带孔板，上面有一个半圆孔，连接部分的肋板为带圆角的角度板，中间还有一个带通孔的圆柱；若只用普通的三视图表达，不能完全反映其内部结构，需要采用合适的剖视图方能完整地表达其内部结构。

（3）通过本案例的学习应掌握 AutoCAD 中基本的图形界面的设置，实体建模零件的视口应用，以及 AutoCAD 实体模型的实用表达方法，并能灵活应用剖视图。

7.4.2　操作步骤

步骤 1：页面设置

1）设置图纸尺寸

新建名为“实体”的图层，并在该图层上创建轴承盖的三维实体，单击绘图区下方的“布局 1”选项卡，进入图纸空间。右击“布局 1”选项卡，在弹出的快捷菜单中选择“页面设置管理器”命令，如图 7-38 所示。

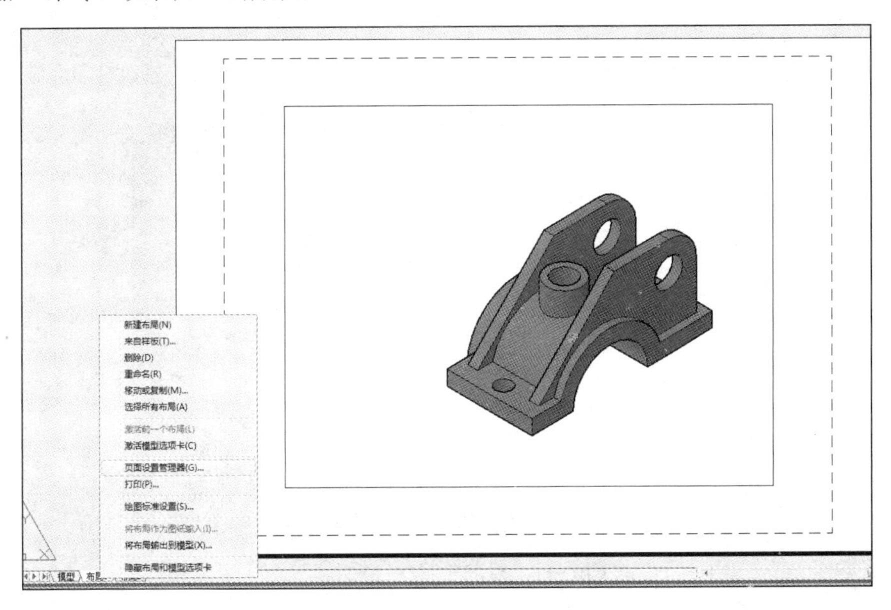

图 7-38　选择“页面设置管理器”命令

在弹出的“页面设置管理器”对话框中选择“布局 1”选项，单击“修改”按钮，弹出“页面设置-布局 1”对话框，在该对话框中选择打印机为“DWF6.ePlot.pc3”，如图 7-39 所示。

另外，需在“页面设置-布局 1”对话框中设置图纸尺寸为“ISO A3（420.00×297.00 毫米）”

2）设置打印区域

单击“特性”按钮，弹出“绘图仪配置编辑器-DWF6 ePlot.pc3”对话框，选择“修改标准图纸尺寸（可打印区域）”选项，在“修改标准图纸尺寸”列表框中选择设置好的图纸“ISO A3（420.00×297.00 毫米）”，如图 7-40 所示。单击“修改”按钮，在弹出的“自定义图纸尺寸-可打印区域”对话框中将边距尺寸改为 0，如图 7-41 所示。单击“下一步”按钮，在弹出的“自定义图纸尺寸-完成”对话框中单击“完成”按钮，返回“绘图仪配置编辑器-DWF6 ePlot.pc3”对话框单击“确定”按钮，弹出“修改打印机配置文件”对话框，直接单击“确定”按钮，完成打印区域设置。

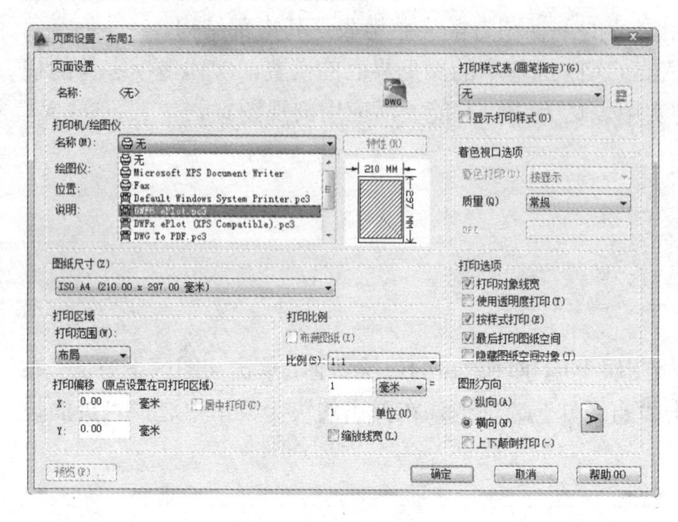

图 7-39　设置打印机

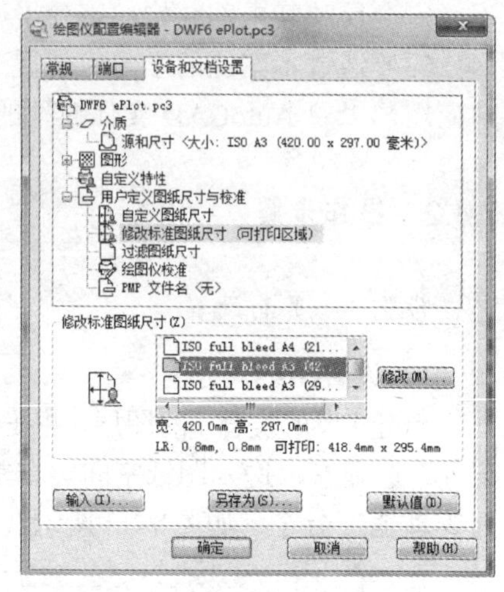

图 7-40　修改打印区域（一）

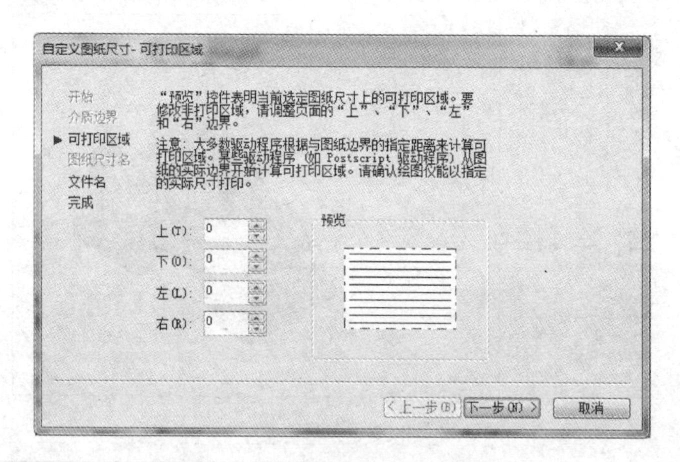

图 7-41　修改可打印区域（二）

步骤 2：视口设置

1）删除已有视口

右击视口边框，在弹出的快捷菜单中选择“删除”命令，将已有视口删除，如图 7-42 所示。

2）创建工程视图

单击“布局”选项卡“创建视图”面板中的“基点”下拉按钮，在打开的下拉菜单中选择“从模型空间”选项，即从模型空间创建基本视图，如图 7-43 所示。此时功能区将显示“工程视图创建”选项卡，在“方向”面板上设置投影方向为前视，即所创建的基础视图为主视方向；在“外观”面板中单击“隐藏线”下拉按钮，在打开的下拉菜单中选择可见线和隐藏线，即指定在视图中显示可见轮廓线和不可见轮廓线，如图 7-44 所示。再在“比例”列表框中设置投影比例为 1∶1，在图纸适当位置单击，确定主视图的位置，单击“创建”面板上的“确定”按钮，完成主视图的创建，如图 7-45 所示。同时系统自动进入投影视图方式，竖直向下移动十字光标至适当位置单击，确定俯视图位置，如图 7-46 所示。移动十字光标至主视图右下角方向适当位置单击，确定轴测图位置，如图 7-47 所示。此后在界面右击，在弹出的快捷菜单中选择“确定”命令，确定在指定位置创建基础视图和两个投影视图。

图 7-42　删除原有视口

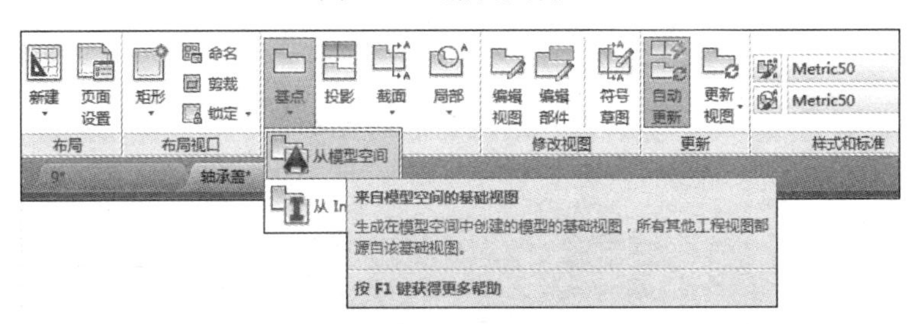

图 7-43　创建工程视图

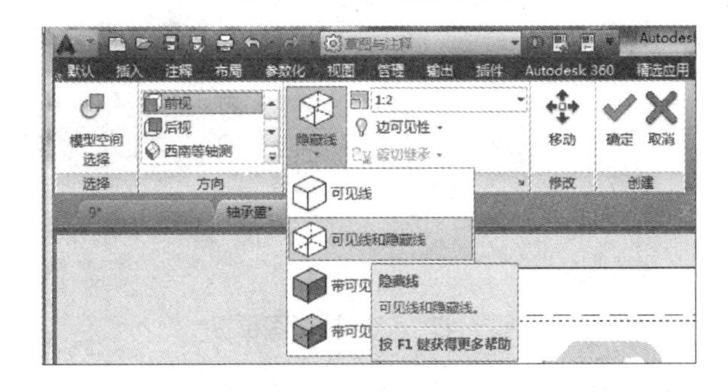

图 7-44　隐藏线选择

图 7-45　主视图的创建

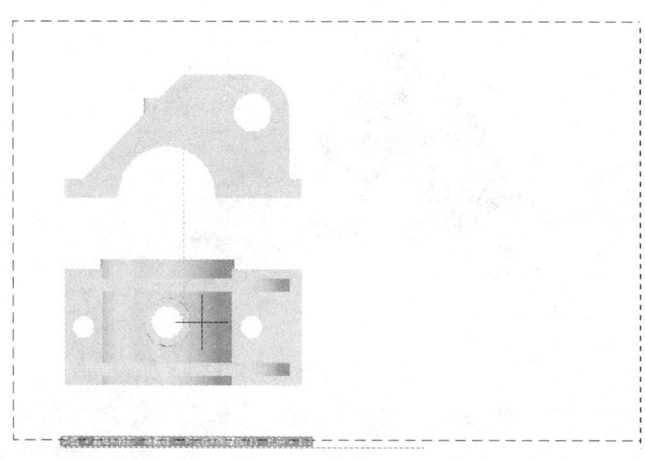

图 7-46　俯视图的创建

图 7-47　确定轴测图位置

由图 7-47 中可看出，轴测图中显示了不可见的轮廓线和两条相切线，这与机械制图国家标准不符，所以需进行编辑修改。

3）更改工程视图的线条可见与不可见轮廓线的显示

单击“修改视图”面板上的“编辑视图”按钮，再单击轴测图，功能区弹出“工程视图编辑器”选项卡，单击“外观”中的可见线，即在指定视图中只显示可见轮廓线，不显示不可见轮廓线；取消勾选“边可见性”中的“相切边”复选框为将不显示两条相切线；最后，单击“确定”按钮，完成视图的编辑，如图 7-48 所示。

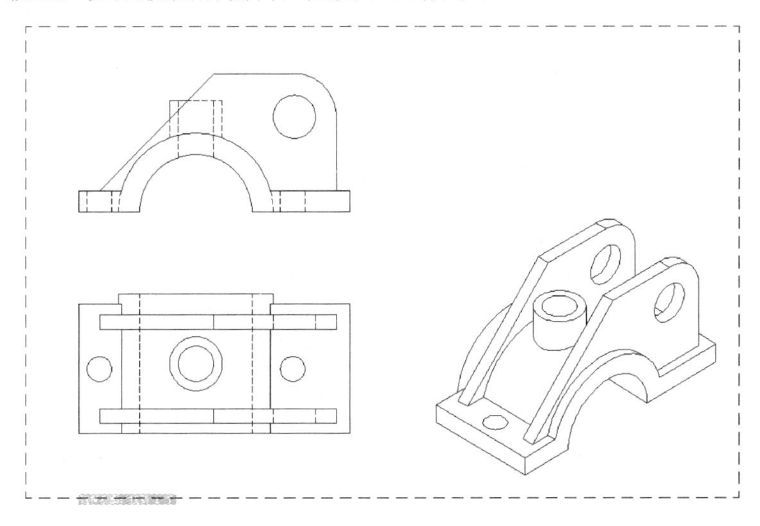

图 7-48　更改后的轴测图显示

4）创建全剖左视图

在创建剖视图前，需先修改截面样式，单击“样式和标准”面板上的“截面视图样式”按钮，弹出“截面视图样式管理器”对话框，如图 7-49 所示。在“样式”列表框中选择“Metric50”选项，单击“修改”按钮，弹出“修改截面视图样式:Metric50”对话框，修改文本高度为 10，在“排列”选项组中设置标识符位置为向外方向箭头符号，设置标识符偏移为 3，设置箭头方向为远离剪切平面，如图 7-50 所示。

选择“剪切平面”选项卡，设置端线偏移量为 0，折弯线长度为 3。

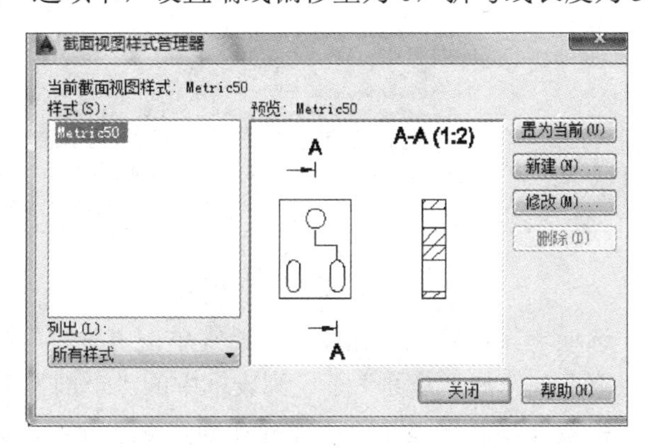

图 7-49　“截面视图样式管理器”对话框

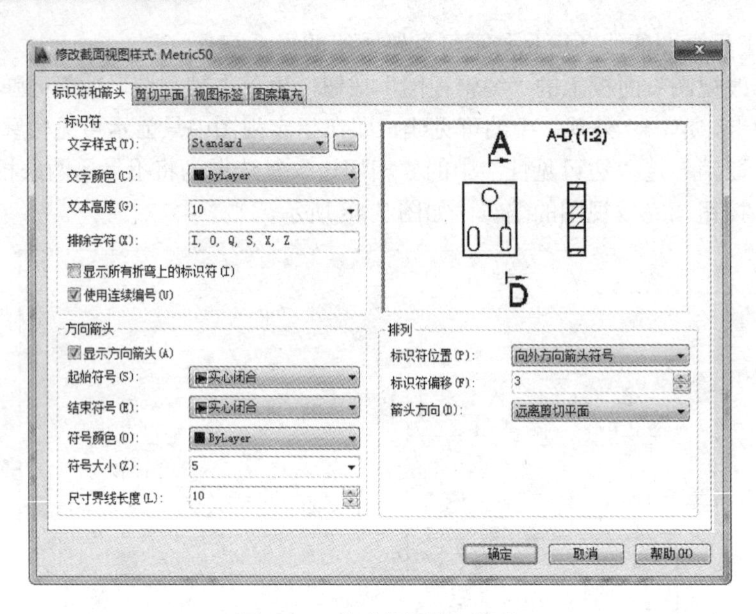

图 7-50　修改标识符与箭头

选择“视图标签”选项卡，设置文本高度为 10，相对于物距离为 10，默认值为 A—A，如图 7-51 所示。

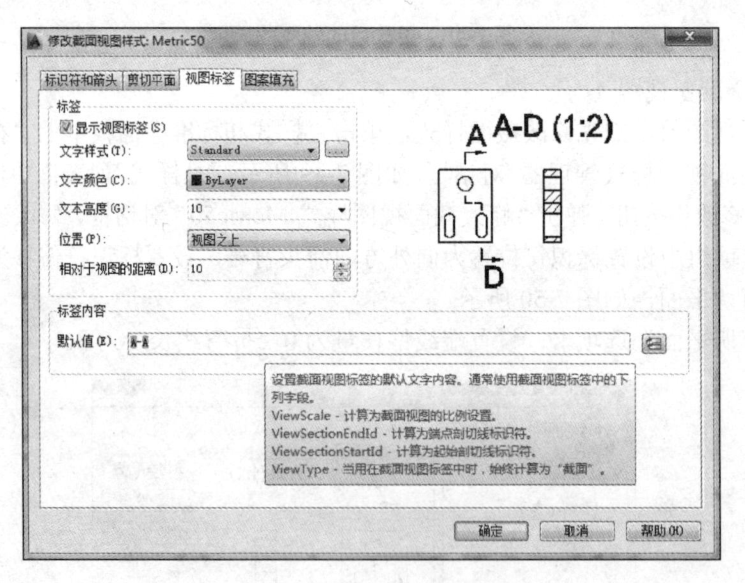

图 7-51　修改视图标签

选择“图案填充”选项卡，可修改填充图案。最终单击“确定”按钮完成修改。

在“创建视图”面板下，选择“截面”下拉列表框中的“全剖”选项，当命令行窗口提示选择父视图时单击主视图，功能区显示“截面视图创建”选项卡，选择所需剖切的位置，而后水平向右移动十字光标至适当位置，单击确定剖视图的放置位置，在功能区单击“确定”按钮，完成剖视图的创建，如图 7-52 所示。

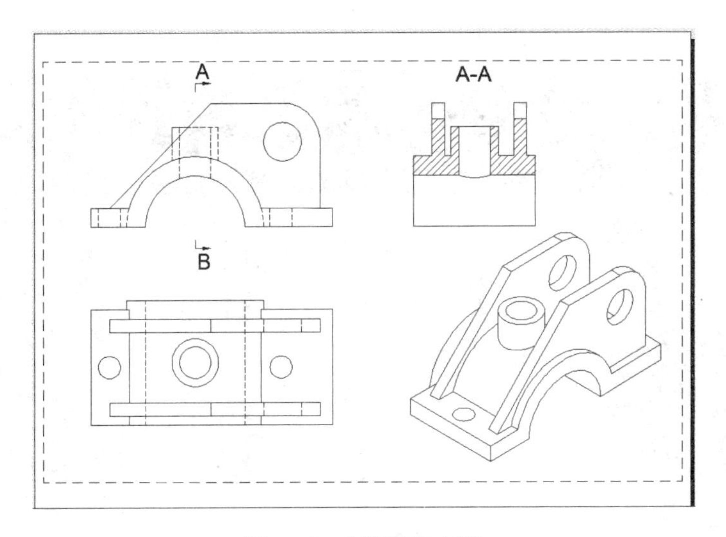

图 7-52　剖视图的创建

7.4.3　讨论拓展

打开“图层”列表框，可以看到 AutoCAD 自动创建了多个图层，如图 7-53 所示。它自动地将相应的线条放置在相应的图层上，方便用户进行管理。若还需要进行中心线绘制及尺寸的标注，用户只需再建相应的图层即可。

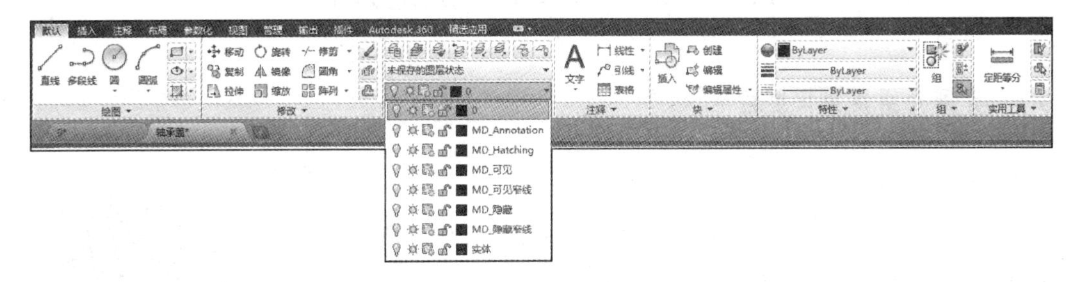

图 7-53　AutoCAD 自动创建的多个图层

7.4.4　随堂练习

（1）图层设置：打开“锥齿轮轴.dwg”文件，建立视口图层，图层名称为“VPORT”，将此图层设为不打印层。

（2）图纸空间设置：激活图纸空间，对“布局 1”进行设置，打印机设置为 DWF6 ePlot.pc3，图纸尺寸设置为 ISO A3(420.00×297.00 毫米)，打印样式设置为 monochrome.ctb，其余参数均为默认值。

（3）视图设置：在“布局 1”中的“VPORT”图层上创建 4 个视口，将布局设置为四个：相等，选择对应视口分别设置为前视、左视、俯视和西南等轴测。比例设置为 1∶1。前视、左视、俯视图形显示为隐藏视觉样式，西南等轴测图形显示为概念视觉样式，材质颜色选择单色索引颜色:8，结果如图 7-54 所示。

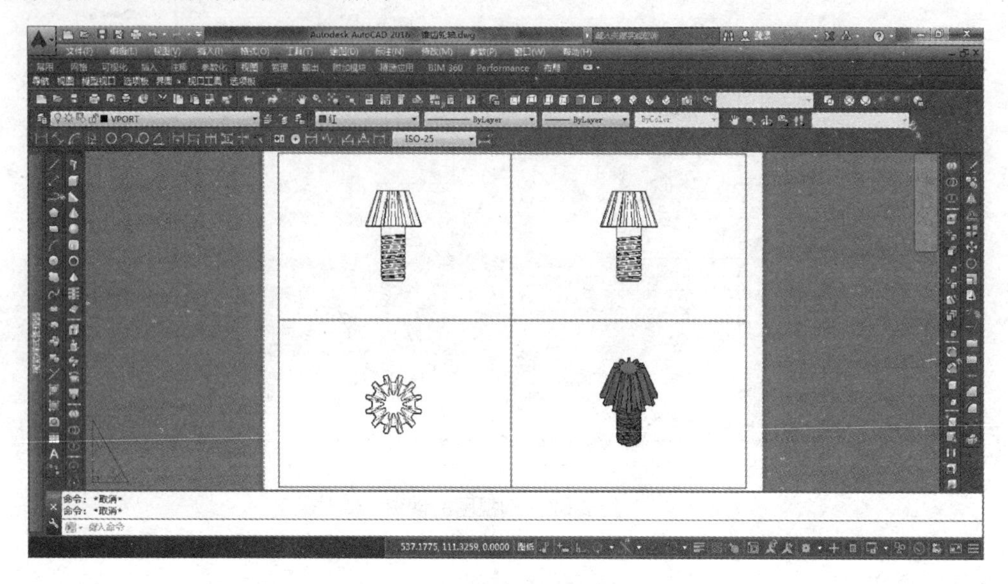

图 7-54　视口显示图像文件

（4）保存文件：将完成的图形以“学号+姓名”为文件名保存上交。

7.5　CAD 出 PDF 图的操作

7.5.1　案例介绍及知识要点

1. 案例介绍

本案例介绍由轴承盖三维实体生成 PDF 图，以及由轴承盖三视图生成 PDF 图的方法。

PDF 图形输出

2. 知识要点

当 CAD 图样需要在他人的计算机上看图时，要求他人的计算机也要装好 CAD 软件，否则是无法打开的，针对这样的问题，可以将 DWG 文件保存为 PDF 文件。

PDF 文件可以在任何介质上进行发布，压缩的 PDF 文件比源文件小，每次下载一页，可以在网页上快速显示，而且不会降低网络速度。同时 PDF 文件还可进行加密和控制能否访问 PDF 文件的打印、复制文本和图像、密码可否编辑等设置。

7.5.2　由三维实体生成 PDF

步骤 1：打开文件

打开“轴承盖.dwg”文件，如图 7-55 所示。

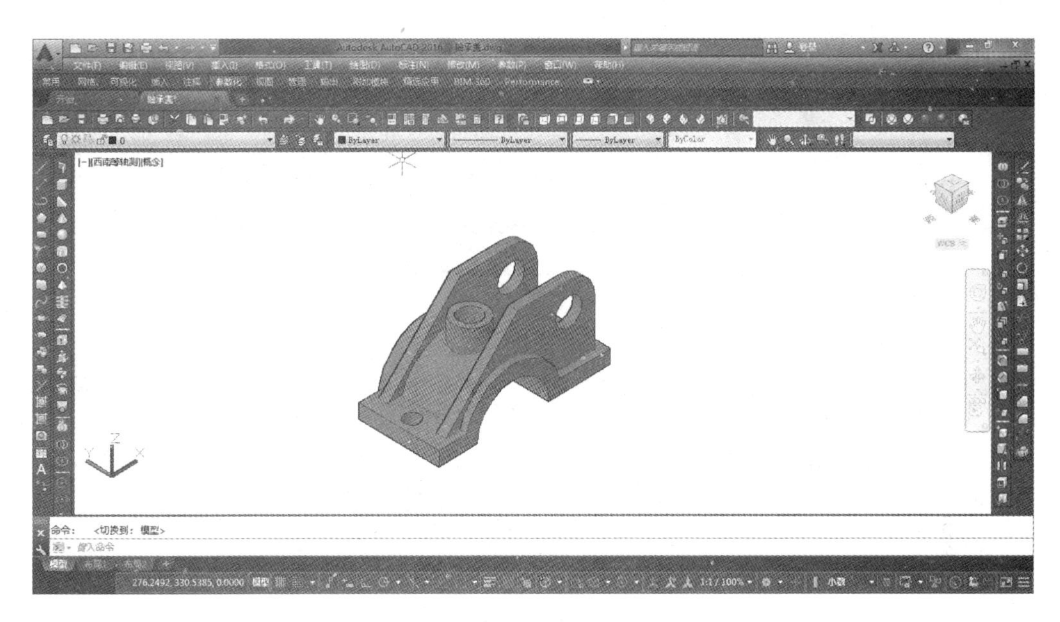

图 7-55　打开的“轴承盖.dwg”文件

步骤 2：选择打印机

选择“文件”→“打印”，在弹出的“打印-模型”对话框中选择打印机（建议选择“DWG To PDF.pc3”选项），如图 7-56 所示。

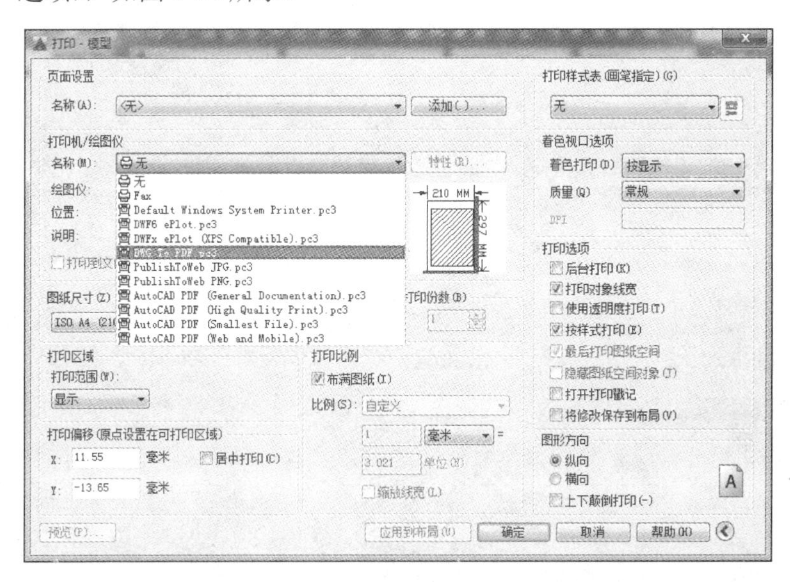

图 7-56　打印机选择

步骤 3：选择纸张

选择纸张（建议选用 ISO 的），本案例中选用了 ISO A4（297.00×210.00 毫米），如图 7-57 所示。

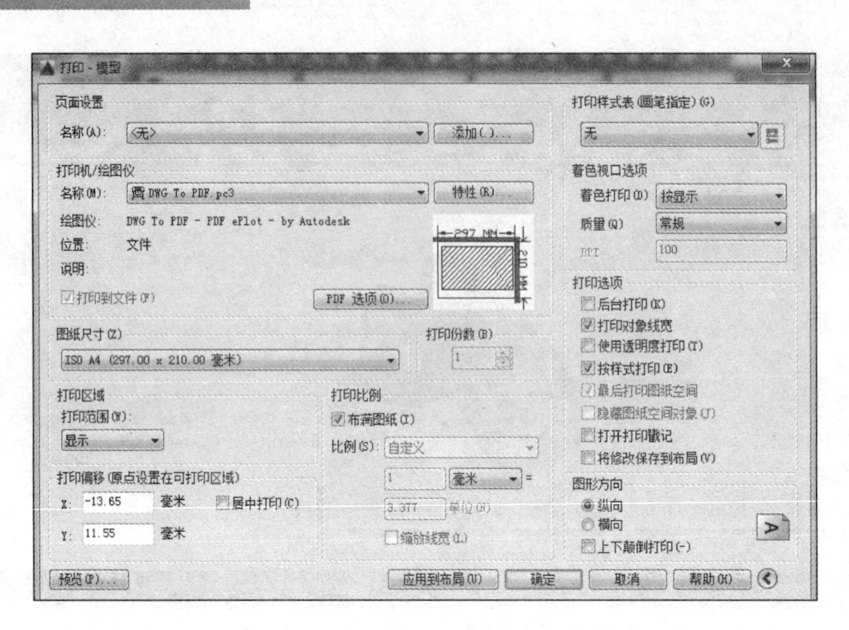

图 7-57 选择纸张

步骤 4: 设置打印区域

在“打印区域”选项组中的“打印范围”下拉列表框中选择“窗口”选项，勾选“居中打印”复选框和“布满图纸”复选框，如图 7-58 所示。

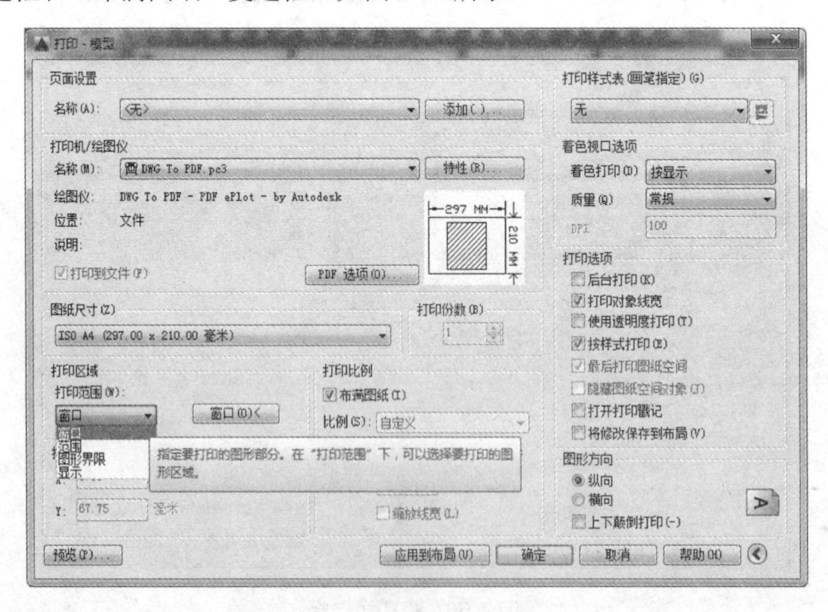

图 7-58 设置打印区域

步骤 5: 预览结果

单击“预览”按钮进行结果预览。如果对效果不满意，可继续调整“步骤 4”中的设置，直到满意后，单击“打印”按钮。

步骤 6：保存生成 PDF 文件

单击“打印”按钮后，会弹出“浏览打印文件”对话框，如图 7-59 所示。它会让用户选择保存路径，确定后将文件保存成 PDF 文件。此时会在保存处出现一个 PDF 文件，可以用于需用的场合。

图 7-59　“浏览打印文件”对话框

7.5.3　由三视图生成 PDF

步骤 1：转换图形窗口

将打开的“轴承盖.dwg”文件转换图形窗口到模型空间，如图 7-60 所示。

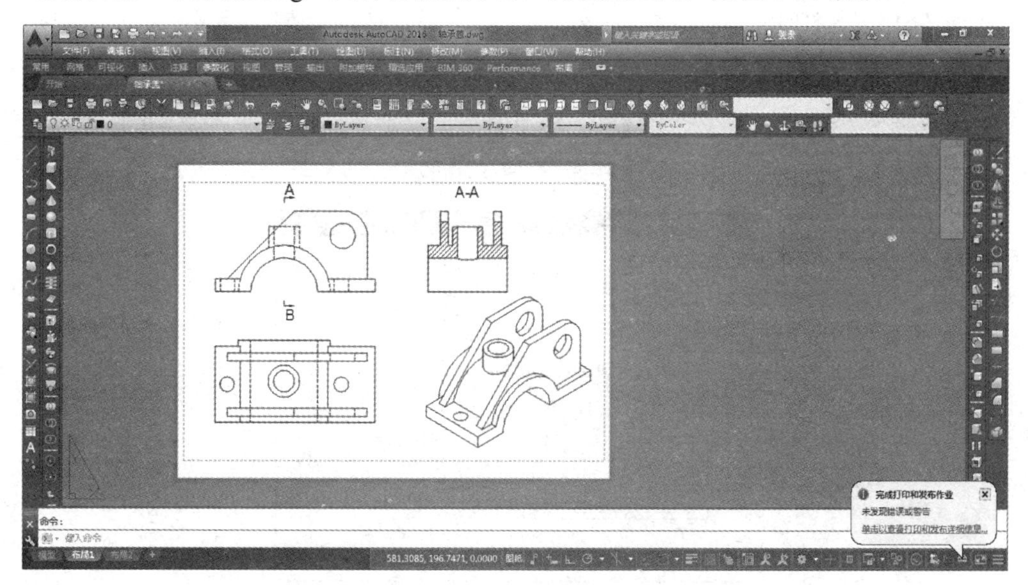

图 7-60　转换图形窗口到模型空间

步骤 2：选择打印机

单击“应用程序”按钮，在打开的菜单中选择“打印”→“打印”命令，如图 7-61 所示。在弹出的“打印-布局 1”对话框中选择打印机。

步骤 3：选择纸张

在“打印-布局 1”对话框中选择纸张（建议选用 ISO 的），本案例中选用了 ISO A3（420.00×297.00 毫米）。

步骤 4：设置打印区域

在“打印-布局 1”对话框的“打印区域”选项组中设置打印范围为布局，比例为 1∶1，如图 7-62 所示。

图 7-61 选择打印机

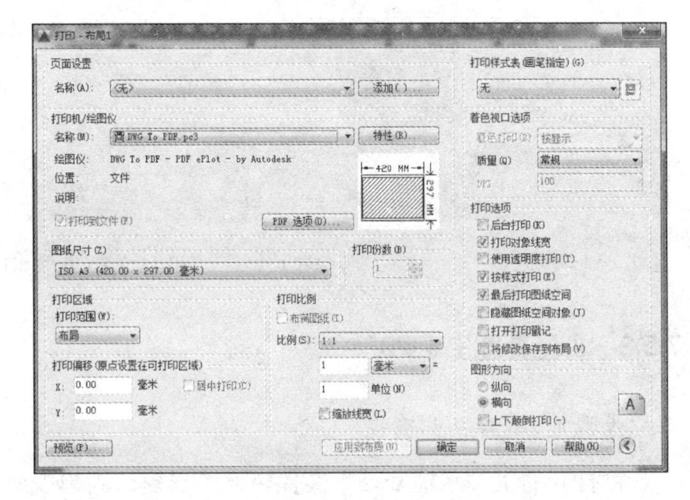

图 7-62 设置打印区域

步骤 5：预览结果

单击“预览”按钮，进行结果预览。如果对效果不满意，可继续调整“步骤 4”中的设置，直到满意后，单击“退出”按钮，如图 7-63 所示。

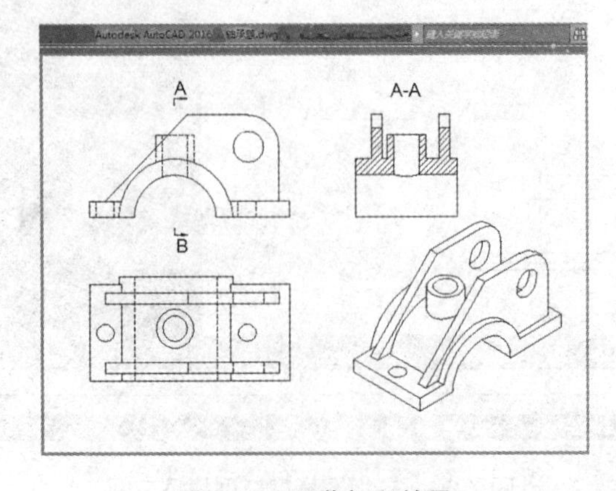

图 7-63 预览打印效果

步骤 6：保存生成 PDF 文件

在“打印-布局 1”对话框中单击“确定”按钮，此时会弹出“浏览打印文件”对话框。它会让用户选择保存路径，单击“确定”按钮后将文件保存成一个 PDF 文件。此时会在保存处出现一个 PDF 文件，可以用于需用的场合。

7.5.4 随堂练习

【实例 1】用缩放工具查看如图 7-64 所示零件图的细节部分。

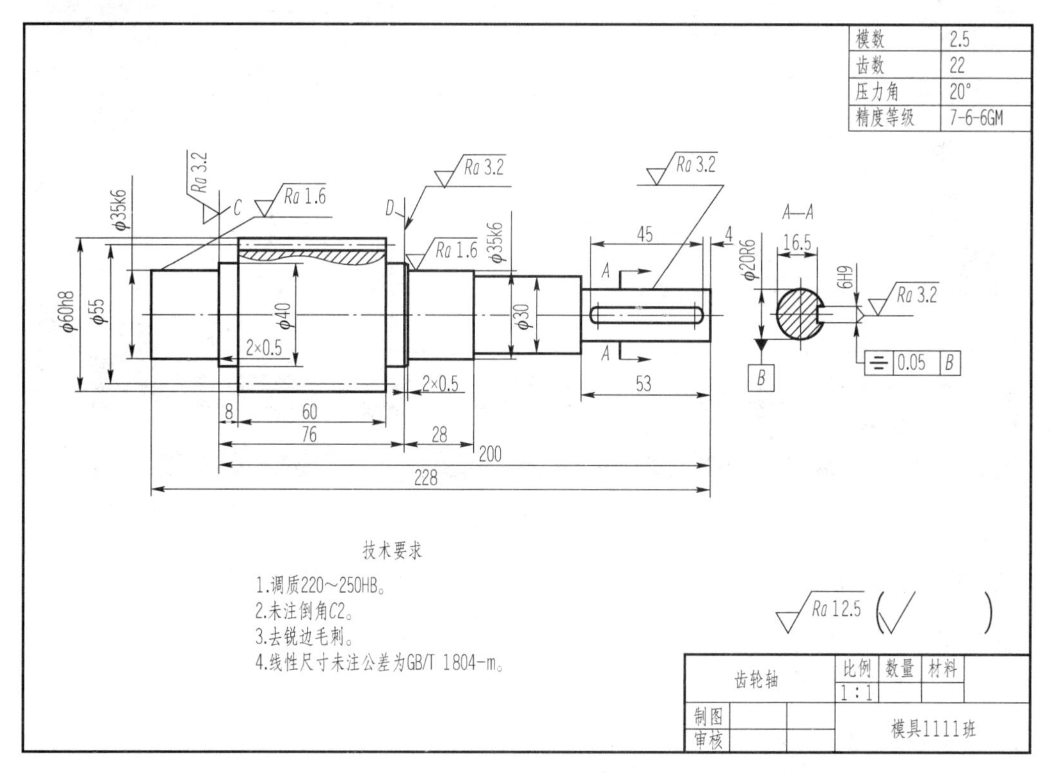

图 7-64 零件图

1. 目的要求

本实例给出的零件图形比较复杂，为了绘制或查看零件图的局部或整体，需要用到图形显示工具。通过本实例的练习，要求读者熟练掌握各种图形显示工具的使用方法与技巧。

2. 操作提示

（1）利用平移工具移动图形到一个合适位置。

（2）利用“缩放”工具栏中的各种缩放工具对图形各个局部进行缩放。

【实例 2】创建如图 7-65 所示的多窗口视口，并命名保存。

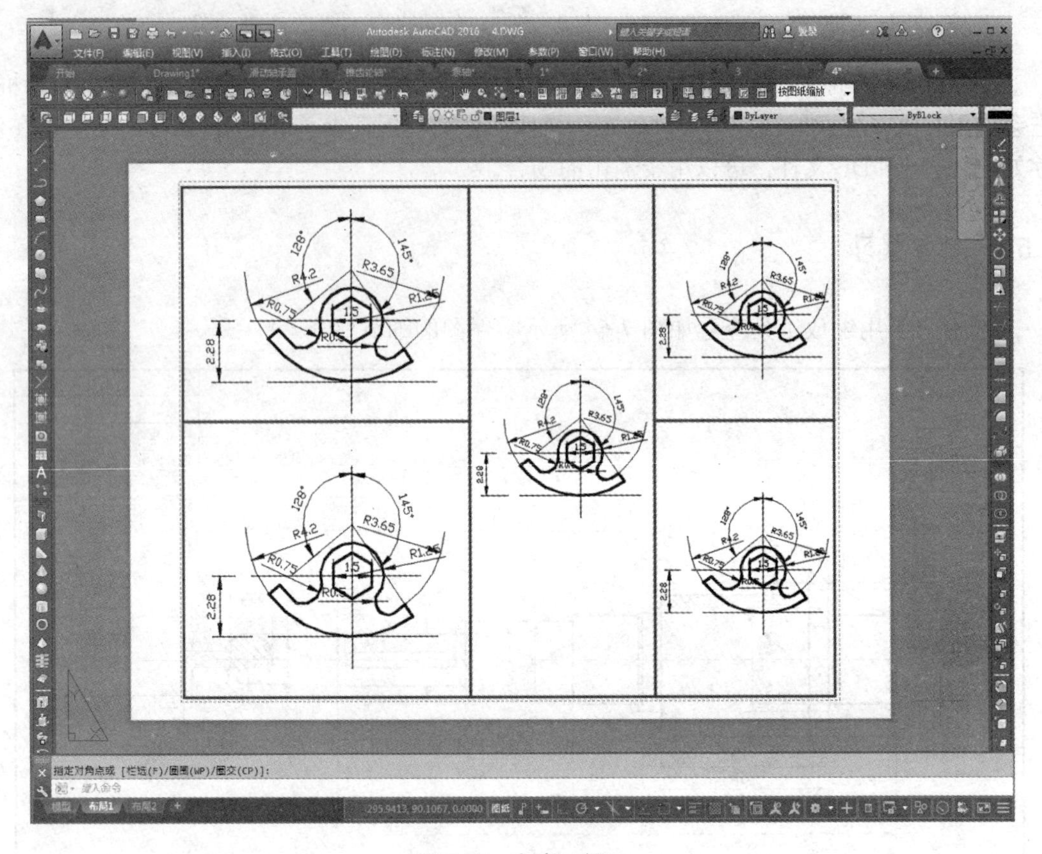

图 7-65　多窗口视口

1. 目的要求

本实例创建一个多窗口视口，使读者了解视口的设置方法。

2. 操作提示

（1）新建视口。

（2）命名视口。

【实例 3】打印预览如图 7-66 所示的齿轮图形。

1. 目的要求

图形输出是绘制图形的最后一步工序。正确对图形打印进行设置，有利于顺利地输出图形图像。通过对本实例图形打印的有关设置，可以使读者掌握打印设置的基本方法。

2. 操作提示

（1）执行“打印”命令。

（2）进行打印设备参数设置。

（3）进行打印设置。

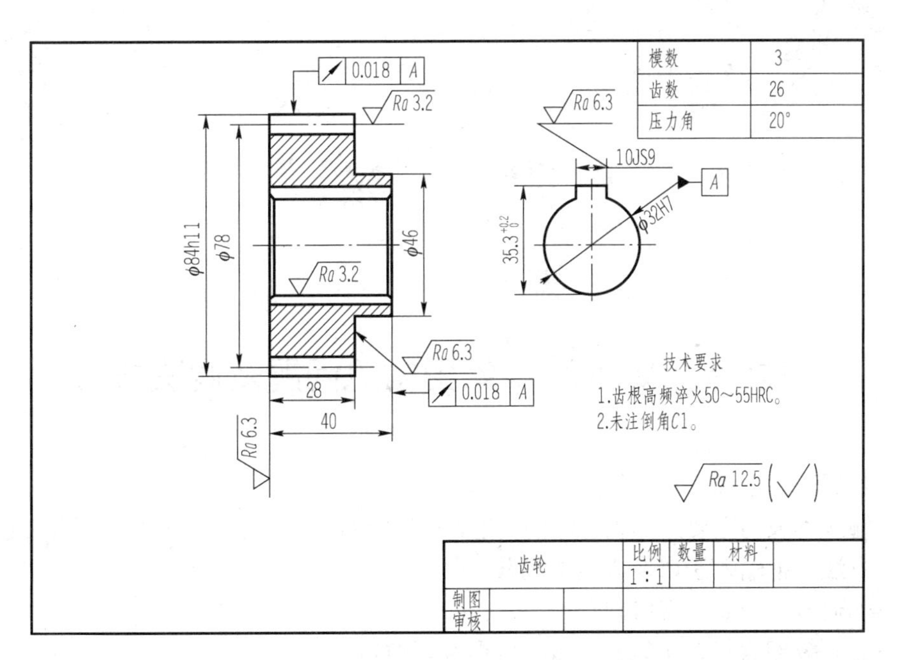

图 7-66　齿轮

（4）输出预览。AutoCAD 文本提示如下：

```
命令: _layout
输入布局选项 [复制(C)/删除(D)/新建(N)/样板(T)/重命名(R)/另存为(SA)/设置(S)/?]
<设置>: _new
输入新布局名 <布局 3>: 机械零件图
自动保存到 C:\Users\Administrator.IA4HDZZHAX7PGLC.000\appdata\local\temp\
ch08_ex14_1_1_2294.sv$ ...
```

附　　录

附录 A　AutoCAD 绘图常见问题及解决方法

（1）数据输入不成功时应如何处理？

数据输入不成功主要是输入方法的问题，CAD 数据一般要用英文状态的输入方法。

解决方法：把输入法切换成英文状态。

（2）如何调出命令行窗口？

按下 Ctrl+9 组合键，可以打开或隐藏命令行窗口。

（3）启动完软件，要打开文件时，却找到文件。

这种情况原因可能是打开的文件为模板文件。模板文件的扩展名是.dwt，CAD 默认的文件类型是.dwg。

解决方法：切换文件类型。

（4）绘图或修改时拾取框跳跃移动，而选取不到所需的图形对象。

这种情况原因是启动了状态栏处的捕捉模式。启动该模式后十字光标会按指定的间距移动，看起来像在跳跃移动。若所需的图形对象不落在指定的间距上，自然选取不到。

解决方法：在状态栏处的“捕捉模式”按钮处右击，在弹出的“草图设置”对话框中将捕捉间距调小，或单击状态栏处的“捕捉模式”按钮关闭该模式。

（5）在操作时，所画图形找不到了。

这种情况可能的原因是用户对空白区进行了放大的误操作。

解决方法：在命令行窗口中输入“Z”，按 Enter 键，再输入“A”，按 Enter 键，即可重新显示全部图形。

（6）图层设置后，绘图时中心线、虚线等非连续线型并没有显示出点画线线条和虚线线条，而是显示成连续线型。

解决方法：修改线型比例因子，可调整非连续线段的长短，以正确显示中心线或虚线等。

修改个别非连续线型的比例因子的方法：选取图线对象右击，在弹出的快捷菜单中选择“对象特性”命令，在弹出的“特性”对话框中，修改该图线的当前线型比例值（注意：是局部，默认值为 1），即可修改所选对象的线型比例，不会影响其他图线。

修改全图中的非连续线型的线型比例因子：在命令行窗口输入全局线型比例因子命令 LTSCALE，按 Enter 键后输入新的线型比例因子。若点画线太密，则增大线型比例因子（>1），否则缩小线型比例因子（<1）。

（7）图案填充不成功，总是出现“未找到有效的图案填充边界”的提示。

在进行图案填充时，以“拾取点”方式确定填充边界，若系统出现“未找到有效的图案填充边界”提示，则说明图案填充的边界还没有封闭，图案无法填充。

解决方法：先用“延伸”命令使其封闭，再重新进行图案填充操作。

（8）填充图案花白一片，或填充图案不显示。

图案填充操作完成后，图案显示为近似实心或花白一片，说明所填充的图案比例太小（即图案图线的间隙太小）。

解决方法：双击图案，调出“图案填充”对话框重新修改比例，增大至适当值即可。若填充后不显示填充图案，则说明图案的比例太大，调出 “图案填充”对话框修改比例至适当小的值即可。

（9）写文字时出现奇怪的“？？？”或“□□□”符号。

如用仿宋字体作为“汉字”文字样式在用“%%c”写“ϕ”时，会变成奇怪的“□”或“？”。

解决方法：写文字时要注意用对应的文字样式书写，如写汉字用装有仿宋体字体的“汉字”文字样式，也可以用宋体代替仿宋字体，尺寸标注用“gbenor.shx”字体的文字样式书写。

（10）写汉字时出现的字是倒置的。

这是因为文字样式设置中的字体选择不正确。

解决方法：修改汉字的文字样式，把所装的字体形式“@仿宋-GB2312”改成“仿宋-GB2312”即可，其他字体也一样，不要选择带前面带“@”字母的字体。

（11）编辑图形时，命令完成后操作不成功。

首先检查图线所在的图层是否被锁住。其次操作时，未注意命令行的变化，盲目操作，或鼠标左、右键使用不当。

解决方法：单击“图层”工具栏上该图层状态条上的“锁定”标记使其变成解锁状态。之后应按命令行窗口的提示操作，时刻注意命令行窗口的变化，若操作不成功则应重新操作，进行拾取操作时单击确定或结束命令时右击。

（12）关于输出比例的问题。

建议在 AutoCAD 中始终按 1∶1 的比例绘图，而在输出时可以选择所需比例进行布局。输出时如果不希望文字高度和箭头大小随输出比例不同而变化，此时只要在“调整”选项卡中将全局比例改为绘图输出比例即可。例如，输出比例为 1/2，应设为 2。

（13）打开 AutoCAD 时命令行窗口的文字显示为一个个黑色矩形框，无法识别。

解决方法：修改系统设置。在 AutoCAD 中，选择“工具”→“选项”命令，在弹出的“选项”对话框中选择“显示”选项卡，再单击“字体”按钮，在弹出的“命令行窗口字体”对话框中设置字体为新宋体，单击“应用并关闭”按钮，返回“选项”对话框，再单击“确定”按钮退出设置。命令行窗口的文字会正常显示。

附录 B　AutoCAD 常用功能键和快捷键

常用功能键		常用快捷键	
功能键	功能	快捷键	功能
F1	帮助	Ctrl+A	全部选择
F2	文本窗口	Ctrl+C	复制到剪切板
F3	对象捕捉开关	Ctrl+V	粘贴
F5	等轴测平面切换	Ctrl+X	剪切
F6	动态坐标开关	Ctrl+N、M	新建文件
F7	栅格开关	Ctrl+O	打开文件
F8	正交开关	Ctrl+P	保存文件
F9	捕捉开关	Ctrl+S	保存
F10	极轴开关	Ctrl+Y	重做
F11	对象追踪开关	Ctrl+Z	放弃、取消前一步的操作
		Ctrl+Space	中文和英文输入切换
		Ctrl+Shift	循环切换各种输入方法
		Shift+Space	切换全角和半角的字体

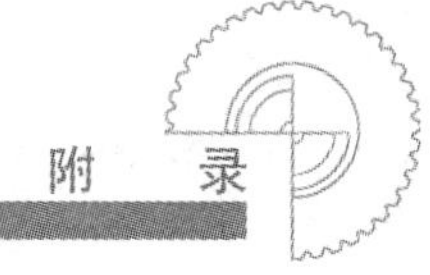

附录 C　AutoCAD 常用命令和快捷键

表 C-1　AutoCAD 常用绘图命令及快捷键

序号	命令中文	命令英文	快捷键
1	直线	LINE	L
2	圆	CIRCLE	C
3	矩形	RECTANG	REC
4	正多边形	POLYGON	POL
5	椭圆	ELLIPSE	EL
6	圆弧	ARC	A
7	多段线	PLING	PL
8	构造线	XLINE	XL
9	样条曲线	SPLING	SPL
10	圆环	DONUT	DO
11	图案填充	HATCH	H
12	插入块	INSERT	I
13	多行文字	MTEXT	T、MT
14	生成面域	REGION	RE

表 C-2　AutoCAD 常用编辑命令及快捷键

序号	命令中文	命令英文	快捷键
1	删除	*ERASE*	E
2	复制	COPY	CO、CP
3	修剪	TRIM	TR
4	偏移	OFFSET	O
5	镜像	MIRROR	MI
6	移动	MOVE	M
7	陈列	ARRAY	AR
8	旋转	ROTATE	RO
9	比例缩放	SCALE	SC
10	延伸	EXTEND	EX
11	打断	*BREAK*	BR
12	倒直角	CHAMFER	CHA
13	倒圆角	FILLET	F

续表

14	编辑多段线	PEDIT	PE
15	分解	EXPLODE	X
16	放弃	UNDO	U

表 C-3　AutoCAD 常用尺寸标注命令及快捷键

序号	命令中文	命令英文	快捷键
1	线性标注	DIMLINEAR	DLI
2	对齐标注	DIMALIGNED	DAL
3	半径标注	DIMRADIUS	DRA
4	直径标注	DIMDLAMETER	DDI
5	角度标注	DIMANGULAR	DAN
6	基线标注	DIMBASELINE	DBA
7	连续标注	DIMCONTINUE	DCO
8	几何公差	TOLERANCE	TOL
9	引线标注	LEADER	LE
10	多重引线标注	MLEADER	MLE
11	标注样式	DIMSTYLE	D
12	文字样式	STYLE	ST
13	编辑标注	DIMEDIT	DED
14	编辑标注文字	DIMTEDIT	DIMTED

表 C-4　AutoCAD 其他常用操作和设置命令

序号	命令中文	命令英文	快捷键
1	视窗缩放	ZOOM	Z
2	实时平移	PAN	P
3	工具选项设置	OPTIONS	OP
4	图形界限	LIMITS	
5	单位	UNIT	UN
6	建立图层	LAYER	LA
7	设置线型	LINETYPE	LT
8	颜色控制	COLOR	COL
9	查询点坐标	ID	ID
10	查询距离	DIST	DI
11	查询列表	LIST	LI

参 考 文 献

[1] 王灵珠．AutoCAD 2014 机械制图实用教程[M]．北京：机械工业出版社，2014.

[2] 国家职业技能鉴定专家委员会，计算机专业委员会．AutoCAD 2007 试题汇编（绘图员级）[M]．北京：科学出版社，北京希望电子出版社，2011.

[3] 朱向丽．AutoCAD 2010 绘图技能实用教程[M]．北京：机械工业出版社，2012.

[4] 钟日铭．AutoCAD 2009 机械制图教程[M]．北京：清华大学出版社，2009.

[5] 魏峥．SolidWorks 案例教程[M]．北京：人民邮电出版社，2014.

[6] 周生通，许玢．AutoCAD 2016 中文版机械设计从入门到精通[M]．北京：机械工业出版社，2015.

[7] http://image.baidu.com/search/index?tn=baiduimage&ct=201326592&lm=-1&cl=2&ie=gbk&word=%BB%FA%D0%B5%D6%C6%CD%BC&hs=2&xthttps=000000&fr=ala&ori_query=%E6%9C%BA%E6%A2%B0%E5%88%B6%E5%9B%BE&ala=0&alatpl=sp&pos=0.

[8] https://wenku.baidu.com/search?ie=utf-8&word=机械制图.

参考文献

[1] [illegible]. AutoCAD 2014 [illegible][M]. [illegible], 2014.
[2] [illegible] AutoCAD 2007 [illegible] [illegible], 2014.
[3] [illegible]. AutoCAD 2010 [illegible][M]. 北京: [illegible], 2011.
[4] [illegible]. AutoCAD 2009 [illegible][M]. 北京: [illegible], 2009.
[5] [illegible]. SolidWorks [illegible][M]. [illegible], 2011.
[6] [illegible]. AutoCAD 2013 [illegible][M]. [illegible], 2013.
[7] [illegible]
[illegible]
[8] [illegible]